全国交通土建高职高专规划教材

结构设计原理

（第三版）

孙元桃　主编

叶见曙［东南大学］
张崇厚［清华大学］　主审

人民交通出版社

内 容 提 要

本书为全国交通土建高职高专规划教材，以原高职教材为基础，按《公路桥涵设计通用规范》(JTG D60—2004)等规范进行了修订。主要介绍了钢筋混凝土、预应力混凝土、圬工结构的设计原理，包括如何合理选择构件截面尺寸及配筋，力学计算图式的拟定，构件承载力、稳定度、刚度和裂缝计算等。

本书可作为高职路桥、监理、检测、养护等专业教材，亦可供中职有关师生使用，以及从事公路与桥梁工程设计、施工人员参考。

图书在版编目（CIP）数据

结构设计原理 / 孙元桃主编．—3 版．—北京：人民交通出版社，2009.4

ISBN 978-7-114-07605-3

Ⅰ. 结…　Ⅱ. 孙…　Ⅲ. 建筑结构-结构设计　Ⅳ. TU318

中国版本图书馆 CIP 数据核字（2009）第 017603 号

书　　名： 全国交通土建高职高专规划教材
结构设计原理（第三版）
著 作 者： 孙元桃
责任编辑： 卢仲贤
出版发行： 人民交通出版社股份有限公司
地　　址： (100011) 北京市朝阳区安定门外外馆斜街 3 号
网　　址： http://www.ccpress.com.cn
销售电话： (010) 59757973
总 经 销： 人民交通出版社股份有限公司发行部
经　　销： 各地新华书店
印　　刷： 北京市密东印刷有限公司
开　　本： 787×1092　1/16
印　　张： 16
字　　数： 384 千
版　　次： 2002 年 8 月　第 1 版
2005 年 5 月　第 2 版
2009 年 4 月　第 3 版
印　　次： 2018 年 8 月　第 3 版　第 21 次印刷　总第 38 次印刷
书　　号： ISBN 978-7-114- 07605-3
印　　数： 208001-209000 册
定　　价： 23.00 元

总　序

针对高职高专教材建设与发展问题，教育部在《关于加强高职高专教材建设的若干意见》中明确指出：先用2至3年时间，解决好高职高专教材的有无问题。再用2至3年时间，推出一批特色鲜明的高质量的高职高专教育教材，形成**一纲多本、优化配套**的高职高专教育教材体系。

2001年7月，由人民交通出版社发起组织，15所交通高职院校的路桥系主任和骨干教师相聚昆明，研讨交通土建高职高专教材的建设规划，提出了28种高职高专教材的编写与出版计划。后在交通部科教司路桥工程学科委员会的具体指导下，在人民交通出版社精心安排、精心组织下，于2002年7月前完成了28种路桥专业高职高专教材出版工作。

这套教材的出版发行，首先解决了交通高职教育教材的有无问题，有力支持了路桥专业高职教育的顺利发展，也受到了全国各高职院校的普遍欢迎。

随着高职教育教学改革的深入发展、高职教学经验的丰富与积累，以及本行业有关技术标准、规范的更新，本套教材在使用了2至3轮的基础上，对教材适时进行修订是十分必要的，时机也是成熟的。

2004年8月，人民交通出版社在新疆乌鲁木齐召开了有19所交通高职院校领导、系主任、骨干教师共41人参加的教材修订研讨会。会议商定了本套教材修订的基本原则、方法和具体要求。会议决定本套教材更名为“交通土建高职高专统编教材”，并成立了以吉林交通职业技术学院张洪滨为主任委员的“交通土建高职高专统编教材编审委员会”，全面负责本套教材的修订与后续补充教材的建设工作。

2005年6月，编委会在长春召开了同属交通土建大类、与路桥专业链接紧密的“工程监理专业、工程造价专业、高等级公路维护与管理专业”主干课程教材研讨会，正式规划和启动了这三个专业教材的编写出版工作。

2005年12月，教育部高等教育司发布了“关于申报普通高等教育‘十一五’国家级规划教材”选题的通知（教高司函[2005]195号），人民交通出版社积极推荐本套教材参加了“十一五”国家级规划教材选题的评选。

2006年6月，经教育部组织专家评选、网上公示，本套教材中有十五种入选为“十一五”国家级规划教材，2008年1月，又有六种教材在“十一五”国家级规划教材补报中列选，共计21种，标志着广大参与本套教材编写的教师的辛勤劳动得到了社会的认可、本套教材的编写质量得到了社会的认同。

2006年7月，交通土建高职高专统编教材编审委员会及时在银川召开会议，有24所各省区交通高职院校或开办有交通土建类专业的高等学校系部主任、专业带头人、骨干教师以及人民交通出版社领导共39位代表出席了本次会议。会议就全面落实教育部“十一五”国家级规划教材的编写工作进行了研讨。与会代表一致认为必须以入选的十五种国家级规划教材为基本标准，进一步全面提升本套教材的编写质量，编审委员会将严格按照国家级规划教材的要求审稿把关，并决定本套教材更名为**“全国交通土建高职高专规划教材”**，原编委会相应更名为**“全国交通土建高职高专规划教材编审委员会”**。以期在全国绝大多数交通高职院校和开办有交通土建类专业的高等院校的参与、统筹、规划下，本套教材中有更多的进入“十一五”国家级规划教材行列。

2007年5月，编委会在湖南长沙召开工作会议，就“十一五”国家级规划教材主参编人员的确定和教材的编写原则作出了具体安排，全面启动“十一五”国家级规划教材的编写与出版工作。

2008年4月，编委会在广东珠海召开工作会议，研讨了**“工学结合”**高职高专教材编写思路，决定在“十一五”国家级规划教材编写过程中，注重高职教学改革新方向，注重工程实践经验的引入，倡导**“工学结合”**。

本套高职高专规划教材具有以下特色：

——顺应交通高职院校人才培养模式和教学内容体系改革的要求，按照专业培养目标，进一步加强教材内容的针对性和实用性，适应学制转变，合理精简和完善内容，调整教材体系，贴近模块式教学的要求；

——实施开放式的教材编审模式，聘请高等院校知名教授和生产一线专家直接介入教材的编审工作，更加有利于对教材基本理论的严格把关，有利于反映科研生产一线的最新技术，也使得技能培训与实际密切结合；

——全面反映2003年以来的公路工程行业已颁布实施的新标准、规范；

——服务于师生、服务于教学，重点突出，逐章均配有思考题或习题，并给出本教材的参考教学大纲；

——注重学生基本素质、基本能力的培养，教材从内容上、形式上力求更加贴近实际；

——为加强学生的实际动手能力，针对《工程测量》、《道路建筑材料》等课程，本套教材特别配套有实训类辅导教材；

——为方便教学，本套教材配套有《道路工程制图多媒体教材》、《公路工程试验实训多媒体教材》、《路基路面施工与养护技术多媒体教材》、《桥涵设计多媒体教材》、《桥涵施工技术多媒体教材》、《现代道路测量仪器与技术多媒体教材》等。

本套教材的出版与修订再版，始终得到了交通部科教司路桥工程学科委员会和全国交通职教路桥专业委员会的指导与支持，凝聚了交通行业专家、教师群体的智慧和辛勤劳动。愿我们共同向精品教材的目标持续努力。

向所有关心、支持本套教材编写出版的各级领导、专家、教师、同学和朋友们致以敬意和谢意。

全国交通土建高职高专规划教材编审委员会

人民交通出版社

2008年5月

第三版前言

《结构设计原理》(第二版)自出版发行以来,在全国交通职业院校相关专业的教学中得到广泛使用。通过四年的使用,编者根据本书读者的反馈信息,对本教材进行了第三版的编写工作。

本书以原高职教材《结构设计原理》(第二版)为基础,以"工学结合"教学理念为指导,改变了原有教材的编写模式,将章节改为单元~课题的形式。针对课题的内容,指出了本课题的知识点,并在每个单元后附了大量的思考题和习题,以方便教师教学和学生自学。

教师在使用此书时,可根据具体情况选择教学内容。本书后附有参考教学计划,供教师在编写授课计划时参考。

本书由宁夏交通学校孙元桃主编。人民交通出版社交通土建高职高专规划教材编审委员会特邀东南大学教授叶见曙先生和清华大学教授张崇厚先生担任本书主审。两位先生对本书进行了认真、详细的审核,并提出了许多宝贵的修改意见,在此向叶先生和张先生深表谢意。

本书第二版在使用过程中,编者收到了许多读者提出的宝贵意见,特别是国家一级结构工程师张庆芳先生,指出了本书中许多不足之处,并提出了相应的修改意见,编者深怀感激之情,特在此表示衷心感谢。

宁夏交通学校的魏亚妮、邓锋、王志岳参与了本书的文字输入工作,在此表示衷心感谢。

对本书尚存在的错误和缺点,恳请读者批评指正。

编　者

2009年3月

第二版前言

随着《公路桥涵设计通用规范》(JTG D60—2004)和《公路钢筋混凝土及预应力混凝土桥涵设计规范》(JTG D62—2004)、《公路圬工桥涵设计规范》(JTG D61—2004)的陆续颁布,以旧规范为标准而编写的原高职教材《结构设计原理》已不适应目前的职业教育需求,本教材即是以最新颁布的《桥规》为主要依据,介绍了钢筋混凝土结构、预应力混凝土结构和圬工结构的设计计算原理。

本书以原高职教材《结构设计原理》为基础,章节顺序基本不变,除了按新《桥规》的要求增加的编写内容外,每章都增附了一定数量的思考题和习题,以利于教师教学或学生自学。

教师在用此书时,可根据具体情况选择教学内容。三年制的高职高专,需要54课时;两年制的高职高专,需要36课时。在本书后附有参考教学大纲。

本书由宁夏交通职业技术学院的孙元桃主编。人民交通出版社交通土建高职高专统编教材编审委员会特邀东南大学教授叶见曙先生担任本书主审。叶先生对本书进行了认真详细的审核,并提出了许多宝贵的修改意见,在此向叶先生深表谢意。

具体编写分工如下:总论、第一章、第二章、第三章、第四章、第九章、第十章、第十一章由宁夏交通职业技术学院孙元桃编写;第五章、第六章、第七章、第八章由鲁东大学交通学院刘智儒编写,第十二章、第十三章、第十四章由山西交通职业技术学院刘三会编写。

由于编者水平有限,加之对2004年新颁布的《桥规》理解不深,教材中难免有不足和欠妥之处,恳请读者批评指正。

编　者

2005年5月

第一版前言

本教材依据全国“路桥工程学科委员会高职教材建设联络组”2001年昆明会议的决议编写而成。

高等职业教育培养的是一线岗位的应用型技术人才。随着我国社会主义市场经济的飞速发展，培养能很快适应社会需要的理论功底扎实、实践动手能力强、具有较强创新意识的高素质实用型人才是职业技术院校的任务。交通高等职业技术教育路桥专业教学研究与教材建设联络组在2001年7月的昆明会议上。对高职教材提出了具体的要求:(1)针对性与先进性;(2)实用性与可操作性;(3)综合性与科学性。本书由宁夏交通职业技术学院孙元桃主编，新疆交通职业技术学院孙发忠主审。具体编写分工如下:总论、第五章、第六章、第七章、第八章由宁夏交通职业技术学院孙元桃编写;第一章、第二章、第三章、第四章由鲁东大学交通学院刘智儒编写;第九章、第十章由安徽交通职业技术学院李玉红编写;第十一章、第十二章、第十三章由安徽交通职业技术学院吴跃梓编写。

本书于2002年5月下旬在宁夏银川审稿会上审定，参加审稿会的有人民交通出版社卢仲贤，新疆交通职业技术学院郭发忠，宁夏交通职业技术学院孙元桃、李艳东，鲁东大学交通学院刘智儒，甘肃交通职业技术学院陈彪来等6人。

本教材在编写过程中，力求符合“路桥专业高职教材编审原则”规定，体现高职教材的特点;采用国家及行业最新技术标准和技术规范，选编最新材料、工艺;理论部分以“必需、够用”为原则，注重讲清概念、基本原理和基本方法。理论内容的深度和广度高于中等职业教育的水平，但又不同于本科教材。全书在讲清基本概念和基本原理的基础上，介绍了工程设计中实用的计算方法，并列举了较多的计算实例。编写内容密切结合我国的工程实际和研究成果，力求文字简练、深入浅出以及理论联系实际。

本书在编写过程中，得到了人民交通出版社卢仲贤、甘肃交通职业技术学院陈彪来、宁夏交通职业技术学院李艳东、王家桂、牛永彪的指导和帮助，及附于书末的参考文献作者们对本书的完成给予了巨大的支持，在此一并衷心致谢。

鉴于编者的水平及能力有限，书中错误和不足在所难免，恳请读者批评指正。

编　者

2002年元月

目　录

总论

一、本课程的任务及与其他课程的关系

《结构设计原理》主要是研究钢筋混凝土、预应力混凝土、石材及混凝土(通称圬工)结构构件的设计原理。其主要内容包括如何合理选择构件截面尺寸及其联结方式,并根据承受作用的情况验算构件的承载力、稳定性、刚度和裂缝等问题,且为今后学习桥梁工程和其他道路人工构造物的设计计算奠定理论基础。本课程是属“介于基础课和专业课之间的技术基础课”。

各种桥梁结构都是由桥面板、横梁、主梁、桥墩(台)、拱、索等基本构件所组成。桥梁或道路人工构造物都要受到各种外力,例如车辆荷载、人群荷载、风荷载以及桥跨结构各部分自重力等的作用。建筑物中承受作用和传递作用的各个部件的总和统称为结构,因而结构是由若干基本构件,如以上所述的板、梁、拱圈等所组成。由这些基本构件可以组合成各种各样的桥梁及道路人工构造物。《结构设计原理》课程就是以这些基本构件为主要研究对象的一门学科。

根据构件受力特点,可将基本构件归纳为:受拉构件、受压构件、受弯构件和受扭构件等几种最基本的受力图式。在工程实际中,有些构件的受力和变形比较简单,但有些构件的受力和变形则比较复杂,常有可能是几种受力状态的组合。

在外荷载作用下,构件有可能由于承载力不足而破坏或变形过大而不能正常使用。因而,在设计基本构件时,要求构件本身必须具有一定的抵抗破坏和抵抗变形等的能力,即“承载能力”。构件承载能力的大小与构件的材料性质、几何形状、截面尺寸、受力特点、工作条件、构造特点以及施工质量等因素有关。当其他条件已经确定,如果构件的尺寸过小,则结构将有可能因产生过大的变形而不能正常使用,或因材料强度不够而导致结构的破坏。为此,如何正确地处理好作用与承载能力之间的关系,就是本课程所讨论的主要内容。

《结构设计原理》是一门重要的技术基础课。它是在学习《材料力学》、《道路建筑材料》等先修课程的基础上,结合桥梁工程中实际构件的工作特点来研究结构构件设计的一门学科。

本教材的主要内容取材于我国现行的《公路桥涵设计通用规范》(JTJ D60—2004)、《公路圬工桥涵设计规范》(JTG D61—2005)、《公路钢筋混凝土及预应力混凝土桥涵设计规范》(JTG D62—2004)。这些设计规范是我国公路桥涵结构物设计的主要依据。在学习过程中,应熟悉上述规范。只有对上述规范条文的概念、实质有了正确的理解,才能确切地应用规范的公式和条文,以充分发挥设计者的主动性和创造性。

在学习本课程时,应着重了解构件的受力特点和变形特点,以及在此基础上建立起来的符合实际受力情况的力学计算图式。由于本课程与建筑材料的实际材性有着紧密的关系,而各种建筑材料(钢、木、混凝土、石材等)的材性是各不相同的,故本课程往往要依赖于科学实验的结果。因此,在进行理论推导时,经常地要在计算公式中引进一些半理论半经验的修正系数。此外,学习本课程的另一特点是设计的多方案性。只要在保证结构设计要求的前提下,答案常常不是唯一的,而且,设计计算工作也不是一次就可以获得成功的。以上这些特点,都是

同学们在已学课程中所未曾遇到过的问题,因此必须很好地认识它,并通过不断实践才能较好地掌握本课程的内容。

根据所选用材料的不同,结构可分为:钢筋混凝土结构;预应力混凝土结构;石材及混凝土结构(圬工结构);钢结构和木结构等。当然,也可以是采用各种材料所组成的组合结构。本书主要介绍钢筋混凝土、预应力混凝土、石材及混凝土结构的材料特点及基本构件受力性能、设计计算方法和构造。

二、各种材料结构的特点及使用范围

目前国内外桥梁的发展总趋势是:轻型化、标准化和机械化。因而,对于基本构件的设计也应符合上述要求。

(一)各种材料结构的特点

1. 结构质量

为了达到增大结构跨径的目的,应力求使构件能做成薄壁、轻型和高强。钢材的单位体积质量(重度)虽大,但其强度却很高;木材的强度虽很低,但其重度却很小。如果以材料重度 γ 与容许应力$[\sigma]$之比(以 $\gamma/[\sigma]$)作为比较标准,且以钢结构质量为1.0,则其他结构的相对质量 $\gamma/[\sigma]$ 大致为,受压构件:木——1.5~2.4;钢筋混凝土——3.8~11;砖石——9.2~28。受弯构件:木——1.5~2.4;钢筋混凝土——3~10;预应力混凝土——2~3。从以上比较可以看出,在跨径较大的永久性桥梁结构中,采用预应力混凝土结构是十分合理和经济的。

2. 使用性能

从结构抗变形的能力(即刚度)、结构的延性、耐久性和耐火性等方面来说,则以钢筋混凝土结构和圬工结构较好;钢结构和木结构则都需采取适当的防护措施和定期进行保养维修。预应力混凝土结构的耐久性比钢筋混凝土结构更好,但其延性则不如钢筋混凝土结构好。

3. 建筑速度

石材及混凝土结构和钢筋混凝土结构较易就地取材;钢、木结构则易于快速施工。由于混凝土工程需要有一段时间的结硬过程,因而施工工期一般较长。尽管装配式钢筋混凝土结构可以在预制工场进行工业化成批生产,但建筑工期要比钢、木结构稍长。

(二)各种结构的使用范围

1. 钢筋混凝土结构

钢筋混凝土是由钢筋和混凝土两种材料组成的,具有易于就地取材、耐久性好、刚度大、可模性(亦即可以根据工程需要浇筑成各种几何形状)好等优点。钢筋混凝土结构的应用范围非常广泛,如各种桥梁、涵洞、挡土墙、路面、水工结构和房屋建筑等。当采用标准化、装配化的预制构件,更能保证工程质量和加快施工进度。相对于预应力混凝土结构而言,钢筋混凝土结构具有较好的延性,对抗震结构更为有利。但是,钢筋混凝土结构也有自重较大、抗裂性能差、修补困难等缺点。

2. 预应力混凝土结构

构件在承受作用之前预先对混凝土受拉区施以适当压应力的结构称为"预应力混凝土结构",因而在正常使用条件下,可以人为地控制截面上只出现很小的拉应力或不出现拉应力,从而延缓了裂缝的发生和发展,且可使高强度钢材和高等级混凝土的"高强"在结构中得到充分利用,降低了结构的自重,增大了跨越能力。目前,预应力混凝土结构在国内外得到了迅速发展,是现今桥梁工程中应用较广泛的一种结构。近年来,部分预应力混凝土结构也正在快速发展。它是介于普通钢筋混凝土结构与全预应力混凝土结构之间的一种中间状态的混凝土结构。它可以人为地根据结构的使用要求,控制混凝土裂缝的开裂程度和拉应力大小。

3. 石材及混凝土结构(圬工结构)

用胶结材料将天然石料、混凝土预制块等块材按一定规则砌筑而成的整体结构即为圬工结构。石材及混凝土结构在我国使用甚广,常用于拱圈、墩台、基础和挡土墙等结构中。

因本书主要讲述的是钢筋混凝土结构、预应力混凝土结构、石材及混凝土结构,故对钢结构、木结构的使用特性不作介绍。

三、工程结构设计的基本要求

公路桥梁应根据所在公路的使用任务、性质和将来的发展需要,按照适用、经济、安全和美观的原则进行设计,也需要根据因地制宜、就地取材、便于施工和养护的原则,合理地选用适当结构形式,同时,应尽可能地节省木材、钢材和水泥的用量,其中尤应注意贯彻节省木材的精神。

在设计结构物时,应进行全面综合考虑,严格地遵照有关的技术标准和设计规范(包括各种技术标准和技术规范的附录条文)进行设计。但对于一些特殊结构或创新结构,则可参照国家批准的专门规范或有关的先进技术资料进行设计,同时,还应进行必要的科学实验。

桥涵结构在设计基准期内应有一定的可靠度,这就要求桥涵结构的整体及其各个组成部分的构件在使用荷载作用下具有足够的承载力、稳定性、刚度和耐久性。承载力要求是指桥涵结构物在设计基准期内,它的各个部件及其联结的各个细部都符合规定的要求或具有足够的安全储备。稳定要求是指整个结构物及其各个部件在计算荷载作用下都处于稳定的平衡状态。桥涵结构物的刚度要求是指在计算荷载作用下,桥涵结构物的变形必须控制在容许范围以内。桥涵结构物的耐久性是指桥涵结构物在设计基准期内不得过早地发生破坏而影响正常使用。值得注意的是,不可片面地强调结构的经济指标而降低对结构物耐久性的要求,从而影响桥涵结构物的使用寿命或过多地增加桥涵及道路人工构造物的维修、养护、加固的费用。

因此,桥涵结构物的所有构件和联结细部都必须进行设计和验算。同时,每个工程技术人员都必须清楚地懂得,正确地处理好结构构造问题是十分重要的,这与处理好计算问题同等重要。因而,在进行结构设计时,首先应根据材料的性质、受力特点、使用条件和施工要求等情况,慎重地进行综合性分析,然后采取合理的构造措施,确定构件的几何形状和各部尺寸,并进行验算和修正。

另外,每个结构构件除应满足使用期间的承载力、刚度和稳定性要求外,还应满足制造、运输和安装过程中的承载力、刚度和稳定性要求。桥涵结构物的结构形式必须受力明确、构造简单、施工方便和易于养护等,设计时必须充分考虑当时当地的施工条件和施工可能性。设计时应充分注意我国的国情,应尽可能地采用适合当时当地情况的新材料、新工艺和新技术。

单元一　钢筋混凝土结构的基本概念及材料的物理力学性能

§1-1　钢筋混凝土结构的基本概念

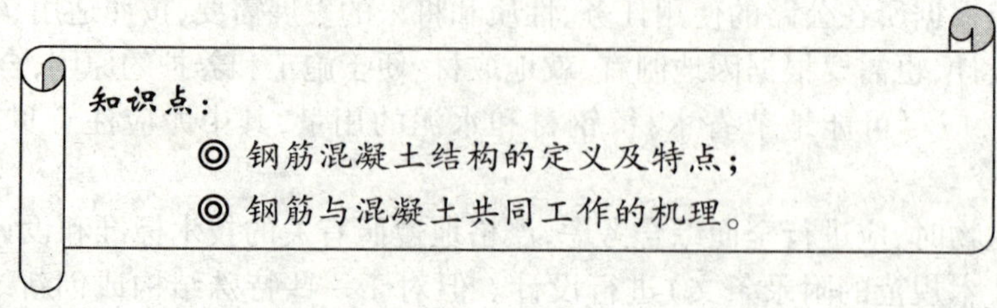

钢筋混凝土是由钢筋和混凝土这两种力学性能不同的材料结合成整体，共同承受作用的一种建筑材料。

混凝土是一种人造石料，其抗压强度很高，而抗拉强度很低（约为抗压强度的 1/18 ~ 1/8）。采用素混凝土做成的构件，例如素混凝土梁，当它承受竖向作用时，在梁的垂直截面（正截面）上将产生弯矩，中性轴以上受压，以下受拉。当作用达到某一数值 P 时，梁的受拉区边缘混凝土的拉应变达到极限拉应变，即出现竖向弯曲裂缝，这时，裂缝截面处的受拉区混凝土退出工作，该截面处的受压区高度减小，即使作用不增加，竖向弯曲裂缝也会急速向上发展，导致梁骤然断裂。这种破坏是很突然的，也就是说，当作用达到 P 的瞬间，梁立即发生破坏。P 为素混凝土梁受拉区出现裂缝时的作用（荷载），一般称为素混凝土梁的抗裂荷载，也是素混凝土梁的破坏荷载。由此可见，素混凝土梁的承载能力是由混凝土的抗拉强度控制的，而受压区混凝土的抗压强度远未被充分利用。在制造混凝土梁时，倘若在梁的受拉区配置适量的抗拉强度高的纵向钢筋，就构成钢筋混凝土梁。试验表明，和素混凝土梁有相同截面尺寸的钢筋混凝土梁承受竖向作用时，作用略大于 P 时梁的受拉区仍会出现裂缝。在出现裂缝的截面处，受拉区混凝土虽退出工作，但配置在受拉区的钢筋几乎承担了全部的拉力。这时，钢筋混凝土梁不会像素混凝土梁那样立即断裂，仍能继续工作，直至受拉钢筋的应力达到屈服强度，继而受压区的混凝土也被压碎，梁才被破坏。因此，钢筋混凝土梁中混凝土的抗压强度和钢筋的抗拉强度都能得到充分的利用，承载能力可较素混凝土梁提高很多。

混凝土的抗压强度高，常用于受压构件。若在构件中配置抗压强度高的钢筋来构成钢筋混凝土受压构件，试验表明，和素混凝土受压构件截面尺寸及长细比相同的钢筋混凝土受压构件，不仅承载能力大为提高，而且受力性能得到改善。在这种情况下，钢筋主要是协助混凝土来共同承受压力。

综上所述，根据构件受力状况配置钢筋构成钢筋混凝土构件后，可以充分发挥钢筋和混凝土各自的材料力学特性，把它们有机地结合在一起共同工作，提高了构件的承载能力，改善了构件的受力性能。钢筋用来代替混凝土受拉（受拉区混凝土出现裂缝后）或协助混凝土受压。

钢筋和混凝土这两种受力力学性能不同的材料之所以能有效地结合在一起共同工作，主要机理是：

(1)混凝土和钢筋之间有良好的黏结力，使两者能可靠地结合成一个整体，在荷载作用下能够很好地共同变形，完成其结构功能。

(2)钢筋和混凝土的温度线膨胀系数也较为接近(钢筋为 1.2×10^{-5}/℃，混凝土为 $1.0\times10^{-5}\sim1.5\times10^{-5}$/℃)，因此，当温度变化时，不致产生较大的温度应力而破坏两者之间的黏结。

(3)混凝土包裹在钢筋的外围，可以防止钢筋的锈蚀，保证了钢筋与混凝土的共同工作。

钢筋混凝土除了能合理地利用钢筋和混凝土两种材料的特性外，还有下述一些优点：

(1)在钢筋混凝土结构中，混凝土的强度是随时间而不断增长的，同时，钢筋被混凝土所包裹而不致锈蚀，所以，钢筋混凝土结构的耐久性是较好的。钢筋混凝土结构的刚度较大，在使用荷载作用下的变形较小，故可有效地用于对变形要求较严格的建筑物中。

(2)钢筋混凝土结构既可以整体现浇也可以预制装配，并且可以根据需要浇制成各种形状和截面尺寸的构件。

(3)钢筋混凝土结构所用的原材料中，砂、石所占的比重较大，而砂、石易于就地取材，可以降低工程造价。

当然，钢筋混凝土结构也存在一些缺点，如：钢筋混凝土结构的截面尺寸一般较相应的钢结构大，因而自重较大，这对于大跨度结构是不利的；抗裂性能较差，在正常使用时往往是带裂缝工作的；施工受气候条件影响较大，并且施工中需耗用较多木材；修补或拆除较困难等。

钢筋混凝土结构虽有缺点，但毕竟有其独特的优点，所以广泛应用于桥梁工程、隧道工程、房屋建筑、铁路工程以及水工结构工程、海洋结构工程等。随着钢筋混凝土结构的不断发展，上述缺点已经或正在逐步加以改善。

§1-2 钢筋混凝土的组成材料

课题一 混凝土

① 混凝土的立方体强度和轴抗压(拉)强度；
② 混凝土变形类型及特点；
③ 混凝土徐变的概念及规律；
④ 混凝土的收缩特性。

钢筋混凝土是由钢筋和混凝土这两种力学性能不同的材料所组成。为了正确合理地进行钢筋混凝土结构的设计，必须深入了解钢筋混凝土结构及其构件的受力性能和特点。而对于混凝土和钢筋材料的物理力学性能(强度和变形的变化规律)的了解，则是掌握钢筋混凝土结构的构件性能、分析和设计的基础。

一、混凝土的强度

1. 混凝土的立方体强度

混凝土的立方体抗压强度是一种在规定的统一试验方法下衡量混凝土强度的基本指标。我国标准试件取用边长相等的混凝土立方体。这种试件的制作和试验均比较简便,而且离散性较小。

我国《桥规》(JTG D62—2004)规定以每边边长为150mm的立方体试件,在标准养护条件下养护28d,依照标准试验方法测得的具有95%保证率的抗压强度值(以MPa计)作为混凝土的立方体抗压强度标准值($f_{cu,k}$),同时用此值来表示混凝土的强度等级,并冠以"C"。如C30,则表示为30级混凝土,"30"表示该级混凝土立方体抗压强度的标准值为30MPa。

混凝土立方体抗压强度与试验方法有密切关系。在通常情况下,试验机承压板与试件之间将产生阻止试件向外自由变形的摩阻力,阻滞了裂缝的发展,从而提高了试块的抗压强度。如果在承压板与试件之间涂油脂润滑剂,则试验加压时摩阻力将大为减小。规范上规定采用的是不加润滑剂的试验方法。

混凝土的立方体抗压强度还与试件尺寸有关。试验表明,立方体试件尺寸愈小,摩阻力的影响愈大,测得的强度也愈高。在实际工程中也有采用边长为200mm和边长为100mm的混凝土立方体试件,则所测得的立方体强度应分别乘以换算系数1.05和0.95来折算成边长为150mm的混凝土立方体抗压强度。

混凝土的立方体抗压强度的标准值又被称为混凝土的强度等级。用于公路桥梁承重部分的混凝土强度等级有C15、C20、C25、C30、C35、C40、C45、C50、C55、C60、C65、C70、C75和C80等。钢筋混凝土构件的混凝土强度等级不宜低于C20;当采用HRB400、KL400级钢筋时,混凝土强度等级不宜低于C25;预应力混凝土构件不应低于C40。

2. 混凝土轴心抗压强度(棱柱体抗压强度)

通常钢筋混凝土构件的长度比它的截面边长要大得多,因此棱柱体试件(高度大于截面边长的试件)的受力状态更接近于实际构件中混凝土的受力情况。工程中通常用高宽比为3~4的棱柱体,按照与立方体试件相同条件下制作和试验方法测得的具有95%保证率的棱柱体试件的极限抗压强度值,作为混凝土轴心抗压强度,用f_{ck}表示。

试验表明,棱柱体试件的抗压强度较立方体试块的抗压强度低。混凝土的轴心抗压强度试验以150mm×150mm×450mm的试件为标准试件。

通过大量棱柱体抗压试验结果发现,f_{ck}与$f_{cu,k}$的关系大致呈一直线,见图1-1。

3. 混凝土的轴心抗拉强度f_{tk}

混凝土的抗拉强度和抗压强度一样,都是混凝土的基本强度指标。但是混凝土的轴心抗拉强度很低,一般约为立方体强度的1/18~1/8。为此,在进行钢筋混凝土结构强度计算时,总是考虑受拉区混凝土开裂后退出工作,拉应力全部由钢筋来承受,这时,混凝土的抗拉强度没有实际意义。但是,对于不容许出现裂缝的结构,就应考虑混凝土的抗拉能力,并以混凝土的轴心抗拉极限强度作为混凝土抗裂强度的重要指标。

测定混凝土轴心抗拉强度的方法有两种:一种是直接测试方法,如图1-2所示,对两端预埋钢筋的长方体试件(钢筋位于试件轴线上)施加拉力,试件破坏时的平均拉应力,即为混凝土的轴心抗拉强度。这种测试对试件尺寸及钢筋位置要求较严。

另一种为间接测试方法,如劈裂试验(图1-3),试件采用立方体或圆柱体,试件平放在压力机上，通过垫条施加线集中力 P，试件破坏时，在破裂面上产生与该面垂直且均匀分布的拉应力，当拉应力达到混凝土的抗拉强度时，试件即被劈裂成两半。

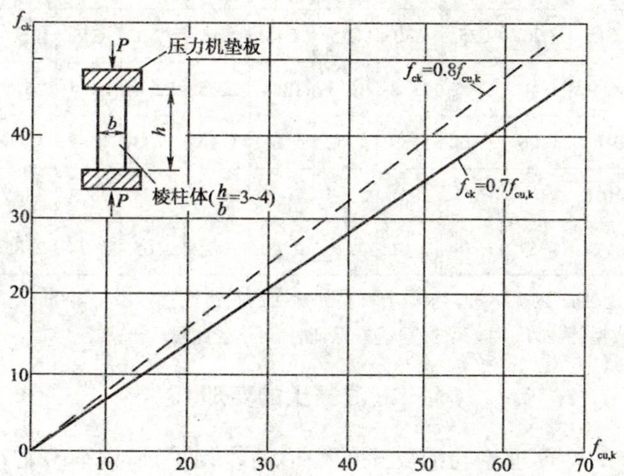

图 1-1　混凝土棱柱体抗压强度 f_{ck} 与立方体抗压强度 $f_{cu,k}$ 的关系

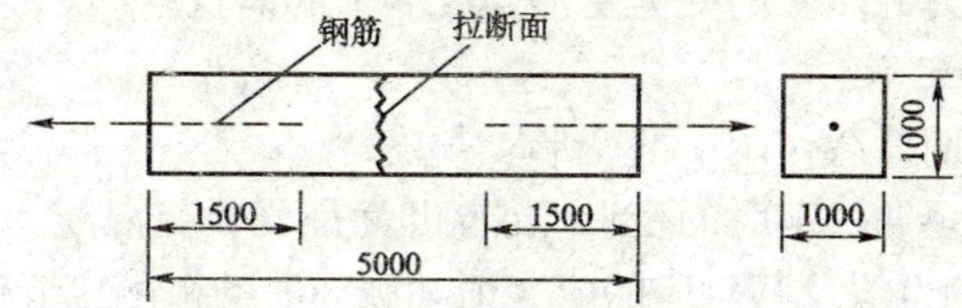

图 1-2　混凝土轴心抗拉强度直接测试试件(尺寸单位:mm)

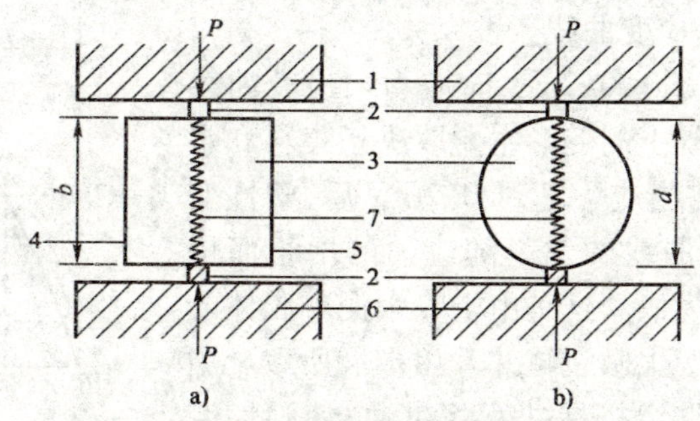

图 1-3　用劈裂法试验混凝土抗拉强度示意图

a)用立方体进行劈裂试验;b)用圆柱进行劈裂试验

1-压力机上压板;2-垫条;3-试件;4-浇模顶面;5-浇模底面;6-压力机下压板;7-试件破裂线

4. 混凝土轴心抗压(拉)强度标准值与设计值

材料强度标准值是考虑到同一批材料实际强度有时大有时小的这种离散性，为了统一材料质量要求而规定的材料极限强度的值。在分析大量试验结果的基础上，通过数理统计，根据结构的安全和经济条件，选取某一个具有 95% 保证率的强度值，作为混凝土强度的标准值。《桥规》(JTG D62—2004)推荐的混凝土强度标准值与混凝土立方体抗压强度标准值存在着一定的折算关系。

混凝土强度设计值主要用于承载能力极限状态设计的计算。概率极限状态设计方法规定强度设计值应用标准值除以材料分项系数而得。混凝土的材料分项系数 $\gamma_c=1.4$。

不同强度等级混凝土强度设计值与强度标准值见表 1-1。

混凝土强度设计值和标准值(MPa)　　表 1-1

强度种类		符号	混凝土强度等级													
			C15	C20	C25	C30	C35	C40	C45	C50	C55	C60	C65	C70	C75	C80
强度设计值	轴心抗压	f_{cd}	6.9	9.2	11.5	13.8	16.1	18.4	20.5	22.4	24.4	26.5	28.5	30.5	32.4	34.6
	轴心抗拉	f_{td}	0.88	1.06	1.23	1.39	1.52	1.65	1.74	1.83	1.89	1.96	2.02	2.07	2.10	2.14
强度标准值	轴心抗压	f_{ck}	10.0	13.4	16.7	20.1	23.4	26.8	29.6	32.4	35.5	38.5	41.5	44.5	47.4	50.2
	轴心抗拉	f_{tk}	1.27	1.54	1.78	2.01	2.20	2.40	2.51	2.65	2.74	2.85	2.93	3.00	3.05	3.10

注:计算现浇钢筋混凝土轴心受压和偏心受压构件时,如截面的长边或直径小于300mm,表中数值应乘以系数0.8;当构件质量(混凝土成型、截面和轴线尺寸等)确有保证时,可不受此限。

二、混凝土的变形

钢筋混凝土结构的计算理论与混凝土的变形性能相关,所以研究混凝土的变形,对于掌握钢筋混凝土结构设计计算方法是很重要的。

混凝土的变形可分为混凝土的受力变形与混凝土的体积变形。

(一)混凝土的受力变形

1. 混凝土在一次短期荷载作用下的变形

研究混凝土在一次短期加荷时的变形性能,也就是要研究混凝土受压时的应力—应变曲线形状、曲线中的最大应力值及其对应的应变值和破坏时的极限应变值。

据实验资料可得图1-4所示的混凝土棱柱体一次短期加荷轴心受压的应力—应变曲线。

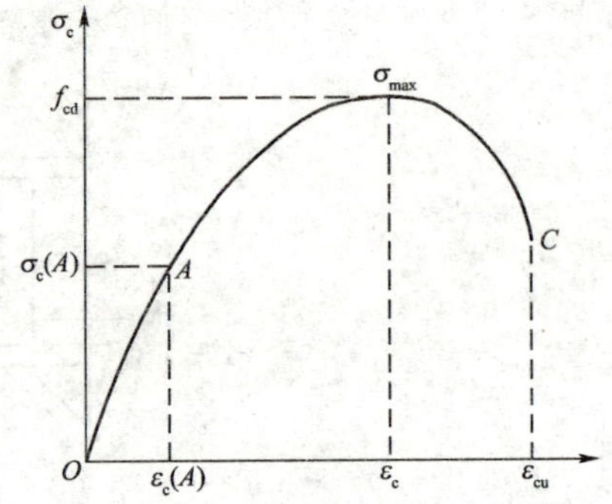

图1-4　混凝土一次短期加荷(压)时的应力—应变曲线

在曲线开始部分,即$\sigma_c \leqslant 0.2\sigma_{max}$时应力与应变曲线近似呈线性关系,此时混凝土的变形主要取决于集料和水泥在受压后的弹性变形。当应力超过$0.2\sigma_{max}$后,塑性变形渐趋明显,应力—应变曲线的曲率随应力的增长而增大,且应变的增长较应力为快。这是由于除水泥凝胶体的黏性流动外,混凝土中已产生微裂缝并开始扩展所致。当$\sigma_c \geqslant 0.75\sigma_{max}$时,微裂缝继续扩展并互相贯通,使塑性变形急剧增长,最后在σ_c接近σ_{max}时,混凝土内部微裂缝转变为明显的纵向裂缝,试件的抗力开始减小。此时混凝土试件所承受的最大应力σ_{max}即为棱柱体强度f_{ck},其相应的应变值$\varepsilon_c = 0.0008 \sim 0.003$(计算时取$\varepsilon_c = 0.002$)。曲线$0 \sim \sigma_{max}$段称为此应力—应变曲线的“上升段”。

由于加荷,试验机本身变形而积存了弹性应变能。早期的试验机刚度较小,它所积存的弹性应变能就较大,当试件加荷到σ_{max}后,试验机因混凝土抗力减小,而一下子把能量释放出来,对试件施加了附加应变,使试件发生急速的崩坏,所测得的应力—应变曲线只有上升段;现在的试验机采用了先进技术,其刚度大,它所积存的弹性应变能较小,当试件加荷到σ_{max}时,试件还不会立即破坏。如果试验机不再加荷而是缓慢地卸荷,试件应力逐渐减小,但是试验机还在释放能量,致使试件仍在持续地变形,使应力—应变曲线形成“下降段”,直至下降段末端C,试件才完全破坏。C点相应的应变即为混凝土受压极限应变ε_{cu}。一般情况下,$\varepsilon_{cu} = 0.002 \sim$

0.006，有时甚至可达0.008。对高强度(如C50和C60)混凝土，由于其脆性性质，没有这种下降段或下降段很不明显。

试验证明，混凝土塑性变形的大小与加荷速度及荷载持续时间有密切关系。在瞬时荷载作用下，比如，当每级荷载持续时间少于0.001s时，所记录的变形完全为弹性变形，应力—应变呈直线关系。这时荷载持续时间愈长，试件变形愈大，应力—应变曲线的曲率也就愈大。

混凝土的一次短期加荷轴心受拉应力—应变曲线与轴心受压类似，但比受压应力—应变曲线的曲率变化小，受拉极限应变 $\varepsilon_c = 0.0001 \sim 0.00015$，仅为受压极限应变的1/20～1/15，这也是混凝土受拉时容易开裂的原因。

2. 混凝土在多次重复荷载作用下的变形

图1-5a)表示混凝土棱柱体在一次加载卸载时的应力—应变曲线，加载曲线$\widehat{OA}$凹向ε轴，而卸载曲线$\widehat{AB}$凸向ε轴，当荷载全部卸完一瞬间，卸载曲线$\widehat{AB}$的末端为B点，如果停留一段时间再量测试件应变，则发现还有很小的变形可以恢复，也即由B点到B'点，则BB'的恢复应变称为混凝土的弹性后效，$B'O$称为试件残余应变。图1-5b)表示混凝土棱柱体多次重复荷载作用下的应力—应变曲线，当受压重复荷载引起的最大应力[图1-5b)]中的σ_1或σ_2不超过$0.5f_{cd}$时，随着反复加、卸载次数的增加，加载曲线的曲率亦逐渐减小。经4～10次循环后，塑性变形基本完成，而只有弹性变形，混凝土的应力—应变曲线逐渐接近于直线，并大致平行于一次加载曲线通过原点的切线。当应力如图1-5b)中的σ_3超过$0.5f_{cd}$时，开始也是经若干次循环后，应力—应变关系变成直线。但若继续循环下去，将重复出现塑性变形，且应力—应变曲线向相反方向弯曲，直至循环到一定次数，由于塑性变形的不断扩展，导致构件破坏。这种情况称为疲劳破坏。试验证明，重复荷载引起的应力愈大，试验达到疲劳所需的循环次数则愈少。

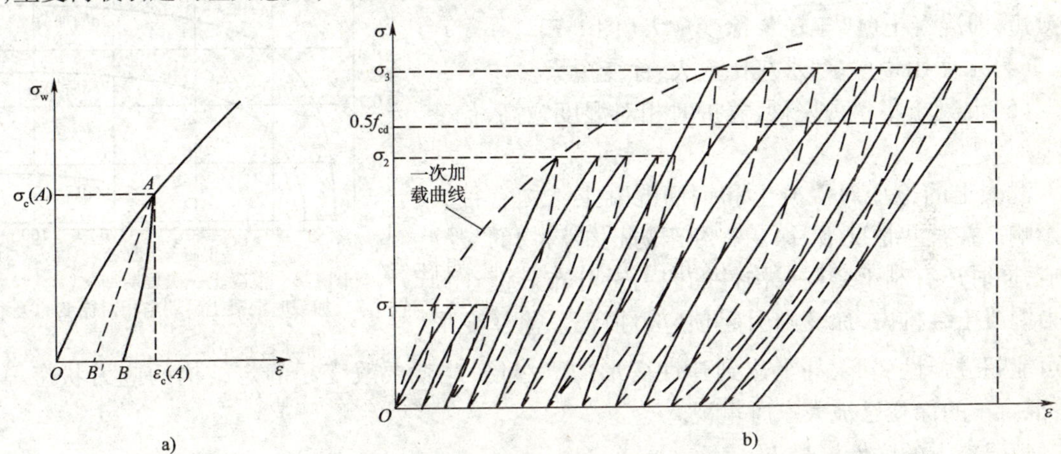

图1-5　混凝土在重复荷载下的应力—应变曲线

a)一次加载卸载；b)多次加载卸载

对于由混凝土组成的桥涵结构，通常要求能承受两百万次的反复荷载作用。经受两百万次反复变形而破坏的应力即称为混凝土的疲劳强度(f_P)。混凝土的疲劳强度约为其棱柱体强度的50%，即$f_P \approx 0.5f_{cd}$。

3. 混凝土在长期荷载作用下的变形

在混凝土棱柱体试件上加荷，试件产生压应变，如果维持荷载不变，若干时间后，混凝土的应变还在继续增加。**混凝土在荷载长期作用下**(即压力不变的情况下)，**应变随时间继续增长**

的现象称为混凝土的徐变。

混凝土的徐变具有如下规律：

(1)混凝土的徐变与混凝土的应力大小有着密切的关系，应力愈大，徐变也愈大。当应力较小($\sigma_c < 0.5f_{cd}$)时，徐变与应力成正比，这种情况称为线性徐变。

(2)混凝土的徐变与时间参数有关。图1-6为混凝土试件的应变—时间关系曲线，图中纵标A为加荷过程中完成的变形，称为瞬变；纵标B为荷载不变情况下产生的徐变，纵标C为试件产生的总变形。试件在受荷后的前3~4个月，徐变发展最快，可达徐变总值的45%~50%。当长期荷载引起的应力$\sigma_c < (0.5 \sim 0.55)f_{cd}$时，徐变的发展符合渐进线规律。徐变全部完成则需4~5年。当长期荷载卸去后，变形一部分恢复，如图1-6中的D，另一部分如图1-6中的E，则在相当长的时间内逐渐恢复，这又称弹性后效。图1-6中的F为最后的残余变形。

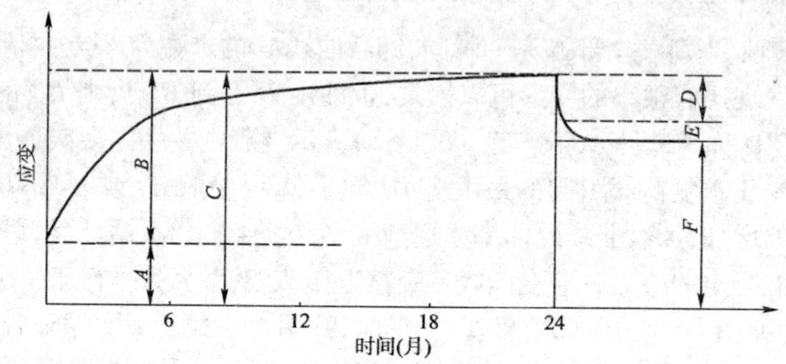

图1-6　混凝土在长期不变荷载作用下应变随时间的增长图

(3)加荷龄期对徐变也有重要影响。混凝土加载龄期愈短，即混凝土愈"年轻"，徐变愈大(图1-7)。

(4)水泥用量愈多，水灰比愈大，徐变愈大。

(5)混凝土集料愈坚硬、养护时相对湿度愈高，徐变愈小。

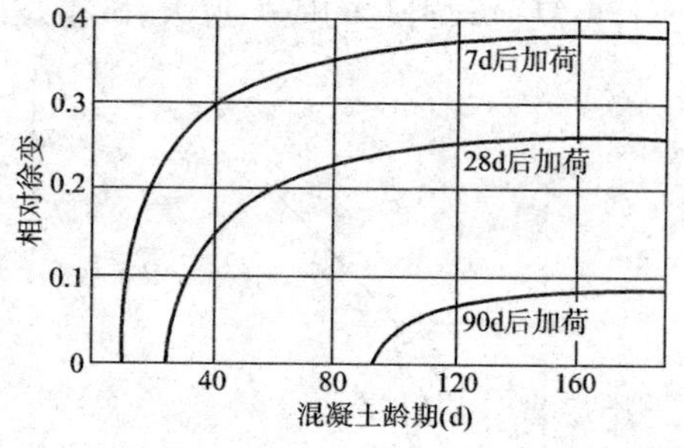

图1-7　加载时混凝土龄期与相对徐变的关系

混凝土的徐变对混凝土和钢筋混凝土结构有很大的影响。在某些情况下，徐变有利于防止结构物的裂缝形成，同时还有利于结构或构件的内力重分布。但在预应力混凝土结构中，徐变则引起预应力损失。徐变变形还可能超过弹性变形，甚至达到弹性变形的2~4倍，这就要改变超静定结构的应力状态。所以，混凝土的徐变已被大家所重视。

4. 混凝土的弹性模量E_c

在计算超静定结构的内力、钢筋混凝土结构的变形和预应力混凝土构件截面的预压应力时，就要用到混凝土的弹性模量。

作为弹塑性材料的混凝土，其应力与应变的关系是一条曲线，其应力增量与应变增量的比值，即为混凝土的变形模量。它不是常数，随混凝土的应力变化而变化。显然，混凝土的变形模量在使用上很不方便。为了在工程上较实用，人们近似地取用应力—应变曲线在原点O的切线斜率作为混凝土的弹性模量，并用E_c表示。而混凝土应力—应变曲线原点O的切线斜率的准确值不易从一次加荷的应力—应变曲线上求得，我国工程上所取用的混凝土受压弹性模

量 E_c 数值是在重复加荷的应力—应变曲线上求得的。试验采用棱柱体试件，加荷产生的最大压应力选取 $\sigma_c = (0.4 \sim 0.5) f_{cd}$，反复加荷卸荷 5 ~ 10 次后，混凝土受压应力—应变关系曲线基本上接近直线，并大致平行于相应的原点切线，则取该直线的斜率作为混凝土受压弹性模量 E_c 的数值。

根据试验资料，混凝土受压弹性模量的经验公式为：

$$E_c = \frac{10^5}{2.2 + \frac{34.74}{f_{cu,k}}} \tag{1-1}$$

式中：$f_{cu,k}$——混凝土立方体抗压强度标准值。

试验结果表明，混凝土的受拉弹性模量与受压弹性模量十分相近，其比值平均为 0.995。实用时可取受拉弹性模量等于受压弹性模量。混凝土弹性模量 E_c 按表 1-2 取用。

混凝土的弹性模量 E_c(MPa) 表 1-2

混凝土强度等级	C15	C20	C25	C30	C35	C40	C45	C50	C55	C60	C65	C70	C75	C80
E_c	2.20×10^4	2.55×10^4	2.80×10^4	3.00×10^4	3.15×10^4	3.25×10^4	3.35×10^4	3.45×10^4	3.55×10^4	3.60×10^4	3.65×10^4	3.70×10^4	3.75×10^4	3.80×10^4

注：当采用引气剂及较高砂率的泵送混凝土且无实测数据时，表中 C50 ~ C80 的 E_c 值应乘以折减系数 0.95。

混凝土剪变模量 G_c 可由弹性理论求得：

$$G_c = \frac{E_c}{2(1 + \nu_c)} \tag{1-2}$$

式中：ν_c——混凝土的横向变形系数（即泊松比），《桥规》(JTG D62—2004) 规定取 $\nu_c = 0.2$，则 $G_c = 0.4E_c$。

（二）混凝土的体积变形

混凝土的收缩与膨胀属于混凝土的体积变形。

混凝土在空气中结硬时体积减小的现象称为混凝土的收缩。产生收缩的原因主要是混凝土在凝结硬化过程中的化学反应所产生的"凝缩"和混凝土自由水分的蒸发所产生的"干缩"两部分所引起的混凝土体积变化。

混凝土的收缩与许多因素有关。混凝土中的水泥用量愈多、水泥强度等级愈高、水灰比愈大，混凝土的收缩就愈大；混凝土中的集料质量愈好、浇捣混凝土愈密实、在养生结硬过程中周围湿度愈高，混凝土收缩就愈小。

实践证明，混凝土从开始凝结起就产生收缩，有时它可延续一二十年，一般在最初半年内收缩量最大，可完成全部收缩量的 80% ~ 90%。

混凝土的收缩对钢筋混凝土结构会产生有害影响，常造成收缩裂缝。特别是一些长度大但截面尺寸小的构件或薄壁结构，如果在制作和养护时不采取预防措施，严重的会在交付使用前就因收缩裂缝而破坏。为此，在施工时应控制混凝土材料的水灰比和水泥用量等各项指标并加强养护。必要时应设置变形缝和防收缩钢筋，以防止和限制因混凝土收缩而引起的裂缝开展。

混凝土在水中结硬时，体积则膨胀。膨胀值一般比收缩值小得多，且常起有利作用，因此在计算中不予考虑。

① 热轧带肋(光圆)钢筋、冷轧带肋钢筋、余热处理钢筋和钢丝的表示方法;

② 钢筋的应力—应变曲线;

③ 钢筋强度的标准值和设计值。

一、钢筋的种类

工程中所用钢筋按其外形可分为光面圆钢筋、带肋钢筋(定义见后文)(见图1-8)、钢丝及钢绞线。

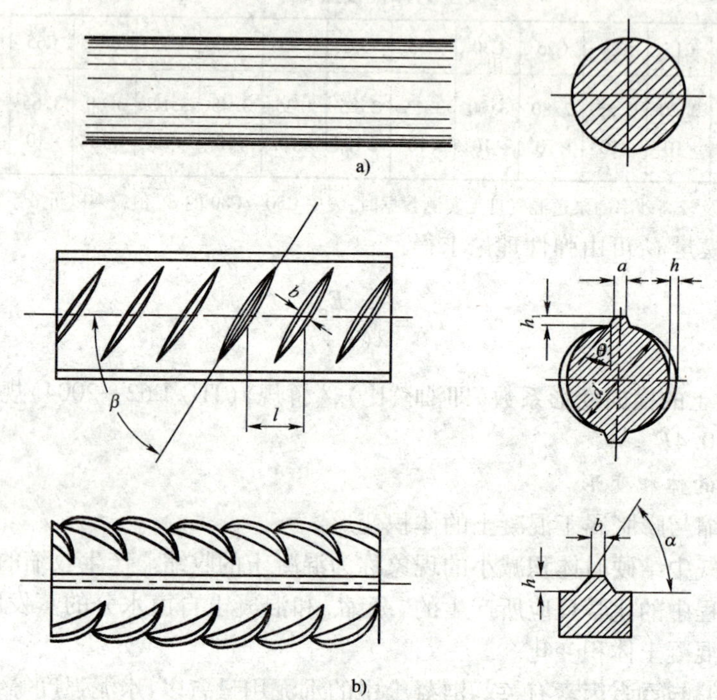

图 1-8　钢筋的形状

a)光面圆钢筋;b)月牙肋钢筋

d-钢筋内径;α-横肋斜角;h-横肋高度;β-横肋与轴线夹角;h_1-纵肋高度;θ-纵肋斜角;a-纵肋顶宽;l-横肋间距;b-横肋顶宽

按其所用钢料品种不同可分为普通碳素钢、普通低合金钢。

1. 碳素钢

此种钢为铁碳合金,以铁为基体。在一定程度上,钢筋强度随含碳量的增加而提高。当含碳量提高后则钢筋的可焊性下降,脆性也增加。根据含碳量的多少,可分为低碳钢(含碳 <0.25%),中碳钢(含碳 <0.25% ~0.60%),高碳钢(含碳 >0.60%)。低碳钢俗称软钢,中碳钢、高碳钢俗称硬钢。

2. 普通低合金钢

此种钢是在普通碳素钢中加入少量的合金元素如 Si(硅)、Mn(锰)、V(钒)、Ti(钛)、B

(硼)等。由于加入了合金元素,普通低合金钢虽含碳量高,强度高,但是其拉伸应力—应变曲线仍具有明显的流幅。

钢筋按其生产工艺、机械性能和加工条件,可分为热轧带肋钢筋、热轧光圆钢筋、余热处理钢筋、冷轧带肋钢筋及钢丝。

1. 热轧带肋钢筋

横截面通常为圆形,且表面通常带有两条纵肋和沿长度方向均匀分布的横肋的钢筋。

热轧带肋钢筋按牌号分为 HRB335、HRB400、HRB500 三种。热轧带肋钢筋的牌号由 HRB 和钢筋的屈服点最小值构成。H、R、B 分别为热轧(Hot rolled)、带肋(Ribbed)、钢筋(Bars)三个词的英文首位字母。

2. 热轧光圆钢筋

横截面通常为圆形且表面光滑的钢筋。

热轧光圆钢筋的牌号为 Q235,强度等级代号为 R235。

3. 冷轧带肋钢筋

热轧圆盘条经冷轧后,在其表面带有沿长度方向均匀分布的三面或二面横肋的钢筋。

冷轧带肋钢筋按牌号分为 CRB550、CRB650、CRB800、CRB970、CRB1170 五种。其中,CRB550 为普通钢筋混凝土用钢筋,其他牌号为预应力混凝土用钢筋。C、R、B 分别为冷轧(Cold rolled)、带肋(Ribbed)、钢筋(Bars)三个词的英文首位字母。冷轧带肋钢筋的牌号由 CRB 和钢筋的抗拉强度最小值构成。

4. 余热处理钢筋

热轧后立即浸水,进行表面控制冷却,然后利用芯部余热自身完成回火处理所得的成品钢筋为带肋钢筋。

余热处理钢筋(带肋)的牌号为 KL400(K 为"控制"的汉语拼音字头)。

5. 钢丝

钢丝按外形分为光圆、螺旋肋、刻痕三种,其代号分别为 P、H、I。

钢丝按加工状态分为冷拉钢丝和消除应力钢丝两类。消除应力钢丝按松弛性能又分为低松弛级钢丝和普通松弛级钢丝,其代号分别为 WCD(冷拉钢丝)、WLR(低松弛钢丝)和 WNR(普通松弛钢丝)。它们属于硬钢类,钢丝的直径愈细,极限强度愈高。它们都作为预应力钢筋使用。

冷拉钢丝:用盘条通过拔丝模或轧辊经冷加工而成产品,以盘卷供货的钢丝。

消除应力钢丝:按下述一次性连续处理方法之一生产的钢丝。

(1)钢丝在塑性变形下(轴应变)进行的短时热处理,得到的应是低松弛钢丝。

(2)钢丝通过矫直工序后在适当温度下进行的短时热处理,得到的应是普通松弛钢丝。

螺旋肋钢丝:钢丝表面沿着长度方向上具有规则间隔的肋条。

刻痕钢丝:钢丝表面沿着长度方向上具有规则间隔的压痕。

另外,《桥规》(JTG D62—2004)推荐,用于预应力混凝土桥梁结构的钢筋主要选取热轧钢筋、碳素钢丝和精轧螺纹钢筋。

精轧螺纹钢筋是按企业标准(Q/YB—3125—96)和(Q/ASB 116—1997)生产的高强钢筋,直径规格有 $d=18$mm、25mm、32mm 和 40mm 四种。其强度较高,主要用于中小跨径的预应力混凝土桥梁构件。

二、钢筋的主要力学性能

（一）钢筋的应力—应变曲线

软钢与硬钢的力学性能是大不相同的，可从其拉伸应力—应变曲线的分析得知。

软钢（低碳钢）的应力—应变曲线如图1-9所示。加荷开始，曲线在A点以前，应力与应变按比例增加，彼此呈线性关系。A点对应的应力，称之为比例极限。曲线上从O至A这一阶段称为钢筋的弹性阶段，应力与应变的比值为常数，即为钢筋的弹性模量E_s；曲线通过A点以后，由曲线形状的变化看出，应变较应力增长为快，至B点应力不再增加而应变继续增加，钢筋产生了塑性变形。图形中水平段BB'称为流幅或屈服台阶，相应于B点的应力（σ_b），称之为钢筋的屈服强度。曲线上从A至B'这一阶段称为钢筋的屈服阶段。曲线通过B'点后，应力与应变值又开始上升，钢筋开始强化，至曲线最高点C，C点对应的应力（σ_c）称之为钢筋的抗拉极限强度。曲线上从B'至C这一阶段称为钢筋的强化阶段。曲线通过C点后，钢筋应变急剧增加，产生颈缩现象，至D点钢筋断裂，拉伸试验至此结束。曲线上从C至D这一阶段称为破坏阶段。

考虑到钢筋达到屈服强度后，钢筋变形渐增，引起构件变形过大，以致不能使用，所以在实际应用过程中取用软钢的屈服强度作为软钢钢筋设计强度的依据。

硬钢的应力—应变曲线如图1-10所示。因曲线本身无明显的屈服台阶，所以硬钢没有明确的屈服极限。在实际应用过程中取残余应变为0.2%时的应力作为假定的屈服点，用$\sigma_{0.2}$表示。$\sigma_{0.2}$相当于它的极限强度的0.7～0.85倍，多称为条件屈服点，又称协定流限。《桥规》（JTG D62—2004）规定：取$\sigma_{0.2}=0.85\sigma_b$。

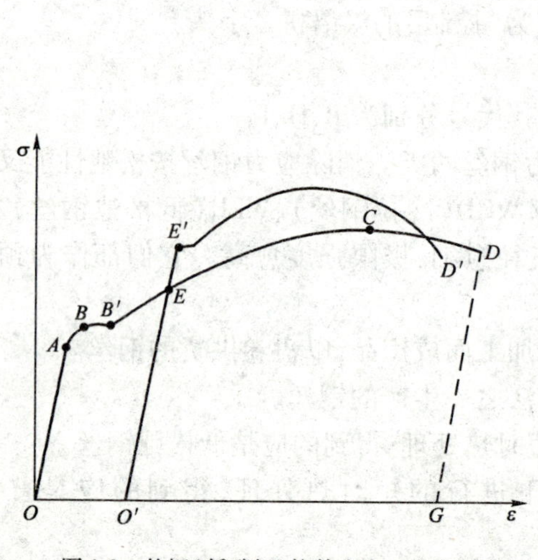

图1-9　软钢（低碳钢）拉伸应力—应变图

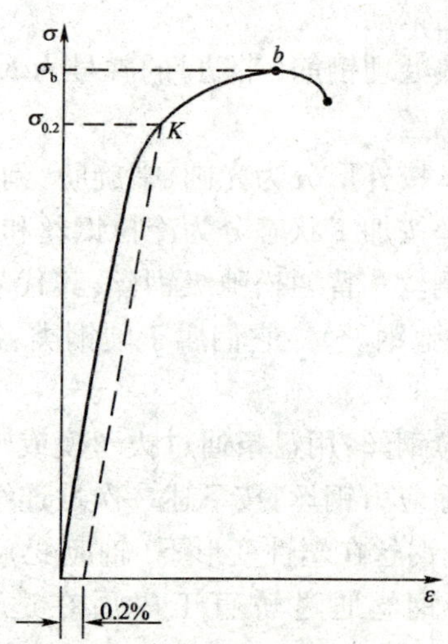

图1-10　硬钢拉伸应力—应变图

钢筋的屈服台阶大小，随钢筋的品种而异。钢筋的屈服极限低，其屈服台阶大；屈服极限高，其屈服台阶小。屈服台阶大的钢筋延伸率大，塑性好，配有这种钢筋的钢筋混凝土构件，破坏前有明显预兆；无屈服点的钢筋或屈服台阶小的钢筋，延伸率小，塑性差，配有这种钢筋的构件，破坏前无明显预兆，破坏突然，属于脆性破坏。

（二）钢筋的弹性模量

钢筋的弹性模量是一项很稳定的材料常数。即使强度级别相差很大的钢筋，弹性模量却很接近，而且强度高的钢筋，弹性模量反而偏低。各种类型钢筋的弹性模量见表1-3。

钢筋的弹性模量（MPa）　　表1-3

钢筋种类	E_s	钢筋种类	E_P
R235	2.1×10^5	消除应力光面钢丝、螺旋肋钢丝、刻痕钢丝	2.05×10^5
HRB335、HRB400、KL400、精轧螺纹钢筋	2.0×10^5	钢绞线	1.95×10^5

注：E_s 为普通钢筋的弹性模量；E_P 为预应力钢筋的弹性模量。

（三）钢筋的冷作硬化

经过机械冷加工使钢筋产生塑性变形以后，钢筋的屈服极限和抗拉极限强度会提高，但塑性和弹性模量会降低，这种现象称为钢筋的冷作硬化（变形硬化或冷加工硬化）。

冷加工后的钢材随时间的延长而逐渐硬化的倾向，称为时效。一般情况下，时效是个缓慢的过程。但在人工加热的条件下，时效可以在很短的时间内完成。在常温下产生的时效称为自然时效，人工加热后出现的时效称为人工时效。冷加工钢筋经人工时效后，不但强度可得到进一步提高，而且弹性模量也可以恢复到冷加工以前的数值。

人们掌握了钢筋冷作硬化和时效的规律以后，便可利用这些规律来提高钢材的强度，以达到节约钢材的目的。

工程上常用的冷加工钢筋的方法主要有冷拉和冷拔两种。冷拉是将热轧钢筋张拉到强化阶段中的点 E（见图1-9），然后卸荷回到 O'，经过时效后，再加荷。此时由拉伸应力—应变曲线 $O'E'D'$ 中可明显看出钢筋的屈服点 E' 比原来的屈服点 B 有所提高，反映了钢筋新的硬化特征；冷拔是使热轧钢筋强行通过小于原钢材直径的拔丝模，使钢筋在纵向拉伸的同时还增加了横向挤压，因而硬化的时效更加显著，所以冷拔比冷拉提高的强度要大。但冷拔钢丝的塑性变形能力很差，作为纵向主筋时，往往具有脆性破坏的特征，这是一个值得注意的问题。

（四）钢筋的强度标准和设计值

为了保证钢材的质量，根据可靠度要求，《桥规》（JTG D62—2004）规定，普通钢筋抗拉强度标准值，取用现行国家标准的钢筋屈服点，具有不小于95%保证率的抗拉强度。普通钢筋的强度标准值 f_{sk} 见表1-4。

按承载能力极限状态计算时，采用钢筋的强度设计值。强度设计值为钢筋强度标准值 f_{sk} 除以材料强度分项系数后的值。普通钢筋的强度分项系数 $\gamma_s=1.2$。普通钢筋强度设计值见表1-4。

普通钢筋强度标准值和设计值（MPa）　　表1-4

钢筋种类	符号	钢筋抗拉强度标准值 f_{sk}	钢筋抗拉强度设计值 f_{sd}	钢筋抗压强度设计值 f'_{sd}
R235　$d=8\sim20$	ϕ	235	195	195
HRB335　$d=6\sim50$	Φ	335	280	280
HRB400　$d=6\sim50$	Φ	400	330	330
KL400　$d=8\sim40$	Φ^R	400	330	330

注：①表中 d 系指国家标准中的钢筋公称直径，单位 mm；

②钢筋混凝土轴心受拉和小偏心受拉构件的钢筋抗拉强度设计值大于330MPa时，仍按330MPa取用；

③构件中配有不同种类的钢筋时，每种钢筋应采用各自的强度设计值。

钢丝、钢绞线强度标准值与设计值,按《桥规》(TJG D62—2004)规定,取值见表1-5a和表1-5b。

预应力钢筋抗拉强度标准值(MPa)　　表1-5a

钢筋种类			符号	抗拉强度标准值f_{pk}
钢绞线	1×2(二股)	d=8.0、10.0	ϕ^s	1470、1570、1720、1860
		d=12.0		1470、1570、1720
	1×3(三股)	d=8.6、10.8		1470、1570、1720、1860
		d=12.9		1470、1570、1720
	1×7(七股)	d=9.5、11.1、12.7		1860
		d=15.2		1720、1860
消除应力钢丝	光面 螺旋肋	d=4.5	ϕ^P	1470、1570、1670、1770
		d=6		1570、1670
		d=7、8、9	ϕ^H	1470、1570
	刻痕	d=5、7	ϕ^I	1470、1570
精轧螺纹钢筋		d=40	JL	540
		d=18、25、32		540、785、930

注:表中d系指国家标准中钢绞线、钢丝和精轧螺纹钢筋的公称直径,单位mm。

预应力钢筋抗拉、抗压强度设计值(MPa)　　表1-5b

钢筋种类	抗拉强度标准值f_{pk}	抗拉强度设计值f_{pd}	抗压强度设计值f'_{pd}
钢绞线 1×2(二股) 1×3(三股) 1×7(七股)	1470	1000	390
	1570	1070	
	1720	1170	
	1860	1260	
消除应力光面钢丝和螺旋肋钢丝	1470	1000	410
	1570	1070	
	1670	1140	
	1770	1200	
消除应力刻痕钢丝	1470	1000	410
	1570	1070	
精轧螺纹钢筋	540	450	400
	785	650	
	930	770	

知识链接

一、弯　钩

承受拉力的光面圆钢筋,为了防止在混凝土内滑动,需把钢筋两端做成半圆弯钩。带肋钢筋的端头可不加弯钩,也可采用直弯钩。直径等于或小于12mm的受压圆钢筋,以及轴心受压构件中任意直径的纵向钢筋末端可不做弯钩。焊接钢筋网及焊接钢筋骨架与混凝土的握裹较好,也可不加弯钩。

钢筋的弯钩半圆内径不宜过小,一般不得小于$2.5d$[图1-11a)];对于直弯钩,其半径不得小于$2.5d$[图1-11b)],在弯钩的端部应留一直线段,其长度规定见图1-11。

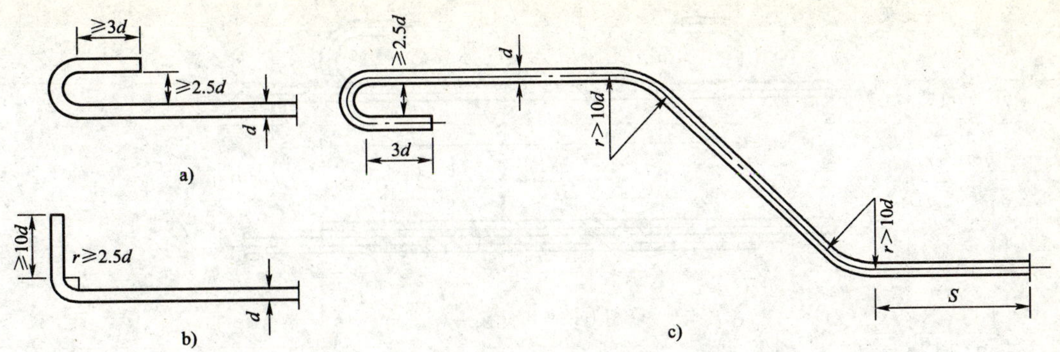

图 1-11　钢筋的弯钩与弯转

a)半圆弯钩;b)直弯钩;c)钢筋弯转示意

二、弯　　转

钢筋在弯转处应做成圆弧段,钢筋轴线在圆弧段内的曲率半径应不小于10d[图1-11c)]。如绑扎钢筋弯转后要截断,则在弯转的末端应留有直线段S,S长度在受拉区不小于20d+半圆弯钩,在受压区不小于10d+半圆弯钩(图1-11c)。

三、接　　头

出厂的钢筋,为了便于运输,除小直径的盘钢外,每条长度多为10~12m。在实际工程中,往往会遇到钢筋长度不足的情况,这时就需要把钢筋接长到设计长度。钢筋接头有绑扎搭接与焊接两种方法。

1. 绑扎接头

绑扎接头是在钢筋搭接处用铁丝绑扎而成(图1-12)。要使搭接处接头强度可靠,必须有足够的搭接长度l_s,l_s不小于表1-6所列的长度;当受力钢筋直径大于25mm及轴心受拉、小偏心受拉构件,不应采用绑扎接头。《公路桥涵施工技术规范》(JTJ 041—2000)规定:受拉钢筋绑扎接头的搭接长度应符合表1-6的规定;受压钢筋绑扎接头的搭接长度应取受拉钢筋绑扎接头搭接长度的0.7倍。

受拉钢筋绑扎接头的搭接长度l_s　　表1-6

钢筋类型		混凝土强度等级		
		C20	C25	>C25
R235牌号钢筋		35d	30d	25d
月牙肋	HRB335牌号钢筋	45d	40d	35d
	HRB400牌号钢筋	55d	50d	45d

注:①当带肋钢筋直径d不大于25mm时,其受拉钢筋的搭接长度应按表中值减少5d采用;当带肋钢筋直径d大于25mm时,其受拉钢筋的搭接长度应按表中值增加5d采用;

②当混凝土在凝固过程中受力钢筋易受扰动时,其搭接长度宜适当增加;

③在任何情况下,纵向受拉钢筋的搭接长度不应小于300mm,受压钢筋的搭接长度不应小于200mm;

④当混凝土强度等级低于C20时,R235、HRB335牌号钢筋的搭接长度应按表中C20的数值相应增加10d;HRB500钢筋不宜采用绑扎接头;

⑤对有抗震要求的受力钢筋的搭接长度,当抗震烈度为7度(及以上)时应增加5d;

⑥两根不同直径的钢筋的搭接长度,以较细的钢筋直径计算。

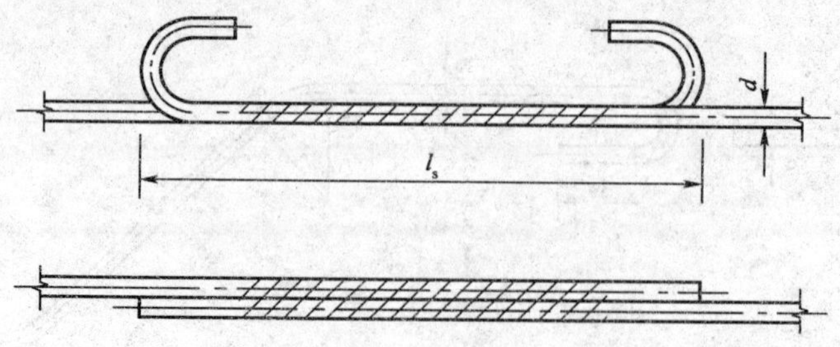

图 1-12 绑扎接头

2. 焊接接头

在两根钢筋接头处采用焊接，可以大大缩短接头长度。焊接有闪光对焊和焊缝焊接两种形式。对焊是由两条钢筋直接对头接触电焊而成，如表1-7第 1 项所示；焊缝焊接需要一定的搭接长度 l_s，其有关规定见表 1-7 第 2 ~ 5 项。

钢筋焊接接头的类型

表 1-7

项次	焊接接头类型	接头结构	适用范围	
			钢筋类别	钢筋直径(mm)
1	接触电焊 (闪光焊)	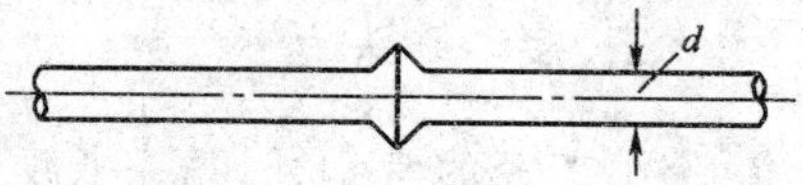	R235 HRB335 HRB400 KL400	10 ~ 40
2	四条焊缝的 帮条电弧焊	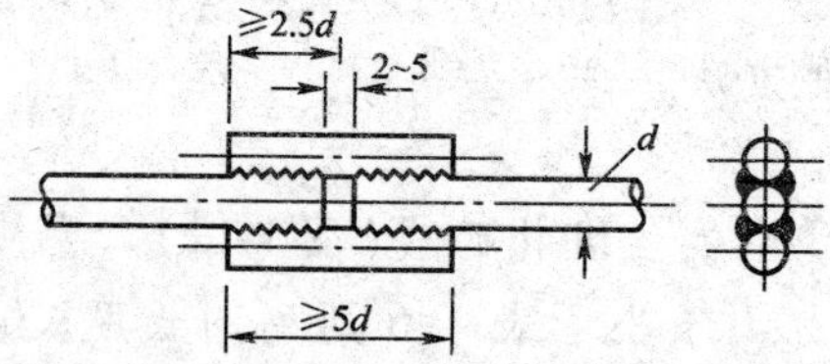	R235 HRB335 HRB400 KL400	10 ~ 40
3	二条焊缝的 帮条电弧焊	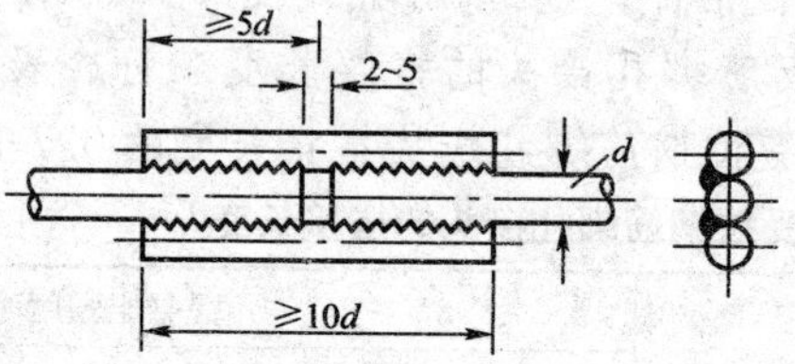	R235 HRB335 HRB400 KL400	10 ~ 40
4	二条焊缝的 搭接电弧焊	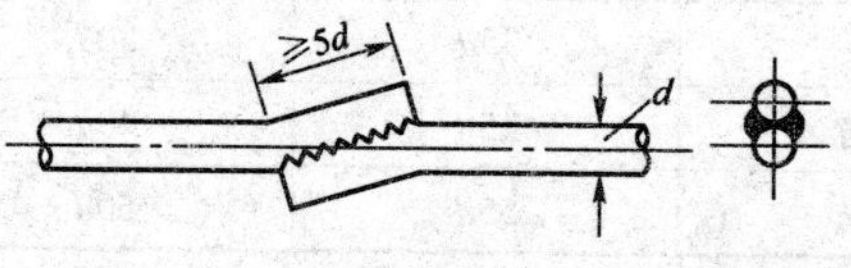	R235 HRB335 HRB400 KL400	10 ~ 40
5	一条焊缝的 搭接电弧焊	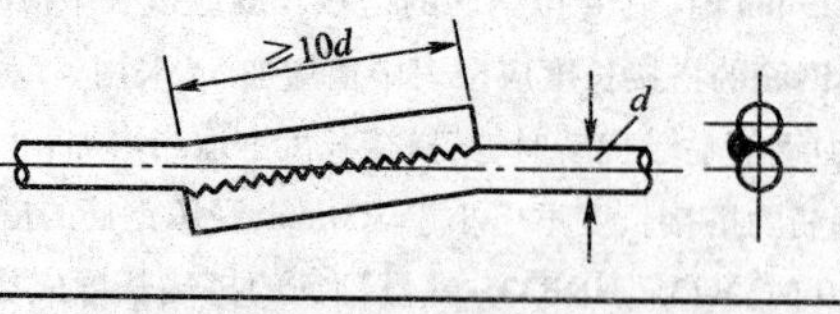	R235 HRB335 HRB400 KL400	10 ~ 40

注：①只有在无法进行项次 2、4 的电弧焊时，才允许采用项次 3、5 的形式；

②采用项次 2、3、4、5 的电弧焊时，焊缝长度不应小于帮条或搭接长度；

③d——钢筋直径。

冷拉钢筋应在冷拉前进行焊接;冷拔低碳钢丝的接头只能采用绑扎接头。为了保证构件安全,受力钢筋接头应设置在内力较小处,并错开布置。在任一搭接长度(对预应力钢筋的焊接接头,搭接长度取 $30d$,且不小于 500mm)的区段内,有接头的受力钢筋截面面积的百分率应符合表 1-8 的规定。

接头长度区段内受力钢筋接头面积的最大百分率 表 1-8

接头形式	接头面积最大百分率(%)	
	受拉区	受压区
主钢筋绑扎接头	25	50
主钢筋焊接接头	50	不限制
预应力钢筋对焊接头	25	不限制

注:①在同一根钢筋上应尽量少设接头;

②装配式构件连接处的受力钢筋焊接接头和预应力混凝土构件的螺丝端杆接头,可不受本条限制;

③焊接接头长度区段内是指 $35d$ 长度范围内,但不得小于 500mm,绑扎接头长度区段是指 1.3 倍搭接长度;

④绑扎接头中钢筋的横向净距不应小于钢筋直径且不应小于 25mm。

三、钢筋混凝土结构对钢筋性能的要求

(1)强度:主要是指屈服强度和极限强度。钢筋的屈强比是衡量结构可靠性潜力的重要技术指标,屈强比小标志着结构的可靠性高,但当屈强比过小时,钢材强度的有效利用率太低,故宜保持适当的屈强比为妥。

(2)塑性:要求钢材在断裂时有足够的变形,以防止结构构件的脆性破坏。其主要衡量指标是:屈服强度、极限强度、伸长率(钢筋断裂后的伸长值与原长度的比率)和冷弯等。

(3)可焊性:在一定的工艺条件下,要求钢筋的焊口附近不产生裂纹和过大的变形,且具有良好的机械性能。钢筋的可焊性与其含碳量及合金元素的含量有关,碳、锰含量增加,则可焊性降低;如含有适量的钛,则可改善焊接性能。

(4)钢筋与混凝土的握裹力:为了保证钢筋与混凝土的共同变形和共同工作,故钢筋的表面形状有着重要的影响。

在寒冷的地区,对钢筋的冷脆性能也应有一定的要求。

§1-3 钢筋与混凝土之间的黏结

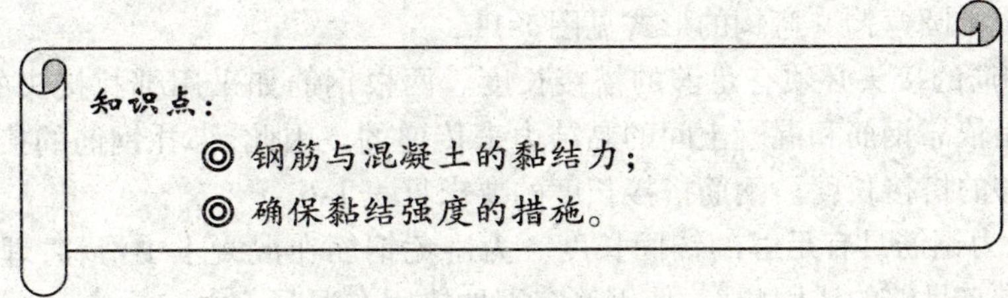

一、钢筋与混凝土的黏结力

在钢筋混凝土结构中,钢筋与混凝土之间之所以能共同工作的最主要条件,就是钢筋与混凝土的黏结作用。两者之间的黏结力由下列三部分组成:

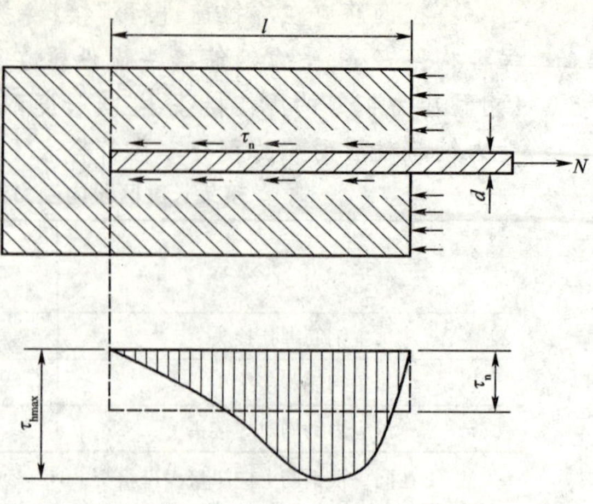

图 1-13　钢筋拔出试验中黏结应力分布图

(1)水泥浆凝结与钢筋表面的化学胶结力;

(2)混凝土收缩将钢筋裹紧而产生摩阻力;

(3)钢筋表面凹凸不平与混凝土之间产生机械咬合力。

钢筋与混凝土之间的黏结力的测定,通常采用钢筋拔出的试验方法。即将钢筋的一端埋入混凝土内,在另一端施力将钢筋拔出(见图1-13)。钢筋表面单位面积上的黏结力称为黏结强度。试验表明,黏结应力沿钢筋埋入长度按曲线分布,最大黏结应力在离端头一定距离处,且随拔出力的大小而变化(图1-13)。黏结强度取其平均值,用符号 τ_n(MPa)表示:

$$\tau_n = \frac{N}{Sl} \tag{1-3}$$

式中:N——拔出力(N);

S——钢筋的周长(mm);

l——钢筋的埋入长度(mm)。

据有关国外资料介绍,对于受拉的带肋钢筋,其黏结强度大约为2.5~6.0MPa,光圆钢筋的黏结强度约为1.5~3.5MPa。

二、确保黏结强度的措施

为了保证钢筋与混凝土之间具有足够的黏结力,在选用材料和钢筋混凝土构造方面可采取如下一些措施:

(1)选用适宜的混凝土强度等级。试验指出,黏结强度大小跟混凝土强度密切相关,混凝土强度等级低,钢筋与混凝土的黏结力也低。

(2)采用带肋钢筋。由于带肋钢筋的表面凹凸不平,钢筋与混凝土的机械咬合作用较大,黏结力大为增加,抗滑动性能更好,即使钢筋端部不做弯钩,也能保证钢筋在混凝土内的锚固作用。

(3)光圆受拉钢筋的端部应做成弯钩。由于光圆钢筋与混凝土的黏结力较差,为了增加钢筋在混凝土内的抗滑移能力及钢筋端部的锚固作用,在绑扎钢筋骨架中的光圆受拉钢筋的端部一定要做成半圆弯钩。弯钩的形式见图1-11。

(4)绑扎钢筋的接头必须有足够的搭接长度。两根钢筋如采用绑扎接头的方法相连接,则钢筋的内力是依靠钢筋和混凝土间的黏结力来传递的。因此,绑扎钢筋的接头必须保证它们之间具有足够的搭接长度。钢筋搭接长度的要求见表1-6。

(5)保证受力钢筋具有足够的锚固长度。为避免钢筋在混凝土中滑移,埋入混凝土内的受力钢筋必须具有足够的锚固长度,使钢筋牢固地锚固在混凝土中。

知识链接

根据锚固力不小于钢筋所能承受的最大拉力的原则,钢筋端部的锚固长度应满足下式要求:

$$l_a \geqslant \frac{f_{pk} d}{4 \tau_n} \tag{1-4}$$

式中：l_a——钢筋的锚固长度(mm)；

f_{pk}——钢筋的标准强度(MPa)；

d——钢筋的计算直径(mm)；

τ_n——钢筋的黏结强度。

各种受力工作钢筋的最小锚固长度见表1-9。

钢筋最小锚固长度 表1-9

项目		R235（光圆）	HRB335（带肋）	HRB400、KL400（带肋）
受压钢筋		10d+半圆钩	20d	25d
受拉构件钢筋		30d+半圆钩	35d	40d
受弯构件及偏心受压构件的拉力钢筋	锚于受压区	10d+半圆钩	20d	25d
	锚于受拉区	20d+半圆钩	30d	35d
弯起钢筋末端直线段	锚于受压区	10d+半圆钩	20d	25d
	锚于受拉区	20d+半圆钩	30d	35d

注：①d为钢筋直径；

②各类钢筋在混凝土内的锚固长度，均自该钢筋不受力处算起；

③如HRB335、HRB400、KL400钢筋末端弯成直钩，其锚固长度可从表列数值减5d取用。

(6)钢筋周围的混凝土应有足够的厚度。钢筋外混凝土保护层较薄或钢筋间净距过小，随钢筋应力的增大，将会使混凝土沿钢筋纵向产生劈裂裂缝，从而降低黏结强度，因此混凝土保护层和钢筋间距对确保其黏结强度作用甚大。

试验表明，当保护层厚度$c/d>5\sim6$(c为混凝土保护层厚度，d为钢筋直径)时，带肋钢筋将不会发生强度较低的劈裂黏结破坏。同样，保持一定的钢筋间距，可以提高钢筋周围混凝土的抗劈裂能力，从而提高钢筋与混凝土之间的黏结强度。

(7)设置一定数量的横向钢筋。横向钢筋(如梁中的箍筋)可以延缓混凝土沿受力钢筋纵向劈裂裂缝的发展和限制劈裂裂缝的宽度，从而可以提高黏结应力。因此，在较大直径钢筋的锚固或搭接长度范围内，以及当一排并列的受力钢筋根数较多时，均应设置一定数量的附加箍筋，以防止混凝土保护层的劈裂崩落。

当钢筋的锚固区作用有侧向压应力时，黏结强度将会提高。

思考题

1. 什么是混凝土结构？
2. 什么是素混凝土结构？
3. 什么是钢筋混凝土结构？
4. 在素混凝土结构中配置一定形式和数量的钢材以后，结构的性能将发生什么样的变化？
5. 钢筋与混凝土为什么能共同工作？
6. 如何获得混凝土的立方体抗压强度？
7. 混凝土的立方体抗压强度标准值和混凝土的强度等级有何关系？
8. 混凝土的立方体抗压强度和轴心抗压强度有何区别？

9. 简述混凝土一次短期加荷时的变形特点。
10. 什么是混凝土的疲劳强度？其值是多少？
11. 什么是混凝土的徐变？它有何变化规律？
12. 混凝土的受压弹性模量是如何测定的？
13. 什么是混凝土的收缩和膨胀？
14. R235、HRB335、CRB650、KL400、$\phi^{H}8$ 等表示什么？
15. 钢材的应力—应变关系曲线特征是什么？
16. 什么是钢筋的冷作硬化？什么是时效？
17. 公路桥涵工程中对钢筋和混凝土有何特殊要求？
18. 钢筋和混凝土之间的黏结力是怎样产生的？

单元二　结构按极限状态法设计的原则

钢筋混凝土结构构件的“设计”是指在预定的荷载及材料性能条件下，按功能要求确定构件所需要的截面尺寸、配筋和构造。它包括规划布置与设计计算。

最早的钢筋混凝土结构设计理论，是采用以弹性理论为基础的容许应力计算法。这种方法要求在规定的标准荷载作用下，按弹性理论计算得到的构件截面任一点的应力应不大于规定的容许应力，而容许应力是由材料强度除以安全系数求得的，安全系数则依据工程经验和主观判断来确定。

然而，由于钢筋混凝土并不是一种弹性匀质材料，而是表现出明显的塑性性能，因此，这种以弹性理论为基础的计算方法是不可能如实地反映构件截面的应力状态和正确地计算出结构构件的承载能力的。

20 世纪 30 年代，提出了考虑钢筋混凝土塑性性能的破坏阶段计算方法。它以充分考虑材料塑性性能的结构构件承载能力为基础，要求按材料标准极限强度计算的承载能力必须大于计算的最大荷载产生的内力。

计算的最大荷载是由规定的标准荷载乘以单一的安全系数而得出的。安全系数仍是依据工程经验和主观判断来确定。

随着对荷载和材料强度变异性的进一步研究，20 世纪 50 年代又提出了极限状态计算法。极限状态计算法是破坏阶段计算法的发展，它规定了结构的极限状态，并把单一安全系数改为三个分项系数，即荷载系数、材料系数和工作条件系数，从而把不同的外荷载、不同的材料以及不同构件的受力性质等都用不同的安全系数区别开来，使不同的构件具有比较一致的安全度。

部分荷载系数和材料系数基本上是根据统计资料用概率方法确定的，这是设计方法上的很大进步。我国原《桥规》(JTJ 022—85、JTJ 023—85)中所采用的计算方法即是采用这种半经验、半概率的“三系数”极限状态设计法。现行的《桥规》(JTG D62—2004)则是以概率理论为基础的极限状态设计方法。

它引入了结构可靠性理论，把影响结构可靠性的各种因素均视为随机变量，以大量的实测资料和试验数据为基础，运用统计数学的方法，寻求各随机变量的统计规律，确定结构的失效概率(或可靠指标)来度量结构的可靠性。

这样，在度量结构可靠性上由经验方法转变为运用统计数学的方法，使结构设计更符合客观实际情况。

§2-1 作用(荷载)与作用(荷载)效应组合

知识点:

◎ 作用的概念及分类;

◎ 作用效应与作用效应设计值;

◎ 作用效应组合。

一、作用及作用分类

作用,一般指施加在结构上的集中力或分布力,如汽车、结构自重力等,或引起结构外形或约束等变形的原因如地震、基础不均匀沉降、温度变化等。前者为直接作用,也可称为荷载;后者为间接作用,不宜称为荷载。

1. 永久作用

在设计使用期内,其值不随时间变化,或其变化与平均值相比可忽略不计的作用。

2. 可变作用

在结构使用期间,其量值随时间变化,且其变化值与平均值比较不可忽略的作用。

3. 偶然作用

在结构使用期间,出现的概率很小,一旦出现,其值很大且持续时间很短的作用。

各类作用列于表2-1。

作用(荷载)分类表　　表2-1

编　号	作　用　分　类	作用(荷载)名称
1	永久作用(恒载)	结构重力(包括结构附加重力)
2		预加力
3		土的重力及土侧压力
4		混凝土收缩及徐变作用
5		基础变位作用
6		水的浮力
7	可变作用	汽车荷载
8		汽车冲击力
9		汽车离心力
10		汽车引起的土侧压力
11		人群
12		风荷载
13		汽车制动力
14		流水压力
15		冰压力
16		温度(均匀温度和梯度温度)作用
17		支座摩阻力

续上表

编　号	作　用　分　类	作用(荷载)名称
18	偶然作用	地震作用
19		船只或漂流物撞击作用
20		汽车撞击作用

二、作用代表值、作用效应及作用效应设计值

(一)作用代表值

结构或结构构件设计时,针对不同设计目的所采用的各种作用规定值即称为作用代表值。它包括作用标准值、准永久值和频遇值等。

1. 作用标准值

结构或构件设计时,采用的各种作用的基本代表值,其值可根据作用在设计基准期内最大值概率分布的某一分位值确定。

2. 作用准永久值

结构或构件按正常使用极限状态长期效应组合设计时,采用的另一种可变作用代表值,其值可根据在足够长观测期内作用任意时点概率分布的0.5(或高于0.5)分位值确定。

3. 作用频遇值

结构或构件按正常使用极限状态短期效应组合设计时,采用的一种可变作用代表值,其值可根据在足够长观测期内作用任意时点概率分布的0.95分位值确定。

(二)作用效应与作用效应设计值

作用效应是指结构对所受作用的反应,如弯矩、扭矩、位移等。作用效应设计值是指作用标准值效应与作用分项系数的乘积。

所谓分项系数是指为保证所设计的结构具有规定的可靠度而在设计表达式中采用的系数,分作用分项系数和抗力分项系数两类。

(三)作用效应组合

上述的永久作用、可变作用及偶然作用不是在同样条件下同时出现在桥涵结构上的,其发生的几率也不尽相同。这样,在进行结构计算时,应根据结构物的特性,考虑作用同时出现的可能性,选择下列相对应的作用效应组合,即将结构上几种作用分别产生的效应随机叠加。

1. 基本组合

承载能力极限状态设计时,永久作用设计值效应与可变作用设计值效应的组合。

2. 偶然组合

承载能力极限状态设计时,永久作用标准值效应与可变作用某种代表值效应、一种偶然作用标准值效应的组合。

3. 作用短期效应组合

正常使用极限状态设计时,永久作用标准值效应与可变作用频遇值效应的组合。

4. 作用长期效应组合

正常使用极限状态设计时,永久作用标准值效应与可变作用准永久值效应的组合。

§2-2　极限状态法设计的基本概念

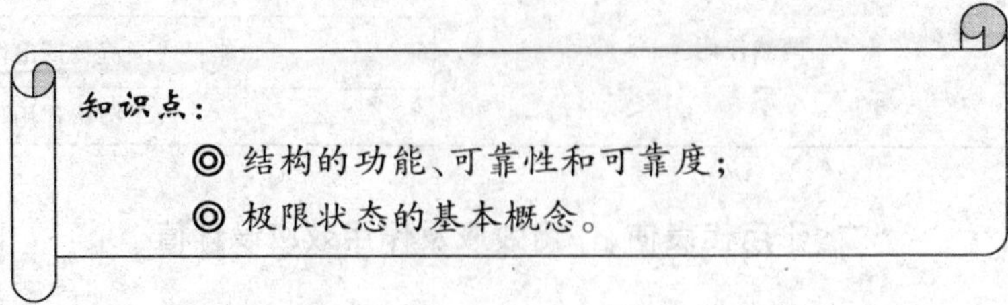
知识点：

◎ 结构的功能、可靠性和可靠度；

◎ 极限状态的基本概念。

一、结构的可靠性概念

(一)结构的功能、可靠性、可靠度

1. 结构的功能

结构设计的目的就是要使所设计的结构，在规定的时间内能符合安全可靠、经济合理、适用耐久的要求。

(1)安全性

结构的安全性是指在规定的期限内，在正常施工和正常使用情况下，结构能承受可能出现的各种作用；在偶然事件(地震、撞击等)发生时及发生后，结构发生局部损坏，但不致出现整体破坏和连续倒塌，仍能保持必需的整体稳定性。

(2)适用性

结构的适用性是指在正常使用情况下，结构具有良好的工作性能，不发生过大的变形或振动。

(3)耐久性

结构的耐久性是指结构在正常维护情况下，材料性能虽然随时间变化，但结构仍能满足设计的预定功能要求。结构具有足够的耐久性，构件不出现过大的裂缝；在不利环境因素作用下，不导致结构可靠度降低，甚至失效。

2. 结构的可靠性和可靠度

结构的可靠性是结构安全性、适用性和耐久性的统称。其定义是：结构在规定的时间内、在规定的条件下，完成预定功能的能力。

结构的可靠度，是指度量结构可靠性的数量指标。其定义是：结构在规定的时间内、规定的条件下，完成预定功能的概率。

(二)设计基准期

在进行结构可靠性分析时，考虑持久状况下各项基本变量与时间关系所取用的基准时间数。《公路工程结构可靠度设计统一标准》(GB/T 50283—1999)规定：**桥梁结构取100年的设计基准期。**

当然，设计基准期只是结构可靠度(计算结构的失效概率)的参考时间坐标，表示在这个时间域内结构的失效概率是有效的，它不能简单地等同于结构的实际使用寿命。当结构使用年限超过设计基准期后，表明结构的失效概率将会比设计时的预期值大，但并不等于结构丧失功能或报废。一般来说，设计基准期长的，其相应的可靠度高；设计基准期短的，其可靠度相对较低。

二、极限状态的基本概念

(一)极限状态的定义和分类

结构工作状态是处于可靠还是失效的标志用“极限状态”来衡量。

当整个结构或结构的一部分超过某一特定状态而不能满足设计规定的某一功能要求时,则此特定状态称为该功能的极限状态。对于结构的各种极限状态,均应规定明确的标志和限值。

国际标准化组织(ISO)和我国各专业颁布的统一标准将极限状态分为承载能力极限状态和正常使用极限状态两类。

这两类极限状态作为设计的要求,应视结构所处状况灵活地对待。

《桥规》(JTG D62—2004)规定公路桥涵应根据不同种类的作用(或荷载)及其对桥涵的影响、桥涵所处的环境条件,考虑以下三种设计状况及其相应的极限状态设计。

(1)持久状况:是指结构的使用阶段,这个阶段的时间很长,一般取与设计基准期相同的时间。该状况桥涵应进行承载能力极限状态和正常使用极限状态设计。

(2)短暂状况:桥涵施工过程中承受临时性作用(或荷载)的状况。该状况桥涵仅作承载能力极限状态设计,必要时才作正常使用极限状态设计。

(3)偶然状况:桥涵使用过程中偶然出现的如罕遇的地震状况。该状况桥涵仅作承载能力极限状态设计。

(二)承载能力极限状态

承载能力极限状态对应于结构或结构构件达到最大承载能力或出现不适于继续承载的变形或变位。当结构或结构构件出现下列状态之一时,即认为超过了承载能力极限状态:

(1)结构或结构的一部分作为刚体失去平衡(例如倾覆、滑移等);

(2)结构构件或其连接,因超过材料强度而破坏(包括疲劳破坏),或因过度的塑性变形而不能继续承载;

(3)结构转变为机动体系;

(4)结构或结构构件丧失稳定(如压屈等)。

承载能力极限状态涉及结构的安全问题,可能导致人员伤亡和大量财产损失,所以必须具有较高的可靠度(安全度)或较低的失效概率。

《桥规》(JTG D62—2004)规定:承载能力极限状态,应根据桥涵破坏可能产生的后果的严重程度,划分为以下三个安全等级进行设计:

(1)特大桥、重要大桥的安全等级为一级,其破坏后果很严重,设计可靠度最高;

(2)大桥、中桥、重要小桥的安全等级为二级,其破坏后果严重,设计可靠度中等;

(3)小桥、涵洞的安全等级为三级,其破坏后果不严重,设计可靠度较低。

(三)正常使用极限状态

正常使用极限状态对应于结构或结构构件达到正常使用或耐久性能的某项规定的限值。当结构或结构构件出现下列状态之一时,即认为超过了正常使用极限状态:

(1)影响正常使用或外观的变形;

(2)影响正常使用或耐久性能的局部损坏(如现出过大的裂缝);

(3)影响正常使用的振动;

(4)影响正常使用的其他特定状态。

正常使用极限状态涉及结构适用性和耐久性问题,可以理解为对结构使用功能的损害,导致结构质量的恶化,但对人身生命的危害较小,与承载能力极限状态比较,其可靠度可适当降低。尽管如此,设计时仍需引起足够重视。例如,如果桥梁的主梁竖向挠度过大,将会造成桥面不平整,引起行车时很大的冲击和振动;如果出现过大的裂缝,不但会引起人们心理上的不安全感,而且也会导致钢筋锈蚀,有可能带来重大的工程事故。

§2-3 我国公路桥涵设计规范规定的计算原则

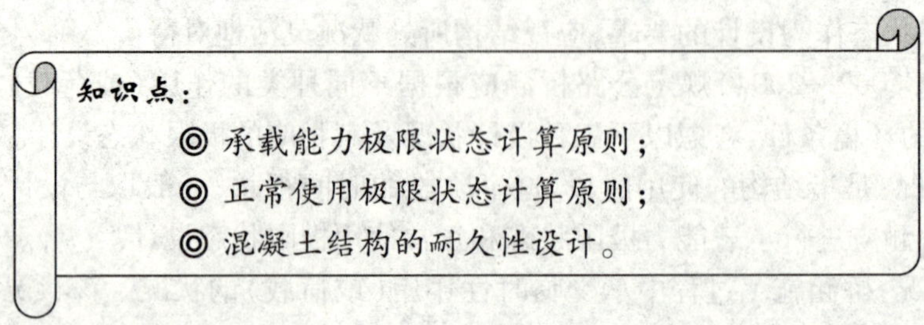

一、持久状况承载能力极限状态计算原则

《桥规》(JTG D62—2004)规定:公路桥涵的持久状况设计应按承载能力极限状态的要求,对构件进行承载力及稳定计算。必要时尚应进行结构的倾覆和滑移的验算。设计的原则是作用效应组合设计值必须小于或等于结构承载力设计值。

1. 作用效应组合设计值

施加于结构上的几种作用标准值分别引起的效应设计值的组合,就称为作用效应组合设计值。

2. 承载力设计值

用材料强度设计值计算的结构或构件极限承载能力就称为承载力设计值。

3. 承载能力极限状态设计表达式:

$$\gamma_0 S \leqslant R \tag{2-1}$$

$$R = R(f_d, a_d) \tag{2-2}$$

式中:γ_0——桥梁结构重要性系数,按公路桥涵的设计安全等级选用:一级、二级、三级分别取 1.1、1.0、0.9;

S——作用效应的组合设计值,含义见内容“4”。

R——构件承载力设计值;

$R(\cdot)$——构件承载力函数;

f_d——材料强度设计值;

a_d——几何参数设计值,$a_d = a_k + \Delta a$,a_k 为结构或构件几何参数标准值,即设计文件规定值;Δa 为结构或构件的几何参数附加值,即指实际结构或构件的几何参数与标准值之间存在偏差而采用的调整值。

4. 作用分项系数

公式(2-1)中

$$S=\sum_{i=1}^{m}\gamma_{Gi}S_{Gik}+\gamma_{Q1}S_{Q1k}+\Psi_{c}\sum_{j=2}^{m}\gamma_{Qj}S_{Qjk} \tag{2-3}$$

式中：γ_{Gi}——第 i 个永久作用的分项系数，对于恒荷载（结构重力及附加重力），取 $\gamma_G=1.2$；

S_{Gik}——第 i 个永久作用效应标准值；

γ_{Q1}——汽车荷载分项系数，取 $\gamma_{Q1}=1.4$；

S_{Q1k}——汽车荷载效应（含汽车冲击力、离心力）的标准值；

γ_{Qj}——在作用效应组合中除汽车荷载效应（含汽车冲击力、离心力）风荷载效应外的其他第 j 个可变作用效应的分项系数，取 $\gamma_{Qj}=1.4$，风荷载 $\gamma_{Qj}=1.1$；

S_{Qjk}——在作用效应组合中除汽车荷载效应（含汽车冲击力、离心力）外的其他第 j 个可变作用效应的标准值；

Ψ_c——在作用效应组合中，除汽车荷载效应（含汽车冲击力、离心力）外的其他可变作用效应的组合系数，根据组合情况的不同，取值也不同。

二、正常使用极限状态计算原则

正常使用极限状态的计算，采用作用（或荷载）的短期效应组合、长期效应组合或短期效应组合并考虑长期效应组合的影响，对构件的抗裂、裂缝宽度和挠度进行验算，并使各项计算值不超过各相应的规定限值。即有：

抗裂验算 $$\sigma\leqslant\sigma_L \tag{2-4}$$

裂缝宽度验算 $$W_{tk}\leqslant W_L \tag{2-5}$$

挠度验算 $$f_d\leqslant f_L \tag{2-6}$$

以上 σ_L、W_L、f_L 分别为应力、裂缝宽度、挠度的限值。下面对这三个方面作简单说明。

1. 抗裂验算

预应力混凝土受弯构件应按规定进行正截面和斜截面的抗裂验算。具体计算及规定见后面的章节。钢筋混凝土构件可不进行这项验算。

2. 裂缝宽度验算

对于钢筋混凝土构件及容许出现裂缝的 *B* 类预应力混凝土构件，均应进行裂缝宽度验算。关于钢筋混凝土受弯构件的裂缝宽度计算方法及规定详见单元六。

3. 挠度验算

在设计钢筋混凝土和预应力混凝土构件时，必须保证其具有足够的刚度，避免因产生过大的变形（挠度）而影响使用，因此对结构的变形有所限制。计算方法及规定详见单元六和单元十一。

三、混凝土结构的耐久性设计

（一）混凝土结构的耐久性

混凝土结构的耐久性是指结构对气候变化、化学侵蚀、物理作用或任何其他破坏过程的抵抗能力。

由于混凝土的缺陷（如裂隙、孔道、气泡、孔穴等），环境中的水及侵蚀性介质就可能渗入混凝土内部，产生碳化、冻融、锈蚀作用而影响结构的受力性能，并且结构在使用年限内还会受到各种机械物理损伤（磨损、撞击等）及冲刷、溶蚀、生物侵蚀的作用。混凝土结构的耐久性问题表现为：混凝土损伤（裂缝、破碎、酥裂、磨损、溶蚀等）；钢筋的锈蚀、脆化、疲劳、应力腐蚀；

以及钢筋与混凝土之间黏结锚固作用的削弱等三个方面。从短期效果而言,这些问题影响结构的外观和使用功能,从长远看,则为降低结构安全度,成为发生事故的陷患,影响结构的使用寿命。

(二)影响混凝土结构耐久性的因素

1. 影响混凝土耐久性的因素

(1)混凝土的碳化

混凝土中因水泥石含有氢氧化钙[$Ca(OH)_2$]而呈碱性,在钢筋表面形成碱性薄膜而保护钢筋免遭酸性介质的侵蚀,起到了"钝化"保护作用。但大气中存在的酸性介质及水通过各种孔道、裂隙而渗入混凝土可以中和这种碱性。从而形成混凝土的"碳化"。

混凝土碳化的速度十分缓慢,并且与混凝土强度等级、水灰比、施工质量、结构所处环境、表面状态、气候环境等因素有关。

(2)化学侵蚀

水可以渗入混凝土内部,当其中溶入有害化学物质时,即对混凝土的耐久性造成影响。酸性物质对水泥水化物的侵蚀作用最大,酸性侵蚀的混凝土呈黄色,水泥剥落,集料外露。工业污染、酸雨、酸性土壤及地下水均可能构成对混凝土的酸性腐蚀。

此外,浓碱溶液渗入后结晶使混凝土胀裂和剥落;硫酸盐溶液渗入后与水泥发生化学反应,体积膨胀也会造成混凝土破坏。

(3)碱集料反应

碱集料反应是指混凝土中的水泥在水化过程中释放出的碱金属,与含碱性集料中的碱活性成分发生化学反应,生成碱活性物质。这种物质吸水后产生体积膨胀,造成混凝土开裂。碱集料反应引起的混凝土开裂一般在混凝土表面形成网状裂缝,并在裂缝处渗出白色凝胶物质。

碱集料反应一旦发生,很难加以控制,一般不到两年就会使结构出现明显开裂,所以有时也称碱集料反应是混凝土结构的"癌症"。

(4)冻融破坏

渗入混凝土中的水在低温下结冰膨胀,从内部破坏混凝土的微观结构。经多次冻融循环后,损伤积累将使混凝土剥落酥裂,强度降低。

(5)温度变化的影响

混凝土会热胀冷缩,同样也会在干燥失水时收缩,而在浸水后膨胀。这种作用的交替进行,特别是在骤然发生时,会因混凝土表层与内部体积变化不协调而产生裂缝。这些因胀缩不均引起的损伤日积月累,导致混凝土内部组织破坏,最终会削弱结构抗力。

2. 钢筋的腐蚀及其对结构耐久性的影响

钢筋腐蚀是影响钢筋混凝土结构耐久性和使用寿命的重要因素。混凝土中钢筋腐蚀的首要条件是混凝土的碳化和脱钝,只有将覆盖钢筋表面的碱性钝化膜破坏,加之有水分和氧的侵入,才有可能引起钢筋的腐蚀。钢筋腐蚀伴有体积膨胀,使混凝土出现沿钢筋的纵向裂缝,造成钢筋与混凝土之间的黏结力破坏,钢筋截面面积减小,使结构构件的承载力降低,变形和裂缝增大等一系列不良后果,并随着时间的推移,腐蚀会逐渐恶化,最终可能导致结构的完全破坏。

钢筋腐蚀一般可分为电化学腐蚀、化学腐蚀和应力腐蚀等三种形式。

从上面分析的影响混凝土耐久性的因素可以看出,几乎所有侵蚀混凝土和钢筋的作用都需要有水作介质。另一方面，几乎所有的侵蚀作用对钢筋混凝土结构的破坏，都与侵蚀作用引起混凝土膨胀，并最终导致混凝土结构开裂有关。而且当混凝土结构开裂后，侵蚀速度将大大加快，混凝土结构的耐久性将进一步恶化。

（三）混凝土结构耐久性设计原则

混凝土桥梁结构的耐久性取决于混凝土材料的自身特性和结构的使用环境，与结构设计、施工及养护管理密切相关。综合国内外研究成果和工程经验，一般是从以下三个方面解决混凝土桥梁结构的耐久性：

（1）采用高耐久性混凝土，提高混凝土自身抗破损能力；

（2）加强桥面排水和防水层设计，改善桥梁的环境作用条件；

（3）改进桥梁结构设计，采用具有防腐保护的钢筋（例如，体外预应力筋，无黏结预应力筋，环氧涂层钢筋等）；加强构造配筋，控制裂缝发展；加大混凝土保护层厚度等。

《桥规》（JTG D62—2004）增加了耐久性的设计内容，提出了按结构使用环境进行耐久性设计的一般概念，明确规定了不同使用环境下，结构混凝土耐久性的基本要求，对影响混凝土耐久性的最大水灰比、最小水泥用量、最低强度等级、最大氯离子含量和碱含量等做出了限值规定，见表2-2。

结构混凝土耐久性的基本要求 表2-2

环境类别	环境条件	最大水灰比	最小水泥用量（kg/m^3）	最低混凝土强度等级	最大氯离子含量（%）	最大碱含量（kg/m^3）
I	温暖或寒冷地区的大气环境；与无侵蚀性的水或土接触的环境	0.55	275	C25	0.30	3.0
II	严寒地区的大气环境；使用除冰盐环境；滨海环境	0.50	300	C30	0.15	3.0
III	海水环境	0.45	300	C35	0.10	3.0
IV	受侵蚀性物质影响的环境	0.40	325	C35	0.10	3.0

注：①有关现行规范对海水环境结构混凝土中最大水灰比和最小水泥用量有更详细规定时，可参照执行；

②表中氯离子含量系指其与水泥用量的百分率；

③当有实际工程经验时，处于I类环境中结构混凝土的最低强度等级可比表中降低一个等级；

④预应力混凝土构件混凝土中的最大氯离子含量为0.06%，最小水泥用量为350kg/m^3，最低混凝土强度等级为C40，或按表中规定I类环境提高3个等级，其他环境类别提高2个等级；

⑤特大桥和大桥混凝土中的最大碱含量为1.8kg/m^3，当处于III、IV类或使用除冰盐和滨海环境时，宜使用非碱活性集料。

《桥规》（JTG D62—2004）规定，对水位变动区有抗冻要求的结构混凝土，其抗冻等级不应低于表2-3的规定。

水位变动区混凝土抗冻等级选用标准 表2-3

桥梁所在地区	海水环境	淡水环境
严重受冻地区（最冷月月平均气温低于-8℃）	F350	F250
受冻地区（最冷月月平均气温在-4～-8℃之间）	F300	F200
微冻地区（最冷月月平均气温在0～-4℃之间）	F250	F150

注：①混凝土抗冻性试验方法应符合现行标准《公路工程水泥及水泥混凝土试验规程》（JTG E30—2005）的规定；

②墩、台混凝土应选比表列值高一级的抗冻等级。

思考题

1. 什么是作用、直接作用、间接作用？
2. 作用可分为哪三大类？
3. 作用的代表值有哪些？如何确定？
4. 作用效应指什么？作用效应设计值又是指什么？
5. 作用效应组合有哪些类型？
6. 结构的功能要求包括哪些内容？
7. 什么是结构的可靠性？结构的可靠度是指什么？
8. 设计基准期的含义是什么？
9. 什么是极限状态？可分为哪两类？
10. 如何判断结构是否超过了承载能力极限状态和正常使用极限状态？
11. 什么是作用效应组合设计值和承载能力设计值？
12. 承载能力极限状态设计的原则是什么？
13. 正常使用极限状态计算原则是什么？
14. 何谓结构的耐久性？影响结构耐久性的因素有哪些？

单元三　受弯构件正截面承载力计算

钢筋混凝土受弯构件是组成桥涵结构的基本构件，在桥梁工程中应用极为广泛。板、梁为典型的受弯构件。

板和梁的区别主要在于截面高宽比(h/b)的不同，其受力情况基本相同，即在外力作用下，板、梁均将承受弯矩(M)和剪力(V)的作用，因而，截面计算方法也基本相同。

本章主要讨论梁和板的正截面承载力计算问题。

§3-1　钢筋混凝土受弯构件的构造要求

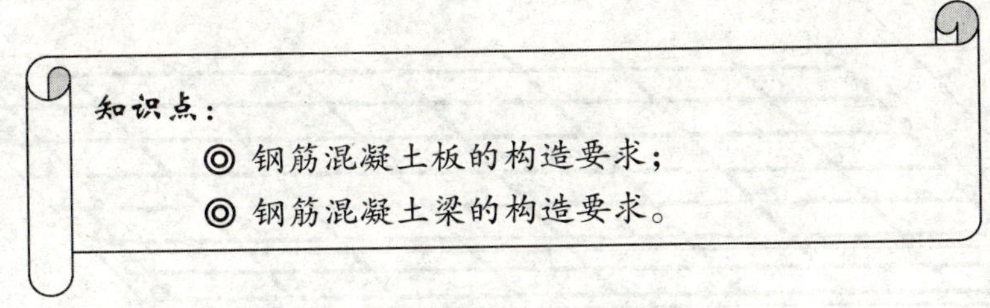

板的截面形式，常见的有实心矩形和空心矩形；梁的截面形式，常见的有矩形、T形、箱形，如图3-1所示。

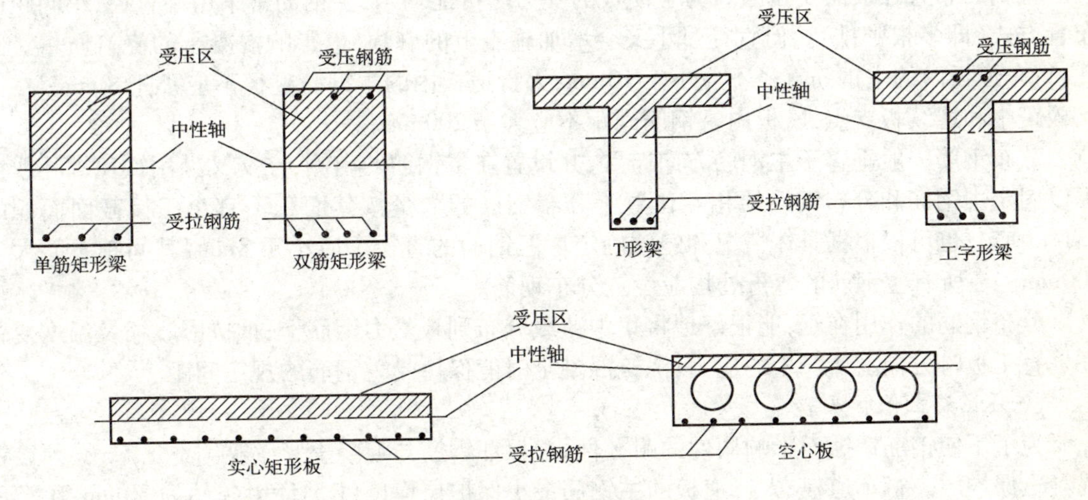

图3-1　梁、板的常用截面形式

板和梁按照它们的支承条件又可分为简支的、悬臂的和连续的几种类型，其受力简图、构造是不相同的。

对于钢筋混凝土受弯构件的设计，承载力计算与构造措施都很重要。工程实践证明，只有在精确计算的前提下，采取合理的构造措施，才能使设计出的结构安全适用和经济合理。现将钢筋混凝土板、梁正截面的有关构造分述如下。

一、钢筋混凝土板的构造

钢筋混凝土板在桥涵工程中应用很广，经常遇到的有板桥的承重板、梁桥的行车道板、人行道板等。工程中实心矩形板多适用于小跨径，当跨径较大时，为减轻自重和节省混凝土体积，常做成空心矩形板。

（一）板厚

板的厚度主要是由其控制截面上的最大弯矩和构造要求决定的。但是为了保证施工质量，《桥规》规定了各种板的最小厚度：

行车道板跨间厚度　　120mm，悬臂端　100mm

就地浇筑的人行道板　　80mm

预制的混凝土板　　60mm，空心板梁的底板和顶板　80mm

（二）钢筋

板的钢筋由主钢筋和分布钢筋所组成，如图3-2所示。

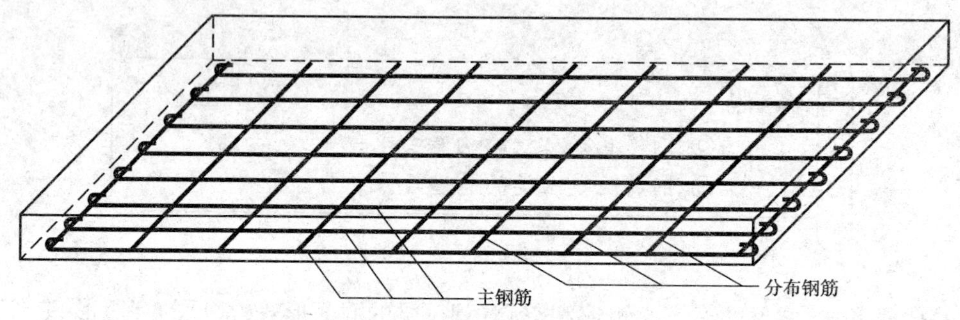

图3-2　钢筋混凝土板内钢筋构造图

主钢筋布置在板的受拉区。为了使板的受力尽可能均匀，主钢筋常采用小直径，小间距的布置方式（即多根密排）。但直径过小又会增加施工上的麻烦，也影响混凝土的浇筑质量。因此，行车道板内的主钢筋直径不应小于10mm；人行道板内的主钢筋直径不应小于8mm。在简支板跨中和连续板支点处，板内主钢筋间距不应大于200mm。

分布钢筋一般垂直于主钢筋方向布置，并设置在主钢筋的内侧，在交叉处用铁丝绑扎或点焊以固定主钢筋和分布钢筋的相互位置。分布钢筋的数量按其面积不宜小于板截面面积的0.1%确定；也可以根据具体情况和经验确定。但钢筋的直径不应小于8mm，其间距不能大于200mm。在所有主钢筋的弯折处均应设置分布钢筋。

分布钢筋的作用在于：能很好地将集中荷载分布到板受力钢筋上；抵抗因收缩及温度变化在垂直于板跨方向上所产生的应力；浇筑混凝土时能保持受力钢筋的规定间距。

（三）混凝土保护层

为了不使钢筋锈蚀而影响构件的耐久性，并保证钢筋与混凝土紧密黏结在一起，必须设置混凝土保护层。行车道板、人行道板的主钢筋最小保护层厚度：I类环境条件为30mm，II类环境条件为40mm，III、IV类环境条件为45mm；分布钢筋的最小保护层厚度：I类环境条件为15mm，II类环境条件为20mm，III、IV类环境条件为25mm。

二、钢筋混凝土梁的构造

（一）截面形式及尺寸

梁的截面常采用矩形、T形、工字形和箱形等形式。一般在中、小跨径时常采用矩形及T

形截面，大跨径时可采用工字形或箱形截面。

矩形梁的截面宽度，一般取150mm、180mm、200mm、220mm、250mm，以后按50mm为一级增加；当梁高超过800mm时，以100mm为一级。矩形梁的高宽比一般为2.5～3。T形截面梁的高度与梁的跨度、间距及荷载大小有关。公路桥梁中大量采用的T形简支梁桥，其梁高与跨径之比约为1/20～1/10。T形梁的上翼缘尺寸，应根据行车道板的受力和构造要求确定。T形梁的腹板（梁肋）宽度与配筋形式有关：当采用焊接骨架配筋时，腹板宽度不应小于140mm，一般取160～220mm；当采用单根钢筋配筋时，腹板宽度较大，具体尺寸应根据布置钢筋的要求确定。

（二）钢筋构造

一般结构中，钢筋混凝土梁的钢筋构造如图3-3所示。梁内钢筋骨架多由主钢筋、斜筋（弯起钢筋）、箍筋、架立钢筋和纵向防裂钢筋等组成。

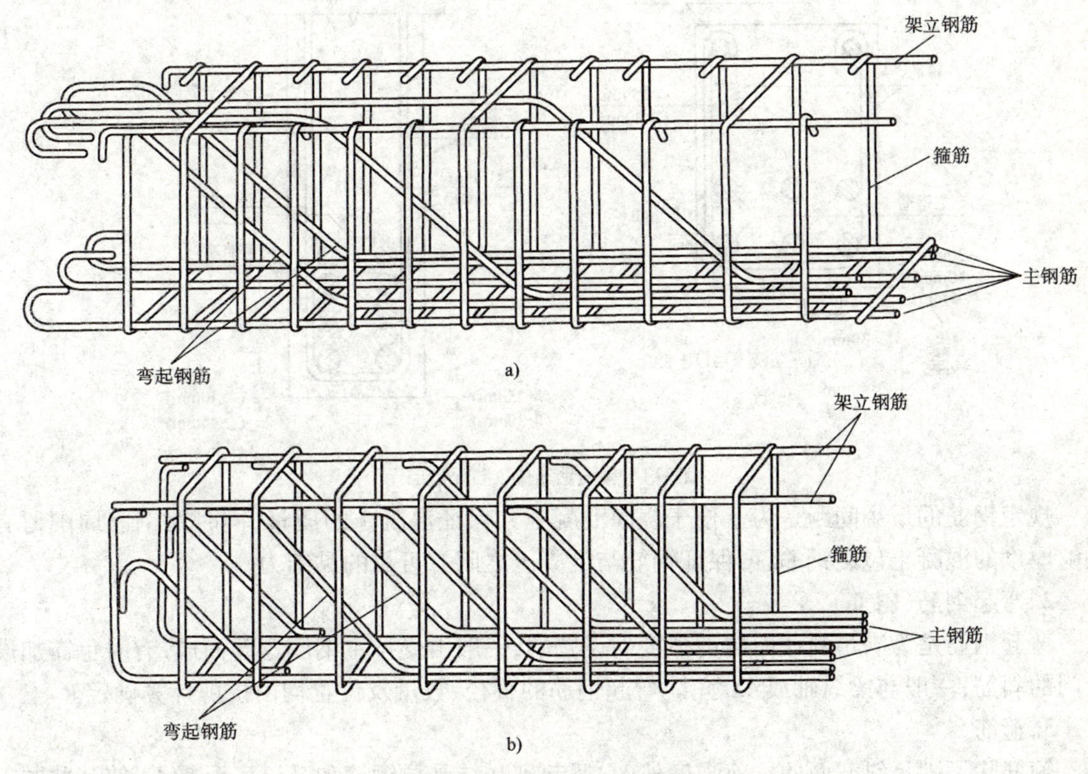

图3-3　钢筋混凝土梁内钢筋构造图

a）绑扎钢筋骨架；b）多层焊接钢筋骨架

1. 主钢筋

梁内主钢筋常放在梁的底部承受拉应力，是梁的主要受力钢筋。常用的主钢筋直径为14～32mm，一般不超过40mm，以满足抗裂要求。在同一根（批）梁中宜采用相同牌号、相同直径的主钢筋以简化施工。但有时为了节约钢材，也可采用两种不同直径的主钢筋，但直径相差不应小于2mm，以便施工识别。

梁内主钢筋可以单根或2～3根地成束布置成束筋，也可竖向不留空隙地焊成多层钢筋骨架，其叠高一般不超过(0.15～0.20)h（h为梁高）。主钢筋应尽量布置成最少的层数。在满足保护层的前提下，简支梁的主钢筋应尽量布置在梁底，以获得较大的内力偶臂而节约钢材。对于焊接钢筋骨架，钢筋的层数不宜多于6层，并应将粗钢筋布置在底层。主钢筋的排列原则应为:由下至上,下粗上细(对不同直径钢筋而言),对称布置,并应上下左右对齐,便于混凝土的浇筑。主钢筋与弯起钢筋之间的焊缝,宜采用双面焊缝,其长度为 $5d$,钢筋之间的短焊缝,其长度为 $2.5d$,此处的 d 为主筋直径。

为了使钢筋免于锈蚀,主钢筋至构件边缘的净距,应符合《桥规》(JTG D62—2004)规定的钢筋最小混凝土保护厚度要求。主钢筋的最小混凝土保护层厚度:I 类环境条件为 30mm,II 类环境条件为 40mm,III、IV 类环境条件为 45mm。

各主钢筋之间的净距或层与层间的净距,当钢筋为三层及三层以下时,应不小于 30mm,并不小于钢筋直径 d;当钢筋为三层以上时,不小于 40mm 或钢筋直径 d 的 1.25 倍。

各束筋间的净距,不应小于等代直径 d_e($d_e=\sqrt{n}d$,n 为束筋根数,d 为单根钢筋直径)。

钢筋位置与保护层厚度,如图 3-4 所示。

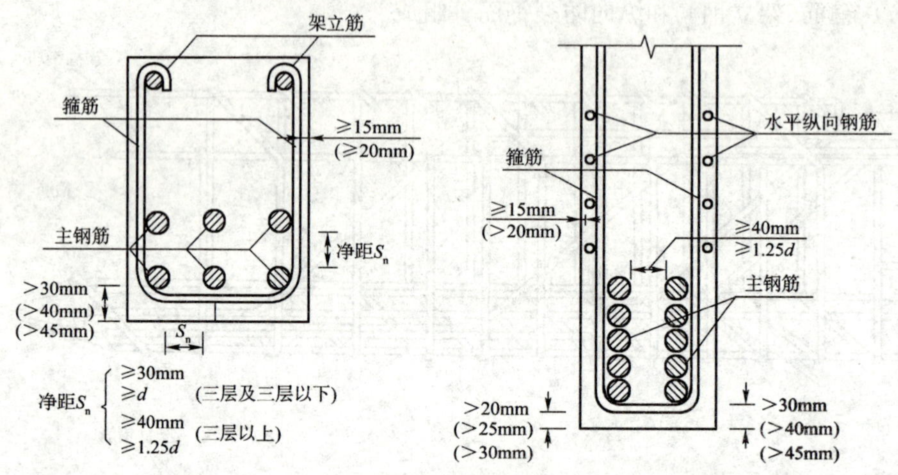

图 3-4　梁内钢筋位置与保护层

规定钢筋的最小间距是为了便于浇灌混凝土和保证混凝土的质量,同时在钢筋周围留有足够厚度的混凝土包裹钢筋,可保证钢筋与混凝土之间有可靠的黏结力。

2. 弯起钢筋(斜筋)

弯起钢筋是为满足斜截面抗剪强度而设置的,一般由受拉主钢筋弯起而成,有时也需加设专门的斜筋,一般与梁纵轴成 45°角。弯起钢筋的直径、数量及位置均由抗剪计算确定。

3. 箍筋

箍筋除了满足斜截面的抗剪强度外,它还起到联结受拉钢筋和受压区混凝土,使其共同工作的作用。此外,用它来固定主钢筋的位置而使梁内各种钢筋构成钢筋骨架。工程上使用的箍筋有开口和闭口两种形式,如图 3-5 所示。

无论计算上是否需要,梁内均应设置箍筋。其直径不小于 8mm 且不小于 1/4 主筋直径。

箍筋间距应不大于梁高的 1/2 和 400mm。当所箍的钢筋为受压钢筋时,还应不大于受压钢筋直径的 15 倍和 400mm。

混凝土表面至箍筋的净距应不小于 15mm。

4. 架立钢筋

钢筋混凝土梁内须设置架立钢筋,以便在施工时形成钢筋骨架,保持箍筋的间距,防止钢筋因浇筑振捣混凝土及其他意外因素而产生的偏斜。钢筋混凝土 T 形梁的架立钢筋直径多为 22mm;矩形截面梁一般为 10 ~ 14mm。

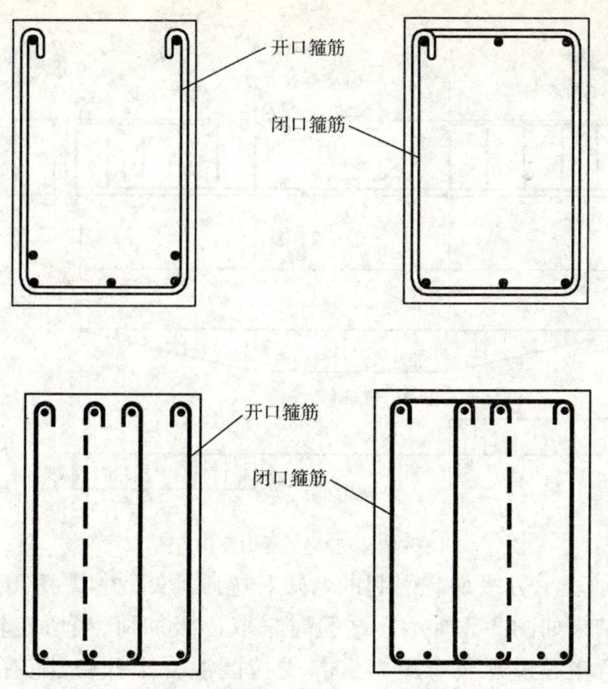

图 3-5 箍筋的形式

5. 纵向防裂钢筋

当梁高大于 1m 时，沿梁肋高度的两侧并在箍筋外侧水平方向设置防裂钢筋，以抵抗温度应力及混凝土收缩应力。其直径一般为 8 ~ 10mm，其总面积为(0.001 ~ 0.002)bh。

以上 b 为梁腹宽，h 为梁全高。

水平纵向钢筋的间距，在受拉区应不大于腹板厚度，且不大于 200mm；在受压区应不大于 300mm；在支点附近剪力较大区段，水平纵向钢筋截面面积应予增加，其间距宜为100 ~ 150mm。

§3-2 受弯构件正截面受力全过程和破坏特征

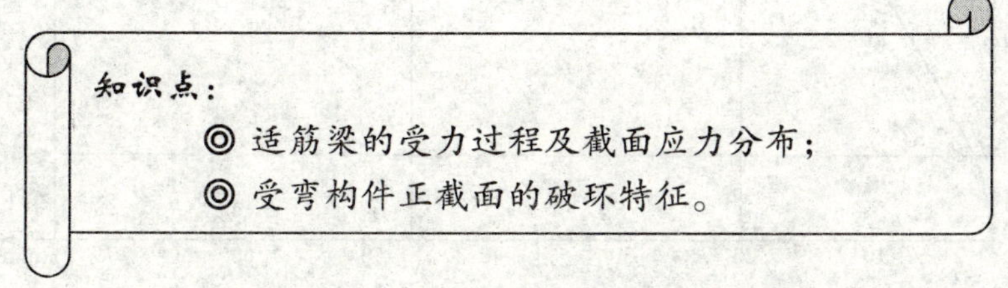

一、钢筋混凝土梁的试验研究

(一)梁的受力阶段

图 3-6 为承受两对称集中荷载作用的钢筋混凝土简支梁。梁的 CD 段处于纯弯曲状态，两端配有足够的腹筋以保证不发生剪切破坏。为了研究梁内应力和应变的变化，沿梁高度布置有测点，用以量测混凝土及钢筋的纵向应变。同时，在跨中和支座处布置百分表或倾角仪测

量梁的跨中挠度。

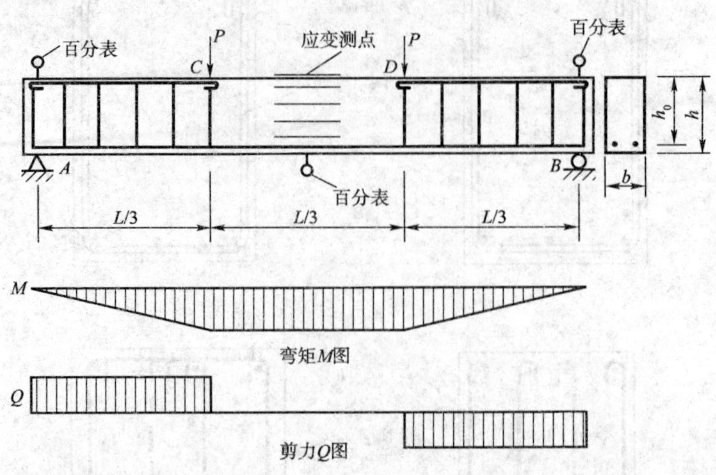

图 3-6　试验梁的受力及构造图

现以 M 和 M_u 分别表示分级加载引起的弯矩和极限弯矩，并以 M/M_u 为纵坐标，跨中挠度 f 为横坐标，梁的试验结果如图 3-7 所示。试验时采取逐级加荷，当弯矩较小时，挠度和弯矩关系接近直线变化，当弯矩超过开裂弯矩 M_{cr} 时，受拉区混凝土开裂，随着裂缝的出现与不断开展，挠度的增长速度较开裂前为快，$M/M_u \sim f$ 关系曲线出现了第一个明显转折点 a。弯矩再增加，当达到 M_s 时，钢筋应力增加到屈服强度，在 $M/M_u \sim f$ 关系曲线上出现第二个明显转折点 b，此后，梁内受拉钢筋进入流幅，同时，裂缝急剧开展，挠度急剧增加。最后，当弯矩增加到极限弯矩 M_u 时，梁即告破坏。根据 $M/M_u \sim f$ 曲线上两个转折点 a 与 b，将从开始加荷到破坏过程划分为三个工作阶段，即阶段 I、阶段 II 和阶段 III。

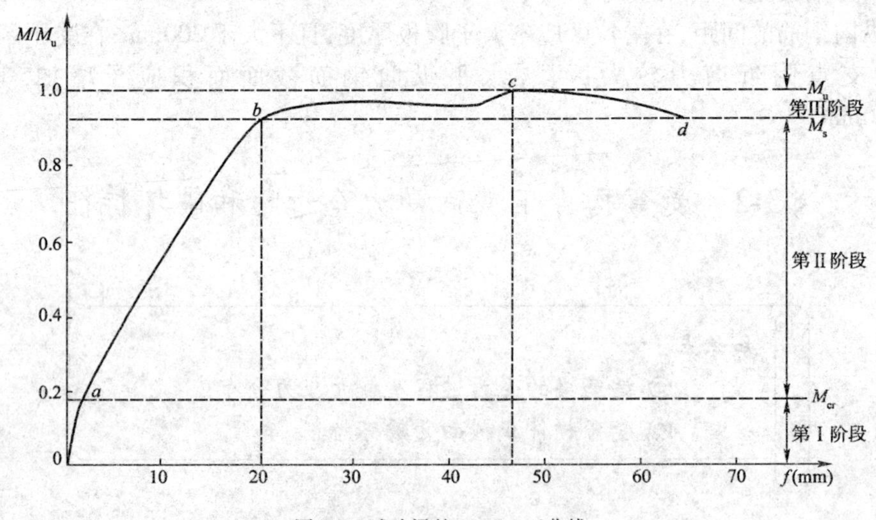

图 3-7　试验梁的 $M/M_u \sim f$ 曲线

(二)梁在各工作阶段的截面应力分布

适筋梁在三个工作阶段的截面应力分布如图 3-8 所示。

阶段 I(整体工作阶段)：在加荷初期，当作用(荷载)很小，弯矩较小，混凝土下缘应力小于其抗拉强度极限值，上缘应力远小于其抗压强度极限值，此时应力图在中性轴以上及以下部分均按直线变化。由于混凝土受拉与受压时的弹性模量稍有不同，则两条应力直线的倾角稍有不同，中性轴以下部分倾角略小。

在这一阶段，截面中性轴以下的受拉区混凝土尚未开裂，构件整个截面都参加工作，故又称整体工作阶段。

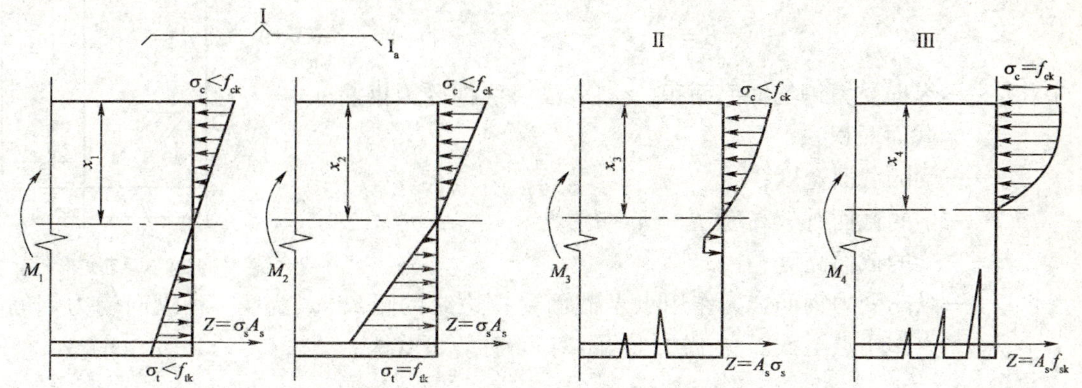

图 3-8　适筋梁在各工作阶段的截面应力分布图

阶段 $\mathrm{I_a}$（整体工作阶段末期）：当作用（荷载）增加时，混凝土的塑性变形发展，受拉区混凝土应力图呈曲线形，此时下缘混凝土拉应力将达到其抗拉强度极限值 f_{tk}，混凝土即将出现裂缝；对受压区混凝土，因其抗压强度远比抗拉强度为高，应力图仍接近于三角形。

在这一阶段，混凝土达到将要出现裂缝的临界状态，截面的整体工作状态就要结束，故称整体工作阶段末期。计算钢筋混凝土构件裂缝时，即以此阶段为计算基础。

阶段 II（带裂缝工作阶段）：当作用（荷载）继续增加时，受拉区混凝土的拉应力超过其抗拉强度极限值 f_{tk}，梁下缘产生裂缝，并随着作用（荷载）的增加而向上发展，梁进入带裂缝工作阶段。之后，作用（荷载）进一步增大，应力继续增加，混凝土受压区塑性变形亦逐渐加大，应力图形成微曲线形。

在这一阶段，受拉区混凝土基本退出工作，全部拉力由钢筋单独承受（但钢筋应力尚未达到其屈服极限）。按容许应力法计算构件强度的理论，即以此阶段为基础。

阶段 III（破坏阶段）：作用（荷载）继续增加到一定限度后，钢筋应力达到屈服极限 f_{sk}，钢筋的屈服，使得钢筋的应力停留在屈服点而不再增大，应变却迅速增加，促使受拉区混凝土的裂缝急剧开展并向上延伸，造成中性轴上移，构件挠度增大，受压区面积减小，混凝土压应力因之迅速增大。最后，当混凝土压应力达到其抗压强度极限值时，受压区即出现一些纵向裂缝，混凝土即被压碎，造成全梁破坏。此时所对应的作用（荷载），即为梁的破坏作用（荷载）。最后，受压区混凝土的塑性特征表现得十分充分，受压区应力图将更丰满，曲线多呈高次抛物线形。承载能力极限状态法即以此阶段为计算基础。

总结上述钢筋混凝土梁从加荷到破坏的整个过程，可以看出：

（1）受压区混凝土应力图在第 I 阶段为三角形分布；第 II 阶段为微曲的曲线形；第 III 阶段呈高次抛物线形。

（2）钢筋应力在第 I 阶段增长速度较慢；第 II 阶段应力增长速度较第 I 阶段为快；第 III 阶段当钢筋应力达到屈服强度后，应力即不再增加，直到破坏。

（3）梁在第 I 阶段混凝土未开裂，梁的挠度增长速度较慢；第 II 阶段由于梁带裂缝工作，挠度增长速度较前阶段为快；第 III 阶段由于钢筋屈服，裂缝急剧开展，挠度急剧增加。

二、受弯构件正截面的破坏特征

仅在受拉区配置有纵向受力钢筋的矩形截面梁，称为单筋矩形截面梁，如图 3-9 所示。梁内纵向受力钢筋数量用配筋率 ρ 表示。配筋率 ρ 是指纵向受力钢筋截面面积与正截面有效面积的比值，即：

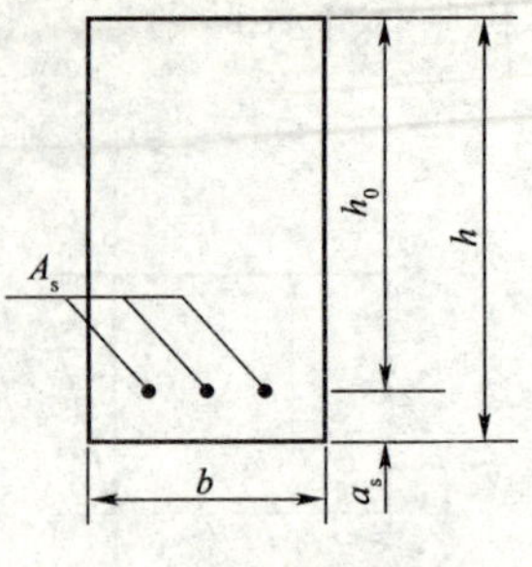

$$\rho = \frac{A_s}{bh_0} \tag{3-1}$$

式中：A_s——纵向受力钢筋截面面积（A_{si} 为第 i 种纵向受力钢筋截面面积）；

b——梁的截面宽度；

h_0——梁的截面有效高度，$h_0 = h - a_s$；

h——梁的截面高度；

a_s——纵向受力钢筋合力作用点至截面受拉边缘的距离（a_{si} 为第 i 种纵向受力钢筋合力作用点至截面受拉边缘的距离）。计算公式为：

图 3-9　单筋矩形截面

$$a_s = \frac{\sum f_{sdi} A_{si} a_{si}}{\sum f_{sdi} A_{si}} \tag{3-2}$$

f_{sdi}——第 i 种纵向受力钢筋抗拉强度的设计值。

梁正截面的破坏形式与配筋率的大小及钢筋和混凝土的强度有关。对以常用牌号的钢筋和常用强度等级的混凝土构成的钢筋混凝土受弯构件，其正截面的破坏形式主要依配筋率的大小而异。按照钢筋混凝土梁的配筋情况，其正截面的破坏形式可归纳为以下三类：

1. 适筋梁——塑性破坏

配筋率适当的钢筋混凝土梁称为"适筋梁"。适筋梁的破坏特点是破坏始于受拉钢筋的屈服。在受拉钢筋应力达到屈服强度之初，受压区混凝土外边缘的应力尚未达到抗压强度极限值，此时混凝土并未被压碎。作用（荷载）稍增，钢筋屈服使得构件产生较大的塑性伸长，随之引起受拉区混凝土裂缝急剧开展，受压区逐渐缩小，直至受压区混凝土应力达到抗压强度极限值后，构件即被破坏。这种梁在破坏前，由于裂缝开展较宽，挠度较大，给人以明显的破坏预兆，故习惯上称之为"塑性破坏"。破坏形态见图 3-10a）。

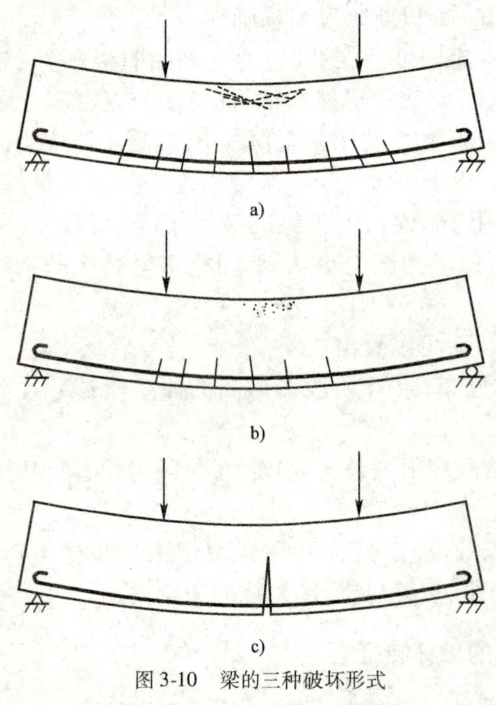

图 3-10　梁的三种破坏形式

a）适筋梁；b）超筋梁；c）少筋梁

2. 超筋梁——脆性破坏

配筋率过高的钢筋混凝土梁称为"超筋梁"。其破坏特点是破坏始于受压区混凝土被先压碎。当钢筋混凝土梁内钢筋配置多到一定程度时，钢筋抗拉能力就过强，而作用（荷载）的增加，使受压区混凝土应力首先达到抗压强度极限值，混凝土即被压碎，导致梁的破坏。此时钢筋仍处于弹性工作阶段，钢筋应力低于屈服强度。由于该梁在破坏前裂缝开展不宽，延伸不多，梁的挠度不大，梁是在没有明显预兆情况下由于受压区混凝土突然压碎而被破坏，故习惯上称之为"脆性破坏"。其破坏形态见图3-10b）。

3. 少筋梁——脆性破坏

配筋率过低的钢筋混凝土梁称为"少筋

梁”。少筋梁在开始加荷时，作用在截面上的拉力主要由受拉区混凝土来承受。当截面出现第一条裂缝后，拉力几乎全部转由钢筋来承受，使裂缝处的钢筋应力突然增大，由于钢筋配得过少，这就使钢筋即刻达到或超过屈服强度，并进入钢筋的强化阶段。此时，裂缝往往集中出现一条，且开展宽度较大，沿梁高向上延伸很高，即使受压区混凝土暂未压碎，但由于裂缝宽度过大，标志着梁的“破坏”。考虑到这种“破坏”来得突然，故“少筋梁”也属“脆性破坏”。其破坏形态见图3-10c)。

由上可知“适筋梁”能充分发挥材料的强度，符合安全、经济的要求，所以在工程中被广泛利用。“超筋梁”破坏预兆不明显，用钢量又多，故在工程中不得采用。“少筋梁”虽配置了钢筋，但因数量过少，作用不大，其承载能力实际上与纯混凝土梁差不多，破坏形式又属“脆性破坏”，因此，工程中也不宜采用“少筋梁”。总之，正常的设计应使梁的配筋率选用得恰当，将梁设计成适筋梁。

§3-3　三种截面受弯构件计算

课题一　正截面承载力计算的基本要求

① 正截面承载力计算的基本假定；
② 适筋梁的基本条件。

一、正截面承载力计算的基本假定

1. 两点说明

由试验得知，梁从加荷到破坏经历了三个阶段，为保证梁具有足够的安全性，必须按承载能力极限状态法对梁正截面进行承载力计算，并以第III阶段的应力状态（图3-11）作为计算基础。这项计算具有以下几个特点：

(1)图3-11为钢筋混凝土梁对应三个工作阶段的应变图。由图可见，梁在第I阶段受压与受拉应变图呈直线分布，说明混凝土与钢筋应变的变化规律符合平截面假定。随着弯矩的增加，当梁进入第II阶段时，受压区混凝土压应变与受拉区钢筋拉应变的实测值均不断增长，但应变图基本上仍是上、下两个三角形，平均应变仍符合平截面要求。这种状况一直延续至第III阶段，即梁破坏前。最后，当梁破坏时，受压区混凝土边缘纤维压应变达到（或接近）极限压应变 ε_{cu}，这标志着梁已开始破坏。

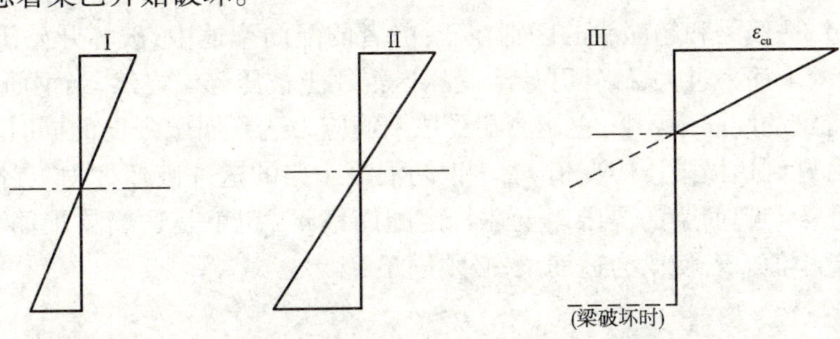

图3-11　钢筋混凝土梁在三个工作阶段的应变图

(2)以上述梁破坏时受压区混凝土应变图的分布，比照图1-4介绍的混凝土一次短期加荷时应力—应变关系曲线中的“下降段”，可看出对应于极限压应变 ε_{cu} 的应力不为受压区混凝土的最大应力 σ_{max}，而 σ_{max} 却位于受压边缘纤维以下一定高度处，其应力图形呈高次抛物线形(图3-12)。

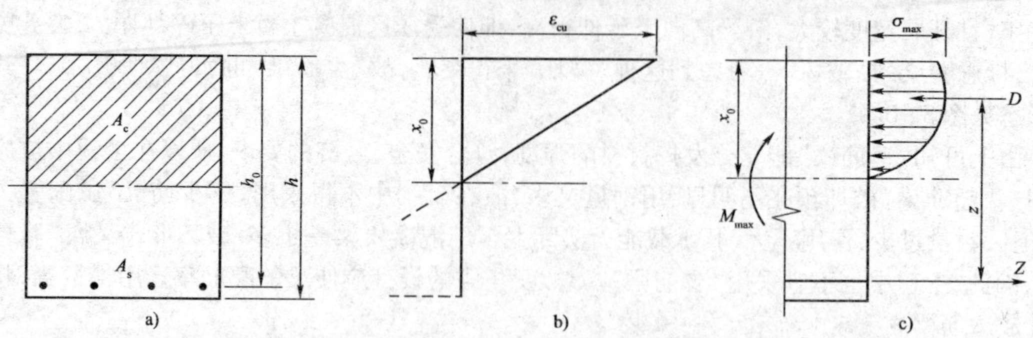

图3-12 钢筋混凝土梁在破坏阶段的应力、应变图

a)构件截面；b)应变图(阶段III)；c)应力图(阶段III)

在结构设计中，为了较简便地求出受压区应力图形的合力大小及其作用点，而以等效矩形应力图代替图3-12c)中所示的抛物线应力图。其基本原则是：矩形应力图的合力应与抛物线应力图的合力大小相等，作用点位置相同，它们应是等效的。等效矩形应力图的受压区高度 x 与抛物线应力图的受压区高度 x_0 的关系为 $x=\beta x_0$，式中 β 称为混凝土受压区高度换算系数。按《桥规》(JTG D62—2004)规定，不同强度等级的混凝土的 β 按表3-1取值。等效矩形应力图的应力为 f_{cd}(混凝土抗压强度设计值)。

混凝土矩形应力图高度系数 表3-1

混凝土强度等级	C50及以下	C55	C60	C65	C70	C75	C80
β	0.80	0.79	0.78	0.77	0.76	0.75	0.74

2. 基本假定

基于上述特点，钢筋混凝土构件在按承载能力极限状态计算时，引入下列假定：

(1)构件弯曲后，其截面仍保持平面，受压区混凝土平均应变和钢筋的应变沿截面高度符合线性分布。

(2)正截面破坏时，构件受压区混凝土应力取抗压强度设计值 f_{cd}，应力计算图形为矩形。

(3)正截面破坏时，受弯、大偏心受压、大偏心受拉构件的受拉主筋达到抗拉强度设计值 f_{sd}，受拉区混凝土不参与工作(抗剪计算除外)。

二、适筋梁的基本条件

1. 适筋梁与超筋梁的界限

前文介绍过，适筋梁和超筋梁的区别在于：前者的配筋率适中，破坏开始于受拉钢筋达到屈服强度；后者的配筋率过大，破坏开始于受压区混凝土被压碎。显然，当钢筋确定之后，梁内配筋存在一个特定的配筋率 ρ_{max}，它能使在受拉钢筋应力达到屈服强度的同时，受压区混凝土边缘压应变也恰好到达极限压应变值 ε_{cu}。钢筋混凝土梁的这种破坏称为“界限破坏”。这种界限也就是适筋梁与超筋梁的界限。上述特定配筋率 ρ_{max} 也就是适筋梁配筋率的最大值，超筋梁配筋率的最小值。若使梁为适筋梁，必须满足：

$$\rho\leqslant\rho_{max} \tag{3-3}$$

这个条件通常可用受压区高度 x 来控制。

根据平截面假定，梁变形后的计算截面仍保持平面，梁处于界限破坏状态的计算截面如图3-13中的 acc'，相应的实际受压区高度 oc 取名为"实际受压区界限高度"，用符号 x_b 表示，x_b 与 (h_0-x_b) 的比值为：

$$\frac{x_b}{h_0-x_b}=\frac{\varepsilon_{cu}}{\varepsilon_s} \tag{3-4}$$

即

$$\frac{x_b}{h_0}=\frac{\varepsilon_{cu}}{\varepsilon_s+\varepsilon_{cu}} \tag{3-5}$$

或

$$x_b=\frac{\varepsilon_{cu}}{\varepsilon_{cu}+\varepsilon_s}h_0 \tag{3-6}$$

在梁的正截面强度计算中用等效矩形应力图代替受压区抛物线应力图，x 为等效矩形应力图的高度，h_0 为截面有效高度，它们的比值：$\xi=x/h_0$，称为相对受压区高度。

梁处于界限破坏状态时，等效矩形应力图高度用 x_u 表示，它与截面有效高度 h_0 之比值：$\xi_b=\dfrac{x_u}{h_0}$，又称为相对界限受压区高度。

根据基本假设，可知：$x_u=\beta x_b$

由公式(3-5)得：

$$\xi_b=\frac{x_u}{h_0}=\frac{\beta x_b}{h_0}=\frac{\beta\varepsilon_{cu}}{\varepsilon_{cu}+\varepsilon_s}=\frac{\beta\varepsilon_{cu}}{\varepsilon_{cu}+\dfrac{f_{sd}}{E_s}} \tag{3-7}$$

式中：ε_{cu}——混凝土极限压应变值，《桥规》(JTG D62—2004)规定：当混凝土强度等级为C50及以下时，取 $\varepsilon_{cu}=0.0033$；当混凝土强度等级为C80时，取 $\varepsilon_{cu}=0.003$；中间强度等级用直线插入求得；

ε_s——钢筋屈服应变值，$\varepsilon=\dfrac{f_{sd}}{E_s}$；

f_{sd}——钢筋抗拉设计强度；

E_s——钢筋弹性模量。

在《桥规》(JTG D62—2004)中，对不同强度等级混凝土和配有不同牌号的钢筋的梁，给出了不同的混凝土相对界限受压区高度 ξ_b 值(表3-2)。

混凝土受压区相对界限高度 ξ_b 表3-2

相对界限受压区高度 / 混凝土强度等级 / 钢筋种类	ξ_b			
	C50及以下	C55、C60	C65、C70	C75、C80
R235(Q235)	0.62	0.60	0.58	—
HRB335	0.56	0.54	0.52	—
HRB400、KL400	0.53	0.51	0.49	—
钢绞线、钢丝	0.40	0.38	0.36	0.35
精轧螺纹钢筋	0.40	0.38	0.36	—

注：截面受拉区内配置不同种类钢筋的受弯构件，其 ξ_b 值应选用相应于各种钢筋的较小者。

适筋梁与超筋梁截面破坏时的相同点是受压区外边缘的混凝土压应变均达到极限压应变值 ε_{cu}，如图3-13中的 oa 段；它们之间的根本区别就是截面破坏时受拉钢筋是否屈服，即受拉钢筋的拉应变是否达到屈服应变值 ε_s。适筋梁截面破坏时,受拉钢筋的拉应变达到甚至超过其屈服应变值 ε_s,如图 3-13 中的梁变形后的截面 abb'、acc',它们的受拉钢筋的拉应变 $o'b' > o'c' = \varepsilon_s$,与此对应的实际受压区高度 $ob < oc = x_b$,若实际受压区高度用 x_s 表示,对于适筋梁,$x_s \leqslant x_b$。前述实际受压区高度 x_s 与等效矩形应力图高度 x 存在 βx_s 的关系,则 $x = \beta x_s \leqslant \beta x_b = x_u$。对于超筋梁而言,受拉钢筋的拉应变小于其屈服应变 ε_s,如图 3-13 中梁变形后的截面 add',其受拉钢筋拉应变 $o'd' < o'c' = \varepsilon_s$,截面 add' 的实际受压区高度 x_s 大于实际受压区界限高度 x_b,即 $x = \beta x_s > x_b = x_u$。由此可得出适筋梁与超筋梁的界限条件:

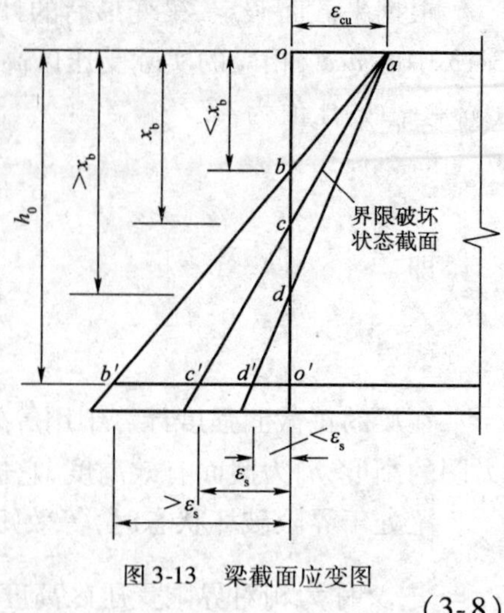

图 3-13 梁截面应变图

$$x \leqslant x_u = \xi_b h_0 \tag{3-8}$$

为简化称呼,以后将 x 称为“受压区高度”。

2. 适筋梁与少筋梁的界限

为了防止截面配筋过少而出现脆性破坏,并考虑温度收缩应力及构造等方面的要求,适筋梁配筋率 ρ 亦应满足另一条件,即 $\rho \geqslant \rho_{min}$。式中 ρ_{min} 表示适筋梁的最小配筋率。《桥规》(JTG D62—2004)规定:$\rho_{min} = (45 f_{td}/f_{sd})\%$,同时不应小于 0.2%。即有:

$$\rho = \frac{A_s}{bh_0} \geqslant \rho_{min} = 45 \times \frac{f_{td}}{f_{sd}} \quad (\%)$$

3. 两点说明

在工程实际中,梁的配筋率 ρ 总要比 ρ_{max} 低一些,比 ρ_{min} 高一些,才能做到经济合理。这主要是考虑到以下两点:

(1)为了确保所有的梁在濒临破坏时具有明显的预兆以及在破坏时具有适当的延性,就要满足 $\rho < \rho_{max}$;

(2)当 ρ 取得小些时,梁截面就要大些;当 ρ 取得大些时,梁截面就要小些,这就要顾及钢材、水泥、砂石等材料价格及施工费用。

根据我国经验,钢筋混凝土板的经济配筋率约为 0.5% ~1.3%;钢筋混凝土 T 形梁的经济配筋率约为 2.0% ~3.5%。

课题二 单筋矩形截面受弯构件计算

① 计算公式及适用条件;
② 能画出计算图式;
③ 正确运用公式进行配筋计算与承载力复核。

一、正截面承载力计算公式及其适用条件

1. 正截面承载力计算基本公式

根据前述钢筋混凝土受弯构件按承载能力极限状态设计时的假定,可绘出如图 3-14 所示

单筋矩形截面受弯构件正截面承载力计算图式。

按静力平衡条件，由图3-14可得单筋矩形截面承载力计算公式：

由水平力平衡即$\sum H=0$，可得：

$$f_{cd}\cdot bx=f_{sd}\cdot A_s \tag{3-9}$$

由弯矩平衡，即$\sum M=0$。

取受拉钢筋合力作用点为矩心，可得：

$$M=f_{cd}\cdot bx\left(h_0-\frac{x}{2}\right) \tag{3-10}$$

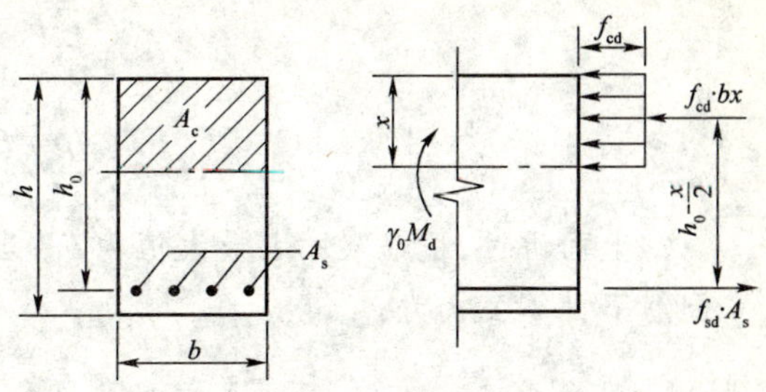

图3-14　单筋矩形截面承载力计算图式

取受压区混凝土合力作用点为矩心，可得：

$$M=f_{sd}\cdot A_s\left(h_0-\frac{x}{2}\right) \tag{3-11}$$

公式(3-10)、(3-11)也可说成结构抗力效应设计值的计算公式，即：

$$M=f_{cd}\cdot bx\left(h_0-\frac{x}{2}\right) \tag{3-12}$$

或

$$M=f_{sd}\cdot A_s\left(h_0-\frac{x}{2}\right) \tag{3-13}$$

根据按承载能力极限状态设计的原则可得出如下公式：

$$\gamma_0 M_d\leqslant f_{cd}\cdot bx\left(h_0-\frac{x}{2}\right) \tag{3-14}$$

或

$$\gamma_0 M_d\leqslant f_{sd}\cdot A_s\left(h_0-\frac{x}{2}\right) \tag{3-15}$$

式中：M——结构抗力效应的设计值，即截面总的抗弯内力矩；

M_d——弯矩组合设计值；

f_{cd}——受压区混凝土的抗压强度设计值；

f_{sd}——受拉钢筋的抗拉强度设计值；

b——矩形截面的宽度；

h_0——矩形截面的有效高度；

x——等效矩形应力图的高度；

A_s——受拉钢筋的截面积；

γ_0——桥梁结构的重要性系数，详见单元一的取值规定。

2. 计算公式适用条件

由课题一可知，适筋梁应满足：

$$x\leqslant\xi_b\cdot h_0$$

知识链接

可将公式(3-9)变换成：

$$x=\frac{A_s f_{sd}}{bf_{cd}}=\frac{A_s}{bh_0}\cdot\frac{f_{sd}}{f_{cd}}\cdot h_0=\rho\frac{f_{sd}}{f_{cd}}\cdot h_0 \tag{3-16}$$

$$\xi = \frac{x}{h_0} = \rho \cdot \frac{f_{sd}}{f_{cd}} \tag{3-17}$$

或

$$\rho = \xi \frac{f_{cd}}{f_{sd}} \tag{3-18}$$

上面讲过，适筋梁的 ξ 最大值为 ξ_b，当然利用公式(3-18)可以得出适筋梁的最大配筋率计算公式为：

$$\rho_{max} = \xi_b \frac{f_{cd}}{f_{sd}} \tag{3-19}$$

分析此式可以看出，适筋梁受压区高度 x 不能超过其最大限值 x_u，它的配筋率 ρ 不能大于其所对应的最大配筋率 ρ_{max}，即要求 $\rho \leqslant \rho_{max}$。这也明确地解释了梁正截面的破坏形式主要依配筋率的大小而异的道理。

二、计 算 内 容

单筋矩形截面受弯构件正截面承载力计算，包括截面选择与承载力复核两项内容。

(一)截面选择

截面设计是根据要求截面所承受的弯矩，选定混凝土强度等级、钢筋牌号，计算出构件截面尺寸 b、h 及受拉钢筋截面积 A_s，这是钢筋混凝土受弯构件截面选择的正常步骤。

设计中，单筋矩形截面受弯构件进行截面选择时，常有下列两种情况：

1. 已知：弯矩组合设计值 M_d，结构重要性系数 γ_0、钢筋牌号和混凝土强度等级、构件截面尺寸 b、h，求受拉钢筋截面面积 A_s。

计算步骤：

首先由公式(3-14)解一元二次方程，得受压区高度 x：

$$x = h_0 - \sqrt{h_0^2 - \frac{2\gamma_0 M_d}{f_{cd} \cdot b}} \tag{3-20}$$

若 $x > \xi_b h_0$，则此梁为超筋梁，需要增大截面尺寸，主要是增加高度 h 或者提高混凝土的强度等级；若 $x \leqslant \xi_b h_0$，则可由式(3-15)求得钢筋截面面积 A_s：

$$A_s = \frac{\gamma_0 M_d}{f_{sd}\left(h_0 - \frac{x}{2}\right)} \tag{3-21}$$

或者

$$A_s = \frac{f_{cd} \cdot bx}{f_{sd}} \tag{3-22}$$

在上述计算公式中，均需先确定截面的有效高度 h_0，当钢筋截面面积 A_s 尚未确定之前，须先假定受拉钢筋合力点至受拉边缘的距离 a_s。一般在板中可先假定 $a_s = 40\text{mm}$；在梁中，当估计为单排钢筋时，可先假定 $a_s = 35 \sim 45\text{mm}$；当为多排时，可假定 $a_s = 60 \sim 80\text{mm}$。另外，为使所采用的钢筋截面面积 A_s 在适筋梁范围内，还需要验证 $\xi \leqslant \xi_b$，即 $x \leqslant \xi_b h_0$。

通过计算求得 A_s 后，即可根据构造要求等从表 3-3 及表 3-4 中选择合适的钢筋直径及根数，并进行具体的钢筋布置，从而再对假定的 a_s 值进行校核修正。此外，还应验证$\rho \geqslant \rho_{min}$。

圆钢筋、带肋钢筋截面面积、质量表 表 3-3

直径 (mm)	在下列钢筋根数时的截面面积(mm^2)									质量 (kg/m)	带肋钢筋(mm)	
	1	2	3	4	5	6	7	8	9		直径	外径
4	12.6	25	38	50	63	75	88	101	113	0.098		
6	28.3	57	85	113	141	170	198	226	254	0.222		
8	50.3	101	151	201	251	302	352	402	452	0.396		
10	78.5	157	236	314	393	471	550	628	707	0.617	10	11.6
12	113.1	226	339	452	566	679	792	905	1018	0.888	12	13.9
14	153.9	308	462	616	770	924	1078	1232	1385	1.208	14	16.2
16	201.1	402	603	804	1005	1206	1407	1608	1810	1.680	16	18.4
18	254.5	509	763	1018	1272	1527	1781	2036	2290	1.998	18	20.5
20	314.2	628	942	1256	1570	1884	2200	2513	2827	2.460	20	22.7
22	380.1	760	1140	1520	1900	2281	2661	3041	3421	2.980	22	25.1
25	490.9	982	1473	1964	2454	2945	3436	3927	4418	3.850	25	28.4
28	615.7	1232	1847	2463	3079	3695	4310	4926	5542	4.833	28	31.6
32	804.3	1609	2413	3217	4021	4826	5630	6434	7238	6.310	32	35.8
34	907.9	1816	2724	3632	4540	5448	6355	7263	8171	7.127	34	
36	1017.9	2036	3054	4072	5089	6107	7125	8143	9161	7.990	36	40.2
38	1134.1	2268	3402	4536	5671	6805	7939	9073	10207	8.003	38	
40	1256.6	2513	3770	5026	6283	7540	8796	10053	11310	9.865	40	44.5

钢筋间距一定时板每米宽度内钢筋截面面积(mm^2) 表 3-4

钢筋间距 (mm)	钢筋直径(mm)								
	6	8	10	12	14	16	18	20	22
70	404	718	1122	1616	2199	2873	3636	4487	5430
75	377	670	1047	1508	2052	2681	3393	4188	5081
80	353	628	982	1414	1924	2314	3181	3926	4751
85	333	591	924	1331	1811	2366	2994	3695	4472
90	314	559	873	1257	1711	2234	2828	3490	4223
95	298	529	827	1190	1620	2117	2679	3306	4000
100	283	503	785	1131	1539	2011	2545	3141	3801
105	269	479	748	1077	1466	1915	2424	2991	3620
110	257	457	714	1028	1399	1828	2314	2855	3455
115	246	437	683	984	1339	1749	2213	2731	3305
120	236	419	654	942	1283	1676	2121	2617	3167
125	226	402	628	905	1232	1609	2036	2513	3041
130	217	387	604	870	1184	1547	1958	2416	2924
135	209	372	582	838	1140	1490	1885	2327	2816
140	202	359	561	808	1100	1436	1818	2244	2715
145	195	347	542	780	1062	1387	1755	2166	2621

续上表

钢筋间距（mm）	钢筋直径（mm）								
	6	8	10	12	14	16	18	20	22
150	189	335	524	754	1026	1341	1697	2084	2534
155	182	324	507	730	993	1297	1643	2027	2452
160	177	314	491	707	962	1257	1590	1964	2376
165	171	305	476	685	933	1219	1542	1904	2304
170	166	296	462	665	905	1183	1497	1848	2236
175	162	287	449	646	876	1149	1454	1795	2172
180	157	279	436	628	855	1117	1414	1746	2112
185	153	272	425	611	832	1087	1376	1694	2035
190	149	265	413	595	810	1058	1339	1654	3001
195	145	258	403	403	580	789	1031	1305	1611
200	141	251	393	565	769	1005	1272	1572	1901

2. 已知弯矩组合设计值 M_d、钢筋牌号及混凝土强度等级，结构设计的安全等级。求构件截面尺寸 b、h 及受拉钢筋截面积 A_s。

由于基本计算公式只有式(3-9)、式(3-14)或式(3-15)两个，这样只有在 b、h、x、A_s 四个未知数中先假定两个，建立起二元二次方程，通过对此方程的求解，才能求得另外两个未知数。这种计算程序既麻烦又费时，不便实用。可采用以下的方法求解。

计算步骤：

①在经济配筋率内选定一 ρ 值，并据受弯构件适应情况选定梁宽（设计板时，一般采用单位板宽，即取 $b = 1000\text{mm}$）。

②按公式 $\xi = \rho \dfrac{f_{sd}}{f_{cd}}$，求出 ξ 值，若 $\xi \leqslant \xi_b$，则取 $x = \xi h_0$，代入公式(3-14)，化简后得：

$$h_0 = \sqrt{\frac{\gamma_0 M_d}{\xi(1 - 0.5\xi) f_{cd} \cdot b}} \tag{3-23}$$

③由 h_0 求出所需截面高度 h，即 $h = h_0 + a_s$，式中 a_s 为受拉钢筋合力作用点至截面受拉区外缘的距离。为了使构件截面尺寸规格化和考虑施工的方便，最后实际取用的 h 值应模数化，钢筋混凝土梁板的 h 值应为整数。

④继续按第一种情况求出受拉钢筋面积并布置钢筋。若 $\xi > \xi_b$，则应重新选定 ρ 值，重复上述计算，直至满足 $\xi \leqslant \xi_b$ 的条件。

例 3-1 某钢筋混凝土单筋矩形梁截面尺寸 $b = 250\text{mm}$，$h = 550\text{mm}$，$a_s = 40\text{mm}$，拟采用 C20 混凝土，R235 钢筋，承受弯矩 $M_d = 100\text{kN·m}$，结构重要性系数 $\gamma_0 = 1.1$。求受拉钢筋的截面面积 A_s，并配筋。

解：由表 1-1、表 1-4 查得：C20 混凝土 $f_{cd} = 9.2\text{MPa}$、R235 钢筋 $f_{sd} = 195\text{MPa}$；查表 3-2 得 $\xi_b = 0.62$。设 $a_s = 40\text{mm}$。

截面有效高度： $h_0 = h - a_s = 550 - 40 = 510(\text{mm})$

由公式(3-20)得：

$$x = h_0 - \sqrt{h_0^2 - \frac{2\gamma_0 M_d}{f_{cd} \cdot b}} = 510 - \sqrt{510^2 - \frac{2 \times 1.1 \times 100 \times 10^6}{9.2 \times 250}} = 104.5(\text{mm})$$

$$< \xi_b h_0 = 0.62 \times 510 = 316.2(\text{mm})$$

则由公式(3-22)可得受拉钢筋截面面积 A_s：

$$A_s = \frac{f_{cd} \cdot bx}{f_{sd}} = \frac{9.2 \times 250 \times 104.5}{195} = 1232.6(\text{mm}^2)$$

查表3-3，选用4ϕ20，$A_s = 1256(\text{mm}^2)$。钢筋按一排布置，所需截面最小宽度：

$$b_{min} = 3 \times 30 + 4 \times 22.7 + 2 \times 30 = 240.8(\text{mm}) < b = 250(\text{mm})$$

梁的实际有效高度：

$$h_0 = 550 - \left(30 + \frac{22.7}{2}\right) = 508.65(\text{mm})$$

实际配筋率：

$$\rho = \frac{A_s}{bh_0} = \frac{1256}{250 \times 508.65} = 0.0099 = 0.99\%$$

$$\rho_{min} = (45 f_{td}/f_{sd})\% = (45 \times 1.06/195)\% = 0.24\%$$

所以有：

$$\rho > \rho_{min}$$

配筋率满足《桥规》(JTG D62—2004)要求。

截面配筋见图3-15。

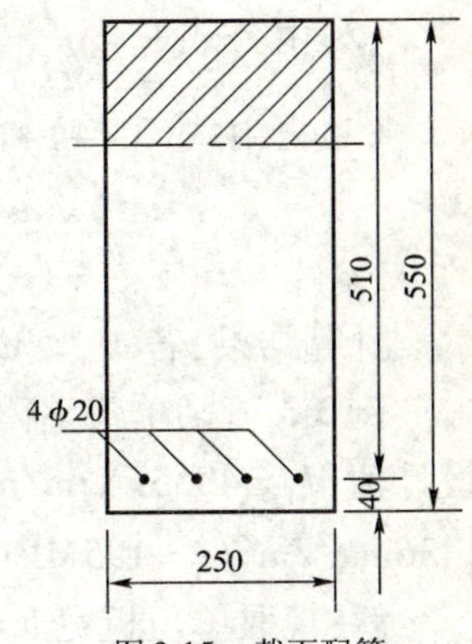

图3-15　截面配筋

(尺寸单位：mm)

例3-2　某钢筋混凝土单筋矩形梁，截面尺寸 b、h 未知，其余条件同例3-1，求梁截面尺寸 b、h 及所需的纵向受拉钢筋截面积 A_s。

解：设纵向受拉钢筋配筋率 ρ 为0.01，矩形截面宽 $b = 250\text{mm}$，$a_s = 40\text{mm}$，查表3-2得 $\xi_b = 0.62$，则：

$$\xi = \rho \cdot \frac{f_{sd}}{f_{cd}} = 0.01 \times \frac{195}{9.2} = 0.212$$

由公式(3-23)计算截面有效高度：

$$h_0 = \sqrt{\frac{\gamma_0 M_d}{\xi(1 - 0.5\xi) f_{cd} \cdot b}} = \sqrt{\frac{1.1 \times 100 \times 10^6}{0.212 \times (1 - 0.5 \times 0.212) \times 9.2 \times 250}} = 503(\text{mm})$$

则钢筋混凝土梁高：

$$h = h_0 + a_s = 503 + 40 = 543(\text{mm})$$

截面高度尺寸模数化，取梁高 $h = 550(\text{mm})$，实际截面有效高度 $h_0 = h - a_s = 550 - 40 = 510(\text{mm})$，再由公式(3-20)求得受压区高度 x：

$$x = h_0 - \sqrt{h_0^2 - \frac{2\gamma_0 M_d}{f_{cd} \cdot b}} = 510 - \sqrt{510^2 - \frac{2 \times 1.1 \times 100 \times 10^6}{9.2 \times 250}}$$

$$= 104.5(\text{mm}) < \xi_b h_0 = 0.62 \times 510 = 316.2(\text{mm})$$

则由公式(3-22)可得受拉钢筋截面面积 A_s：

$$A_s = \frac{f_{cd} \cdot bx}{f_{sd}} = \frac{9.2 \times 250 \times 104.5}{195} = 1232.6(\text{mm}^2)$$

按表3-3，选用4ϕ20，实际取用纵向受拉钢筋截面积 $A_g = 1256(mm^2)$。

其他计算同上例，略去不述。

(二)承载力复核

承载力复核是对已经设计好的截面进行承载力计算，以判断其安全程度。

已知荷载效应设计值 M_d，截面尺寸 b、h，纵向受拉钢筋截面积 A_s，混凝土强度等级和钢筋牌号，结构重要性系数 γ_0，验算截面所能承担的弯矩 M_u，并判断其安全程度。

计算步骤：

(1)按公式 $\rho = \frac{A_s}{bh_0}$ 计算纵向受拉钢筋配筋率 ρ，需满足 $\rho \geqslant \rho_{min}$。

(2)由公式 $\xi = \rho \frac{f_{sd}}{f_{cd}}$ 计算矩形截面受压区高度系数，需满足 $\xi \geqslant \xi_b$。

(3)再由式(3-14)和式(3-15)及 $x = \xi h_0$ 求出本截面所能承担的弯矩 M_u：

$$M_u = \xi(1 - 0.5\xi) bh_0^2 f_{cd} \tag{3-24}$$

或

$$M_u = (1 - 0.5\xi) A_s h_0 f_{sd} \tag{3-25}$$

计算结果，若 $M_u \leqslant M_d$，则满足承载力要求。

例3-3 某单跨整体式钢筋混凝土盖板涵，板厚 $h = 160mm(h_0 = 160mm)$，跨中弯矩组合设计值 $M_d = 40.5kN \cdot m/m$，材料采用C20混凝土($f_{cd} = 9.2MPa$)，R235钢筋 ϕ16@140mm($A_s = 1436mm^2/m$，$f_{sd} = 195MPa$)。结构重要性系数 $\gamma_0 = 1.1$。试复核此盖板承载力。

解：现取单位板宽 $b = 1000mm$，并计算配筋率：

$$\rho = \frac{A_s}{bh_0} = \frac{1436}{1000 \times 160} = 0.00897 > \rho_{min} = \left(45 \cdot \frac{f_{td}}{f_{sd}}\right)\% = 0.24\%$$

混凝土受压区高度系数：

$$\xi = \rho \frac{f_{sd}}{f_{cd}} = 0.00897 \times \frac{195}{9.2} = 0.190 < \xi_b = 0.62 (\text{见表3-2})$$

由公式(3-24)计算跨中截面所能承担的弯矩 M_u：

$$\begin{aligned} M_u &= \xi(1 - 0.5\xi) bh_0^2 \cdot f_{cd} \\ &= 0.190(1 - 0.5 \times 0.190) \times 1000 \times 160^2 \times 9.2 \\ &= 40.5kN \cdot m \leqslant \gamma_0 M_d = 1.1 \times 40.5 = 44.55kN \cdot m \end{aligned}$$

承载力不满足要求。

课题三　双筋矩形截面受弯构件计算

① 选择双筋矩形截面的条件；

② 双筋矩形截面正截面承载力计算图式、计算公式及适用条件；

③ 公式的应用。

一、选择矩形截面的条件

在截面受拉区配置有纵向受拉钢筋，又在受压区配置有纵向受压钢筋的矩形截面受弯构件，称为双筋矩形截面受弯构件。

双筋矩形截面多适用于以下情况：

(1)当矩形截面承受的弯矩较大，截面尺寸受到限制，且混凝土强度等级又不可能提高，以致用单筋截面无法满足 $x \leqslant \xi_b h_0$ 的条件时，即需在受压区配置受压钢筋 A'_s 来帮助混凝土受压。

(2)当截面既承受正向弯矩又可能承受负向弯矩时，截面上、下均需配置受力钢筋。此外，根据构造上的要求，有些纵向钢筋需贯穿全梁时，若计算中考虑截面受压区这部分受压钢筋的作用，则也可按双筋处理(如连续梁支点及支点附近截面)。

应该明确，用配置受压钢筋来帮助混凝土受压以提高构件承载能力是不经济的，但是从使用性能来看，双筋截面受弯构件由于设置了受压钢筋，可提高截面的延性和防震性能，有利于防止结构的脆性破坏；此外，由于受压钢筋的存在和混凝土徐变的影响，可以减少短期和长期作用下构件产生的变形。从这两方面讲，采用双筋截面还是适宜的。

二、正截面承载力计算公式及其适用条件

双筋矩形截面梁与单筋矩形截面梁在破坏时，其受力特点是相似的，两者间的区别只在于受压区是否配有纵向受压钢筋。因此，对于双筋矩形梁，在明确了梁破坏时受压钢筋承受的应力后，双筋梁的基本计算公式就可比照单筋梁的分析方法建立起来。

图3-16a)为双筋矩形截面图，工程上为简化计算，截面受压区抛物线应力图多用等效矩形应力图代替，如图3-16b)所示。

根据图3-16b)，按静力平衡条件可得双筋矩形截面正截面承载力计算公式。

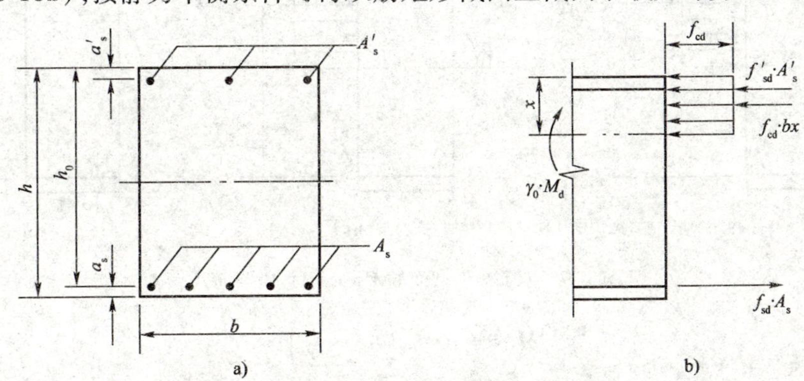

图3-16 双筋矩形截面正截面承载力计算图式

a)构件截面；b)等效矩形应力图

由 $\sum H=0$，得：

$$f_{sd}A_s - f'_{sd}A'_s = f_{cd}bx \tag{3-26}$$

由弯矩平衡，即 $\sum M=0$，取受拉钢筋合力作用点为矩心，可得：

$$\gamma_0 M_d \leqslant f_{cd} \cdot bx\left(h_0 - \frac{x}{2}\right) + f'_{sd}A'_s(h_0 - a'_s) \tag{3-27}$$

式中：f'_{sd}——受压钢筋的强度设计值；

A'_s——受压钢筋截面积；

a'_s——受压钢筋合力作用点至截面受压区外缘的距离；

其余符号意义同公式(3-3)～公式(3-9)。

据试验分析，在应用公式(3-26)、(3-27)进行钢筋混凝土双筋矩形截面设计计算时，应满

足下述两项条件的要求：

(1)受压区高度 $x \leq \xi_b h_0$，其意义与单筋矩形截面相同，是为了保证梁的破坏从受拉钢筋屈服开始，防止梁发生脆性破坏。

(2)受压区高度 $x \geq 2a'_s$，这主要是为了保证受压钢筋在截面破坏时其应力达到屈服强度。因为若 $x < 2a'_s$，说明受压钢筋位置距离中性轴太近，这样在构件破坏时，使得受压钢筋的压应变太小，以致其应力达不到抗压强度设计值 f'_{sd}。这种应力状态与在极限状态下的双筋矩形截面应力图式不符，从而需要用 $x \geq 2a'_s$ 来限制受压区高度的最小值。

至于控制最小配筋率的条件，在双筋截面的情况下，一般不需验算。

三、计 算 内 容

双筋矩形截面受弯构件正截面的承载力计算，包括截面选择与承载力复核两项内容。

(一)截面选择

双筋矩形截面受弯构件的截面选择，主要是指已知构件截面尺寸(构件截面尺寸通常可以根据构造要求或总体布置预先确定)去求受拉钢筋截面积 A_s 与受压钢筋截面积 A'_s(有时，受压钢筋截面积 A'_s，已由其他作用情况设计出来，或根据构造要求已被确定)。

为了方便计算，公式(3-27)分解成两组(图 3-17)：

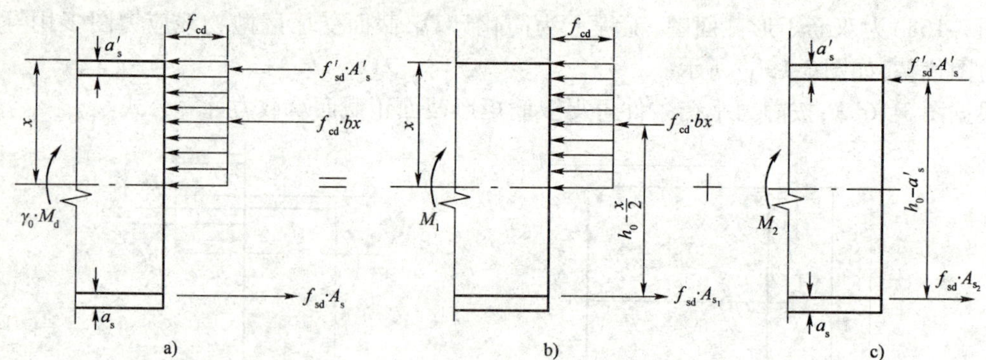

图 3-17 双筋矩形截面的 M_d 分解为 M_1 与 M_2

$$M_1 = f_{cd} \cdot bx\left(h_0 - \frac{x}{2}\right)$$

$$M_2 = f'_{sd} \cdot A'_s(h_0 - a'_s)$$

其中 M_1 是由受压区混凝土的内力 $f_{cd} \cdot bx$ 与相当数量的部分受拉钢筋 A_{s1} 的内力 $f_{sd} \cdot A_{s1}$ 所形成的抗弯力矩；M_2 是由受压区钢筋 A'_s 的内力 $f'_{sd} \cdot A'_s$ 与另一部分钢筋 A_{s2} 的内力 $f_{sd} \cdot A_{s2}$ 所形成的抗弯力矩。

在截面选择时可令：

$$\gamma_0 \cdot M_d = M_1 + M_2 = f_{cd} \cdot bx\left(h_0 - \frac{x}{2}\right) + f'_{sd}A'_s(h_0 - a'_s)$$

双筋矩形截面受弯构件截面选择的基本出发点，应首先充分发挥受压区混凝土和其对应的受拉钢筋 A_{s1} 的承载能力(即取 $x = \xi_b h_0$，按单筋截面设计)，而对无法承担的部分荷载效应，则考虑由受压钢筋 A'_s 和部分受拉钢筋 A_{s2} 来承担。

1. 已知弯矩组合设计值 M_d，构件截面尺寸 b、h，混凝土强度等级和钢筋牌号，结构重要性系数 γ_0，求受拉钢筋截面积 A_s 和受压钢筋截面积 A'_s。

计算步骤：

(1)为充分利用混凝土的抗压强度，力求截面上的总钢筋截面积 $A_s + A'_s$ 为最小。方法是取 $x = \xi_b h_0$，相应的单筋矩形截面所承担的内力矩为：

$$M_1 = f_{cd} \cdot bx\left(h_0 - \frac{x}{2}\right)$$
$$= f_{cd} \cdot \xi_b (1 - 0.5\xi_b) bh_0^2 \tag{3-28}$$

当 $\gamma_0 M_d > M$，则应配置受压钢筋。

(2)相应于 M_1，所需的受拉钢筋截面积 A_{s1} 为：

$$A_{s1} = \frac{f_{cd}}{f_{sd}} b(\xi_b h_0) \tag{3-29}$$

(3)剩余部分的弯矩组合设计值由受压钢筋 A'_s 和部分受拉钢筋 A_{s2} 组成的内力矩 M_2 承担：

$$M_2 = \gamma_0 \cdot M_d - M_1$$
$$= \gamma_0 \cdot M_d - f_{cd} \cdot \xi_b (1 - 0.5\xi_b) bh_0^2 \tag{3-30}$$

受压钢筋截面积：

$$A'_s = \frac{M_2}{f'_{sd}(h_0 - a'_s)}$$
$$= \frac{\gamma_0 \cdot M_d - f_{cd} \cdot \xi_b (1 - 0.5\xi_b) bh_0^2}{f'_{sd}(h_0 - a'_s)} \tag{3-31}$$

部分受拉钢筋截面积：

$$A_{s2} = \frac{f'_{sd}}{f_{sd}} A'_s \tag{3-32}$$

(4)受拉钢筋总截面积：

$$A_s = A_{s1} + A_{s2}$$
$$= \frac{f_{cd}}{f_{sd}} b(\xi_b h_0) + \frac{f'_{sd}}{f_{sd}} A'_s \tag{3-33}$$

按上述方法设计的双筋截面，均能满足其适用条件 $x \leqslant \xi_b h_0$ 和 $x \geqslant 2a'_s$ 所以可不再进行这两项内容的验算。

2. 已知弯矩组合设计值 M_d，构件截面尺寸 b、h，混凝土强度等级和钢筋牌号，受压钢筋截面积 A'_s，结构重要性系数 γ_0，求受拉钢筋截面积 A_s。

计算步骤：

(1)由已知的受压钢筋截面积 A'_s，求出相应的部分受拉钢筋截面积 A_{s2} 及它们共同组成的内力矩 M_{d2}。

(2)计算由受压区混凝土与相应的受拉钢筋 A_{s1} 组成的内力矩 M_{d1}，并求出 A_{s1}。

(3)求受拉钢筋总截面积 A_s。

$$A_s = A_{s1} + A_{s2}$$

这种情况，在计算过程中需注意以下两个问题：

①如求得受压区高度系数 $\xi > \xi_b$ 时，则意味着原来已配置的受压钢筋 A'_s 数量不足，应增加钢筋。

②如求得的受压区高度 $x < 2a'_s$ 或 $\xi h_0 < 2a'_s$ 时，则表明已配置的受压钢筋数量 A'_s 过多，在极限状态时受压钢筋可能有部分达不到其抗压强度设计值 f'_{sd}，此时可假设混凝土压应力合力

作用在受压钢筋重心处（相当于 $x=2a'_s$），取对受压钢筋重心处为矩心的力矩平衡条件 $\gamma_0 M_d = f_{sd}A_s(h_0-a'_s)$，得：

$$A_s=\frac{\gamma_0 M_d}{f_{sd}(h_0-a'_s)} \tag{3-34}$$

对于 $x<2a'_s$ 情况，当按公式求得的受拉钢筋总截面积比不考虑受压钢筋时还多，则计算时可不计受压钢筋的作用，按单筋截面计算受拉钢筋。

例 3-4 某钢筋混凝土矩形截面简支梁，跨中截面弯矩组合设计值 $M_d=200$ kN·m，截面尺寸 $b=200$mm，$h=500$mm，拟采用 C30 混凝土（$f_{cd}=13.8$MPa），HRB335 钢筋（$f_{sd}=f'_{sd}=280$MPa），结构重要性系数 $\gamma_0=1.1$，试选择截面并配筋。

解：假设 $a_s=70$mm（采用两排受拉钢筋），$a'_s=40$mm（采用一排受压钢筋），截面有效高度 $h_0=500-70=430$mm。查表 3-2 得 $\xi_b=0.56$。

据公式(3-28)，按单筋矩形截面设计，则截面的承载力 M_{d1} 为：

$$M_1=\frac{1}{\gamma_0}f_{cd}\cdot\xi_b(1-0.5\xi_b)bh_0^2$$

$$=\frac{1}{1.1}\times13.8\times0.56\times(1-0.5\times0.56)\times200\times430^2$$

$$=205.76(\text{kN·m})$$

即 $M_1=205.76\text{kN·m}<\gamma_0 M_d=220\text{kN·m}$，故需设置受压钢筋。

由公式(3-29)求得相应于构件承载力 M_1 的受拉钢筋 A_{s1}：

$$A_{s1}=\frac{f_{cd}}{f_{sd}}b\xi_b h_0=\frac{13.8\times200\times0.56\times430}{280}=2373.6(\text{mm}^2)$$

则应由受压钢筋 A'_s 和部分受拉钢筋 A_{s2} 组成的承载力 M_2 为：

$$M_2=\gamma_0 M_d-M_1=220-205.76=14.24(\text{kN·m})$$

由公式(3-31)求得受压钢筋截面积 A'_s：

$$A'_s=\frac{M_2}{f'_{sd}(h_0-a'_s)}=\frac{14.24\times10^6}{280\times(430-40)}=130.4(\text{mm}^2)$$

因为 $f_{sd}=f'_{sd}$，则部分受拉钢筋截面积 $A_{s2}=A'_s=130.4$ (mm²)

受拉钢筋总截面积：

$$A_s=A_{s1}+A_{s2}=2373.6+130.4=2504(\text{mm}^2)$$

由表 3-3 选用受拉钢筋 8 ϕ 20，实际具有总受拉钢筋截面积 $A_s=2513$(mm²)，选用受压钢筋 2 ϕ 14，实际有受压钢筋截面积 $A'_s=308$(mm²)。配筋见图 3-18。

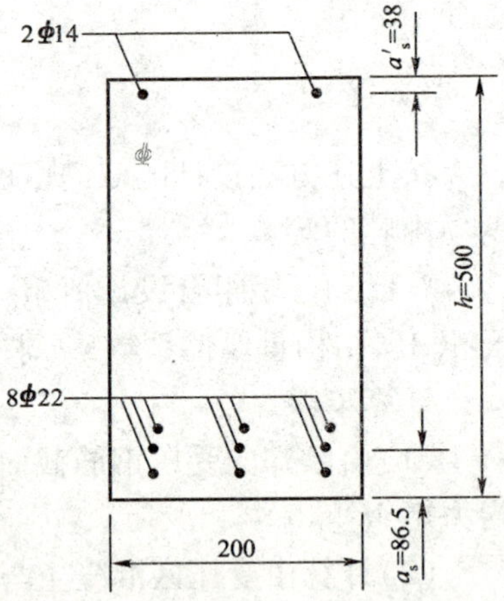

图 3-18 配筋图（尺寸单位：mm）

受拉钢筋重心至下边缘的距离：

$$a_s=\frac{942\times(30+11.35)+942\times(2\times30+22.7+11.35)+628\times(3\times30+2\times22.7+11.35)}{2513}$$

$$=87.5(\text{mm})$$

与假定的 a_s 不符，需验算 x。

由公式(3-26)可求得实际受压区高度 x：

$$x=\frac{f_{sd}\cdot A_s-f'_{sd}\cdot A'_s}{f_{cd}\cdot b}$$

$$=\frac{280\times(2513-308)}{13.8\times200}=223.7(\text{mm})$$

$<\xi_b h_0=0.56\times(500-87.5)=231.0(\text{mm})$（符合设计要求）

受压钢筋重心至上边缘的距离：

$$a'_s=30+\frac{16.2}{2}=38.1(\text{mm})$$

与假定的钢筋位置符合，且 $x>2a'_s$。

（二）承载力复核

双筋矩形截面受弯构件承载力复核的特点与单筋矩形截面受弯构件相似，即在已知条件下求出截面所能承受的弯矩 M_u（承载力），要求满足 $M_u\geqslant\gamma_0\cdot M_d$ 这一不等式条件。

已知弯矩组合设计值 M_d，截面尺寸 b、h，受拉及受压钢筋截面积及截面的钢筋布置情况，混凝土强度等级和钢筋牌号，结构重要性系数 γ_0，计算截面所能承受的弯矩 M_u，比较 M_d 与 M_u 值。

计算步骤：

首先由公式(3-26)求出受压区高度：

$$x=\frac{f_{sd}\cdot A_s-f'_{sd}\cdot A'_s}{f_{cd}\cdot b} \tag{3-35}$$

根据 x 值的大小，分三种情况验算正截面承载力。

(1) $2a'_s\leqslant x\leqslant\xi_b h_0$ 时，按下式验算：

$$M_u=f_{cd}\cdot bx\left(h_0-\frac{x}{2}\right)+f'_{sd}\cdot A'_s(h_0-a'_s)\geqslant\gamma_0\cdot M_d \tag{3-36}$$

(2) $x<2a'_s$ 时，按下式验算：

$$M_u=f_{sd}\cdot A_s(h_0-a'_s)\geqslant\gamma_0\cdot M_d \tag{3-37}$$

如不计受压钢筋的作用，截面的承载力反较按上式计算结果为大时，则可按单筋截面复核。

(3) $x>\xi_b h_0$ 时，令 $x=\xi_b h_0$，代入公式(3-36)重新进行配筋计算：

$$M_u=f_{cd}\cdot bh_0^2\xi_b(1-0.5\xi_b)+f'_{sd}\cdot A'_s(h_0-a'_s)\geqslant\gamma_0\cdot M_d \tag{3-38}$$

使 $x\leqslant\xi_b h$，避免出现脆性破坏。

例 3-5 某钢筋混凝土双筋矩形截面梁，跨中弯矩组合设计值 $M_d=53\text{kN·m}$，结构重要性系数 $\gamma_0=1.1$，截面尺寸 $b=150\text{mm}$、$h=350\text{mm}$，拟采用 C25 混凝土（$f_{cd}=11.5\text{MPa}$）、HRB335 钢筋（$f_{sd}=f'_{sd}=280\text{MPa}$），受拉钢筋为 3 ϕ 20，其截面积 $A_s=942\text{mm}^2$、钢筋重心位置 $a_s=40\text{mm}$，受压钢筋为 3 ϕ 12，其截面积 $A'_s=339\text{mm}^2$，钢筋重心位置 $a'_s=40\text{mm}$，试复核此梁承载力。

解：截面有效高度 $h_0=h-a_s=350-40=310\text{mm}$

按公式(3-35)求得混凝土受压区高度 x：

$$x=\frac{f_{sd}\cdot A_s-f'_{sd}\cdot A'_s}{f_{cd}\cdot b}=\frac{280\times942-280\times339}{11.5\times150}=97.9\text{mm}$$

$$<\xi_b h_0=0.56\times310=173.6\text{mm} \text{ 且 } x>2a'_s=80\text{mm}$$

此截面所能承担的弯矩（承载力）：

$$
\begin{aligned}
M_u &= f_{cd} \cdot bx(h_0 - 0.5x) + f'_{sd} \cdot A'_s(h_0 - a'_s) \\
&= 11.5 \times 150 \times 97.9 \times (310 - 0.5 \times 97.9) + 280 \times 339 \times (310 - 40) \\
&= 69.71\text{kN·m} > \gamma_0 M_d = 1.1 \times 53 = 58.3\text{kN·m}
\end{aligned}
$$

承载力满足要求。

课题四　单筋T形截面受弯构件计算

① T形载面的等效代换；

② 两种T形截面的正截面承载力的计算图式、计算公式及适用条件；

③ 两种T形截面的判断条件；

④ T形截面正截面配筋和承载力复核。

一、几点说明

钢筋混凝土矩形截面受弯构件在破坏时，中性轴以下的混凝土早已开裂而脱离工作，对截面的抗弯能力已不起作用，因此可将受拉区混凝土挖去一部分，设有如图3-19a)所示的钢筋混凝土矩形截面，若削除中性轴以下左右两块剖面线面积内的混凝土，同时将原有的纵向受拉钢筋集中布置在剩余面积内，即形成T形截面。实践证明，T形截面的抗弯能力与原矩形截面完全相等，可是混凝土用量和梁的自重却大为减小。

如图3-19b)所示，T形截面是由两侧挑出的翼缘与中间部分的梁肋（又称腹板）所组成，翼缘的宽与高分别以符号 b'_f 及 h'_f 表示，梁肋的宽与高分别以符号 b 及 h 表示。

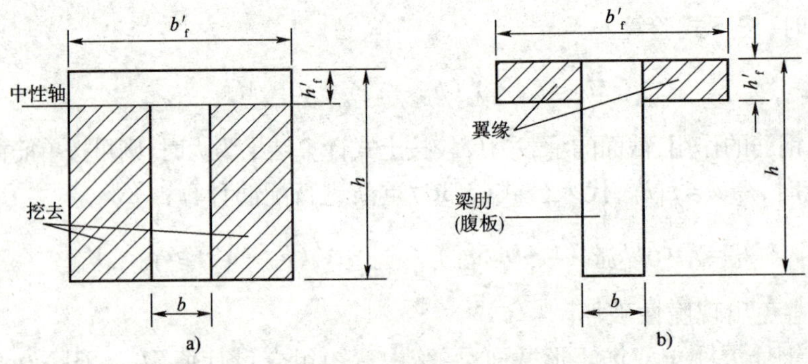

图3-19　T形截面示意图

在工程实践中，除了一般普通的T形截面外，尚可遇到多种可用T形截面等效代换的截面，如I字形梁、箱形梁、Π形梁、空心板等。在进行正截面强度计算时，由于不考虑受拉区混凝土的作用，上述截面可按各自的等效T形截面进行计算，见图3-20。

一般来讲，T形截面混凝土受压区较大，混凝土足够承担压力，毋须增设受压钢筋，所以，T形截面一般按单筋截面设计。

经验及理论分析证明，T形梁受力后，T形截面翼缘上的纵向压应力是不均匀分布的，离梁肋愈远压应力愈小，为此在设计中需要把翼缘的计算（有效）宽度限制在一定范围内，这个翼缘的计算宽度用符号 b'_f 表示如图3-21a)所示。当然，假设在 b'_f 范围内压应力是均匀分布的。

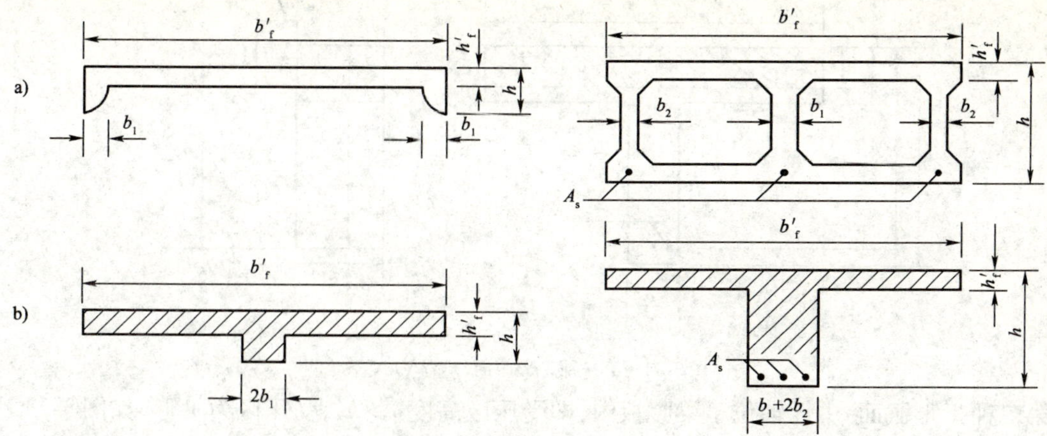

图 3-20 Π 形板与空心板的等效 T 形截面

a)实际截面;b)等效 T 形截面

对于 T 形截面受弯构件位于受压区的翼缘计算宽度可按下列规定采用:

(1)内梁翼缘计算宽度取下列三者中的最小者:

①对于简支梁,为计算跨径的 1/3。对于连续梁,各中间跨正弯矩区段,取该跨计算跨径的 0.2 倍;边跨正弯矩区段,取该跨计算跨径的 0.27 倍;各中间点负弯矩区段,则取该支点相邻两跨计算跨径之和的 0.07 倍。

②相邻两梁的平均间距。

③$b+2b_h+12h'_f$,此处 b 为梁的腹板宽,b_h 为承托长度,h'_f为不计承托的翼缘厚度,如图 3-21b)。当 $h_h/b_h<1/3$ 时,上式 b_h 应以 $3h_h$ 代替,此处 h_h 为承托根部厚度。

(2)外梁翼缘的计算宽度取相邻内梁翼缘计算宽度的一半,加上腹板宽度的 1/2,再加上外侧悬臂板平均厚度的 6 倍或外侧悬臂板实际宽度两者中的较小者。

二、正截面承载力计算公式及其适用条件

桥涵工程中所用的 T 形截面梁,常见的是翼缘位于受压区。对于翼缘位于受压区的单筋 T 形截面强度计算,按中性轴所在位置的不同分为以下两种情况。

第一种 T 形截面:中性轴位于翼缘内,即受压区高度 $x\leqslant h'_f$,混凝土受压区为矩形,如图3-22所示。这种截面形式上似属 T 形,但其作用却与宽度为 b'_f、高度为 h 的矩形截面完全相同,因此,在所有计算问题中,只需将单筋矩形截面强度计算公式中的 b 改为 b'_f后,即可完全套用。

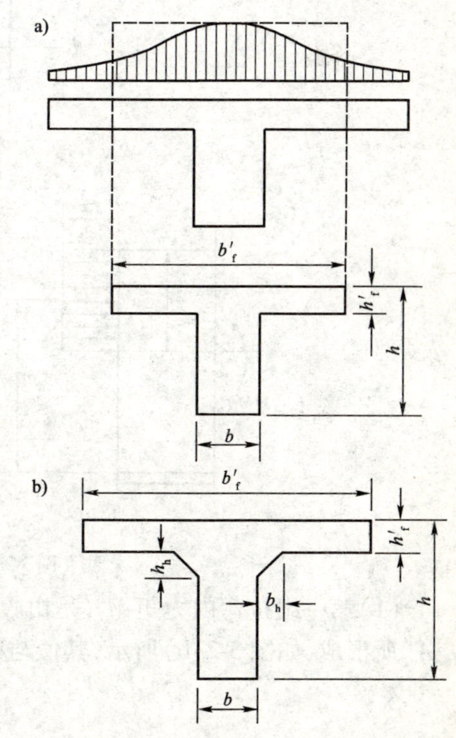

图 3-21 T 形梁翼缘板上压应力分布图及带承托的 T 形梁

a)T 形梁翼缘板上压应力分布图;b)带承托的 T 形梁

这种 T 形截面承载力计算公式为:

$$b'_f x=f_{sd}A_s \quad (3\text{-}39)$$

$$\gamma_0 M_d\leqslant f_{cd}b'_f x(h_0-x/2) \quad (3\text{-}40)$$

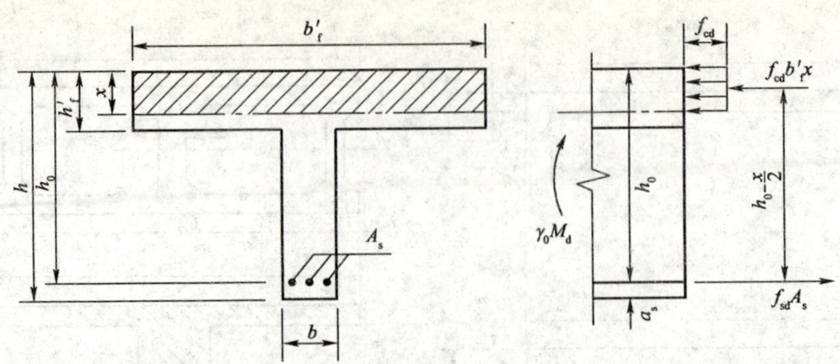

图 3-22　第一种 T 形截面($x \leqslant h'_f$)

第二种 T 形截面:中性轴位于梁腹板内,即受压区高度 $x > h'_f$,受压区为 T 形,如图 3-23 所示。这种截面的计算,可仿照双筋矩形截面的分析方法,将整个截面的承载能力看成由以下两组抗弯内力矩所组成。

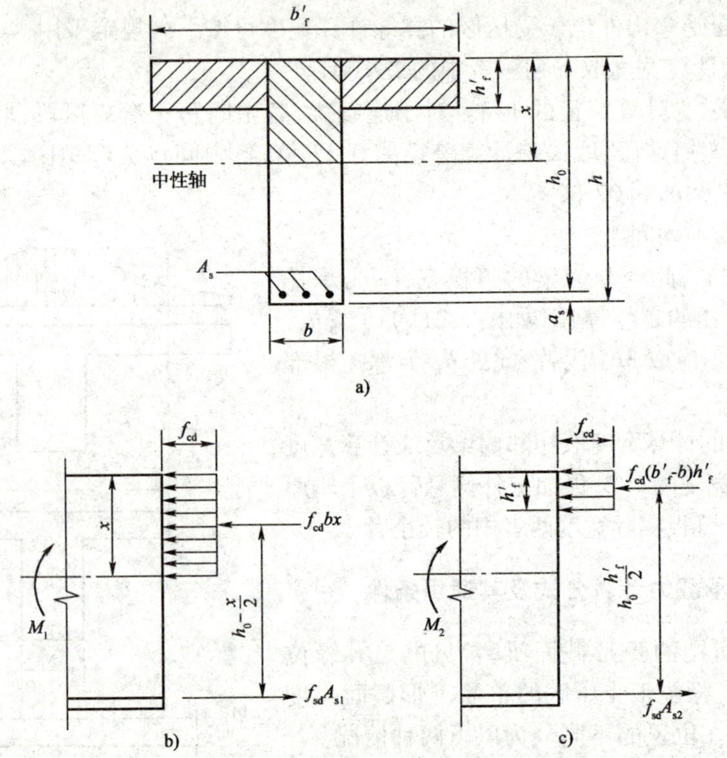

图 3-23　第二种 T 形截面($x > h'_f$)

(1)第一组抗弯内力矩 M_1,是由腹板上部受压区内力 $f_{cd}bx$ 及一部分受拉钢筋 A_{s1} 的内力 $f_{sd}A_{s1}$ 所形成,如图 3-23b)所示,其值与梁宽为 b 的单筋矩形梁一样,即:

$$M_1 = f_{cd}bx\left(h_0 - \frac{x}{2}\right) \tag{3-41}$$

(2)第二组抗弯内力矩 M_2,由翼缘挑出部分的受压区内力 $f_{cd}(b'_f - b)h'_f$ 及另一部分的受拉钢筋 A_{s2} 的内力 $f_{sd}A_{s2}$ 所形成,如图 3-23c)所示,其值为:

$$M_2 = f_{cd}(b'_f - b)h'_f\left(h_0 - \frac{h'_f}{2}\right) \tag{3-42}$$

将以上两组内力矩叠加，便可得到第二种 T 形截面承载力的计算公式，即：

$$\gamma_0 M_d \leqslant M_u = M_1 + M_2 = f_{cd} bx\left(h_0 - \frac{x}{2}\right) + f_{cd}(b'_f - b)h'_f\left(h_0 - \frac{h'_f}{2}\right) \tag{3-43}$$

由水平力平衡条件得：

$$f_{sd} A_s = f_{cd} bx + f_{cd}(b'_f - b)h'_f \tag{3-44}$$

式中：M_d——弯矩组合设计值；

M_u——截面承载力；

b——T 形截面腹板宽度；

b'_f——T 形截面受压区翼缘计算宽度；

h'_f——T 形截面受压区翼缘高度；

其余符号同单筋矩形截面计算公式。

公式(3-41)～(3-44)的适用条件是：

(1)$x \leqslant \xi_b h_0$ 或 $\rho = \frac{A_s}{bh_0} \leqslant \xi_b \frac{f_{cd}}{f_{sd}}$

对于第一种 T 形截面，由于 $\xi \leqslant \frac{h'_f}{h_0}$，所以，一般均能满足 $\xi \leqslant \xi_b$ 的条件，故可不必验算。

(2)$\rho \geqslant \rho_{min}$

由于最小配筋率 ρ_{min} 是根据钢筋混凝土截面的最小承载力不低于同样截面尺寸的纯混凝土截面的承载力的原则确定的，而纯混凝土截面的承载力主要取决于受拉区的承载力，因此，T 形截面与同样高度而宽度却为梁腹板宽的矩形截面的承载力相差不多。为了简化计算，并考虑以往的设计经验，在验算 $\rho \geqslant \rho_{min}$ 时，T 形截面配筋率的计算公式为：

$$\rho = \frac{A_s}{bh_0}$$

对于第二种 T 形截面，一般均能满足 $\rho \geqslant \rho_{min}$ 的要求，故可不必验算。

三、两种 T 形截面的判别

在进行结构设计时，为了正确地应用上述公式进行计算，首先必须判别截面属于哪一种 T 形截面。

由以上分析得知，两种 T 形截面中性轴的分界位置恰好在翼缘的下边缘处，此时 $x = h'_f$，翼缘全部受压，如图 3-24 所示。实际上，这正是第一种 T 形截面受压区高度最大值的极限位置。因此，可用这个特定条件来判别 T 形截面的类型。

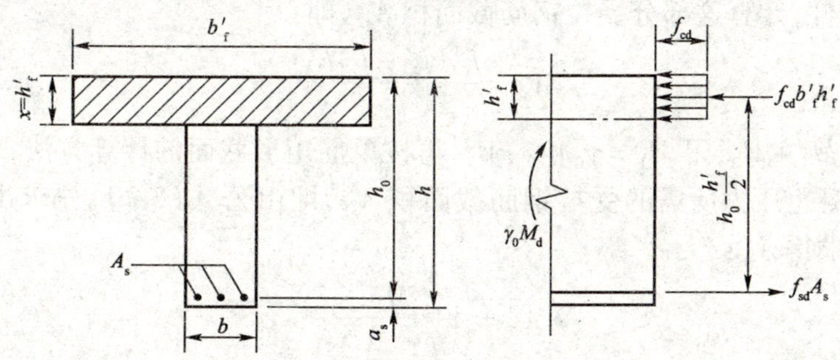

图 3-24 $x = h'_f$ 的 T 形截面

由$\sum H=0$可得：

$$f_{cd}b'_f h'_f = f_{sd}A_s$$

由对受拉钢筋合力作用点为矩心的$\sum M=0$得：

$$\gamma_0 M_d = f_{cd}b'_f h'_f\left(h_0-\frac{h'_f}{2}\right)$$

显然，若
$$f_{sd}A_s \leqslant f_{cd}b'_f h'_f \tag{3-45}$$

或
$$\gamma_0 M_d \leqslant f_{cd}b'_f h'_f\left(h_0-\frac{h'_f}{2}\right) \tag{3-46}$$

则$x \leqslant h'_f$即属第一种T形截面。

反之，若
$$f_{sd}A_s > f_{cd}b'_f h'_f \tag{3-47}$$

或
$$\gamma_0 M_d > f_{cd}b'_f h'_f\left(h_0-\frac{h'_f}{2}\right) \tag{3-48}$$

则$x > h'_f$，即属第二种T形截面。

公式(3-45)或公式(3-47)中，要求受拉钢筋截面积A_s已知，故此两公式仅适用于承载力复核；公式(3-46)或公式(3-48)中，不存在受拉钢筋截面积A_s，故此两公式适用于截面选择。

四、计 算 内 容

1. 截面选择

T形截面尺寸一般是预先假定或参考雷同的结构或根据经验数据取用（梁的高宽比$=h/b=2\sim8$，高跨比$h/L=1/16\sim1/11$）。

截面尺寸确定之后，首先应用判别式(3-46)或(3-48)确定构件截面属于何种T形截面。

(1)第一种T形截面

设计方法与宽高分别为b'_f、h的单筋矩形截面完全相同。

(2)第二种T形截面

已知设计值M_d，截面尺寸b、h、b'_f、h'_f，混凝土强度等级和钢筋牌号，结构重要性系数γ_0，计算受拉钢筋截面积A_s。

计算步骤：

①求翼缘部分混凝土所承受之压力对受拉钢筋合力作用点的力矩：

$$M_2 = f_{cd}(b'_f-b)h'_f\left(h_0-\frac{h'_f}{2}\right)$$

②见图3-23c)，根据翼缘挑出部分的受压区内力$f_{cd}(b'_f-b)h'_f$与一部分受拉钢筋A_{s2}的内力$f_{sd}A_{s2}$的平衡条件，计算这部分受拉钢筋截面积A_{s2}，即：

$$A_{s2}=\frac{f_{cd}(b'_f-b)h'_f}{f_{sd}} \tag{3-49}$$

③取$\gamma_0 M_d = M_1 + M_2$，得$M_1=\gamma_0 M_d - M_2$，再按单筋矩形截面的计算方法，求出平衡中性轴以上腹板部分混凝土压力所需的受拉钢筋截面积A_{s1}，即由公式(3-20)先求出受压区高度x，再由公式(3-21)求得A_{s1}：

$$A_{s1}=\frac{M_1}{f_{sd}\left(h_0-\dfrac{x}{2}\right)} \tag{3-50}$$

④求受拉钢筋总截面积：

$$A_s = A_{s1} + A_{s2} = \frac{M_1}{f_{sd}\left(h_0 - \frac{x}{2}\right)} + \frac{f_{cd}(b'_f - b)h'_f}{f_{sd}} \tag{3-51}$$

⑤计算中性轴位置：

$$x = \frac{f_{sd} \cdot A_s - f_{cd} \cdot (b'_f - b)h'_f}{f_{cd} \cdot b} \tag{3-52}$$

核算是否满足 $x \leqslant \xi_b h_0$ 的适用条件。

例 3-6 某钢筋混凝土 T 形梁，已定截面尺寸如图 3-25所示，跨中截面弯矩组合设计值 $M_d = 735\text{kN·m}$，结构重要性系数 $\gamma_0 = 1.1$，拟采用 C25 混凝土（$f_{cd} = 11.5\text{MPa}$）、HRB335 钢筋（$f_{sd} = 280\text{MPa}$），求受拉钢筋截面积 A_s。

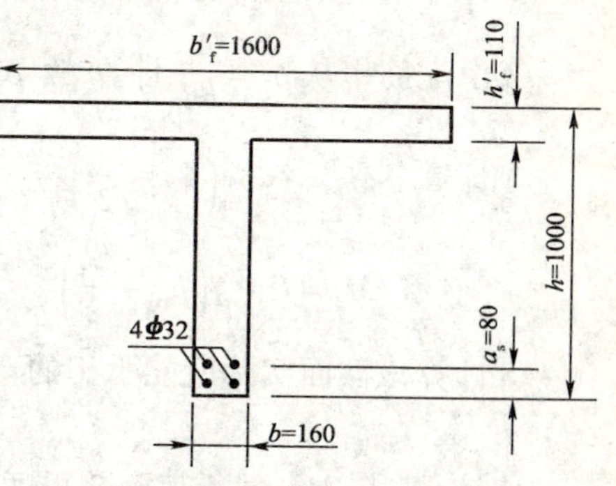

图 3-25 T 梁截面（尺寸单位：mm）

解：首先判别 T 形截面类型：

设此 T 形截面受拉钢筋为两排，取 $a_s = 80(\text{mm})$，则 $h_0 = h - a_s = 1000 - 80 = 920(\text{mm})$。

因

$$f_{cd} \cdot b'_f \cdot h'_f\left(h_0 - \frac{h'_f}{2}\right) = 11.5 \times 1600 \times 110 \times \left(920 - \frac{110}{2}\right)$$

$$= 1750.76(\text{kN·m}) > \gamma_0 M_d = 1.1 \times 735 = 808.5(\text{kN·m})$$

由公式（3-46）可判定此截面属于第一种 T 形截面，可按矩形截面 $b'_f \times h$ 进行计算。

由公式（3-20）求出受压区高度 x：

$$x = h_0 - \sqrt{h_0^2 - \frac{2\gamma_0 \cdot M_d}{f_{cd} \cdot b}} = 920 - \sqrt{920^2 - \frac{2 \times 1.1 \times 735 \times 10^6}{11.5 \times 1600}}$$

$$= 49.1(\text{mm}) < \xi_b h_0 = 0.56 \times 920 = 515.2(\text{mm})$$

由公式（3-22）求出受拉钢筋截面积 A_s：

$$A_s = \frac{f_{cd} \cdot bx}{f_{sd}} = \frac{11.5 \times 1600 \times 49.1}{280} = 3226.6(\text{mm}^2)$$

现取用 4 ϕ 32，则实际取用受拉钢筋截面积 $A_s = 3217(\text{mm}^2)$。钢筋布置见图 3-25。

实际取用受拉钢筋重心至下边缘的距离：

$$a_s = 30 + 35.8 + 30/2 = 80.8(\text{mm}) \approx 80(\text{mm})$$

实际配筋所需腹板宽：

$$b = 30 + 35.8 + 30 + 35.8 + 30 = 161.6(\text{mm}) \approx 160(\text{mm})\text{，不符合要求。}$$

2. 承载力复核

对已设计的 T 形截面梁进行正截面承载力复核时，首先应用公式（3-45）或（3-47）判别构件截面属于何种 T 形截面，然后再按有关公式进行承载力的复核。

（1）第一种 T 形截面：承载力复核内容与单筋矩形截面 $b'_f \times h$ 相同。

（2）第二种 T 形截面：承载力复核可按下列步骤进行：

已知弯矩组合设计值 M_d，截面尺寸 b、h、b'_f、h'_f，混凝土强度等级和钢筋牌号，结构重要性系数

γ_0,受拉钢筋截面积 A_s 及其布置情况,验算截面所能承担的弯矩 M_u,并判断其安全程度。

计算步骤:

①由图 3-23c)求平衡翼缘挑出部分混凝土压力所需受拉钢筋截面积 A_{s2}:

$$A_{s2}=\frac{f_{cd}(b'_f-b)h'_f}{f_{sd}}$$

②计算平衡梁腹部分混凝土压力所需受拉钢筋截面积 $A_{s1}=A_s-A_{s2}$。

③由配筋率从 $\rho_1=\frac{A_{s1}}{bh_0}$ 计算 $\xi=\rho_1\frac{f_{sd}}{f_{cd}}$。

④计算 $M_1=f_{cd}bx\left(h_0-\frac{x}{2}\right)$

$$M_2=f_{sd}A_{s2}\left(h_0-\frac{h'_f}{2}\right)$$

⑤计算该截面实际所能承担的弯矩:

$$M_u=M_1+M_2$$

比较 M_d 与 M_u,判断其安全程度。

例 3-7 某整体式Ⅱ形梁格系中一小纵梁,计算跨径 $L=6$m,截面见图 3-26,结构重要性系数 $\gamma_0=1.1$,弯矩组合设计值 $M_d=330$kN·m,梁截面尺寸 $b=200$mm,$h=500$mm,与两侧主梁间距为 2.40m,净距为 2.20m,翼缘 $h'_f=80$mm,拟采用 C20 混凝土($f_{cd}=9.2$MPa),HRB400 钢筋($f_{sd}=330$MPa),纵向受拉钢筋采用 6 ϕ 25,其截面积 $A_s=2945$(mm^2),钢筋截面重心位置 $a_s=71$mm,求该小纵梁截面的承载力,并判断其安全程度。

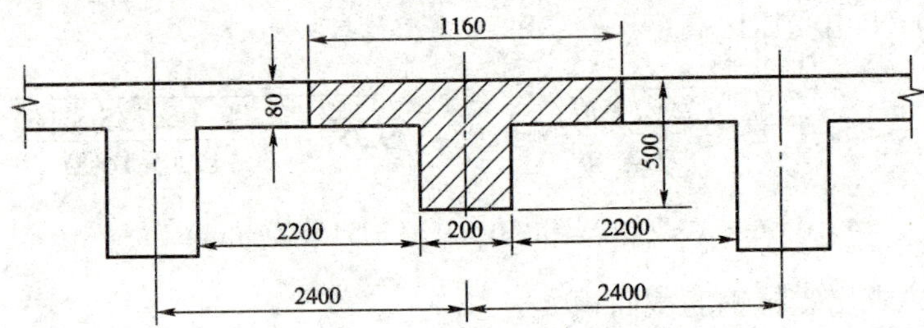

图 3-26 Ⅱ形梁截面(尺寸单位:mm)

解:确定此副纵梁翼缘计算宽度 b'_f:

①计算跨径的 1/3——$L/3=6000/3=2000$(mm);

②相邻两片梁轴线间距离 2400(mm);

③$b+2c+12h'_i=200+0+12\times80=1160$(mm)。

取上述三者的最小值,即计算宽度 $b'_f=1160$(mm)。

判别截面类型:

截面有效高度 $h_0=h-a_s=500-71=429$(mm)

由 $f_{sd}\cdot A_s=330\times2945=971.85$(kN),$f_{cd}\cdot b'_f\cdot h'_f=9.2\times1160\times80=853.76$(kN)

可得 $f_{sd}\cdot A>f_{cd}\cdot b'_f\cdot h'_f$,该截面属第二种 T 形截面。

求平衡翼缘挑出部分混凝土压力所需受拉钢筋截面积 A_{s2}:

$$A_{s2}=\frac{f_{cd}(b'_f-b)h'_f}{f_{sd}}=\frac{9.2\times(1160-200)\times80}{330}=2141(\text{mm}^2)$$

则平衡中性轴以上腹板部分混凝土压力所需受拉钢筋截面积 A_{s1}：

$$A_{s1}=A_s-A_{s2}=2945-2141=804(\text{mm}^2)$$

其对应配筋率 $\rho_1=\dfrac{A_{s1}}{bh_0}=\dfrac{804}{200\times429}=0.0094$

对应的受压区高度系数：

$$\xi=\rho_1\frac{f_{sd}}{f_{cd}}=0.0094\times\frac{330}{9.2}=0.336<\xi_b=0.53(\text{见表 3-2})$$

由 $\xi=x/h_0$，得：$x=\xi h_0=0.336\times429=144.14(\text{mm})$

再由公式(3-8)得：

$$M_1=f_{cd}\cdot bx\left(h_0-\frac{x}{2}\right)=9.2\times200\times144.14\times\left(429-\frac{144.14}{2}\right)$$
$$=94.66(\text{kN}\cdot\text{m})$$

$$M_2=f_{sd}A_{s2}\left(h_0-\frac{h'_f}{2}\right)=330\times2141\times\left(429-\frac{80}{2}\right)$$
$$=274.8(\text{kN}\cdot\text{m})$$

所以此副纵梁截面的承载力为：

$$M_u=M_1+M_2=94.67+274.8=369.51(\text{kN}\cdot\text{m})>\gamma_0M_d$$
$$=1.1\times330=363(\text{kN}\cdot\text{m})$$

满足承载力要求。

思考题

1. 受弯构件常用的截面形式和尺寸有何要求？

2. 梁、板中混凝土保护层的作用是什么？其最小值是多少？

3. 梁、板内各有哪些钢筋？它们在结构内起什么作用？

4. 梁、板内受力主筋的直径、净距有何要求？

5. 梁内箍筋的一般构造要求是什么？

6. 什么是配筋率？什么是适筋梁？适筋梁从加载到破坏经历哪几个阶段？各阶段的特征是什么？

7. 梁在各工作阶段的正截面应力分布、中性轴位置、裂缝发展等的变化规律是什么？

8. 钢筋混凝土梁正截面有几种破坏形式？各有何特点？

9. 适筋梁当受拉钢筋屈服后能否再增加荷载？为什么？少筋梁能否这样？为什么？

10. 受弯构件正截面承载力计算有哪些基本假定？

11. 符合适筋梁的基本条件是什么？

12. 什么是截面相对界限受压区高度 ξ_b？它在承载力计算中的作用是什么？

13. 采用 C25 混凝土和主筋为 HRB335 钢筋的受弯构件，其最小配筋率是多少？

14. 工程上，钢筋应如何配置才能做到经济合理？为什么？

15. 画出单筋矩形截面受弯构件正截面承载力的计算图式？它与实际图式有何区别？

16. 在什么情况下可选择双筋矩形截面？

17. 双筋截面中受压钢筋起什么作用？选择双筋截面有何利弊？

18. 画出双筋矩形截面正截面承载力的计算图式，并写出其计算公式。

19. 双筋矩形正截面受弯承载力计算中必须满足哪些条件？试说明原因。

20. 在双筋梁正截面受弯承载力计算中，当 A'_s 已知时，应如何计算 A_s？在计算 A_s 时如发现 $\chi > \xi_b h_o$，说明什么问题？应如何处理？如果 $\chi < 2a'_s$，应如何处置？为什么？

21. T 形截面是如何形成的？受弯构件正截面的总面积变化是否会影响其承载力大小？为什么？

22. 画出两种 T 形截面承载力计算图式，并写出其相应的计算公式。

23. 两种 T 形截面的判别条件是什么？

24. 为什么第一类 T 形截面梁可按 $b'_f \times h$ 的矩形截面计算？第二类 T 形截面梁中混凝土的压应力如何取值？

25. 当构件承受的弯矩和截面高度都相同时，以下四种截面的正截面承载力计算有何异同？

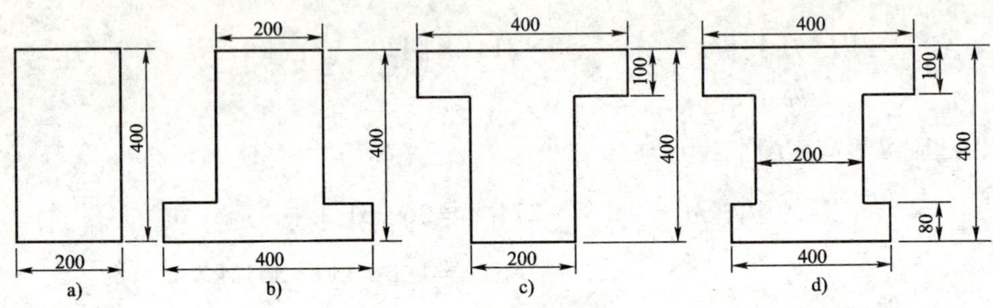

思考题 25 图（尺寸单位：mm）

习题

26. 某单筋矩形截面梁，其截面尺寸 $b = 350\text{mm}$，$h = 900\text{mm}$，承受的计算变矩 $M_d = 450\ \text{kN·m}$，拟采用 HRB335 钢筋，C30 混凝土，问此截面需配置多少钢筋才能满足承载力要求？

27. 有一单筋矩形截面受弯构件，其截面尺寸 $b = 250\text{mm}$、$h = 500\text{mm}$，承受的计算弯矩 $M_d = 180\text{kN·m}$，拟采用 HRB335 钢筋，C25 混凝土，试求受拉钢筋截面面积 A_s。

28. 一单筋矩形截面梁，截面尺寸 $b \times h = 250\text{mm} \times 500\text{mm}$，混凝土为 C25，钢筋为 $4\phi18$，$a_s = 40\text{mm}$，试求此梁所能承受的弯矩。

29. 某钢筋混凝土简支板桥，其跨中最不利的弯矩组合值为 180kN·m/m，拟采用 R235 钢筋，C25 混凝土，试进行此桥的正截面设计。

30. 已知双筋矩形截面梁，其截面尺寸为 $b = 180\text{mm}$，$h = 400\text{mm}$，承受的计算弯矩为 $M_d = 150\text{kN·m}$；混凝土为 C30，受压钢筋采用 R235 钢筋，为 $2\phi16$，受拉钢筋采用 HRB335，求受拉钢筋截面面积 A_s。

31. 有一矩形截面梁，截面尺寸 $b = 200\text{mm}$、$h = 450\text{mm}$，承受的计算弯矩 $M_d = 160\text{kN·m}$；混凝土为 C25，HRB335 钢筋，试求钢筋截面面积。

32. 已知双筋矩形截面梁的截面尺寸为 $b = 200\text{mm}$、$h = 500\text{mm}$，混凝土为 C25，HRB335 钢筋，$A_s = 1884\text{mm}^2$，$a_s = 62\text{mm}$，$A'_s = 763\text{mm}^2$，$a'_s = 40\text{mm}$。承受的计算弯矩 $M_d = 195\text{kN·m}$；求此梁所能承受的最大计算弯矩，并复核截面承载力。

33. 已知一双筋矩形截面梁，截面尺寸 $b = 200\text{mm}$、$h = 550\text{mm}$，C25 混凝土，HRB335 钢筋，

$A_s = 1900\text{mm}^2$，$a_s = 60\text{mm}$，$A'_s = 1500\text{mm}^2$，$a_s = 40\text{mm}$，求截面所能承受的最大计算弯矩。

34. 已知T形截面梁的翼缘宽 $b'_f = 2000\text{mm}$，$h'_f = 150\text{mm}$，梁肋 $b = 200\text{mm}$，梁高 $h = 600\text{mm}$，混凝土为C25，钢筋为HRB335，所需承受的最大弯矩 $M_d = 28 \times 10^4\text{N}\cdot\text{m}$，试计算所需纵向受拉钢筋截面面积 A_s。

35. 某简支T形截面梁，其翼缘宽 $b'_f = 1600\text{mm}$，$h'_f = 110\text{mm}$，梁肋 $b = 180\text{mm}$，梁高 $h = 1200\text{mm}$，拟采用C30混凝土，HRB335钢筋，作用在其上的最不利弯矩组合值 $M_d = 2850\text{kN}\cdot\text{m}$，此T梁需配多少钢筋？

36. 已知某T形梁的尺寸为 $b'_f = 1100\text{mm}$，$h'_f = 100\text{mm}$，$b = 200\text{mm}$，$h = 1000\text{mm}$，采用C30混凝土，HRB335钢筋，内配置有 $6\phi32$ 的钢筋，此截面的抗弯承载力是多少？

37. 已知T形截面梁的尺寸为 $b = 200\text{mm}$，$h = 550\text{mm}$，$b'_f = 400\text{mm}$，$h'_f = 80\text{mm}$；混凝土为C25，HRB335钢筋，$A_s = 2714\text{mm}^2$，$a_s = 60\text{mm}$，求截面所能承受的最大弯矩。

（注：习题中未加特殊说明，结构的安全等级均取二级）

单元四　受弯构件斜截面承载力计算

钢筋混凝土受弯构件受力后，各截面上除了作用有弯矩外，一般同时还作用有剪力。在受弯构件设计中，首先应使构件的截面具有足够的抗弯承载力，即必须进行正截面抗弯承载力计算。此外，在剪力和弯矩共同作用的区段，有可能发生构件沿斜截面的破坏，故必须进行斜截面承载力计算。

§4-1　概　　述

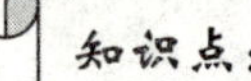

◎ 受弯构件斜截面的破坏形态；

◎ 影响受弯构件斜截面抗剪承载力的因素。

钢筋混凝土梁设置箍筋和弯起（斜）钢筋，以增强斜截面抗剪承载力。箍筋、弯起钢筋统称腹筋或剪力钢筋。有箍筋、弯起钢筋和纵筋的梁，称为有腹筋梁；无箍筋和弯起钢筋，但设有纵筋的梁，称为无腹筋梁。

一、斜截面破坏形态

试验研究表明，由于各种因素的影响，梁的斜裂缝的出现和发展以及梁沿斜截面破坏的形态有许多种，现将其主要者分述如下：

承受作用（荷载）的钢筋混凝土受弯构件的斜截面破坏与弯矩和剪力的组合情况有关，这种关系通常用剪跨比来表示。对于承受集中荷载的梁，集中荷载作用点到支点的距离 a，一般称为剪跨[图 4-1b)]，剪跨 a 与截面有效高度 h_0 的比值，称为剪跨比，用 m 表示。而剪跨比 m 又可表示为：

$$m=\frac{a}{h_0}=\frac{Pa}{Ph_0}=\frac{M_c}{V_c h_0} \tag{4-1}$$

此处 M_c、V_c 分别为剪切破坏截面的弯矩与剪力。对于其他作用情况，亦可用 $m=M_c/V_c h_0$ 表示，此式又称为广义剪跨比。

1. 斜压破坏[图 4-1a)]

斜压破坏多发生在剪力大而弯矩小的区段内。即当集中荷载十分接近支座、剪跨比（M/Vh_0）值较小（$m<1$）时或者当腹筋配置过多，或者当梁腹板很薄（例如 T 形或 I 形薄腹梁）时，梁腹部分的混凝土往往因为主压应力过大而造成斜向压坏。斜压破坏的特点是随着作用（荷载）的增加，梁腹被一系列平行的斜裂缝分割成许多倾斜的受压柱体，这些柱体最后在弯矩和剪力的复合作用下被压碎，因此斜压破坏又称腹板压坏。破坏时箍筋往往并未屈服。

2. 剪压破坏［图 4-1b)］

对于有腹筋梁，剪压破坏是最常见的斜截面破坏形态。对于无腹筋梁，如剪跨比 $m=1\sim3$时，也会发生剪压破坏。

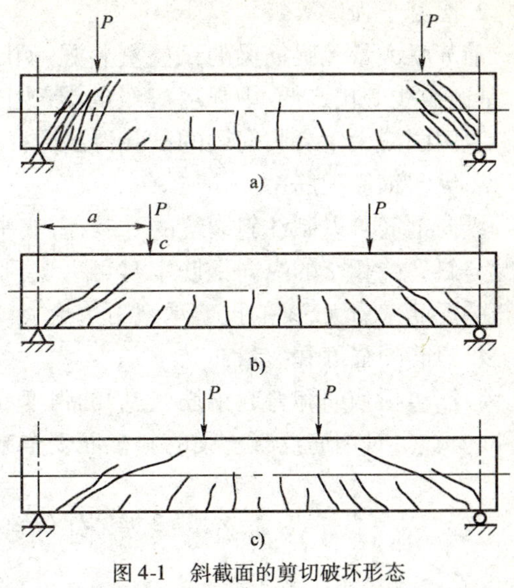

图 4-1　斜截面的剪切破坏形态

a）斜压破坏；b）剪压破坏；c）斜拉破坏

剪压破坏的特点是：若构件内腹筋用量适当，当作用（荷载）增加到一定程度后，构件上早已出现的垂直裂缝和细微的倾斜裂缝发展形成一根主要的斜裂缝，称为“临界斜裂缝”。斜裂缝末端混凝土截面既受剪、又受压，称之为剪压区。作用（荷载）继续增加，斜裂缝向上伸展，直到与临界斜裂缝相交的箍筋达到屈服强度，同时剪压区的混凝土在剪应力与压应力共同作用下达到复合受力时的极限强度而破坏，梁也失去了承载力。试验结果表明，剪压破坏时作用（荷载）一般明显地大于斜裂缝出现时的作用（荷载）。

3. 斜拉破坏［如图 4-1c)］

斜拉破坏多发生在无腹筋梁或配置较少腹筋的有腹筋梁，且其剪跨比的数值较大（$m>3$）时。

斜拉破坏的特点是斜裂缝一出现，就很快形成临界斜裂缝，并迅速延伸到集中荷载作用点处，使梁斜向被拉断而破坏。这种破坏的脆性性质比剪压破坏更为明显，破坏来得突然，危险性较大，应尽量避免。试验结果表明，斜拉破坏时的作用（荷载）一般仅稍高于裂缝出现时的作用（荷载）。

斜截面除了以上三种主要破坏形态外，在不同的条件下，还可能出现其他的破坏形态，如局部挤压破坏，纵筋的锚固破坏等。

对于上述几种不同的破坏形态，设计时可以采用不同的方法进行处理，以保证构件在正常工作情况下具有足够的抗剪承载力。

一般用限制截面最小尺寸的办法，防止梁发生斜压破坏；用满足箍筋最大间距等构造要求和限制箍筋最小配筋率的办法，防止梁发生斜拉破坏。剪压破坏是设计中常见的破坏形态，而且抗剪承载力变化幅度较大，因此，《桥规》(JTG D62—2004)给出的斜截面抗剪承载力计算公式，都是以剪压破坏形态的受力特征为基础而建立的。

二、影响受弯构件斜截面抗剪承载力的主要因素

影响斜截面抗剪承载力的主要因素是剪跨比、混凝土强度、纵向受拉钢筋配筋率和箍筋数量及强度等。

1. 剪跨比

几乎所有试验资料都表明，剪跨比（$m=M/Vh_0$）对梁的抗剪承载力有着重要的影响，即弯矩与剪力比值的大小决定着梁的抗剪承载力。从无腹筋梁的试验分析得知，当混凝土截面尺寸以及纵向钢筋配筋率均相同的情况下，剪跨比愈大，梁的抗剪承载力愈小；反之亦然。当 $m>3$以后，剪跨比对抗剪承载力的影响就很小了。大量的试验分析又证明，在有腹筋梁中，剪跨比同样显著地影响着梁的抗剪承载力。

2. 混凝土强度等级

前苏联大量无腹筋梁的试验资料显示出，混凝土的强度等级愈高，梁的抗剪承载力也愈高，呈抛物线变化。低、中强度等级的混凝土，其抗剪承载力增长较快，高强度等级的增长较慢。我国同济大学有腹筋梁的试验得出同样的结论。

3. 纵向钢筋配筋率

纵向钢筋可以制约斜裂缝的开展，阻止中性轴的上升，增大受压区混凝土的抗剪承载力。何况与斜裂缝相交的纵向钢筋本身可以起到"销栓作用"而直接承受一部分剪力，因此，纵向钢筋的配筋率愈大，梁的抗剪承载力也愈大。

4. 腹筋的强度和数量

腹筋包括箍筋和弯起钢筋，它们的强度和数量对梁的抗剪承载力有着显著的影响，增加了构件的延性，对钢筋混凝土梁的斜截面安全起着重要的保证作用。

§4-2　受弯构件斜截面抗剪承载力计算

课题一　斜截面抗剪承载力计算公式及适用条件

① 斜截面抗剪承载力计算图式和公式；
② 计算公式的适用条件。

一、斜截面抗剪承载力计算的基本公式

图 4-2 为斜截面发生剪压破坏时的受力情况。此时，斜截面上的剪力，由裂缝顶端剪压区混凝土以及与斜裂缝相交的箍筋和弯起钢筋三者共同承担，故梁的斜截面抗剪承载力计算公式可表达为：

$$\gamma_0 V_d \leqslant V_c + V_{sb} + V_{sv}$$

即：

$$\gamma_0 V_d \leqslant V_{cs} + V_{sb} \tag{4-2}$$

式中：V_d——斜截面受压端正截面上由作用（或荷载）产生的最大剪力组合设计值（kN）；

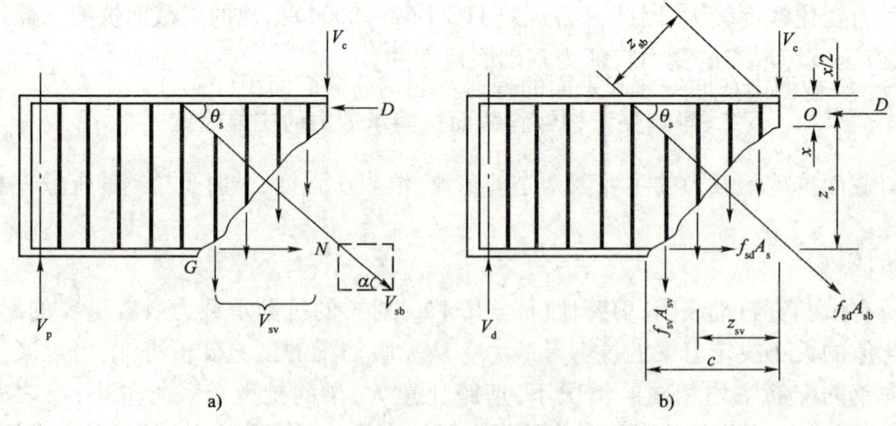

图 4-2　斜截面抗剪承载力计算示意图

a）隔离体；b）计算图式

V_c——斜截面顶端剪压区混凝土的抗剪承载力设计值(kN);

V_{sv}——与斜截面相交的箍筋的抗剪承载力设计值(kN);

V_{sb}——与斜截面相交的弯起钢筋的抗剪承载力设计值(kN);

V_{cs}——斜截面内混凝土与箍筋共同的抗剪承载力设计值(kN)。

1. 混凝土与箍筋的抗剪承载力

对于影响混凝土抗剪承载力的主要因素,人们普遍认为是剪跨比 m、混凝土强度等级和纵向钢筋配筋率。

箍筋的抗剪承载力是指与斜截面相交的箍筋抵抗梁沿斜截面破坏的承载力,当梁剪切破坏时,靠近剪压区的箍筋可能达不到屈服强度,要考虑拉应力的不均匀影响,应计入应力不均系数。

《桥规》(JTG D62—2004)采用的计算混凝土和箍筋共同抗剪能力的公式为:

$$V_{cs} = \alpha_1\alpha_2\alpha_3 \times 0.45 \times 10^{-3} bh_0 \sqrt{(2+0.6p)\sqrt{f_{cu,k}}\rho_{sv} f_{sv}} \quad (kN) \tag{4-3}$$

式中:α_1——异号弯矩影响系数,计算简支梁和连续梁近边支点梁段的抗剪承载力时 $\alpha_1 = 1.0$;计算连续梁和悬臂梁近中间支点梁段的抗剪承载力时,$\alpha_1 = 0.9$;

α_2——预应力提高系数,对钢筋混凝土受弯构件,$\alpha_2 = 1.0$;对预应力混凝土受弯构件,$\alpha_2 = 1.25$,但当由钢筋合力引起的截面弯矩与外弯矩的方向相同,或对于允许出现裂缝的预应力混凝土受弯构件,取 $\alpha_2 = 1.0$;

α_3——受压翼缘的影响系数,取 $\alpha_3 = 1.1$;

b——斜截面受压端正截面处矩形截面宽度,或 T 形和 I 形截面腹板宽度(mm);

h_0——斜截面受压端正截面的有效高度,自纵向受拉钢筋合力点至受压边缘的距离(mm);

p——斜截面内纵向受拉钢筋的配筋百分率,$p = 100\rho$,当 $p > 2.5$ 时,取 $p = 2.5$;

$f_{cu,k}$——边长为 150mm 的混凝土立方体抗压强度标准值(MPa),即为混凝土强度等级;

ρ_{sv}——斜截面内箍筋配筋率,$\rho_{sv} = A_{sv}/(S_v b)$;

f_{sv}——箍筋抗拉强度设计值,按表 1-4 采用;但取值不宜大于 280MPa;

A_{sv}——斜截面内配置在同一截面的箍筋各肢总截面面积(mm^2);

S_v——斜截面内箍筋的间距(mm)。

2. 弯起钢筋的抗剪承载力 V_{sb}

弯起钢筋对斜截面的抗剪作用,应为弯起钢筋抗拉承载力在竖直方向的分量,再乘以应力不均匀系数 0.75,其计算公式为:

$$V_{sb} = 0.75 \times 10^{-3} f_{sd} \sum A_{sb} \sin\theta_s \quad (kN) \tag{4-4}$$

式中:A_{sb}——斜截面内在同一弯起平面的普通弯起钢筋截面面积(mm^2);

θ_s——普通弯起钢筋(在斜截面受压端正截面处)的切线与水平线的夹角。

于是,配有箍筋和弯起钢筋的受弯构件,其斜截面抗剪承载力计算公式为:

$$\gamma_0 V_d \leqslant \alpha_1\alpha_2\alpha_3 0.45 \times 10^{-3} bh_0 \sqrt{(2+0.6p)\sqrt{f_{cu,k}}\rho_{sv} f_{sv}} + 0.75 \times 10^{-3} f_{sd} \sum A_{sb} \sin\theta_s \tag{4-5}$$

二、计算公式的适用条件

式(4-5)是根据混凝土梁剪压破坏时的受力特点及试验研究资料拟定的,因此它仅在一定的条件下才适用。应用式(4-5)时,必须确定该公式的适用范围,即公式的上、下限值。

(一)上限值——截面最小尺寸

试验表明,当梁内抗剪钢筋的配筋率达到一定程度后,即使再增加抗剪钢筋,梁的抗剪能力也不再增加，破坏时箍筋的应力亦达不到屈服强度，而混凝土却受斜压或劈裂而导致破坏，这种梁的抗剪承载力取决于混凝土的抗压强度及梁的截面尺寸，且这种破坏属于突发性的脆性破坏。为了防止此类破坏，《桥规》(JTG D62—2004)规定了截面尺寸的限制条件，即抗剪上限值的限制。

矩形、T形和工字形截面的钢筋混凝土受弯构件的抗剪：

$$\gamma_0 V_d \leqslant 0.51 \times 10^{-3} \sqrt{f_{cu,k}}\, b h_0 \quad (kN) \tag{4-6}$$

式中：V_d——验算截面处由作用(或荷载)产生的剪力组合设计值；

b——相应于剪力组合设计值处的矩形截面宽度或T形、工字形截面腹板宽度(mm)；

h_0——相应于剪力组合设计值处的截面有效高度，即自纵向受拉钢筋合力点至受压边缘的距离(mm)。

对变高度(承托)连续梁，除验算近边支点梁段的截面尺寸外，尚应验算截面急剧变化处的截面尺寸。

如果不能满足式(4-6)时，则应增大构件的截面尺寸。

(二)下限值与最小配箍率 ρ_{svmin}

试验表明，在混凝土尚未出现斜裂缝以前，梁内的主拉应力主要由混凝土所承受，箍筋的应力很小；当斜裂缝出现后，斜裂缝处的主拉应力将全部转由箍筋承受。如果箍筋配置过少，一旦斜裂缝出现，箍筋的拉应力就可能立即达到屈服强度，以至于不能进一步抑制斜裂缝的延展，甚至会出现因箍筋被拉断而导致混凝土梁的斜拉破坏。这种破坏是一种无预兆的脆性破坏。当混凝土梁内配置一定数量的箍筋，而且箍筋的间距又不太大时，即可以避免发生斜拉破坏。

《桥规》(JTG D62—2004)规定，矩形、T形和工字形截面的受弯构件，若符合下列公式要求时，则不需要进行斜截面抗剪强度计算，而仅按构造要求配置箍筋。

$$\gamma_0 V_d \leqslant 0.50 \times 10^{-3} \alpha_2 f_{td} b h_0 \quad (kN) \tag{4-7}$$

式中：f_{td}——混凝土的抗拉强度设计值(MPa)；

其余符号意义同前。

式(4-7)实际上是规定了梁的抗剪承载力的下限值。对于板式受弯构件，混凝土的抗剪下限值可按式(4-7)提高25%。

当受弯构件的设计剪力 V_d 符合式(4-7)的条件时，按构造要求配置箍筋，并应满足最小配箍率 ρ_{svmin} 的要求。这是因为混凝土在出现斜裂缝前，主拉应力主要由混凝土承受，箍筋内应力很小，但当裂缝一旦出现，箍筋内应力骤增，箍筋过少不足以抵抗由开裂截面转移过来的斜拉应力，因此必须规定最小箍筋配筋率，考虑在意外作用(荷载)下出现斜裂缝时，应由箍筋来负担这时的剪力(主拉应力)。《桥规》(JTG D62—2004)规定的最小配箍率为：

R235(Q235)　　$\rho_{sv} \geqslant 0.0018$

HRB335　　$\rho_{sv} \geqslant 0.0012$

在实际设计中，斜截面抗剪承载力计算可分为斜截面抗剪配筋设计和承载力复核两种情况。

在使用上面公式时，还要注意：

上述基本公式在推导过程中已经考虑过各符号的计量单位，使用时，只需按各公式符号意义说明中所列计量单位相对应的数值代入有关公式计算即可。

课题二 受弯构件斜截面抗剪配筋设计

① 计算剪力的取值规定；
② 箍筋和弯起钢筋的设计计算；
③ 斜截面抗剪承载力复核。

受弯构件斜截面抗剪配筋设计，一般是在正截面承载力计算完成后进行的。受弯构件正截面承载力计算包括选用材料、确定截面尺寸、布置纵向主钢筋等，但是，它们并不一定满足混凝土的抗剪上限值的要求，即应利用公式(4-6)对正截面承载力计算结果已选定的混凝土强度等级与截面尺寸作进一步验算。验算通过后，按公式(4-7)计算分析受弯构件是否需要配置抗剪腹筋。本节将介绍对于受弯构件的剪力设计值 V_d 大于受弯构件斜截面抗剪承载力下限值 $0.50\times10^{-3}\alpha_2 f_{td}bh_0$ 条件下进行箍筋和弯起钢筋的设计计算方法。

一、计算剪力的取值规定

此规定仅适用于简支梁梁段，其他种类的梁段请参阅《桥规》(JTG D62—2004)中的相关规定。

钢筋混凝土受弯构件，按抗剪要求，箍筋、弯起钢筋的布置方式为：箍筋垂直于梁纵轴方向布置；弯起钢筋一般与梁纵轴成45°角，简支梁第一排(对支座而言)弯起钢筋的末端弯折点应位于支座中心截面处，见图4-3a)，以后各排弯起钢筋的末端弯折点应落在或超过前一排弯起钢筋弯起点截面。

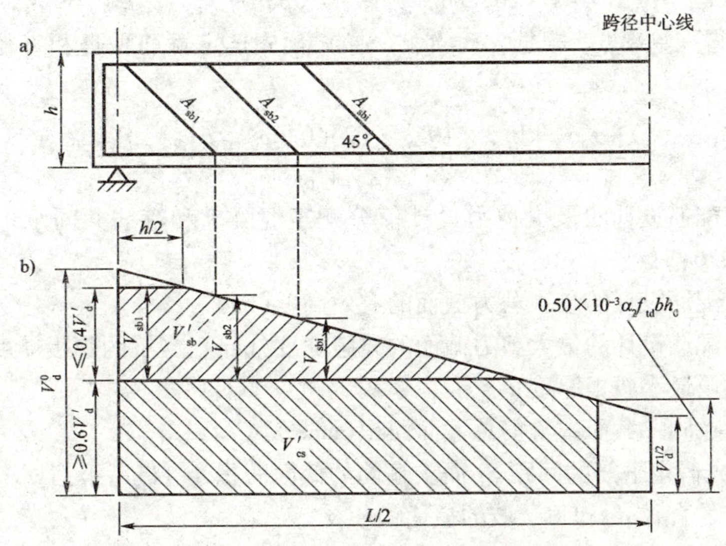

图4-3 斜截面抗剪配筋计算图(简支梁和连续梁近边支点梁段)

图中符号：

V_d^0——由作用(或荷载)引起的支点截面处最大剪力组合设计值；

V'_d——用于配筋设计的最大剪力组合设计值，对简支梁，取距支点中心 $h/2$ 处的量值；

$V_d^{1/2}$——跨中截面剪力组合设计值；

V'_{cs}——由混凝土和箍筋承担的总剪力设计值；

V'_{sb}——由弯矩钢筋承担的总剪力设计值；

V_{sb1}、V_{sb2}、V_{sbi}——由距支座中心 $h/2$ 处第一排弯起钢筋、第二排弯起钢筋、第 i 排弯起钢筋分别承担的剪力设计值；

A_{sb1}、A_{sb2}、A_{sbi}——从支点算起的第一排、第二排、第 i 排弯起钢筋截面面积；

h——梁全高。

在进行受弯构件斜截面抗剪配筋设计计算时，首先计算出受弯构件支座中心和跨中截面的最大剪力组合设计值 V_d^0 及 $V_d^{1/2}$，以这两点之间的剪力设计值，取沿构件跨径按直线规律变化，绘出图 4-3b）所示的剪力包络图。计算用的剪力取值按下列规定采用：

（1）最大剪力取用距支座中心 $h/2$（梁高一半）处截面的数值，其中混凝土与箍筋共同承担不少于 60%；弯起钢筋（按 45°弯起）承担不超过 40%；

（2）计算第一排（对支座而言）弯起钢筋时，取用距支座中心 $h/2$ 处由弯起钢筋承担的那部分剪力值；

（3）计算以后每一排弯起钢筋时，取用前一排弯起钢筋弯起点处由弯起钢筋承担的那部分剪力值。

二、箍筋和弯起钢筋的设计计算

1. 箍筋设计计算

根据计算剪力的取值规定（1）及公式（4-3），可得混凝土与箍筋所承担的剪力公式：

$$V_{cs} = \alpha_1 \alpha_3 0.45 \times 10^{-3} b h_0 \sqrt{(2+0.6p)\sqrt{f_{cu,k}}\rho_{sv} f_{sv}} \geqslant 0.6\gamma_0 V'_d \tag{4-8}$$

由上式可求得配箍率 ρ_{sv}，根据 $\rho_{sv} = A_{sv}/(S_v b)$，预先选定箍筋种类和直径，可按下式计算箍筋间距：

$$S_v = \frac{\alpha_1^2 \alpha_3^2 \times 0.2 \times 10^{-6} \times (2+0.6p)\sqrt{f_{cu,k}} A_{sv} f_{sv} b h_0^2}{(\xi \gamma_0 V'_d)^2} \tag{4-9}$$

式中：ξ——抗剪配筋设计的最大剪力设计值分配于混凝土和箍筋共同承担的分配系数，取 $\xi \geqslant 0.6$；

h_0——抗剪配筋设计的最大剪力截面的有效高度（mm）；

b——抗剪配筋设计的最大剪力截面的梁腹宽度（mm），当梁的腹板厚度有变化时，取设计梁段最小腹板厚度；

A_{sv}——配置在同一截面内箍筋总截面面积（mm^2）。

同样亦可以先假定箍筋的间距 S_v 而求箍筋的截面面积 A_{sv}，最后根据 $A_{sv} = n_{sv} a_{sv}$ 选定箍筋的肢数 n_{sv} 及箍筋的直径 d_{sv} 和每一肢的截面面积 a_{sv}。

箍筋直径不得小于 8mm 或主筋直径的 1/4，且应满足斜截面内箍筋的最小配箍率要求，[R235（Q235）钢筋不应小于 0.18%]，并宜优先选用螺纹钢筋，以避免出现较宽的斜裂缝。

箍筋的间距不大于梁高的 1/2 且不大于 400mm。当所箍钢筋为按受力需要的纵向受压钢筋时，箍筋间距应不大于受压钢筋直径的 15 倍，以免受压钢筋失稳屈曲，挤碎混凝土保护层，且不应大于 400mm；在钢筋绑扎搭接接头范围内的箍筋间距，当绑扎搭接钢筋受拉时，不应大于主钢筋直径的 5 倍，且不大于 100mm；当搭接钢筋受压时，不应大于主钢筋直径的

10倍,且不大于200mm。支点向跨径方向长度相当于不小于一倍梁高范围内,箍筋间距不大于100mm。

近梁端第一根箍筋应设置在距端面一个混凝土保护层的距离处。梁与梁或梁与柱的交叉范围内,不设梁的箍筋;靠近交接面的箍筋,其与交接面的距离不宜大于50mm。

2. 弯起钢筋设计

根据式(4-4)及上述计算剪力值的取值原则"弯起钢筋承担计算剪力的40%",则第 i 个弯起钢筋平面内的弯起钢筋截面面积可按下式计算:

$$A_{\mathrm{sbi}}=\frac{\gamma_0 V_{\mathrm{sbi}}}{0.75\times10^{-3}f_{\mathrm{sd}}\sin\theta_{\mathrm{s}}}\quad(\mathrm{mm}^2)\tag{4-10}$$

式中,对于第一排(距支座中心,参见图4-3)弯起钢筋的作用(荷载)效应为:

$$V_{\mathrm{sb1}}=V'_{\mathrm{d}}-0.6\times V'_{\mathrm{d}}=0.4\times V'_{\mathrm{d}}\tag{4-11}$$

这里需要注意的是 V'_{d} 为距支座中心 $h/2$(梁高之半)处的计算剪力。以后各排弯起钢筋的截面面积 A_{sb} 可按照计算剪力的取值规定依次求出,并符合弯起规定。

三、斜截面抗剪承载力复核

具体复核内容为:已知构件截面尺寸 b、h_0,弯起钢筋截面积 $\sum A_{\mathrm{sbi}}$、箍筋截面积 A_{sv} 及间距 S_{v},结构重要性系数 γ_0,混凝土强度等级和钢筋牌号,剪力组合设计值(计算剪力)V_{d}。计算截面所能承受的剪力 V_{u},且判断其安全程度。

计算步骤:

(1)首先必须复核钢筋混凝土梁是否满足公式(4-6)这一重要条件,如不符合,应考虑加大截面尺寸或提高混凝土强度等级。

(2)当钢筋混凝土梁中配置有箍筋和弯起钢筋作腹筋时,按公式(4-5)进行抗剪承载力验算,即应满足 $\gamma_0 V_{\mathrm{d}}\leqslant V_{\mathrm{u}}=V_{\mathrm{cs}}+V_{\mathrm{sb}}$ 这一不等式条件。否则应重新设计剪力钢筋或改变截面尺寸。

(3)当钢筋混凝土梁中仅配置箍筋作腹筋时。按公式(4-3)进行抗剪承载力验算,即应满足 $\gamma_0 V_{\mathrm{d}}\leqslant V_{\mathrm{u}}=V_{\mathrm{cs}}$ 这一不等式条件,否则应重新设计。

但在进行受弯构件斜截面抗剪承载力复核前,需要确定验算截面的位置,通常选用构件抗剪能力最薄弱,或是应力剧变、易于产生斜裂缝的地方作为验算截面。在进行受弯构件斜截面抗剪承载力验算时验算截面的取用按下列规定办理:

1. 简支梁和连续梁近边支点梁段

(1)距支座中心 $h/2$(梁高一半)处的截面(见图4-4中截面1—1)。

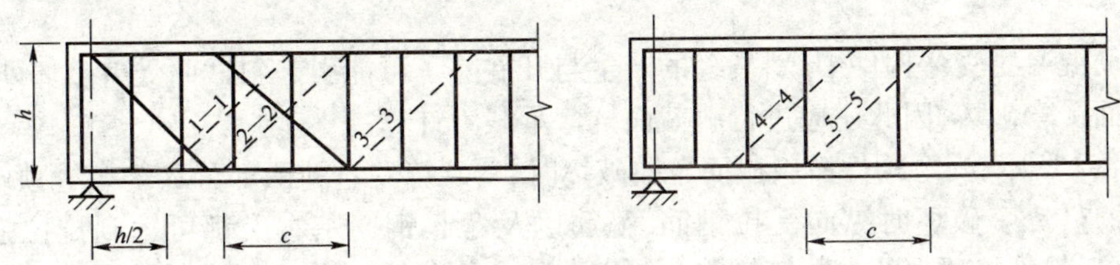

图4-4 斜截面抗剪承载力验算截面示意图

(简支梁和连续梁近边支点梁段)

因为构件愈靠近支座（m 较小）处，直接支承的压力影响也愈大，混凝土的抗力也愈高而不致破坏，只有距支座中心大于 $h/2$ 以后的截面抗力才可能变小。

（2）受拉区弯起钢筋弯起点处的截面（如图 4-4 截面 2—2、3—3），以及锚于受拉区的纵向主筋开始不受力处的截面（如图 4-4 中的截面 4—4）。

因为这些截面纵向主筋减少，应力集中且要发生内力重分配，而在弯起钢筋转折处的局部压力，可能导致混凝土破损。

（3）箍筋数量或间距有改变处的截面（如图 4-4 截面 5—5）。

箍筋数量或间距改变，导致配箍率改变，根据公式（4-3）可以看出相应的抗剪承载力要发生变化，ρ_{sv} 减小，相应的 V_{cs} 也减小。

（4）受弯构件腹板宽度改变处的截面。

这里与箍筋间距改变一样，都受到抗剪承载力剧变的影响而形成构件的薄弱环节，会首先出现斜裂缝。

2. 连续梁和悬臂梁近中间支点梁段

（1）支点横隔梁边缘处截面（图 4-5 截面 6—6）。

（2）变高度梁高度突变处截面（图 4-5 截面 7—7）。

（3）参照简支梁的要求，需要进行验算的截面。

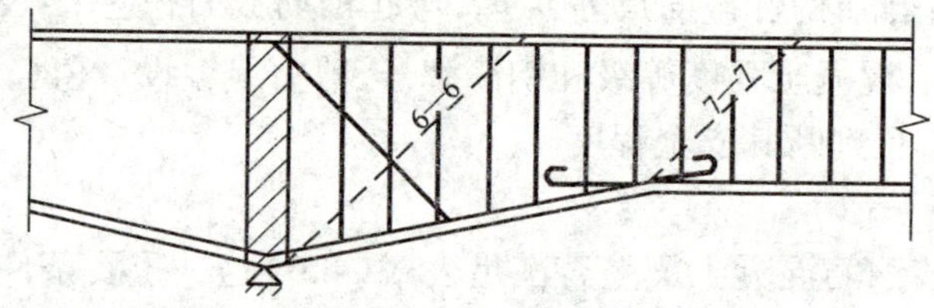

图 4-5　斜截面抗剪承载力验算位置示意图
（连续梁和悬臂梁近中间支点梁段）

§4-3　受弯构件斜截面抗弯承载力计算

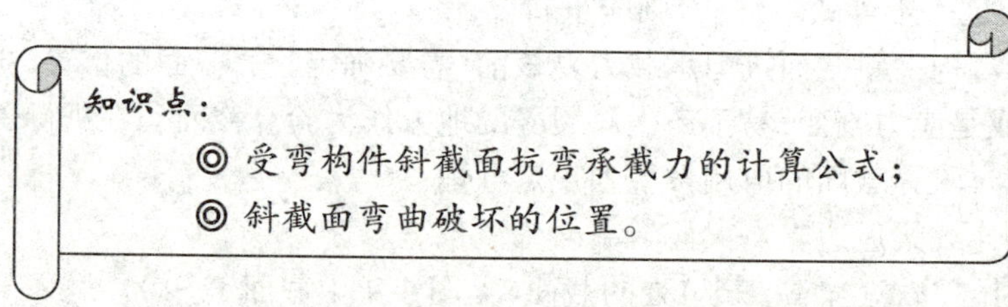

在钢筋混凝土受弯构件中，斜裂缝的产生与开展除了可能引起斜截面受剪破坏外，还可能引起斜截面受弯破坏，因此还应进行斜截面抗弯承载力计算。

如图 4-2 所示，受弯构件沿斜截面弯曲破坏时，斜裂缝左右的两部分环绕裂缝顶端的压力中心 O（铰）转动。破坏时纵向受拉钢筋、箍筋以及弯起钢筋基本上都可达到抗拉强度设计值，只有靠近斜裂缝顶端的少数箍筋与弯起钢筋的应力较小。但这两种钢筋发生的抵抗力矩相对来说影响较小，为简化计算起见，都不考虑应力不均匀系数。

受弯构件斜截面抗弯承载力计算的基本公式，由对受压区压力作用点 O 的弯矩平衡条件

$\sum M_0 = 0$可得（如图 4-2）：

$$\gamma_0 M_d \leqslant M_R = f_{sd} A_s Z_s + \sum f_{sd} A_{sb} Z_{sb} + \sum f_{sv} A_{sv} Z_{sv} \tag{4-12}$$

式中：M_d——斜截面受压端正截面的最大弯矩组合设计值；

Z_s——纵向普通受拉钢筋合力点至受压区中心点 O 的距离；

Z_{sb}——与斜截面相交的同一弯起平面内普通弯起钢筋合力点至受压区中心点 O 的距离；

Z_{sv}——与斜截面相交的同一平面内箍筋合力点至斜截面受压端的水平距离；

M_R——斜截面所能承受的力矩。

其他符号意义同前。

受压区中心点 O 由受压区高度 x 决定。受压区高度 x 可利用所有作用于斜截面上的力对构件纵轴的投影之和为零的平衡条件 $\sum H = 0$ 求得：

$$f_{sd} A_s + \sum f_{sd} A_{sb} \cos\alpha = f_{cd} A_c \tag{4-13}$$

式中：α——与斜截面相交的弯起钢筋与构件纵轴的夹角。

A_c——受压区混凝土面积；矩形截面 $A_c = bx$；T 形截面 $A_c = bx + (b'_f - b)h'_f$。

沿斜截面弯曲破坏的位置，通常都认为是在构件最薄弱的地方，一般是对受拉区抗弯薄弱处，自下向上沿斜向计算几个不同角度的斜截面，按下列公式试算确定最不利的斜截面水平投影长度：

$$\gamma_0 V_d = \sum f_{sd} A_{sb} \sin\theta_s + \sum f_{sv} A_{sv} \tag{4-14}$$

式中：V_d——斜截面受压端正截面相应于最大弯矩组合设计值的剪力组合设计值。

根据设计经验，在正截面抗弯承载力得到保证的情况下，一般受弯构件斜截面抗弯承载力仅按《桥规》（JTG D62—2004）中的有关构造措施就可得到保证，而不需按公式（4-12）进行计算。

§4-4 全梁承载力校核

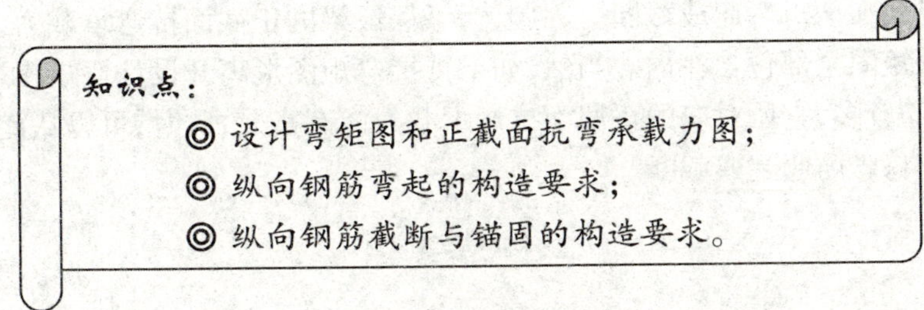

一、弯矩叠合图

在工程实践中设计钢筋混凝土受弯构件，通常只需要对若干控制截面进行承载力计算，至于其他截面的承载力能否满足要求，可通过图解法来校核。

为了合理地布置钢筋，需要绘制出设计弯矩图和正截面抗弯承载力图。

所谓设计弯矩图，即是由永久作用和各种不利位置的基本可变作用沿梁跨径，在各正截面产生的弯矩组合设计值 M_{dx} 的变化图形。设计弯矩图又称弯矩包络图，其线形为二次或高次抛物线。在均布荷载作用下，简支梁的弯矩包络图一般是以支点弯矩 $M_{d(0)}$、跨中弯矩 $M_{d(\frac{L}{2})}$ 作为控制点，按二次抛物线 $M_{dx}=M_{d(\frac{L}{2})}\cdot\left(1-\dfrac{4x^2}{L^2}\right)$ 绘出（如图 4-6）。

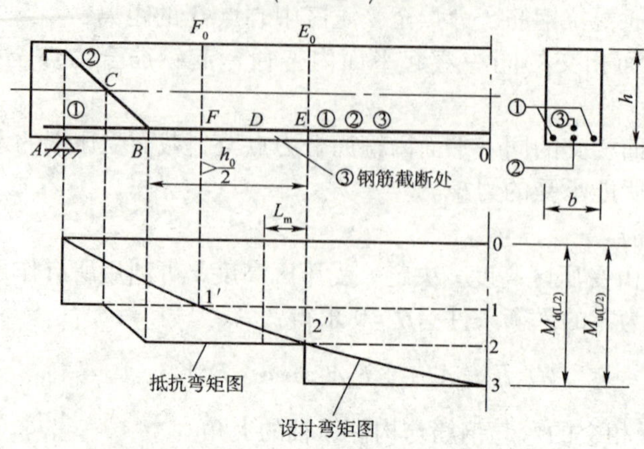

图 4-6　设计弯矩图与抵抗弯矩图的叠合图

所谓正截面抗弯承载力图是指梁沿跨径各正截面实际具有的抵抗力矩 M_u 的分布图形，如图 4-6 中的阶梯形图线。正截面抗弯承载力图又称抵抗弯矩图，抵抗弯矩图是这样构成的：

首先在跨中截面将其最大抵抗力矩 $M_{u(\frac{L}{2})}$ 根据纵向主钢筋数量改变处的截面实有抵抗力矩 $M_u(i)$ 分段，也可近似地由各组钢筋（如图 4-6 中钢筋①2 ϕ 25、②1 ϕ 25、③1 ϕ 25）的截面积按比例进行分段，然后作平行于横轴的水平线。又如图 4-6 中钢筋①2 ϕ 25 通过支点，不弯起，水平线贯穿全跨；钢筋②1 ϕ 25 在点 B 处弯起，该钢筋在点 B 将开始退出工作，水平线终止；又因弯起钢筋②与梁纵轴相交于点 C 后才完全退出工作，故 BC 段用斜线相连。钢筋③1 ϕ 25在点 E 处截断，该钢筋在点 E 处将完全退出工作，线形发生突变，呈阶梯形状。

工程上，均将设计弯矩图与抵抗弯矩图置于同一坐标系中，并采用同一比例，即两图叠合（如图 4-6），此叠合图用来确定纵向主钢筋的弯起或截断，或校核全梁正截面抗弯承载力。在叠合图中，如果抵抗弯矩图形切入设计弯矩图形时，表明"切入"处正截面抗弯承载力不足，此时就必须限制纵筋在该点弯起或截断。因此，为了保证梁的正截面抗弯承载力，必须要求抵抗弯矩图将设计弯矩图全部包含在内。当然，如果抵抗弯矩图形离开设计弯矩图形，且离开的距离较大，说明纵筋较多，它所对应的正截面抗弯承载力尚有富余，此时，可以从此截面向跨中方向移动适当位置将纵筋弯起或截断。

二、构造要求

（一）纵向钢筋弯起的构造要求

弯起钢筋是由纵向主钢筋弯起而成，纵向主钢筋弯起必须保证受弯构件具有足够的抗弯和抗剪承载力。

1. 保证正截面抗弯承载力的构造要求

保证正截面抗弯承载力要求是根据设计弯矩图与抵抗弯矩图的叠合图进行比较分析而确定的。由图 4-6 可以看出，一部分纵向钢筋弯起后，所剩下的纵向钢筋数量减少，正截面抗弯承载力就相应减小。从纯理论观点而言，若承载力图与弯矩包络图相切，则表明此梁设计是最经济合理的。

2. 保证斜截面抗剪承载力的构造要求

弯起钢筋的数量(包括根数和直径)是通过斜截面抗剪承载力计算确定的。而弯起钢筋的弯起位置,还需满足《桥规》(JTG D62—2004)的有关要求,即简支梁第一排(对支座而言)弯起钢筋弯终点应位于支座中心截面处,以后各排弯起钢筋的弯终点应落在或超过前一排弯起钢筋弯起点截面。这样布置可以保证可能出现的任一条斜裂缝,至少能遇到一排弯起钢筋与之相交。当纵筋弯起形成的弯起钢筋不足以承担梁的剪力时,可采用两次弯起或补充附加斜筋,但不得采用不与主钢筋焊接的斜筋(浮筋)。

3. 保证斜截面抗弯承载力的构造要求

受弯构件沿斜截面的破坏形式,除了上述由最大剪力引起的剪切破坏以外,还可能发生沿斜截面由最大弯矩引起的弯曲破坏,这种破坏容易发生在抗剪钢筋较强而抗弯钢筋过弱或纵向受拉钢筋锚固不牢、中断或弯起纵向受拉钢筋的位置不当等情况中。因此,对于受弯构件,除了要进行斜截面抗弯承载力计算之外,尚要在构造上采取一定措施。下面将其措施逐个介绍。

《桥规》规定,当钢筋由纵向受拉钢筋弯起时,从该钢筋充分发挥抗力点即充分利用点(按正截面抗弯承载力计算充分利用该钢筋强度的截面与弯矩包络图的交点)到实际弯起点之间距离不得小于 $h_0/2$,亦就是说当满足此规定时,由于与斜截面相交的纵筋减少所损失的抗弯能力完全可由弯起钢筋来补偿,因此,可不必再进行斜截面抗弯承载力计算。弯起钢筋可在按正截面受弯承载力计算不需要该钢筋截面面积之前弯起,但弯起钢筋与梁中心线的交点应位于按计算不需要该钢筋的截面之外,如图 4-6 所示。

上述按正截面承载力计算不需要该钢筋截面所在位置,被称为不需要点;按计算充分利用该钢筋的截面所在位置者,被称为充分利用点。确定钢筋的充分利用点和不需要点的位置与梁的设计弯矩图与抵抗弯矩图的叠合图、纵筋的根数以及每根纵筋所能承担的弯矩等因素有关,通常是在叠合图上用作图方法解决。

如图 4-6 所示的简支梁,跨中截面已根据正截面抗弯强度的要求配置了①2 ϕ 25、②1 ϕ 25、③1 ϕ 25 等 3 组钢筋,共同组成抵抗弯矩 $M_{d(L/2)}$,具体到每组钢筋所能发挥的承载力,可近似地按每组钢筋的截面积按比例进行分配。线段 01、12、23 等分别表示①、②、③号筋的承载力。过点 2 作水平线交设计弯矩图线于点 2′,此时,点 2′所对应的截面 EE_0 已不需要③号筋,而②号筋的承载力在点 2′开始充分发挥,所以点 2′称为③号筋的不需要点,又称②号筋的充分利用点,同理,点 1′为②号筋的不需要点、①号筋的充分利用点,依此类推。

依照前述对保证斜截面抗弯承载力的构造要求。对于图 4-6 中②号筋,点 2′为其充分利用点,这根钢筋必须从点 2′所对应的点 E 向支座 A 方向移动一个距离至点 B,使 B—E 距离大于或等于 $h_0/2$ 后才可弯起,而且②号筋弯起后与梁中心线的交点 C 应位于其不需要点 1′以左。

(二)纵筋的截断与锚固

1. 纵筋的截断

钢筋混凝土梁内纵向受拉钢筋不宜在受拉区截断;如需截断时,应从按正截面抗弯承载力计算充分利用该钢筋强度的截面至少延伸(l_a+h_0)长度,如图 4-7 所示,此处 l_a 为受拉钢筋最小锚固长度,h_0 为梁截面有效高度;同时,尚应考虑从正截面抗弯承载力计算不需要该钢筋的截面至少延伸 $20d$(环氧树脂涂层钢筋 $25d$),此处 d 为钢筋直径。纵向受压钢筋如在跨间截面时,应延伸至按计算不需要该钢筋的截面以外至少 $15d$(环氧树脂涂层钢筋 $20d$)。钢筋锚

固长度 l_a 的要求，详见单元一的课题三。

2. 纵筋的锚固

为防止伸入支座的纵筋因锚固不足而发生滑动，甚至从混凝土中拔出来，造成破坏，应采取锚固措施。实践证明，锚固措施的加强对斜截面抗剪承载力与抗弯承载力的保证，都是极其必要的。纵向钢筋在支座的锚固措施有二：

①在钢筋混凝土梁的支点处，至少应有两根并不少于总数 1/5 的下层受拉主钢筋通过。

②梁底两侧的受拉主钢筋应伸出端支点截面以外，并弯成直角且顺梁高延伸至顶部，与顶层架立钢筋相连。两侧之间不向上弯曲的受拉主钢筋伸出支点截面的长度，不应小于 10 倍钢筋直径（环氧树脂涂层钢筋为 12.5 倍钢筋直径）；R235 钢筋应带半圆钩。

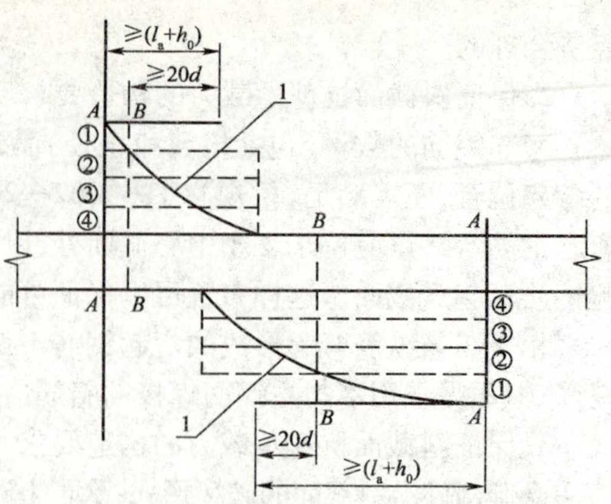

图 4-7　纵向钢筋截断时的延伸长度

A—A：钢筋①②③④强度充分利用截面；B-B：按计算不需要钢筋①的截面；①、②、③、④-钢筋批号；1-弯矩图

弯起钢筋的末端（弯终点以外）应留有锚固长度：受拉区不应小于 $20d$，受压区不应小于 $10d$，环氧树脂涂层钢筋增加 25%。此处 d 为钢筋直径。R235（Q235）钢筋尚应设置半圆弯钩。

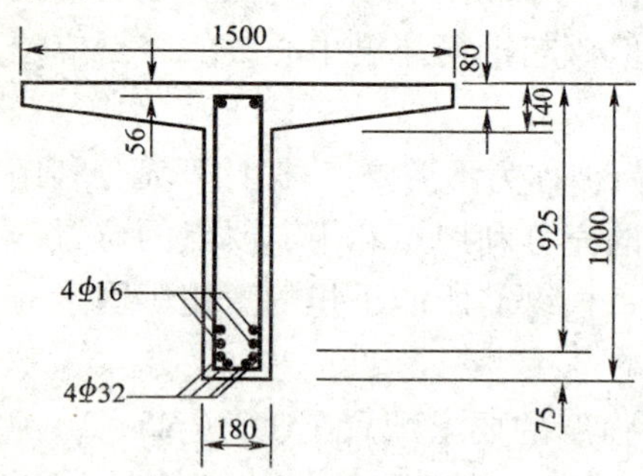

图 4-8　跨中截面钢筋布置图
（尺寸单位：mm）

例 4-1　某钢筋混凝土 T 形截面简支梁，标准跨径 $L_b = 13\text{m}$，计算跨径 $L = 12.6\text{m}$。按正截面抗弯承载力计算所确定的跨中截面尺寸与钢筋布置见图 4-8，主筋为 HRB335 钢筋，4 ϕ 32 + 4 ϕ 16，$A_g = 4021\text{mm}^2$；架立钢筋为 HRB335 钢筋，2 ϕ 22。焊接成多层钢筋骨架，混凝土为 C30。该梁承受支点剪力 $V_{d(0)} = 310\text{kN}$，跨中剪力 $V_{d(L/2)} = 65\text{kN}$，支点弯矩 $M_{d(0)} = 0$，跨中弯矩 $M_{d(L/2)} = 910\text{kN·m}$，试按梁斜截面抗剪配筋设计方法配置该梁的箍筋和弯起钢筋。结构重要性系数 $\gamma_0 = 1.1$。

解：1. 计算各截面的有效高度

主筋为 4 ϕ 32 + 4 ϕ 16 时，主筋合力作用点至梁截面下边缘的距离，由下式求得：

$$a_s = \frac{280 \times 3217 \times (30 + 35.8) + 280 \times 804 \times (30 + 35.8 \times 2 + 18.4)}{280 \times 3217 + 280 \times 804} \approx 77(\text{mm})$$

截面有效高度：

$$h_0 = h - a_s = 1000 - 77 = 923(\text{mm})$$

主筋为 4 ϕ 32 + 2 ϕ 16 时，主筋合力作用点至梁截面下边缘的距离，由下式求得：

$$a_s = \frac{280 \times 3217 \times (30 + 35.8) + 280 \times 402 \times (30 + 35.8 \times 2 + 9.2)}{280 \times 3217 + 280 \times 402} = 70.8(\text{mm})$$

截面有效高度：

$$h_0 = h - a_s = 1000 - 70.8 = 929.2(\text{mm})$$

主筋为 4 ϕ 32 时，主筋合力作用点至梁截面下边缘的距离：

$$a_s = 30 + 35.8 = 65.8(\text{mm})$$

截面有效高度：

$$h_0 = h - a_s = 1000 - 65.8 = 934.2(\text{mm})$$

主筋为 2 ϕ 32 时，主筋合力作用点至梁截面下边缘的距离：

$$a_s = 30 + \frac{35.8}{2} = 47.9(\text{mm})$$

截面有效高度：

$$h_0 = h - a_s = 1000 - 47.9 = 952.1(\text{mm})$$

2. 核算梁的截面尺寸

由公式(4-6)得：

支点截面：$0.51 \times 10^{-3}\sqrt{f_{cu \cdot k}}bh_0 = 0.51 \times 10^{-3} \times \sqrt{30} \times 180 \times 952.1$

$= 478.7(\text{kN}) > \gamma_0 V_{d(0)} = 341(\text{kN})$

跨中截面：$0.51 \times 10^{-3} \times \sqrt{f_{cu \cdot k}}bh_0 = 0.51 \times 10^{-3} \times \sqrt{30} \times 180 \times 923$

$= 464.1(\text{kN}) > \gamma_0 V_{d(L/2)} = 71.5(\text{kN})$

故按正截面抗弯承载力计算所确定的截面尺寸满足抗剪方面的构造要求。

3. 分析梁内是否需要配置剪力钢筋

由公式(4-7)得：

$0.5 \times 10^{-3}\alpha_2 f_{td}bh_0 = 0.5 \times 10^{-3} \times 1 \times 1.39 \times 180 \times 952.1 = 119.1(\text{kN}) < \gamma_0 V_{d(0)} = 341\text{kN}$

故梁内需要按计算配置剪力钢筋。

4. 确定计算剪力

(1)绘制此梁半跨剪力包络图(见图 4-9)，并计算不需设置剪力钢筋的区段长度：

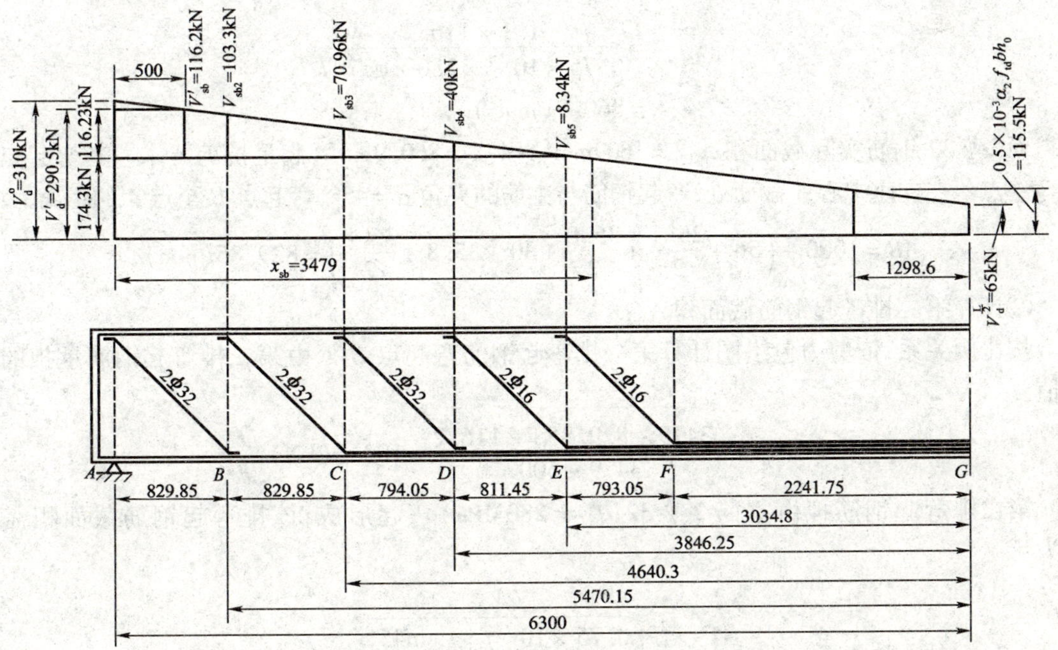

图 4-9　按抗剪强度要求计算各排弯起钢筋的用量(尺寸单位：mm)

对于跨中截面 $0.5 \times 10^{-3}\alpha_2 f_{td}bh_0 = 0.5 \times 10^{-3} \times 1.39 \times 180 \times 923 = 115.5(\text{kN}) > \gamma_0 V_{d(L/2)}$ $= 71.5\text{kN}$，不需设置剪力钢筋的区段长度

$$x_c = \frac{(115.5 - 65) \times 6300}{310 - 65} = 1298.6(\text{mm})$$

(2)按比例关系,依剪力包络图求距支座中心 $h/2$ 处截面的最大剪力值

$$V'_d = 65 + \frac{(115.5 - 65) \times (6300 - 500)}{1298.6} = 290.5(\text{kN})$$

(3)最大剪力的分配

按《桥规》(JTG D 62—2004)的规定:

由混凝土与箍筋共同承担不少于最大剪力 V'_d的 60%,即:

$$V'_{cs} \geqslant 0.6V'_d = 0.6 \times 290.5 = 174.3(\text{kN})$$

由弯起钢筋承担不多于最大剪力 V'_d 的 40%,即:

$$V'_{sb} \leqslant 0.40V'_d = 0.4 \times 290.5 = 116.2(\text{kN})$$

5. 配置弯起钢筋

(1)按比例关系,依剪力包络图计算需设置弯起钢筋的区段长度

$$x_{sb} = \frac{(310 - 174.3) \times 500}{310 - 290.5} = 3479(\text{mm})$$

(2)计算各排弯起钢筋截面面积

①计算第一排(对支座而言)弯起钢筋截面面积 A_{sb1}

取用距支座中心 $h/2$ 处由弯起钢筋承担的剪力值:

$$V_{sb1} = V'_{sb} = 116.2(\text{kN})$$

梁内第一排弯起钢筋拟用补充斜筋 2 ϕ 32, f_{sd} = 280MPa,该排弯起钢筋截面面积需要量为:

$$A'_{sb1} = \frac{\gamma_0 V_{sb1}}{0.75 \times 10^{-3} f_{sd} \cdot \sin 45^\circ} = \frac{1.1 \times 116.2}{0.75 \times 10^{-3} \times 280 \times 0.707} = 860.9(\text{mm}^2)$$

而 2 ϕ 32 钢筋实际截面积 $A_{sb1} = 1609\text{mm}^2 > A'_{sb1} = 860.9\text{mm}^2$,满足抗剪要求。其弯起点为 B,弯终点落在支座中心 A 截面处,弯起钢筋与主筋的夹角 $\alpha = 45^\circ$,弯起点 B 至点 A 的距离为:

$$AB = 1000 - \left(56 + \frac{25.1}{2} + \frac{35.8}{2} + 30 + 35.8 + \frac{35.8}{2}\right) = 829.85(\text{mm})$$

②计算第二排弯起钢筋截面积 A_{sb2}

按比例关系,依剪力包络图计算第一排弯起钢筋弯起点 B 处由第二排弯起钢筋承担的剪力值:

$$V_{sb2} = \frac{(3479 - 829.85) \times 116.2}{3479 - 500} = 103.3(\text{kN})$$

第二排弯起钢筋拟由主筋 2 ϕ 32(f_{sd} = 280MPa)弯起形成,该排弯起钢筋截面积需要量为:

$$A'_{sb2} = \frac{\gamma_0 V_{sb2}}{0.75 \times 10^{-3} f_{sd} \cdot \sin 45^\circ} = \frac{1.1 \times 103.3}{0.75 \times 10^{-3} \times 280 \times 0.707} = 765(\text{mm}^2)$$

而 2 ϕ 32 钢筋实际截面积 $A_{sb2} = 1609\text{mm}^2 > A'_{sb2} = 765\text{mm}^2$,满足抗剪要求。其弯起点为 C,弯终点落在第一排弯起钢筋弯起点 B 截面处,弯起钢筋与主筋的夹角 $\alpha = 45^\circ$,其弯起点 C

至点 B 的距离为：

$$BC = AB = 829.85(\text{mm})$$

③计算第三排弯起钢筋截面积 A_{sb3}

按比例关系，依剪力包络图计算第二排弯起钢筋弯起点 C 处由第三排弯起钢筋承担的剪力值：

$$V_{sb3} = \frac{(3479 - 829.85 - 829.85) \times 116.2}{3479 - 500} = 70.96(\text{kN})$$

第三排弯起钢筋拟用补充斜筋 2 ϕ 32($f_{sd} = 280\text{MPa}$)，该排弯起钢筋截面积需要量为：

$$\begin{aligned} A'_{sb3} &= \frac{\gamma_0 V_{sb3}}{0.75 \times 10^{-3} f_{sd} \cdot \sin 45°} \\ &= \frac{1.1 \times 70.96}{0.75 \times 10^{-3} \times 280 \times 0.707} \\ &= 525.7(\text{mm}^2) \end{aligned}$$

而 2 ϕ 32 钢筋实际截面积 $A_{sb3} = 1609\text{mm}^2 > A'_{sb3} = 525.7\text{mm}^2$，满足抗剪要求。其弯起点 D，弯终点落在第二排弯起钢筋弯起点 C 截面处，弯起钢筋与主筋的夹角 $\alpha = 45°$，弯起点 D 至点 C 的距离为：

$$CD = 1000 - \left(56 + \frac{25.1}{2} + \frac{35.8}{2} + 30 + 35.8 + 35.8 + \frac{35.8}{2}\right) = 794.05(\text{mm})$$

④计算第四排弯起钢筋截面积 A_{sb4}

按比例关系，依剪力包络图计算第三排弯起钢筋弯起点 D 处由第四排弯起钢筋承担的剪力：

$$V_{sb4} = \frac{(3479 - 829.85 - 829.85 - 794.05) \times 116.2}{3479 - 500} = 40(\text{kN})$$

第四排弯起钢筋拟用主筋 2 ϕ 16($f_{sd} = 280\text{MPa}$)，该排弯起钢筋截面积需要量为：

$$\begin{aligned} A'_{sb4} &= \frac{\gamma_0 V_{sb4}}{0.75 \times 10^{-3} f_{sd} \cdot \sin 45°} \\ &= \frac{1.1 \times 40}{0.75 \times 10^{-3} \times 280 \times 0.707} \\ &= 296.4(\text{mm}^2) \end{aligned}$$

而 2 ϕ 16 钢筋实际截面积 $A_{sb4} = 402\text{mm}^2 > A'_{sb4} = 296.4\text{mm}^2$，满足抗剪要求。其弯起点 E，弯终点落在第三排弯起钢筋弯起点 D 截面处，弯起钢筋与主筋的夹角 $\alpha = 45°$，弯起点 E 至点 D 的距离为：

$$DE = 1000 - \left(56 + \frac{25.1}{2} + \frac{18.4}{2} + 30 + 35.8 + 35.8 + \frac{18.4}{2}\right) = 811.45(\text{mm})$$

⑤计算第五排弯起钢筋截面积 A_{sb5}

按比例关系，依剪力包络图计算第四排弯起钢筋弯起点 E 处由第五排弯起钢筋承担的剪力值：

$$V_{sb5} = \frac{(3479 - 829.85 - 829.85 - 794.05 - 811.45) \times 116.2}{3479 - 500} = 8.34(\text{kN})$$

第五排弯起钢筋拟由主筋 2 ϕ 16($f_{sd} = 280\text{MPa}$)弯起形成，该排弯起钢筋截面积需要量为：

$$A'_{sb5} = \frac{\gamma_0 V_{sb5}}{0.75 \times 10^{-3} f_{sd} \cdot \sin 45°}$$

$$=\frac{1.1\times 8.34}{0.75\times 10^{-3}\times 280\times 0.707}$$

$$=61.8(\mathrm{mm}^2)$$

而 2 ϕ 16 钢筋实际截面积 $A_{sb5}=402\mathrm{mm}^2>A'_{sb5}=61.8\mathrm{mm}^2$。满足抗剪要求。其弯起点为 F,弯终点落在第四排弯起钢筋弯起点 E 截面处,弯起钢筋与主筋的夹角 $\alpha=45°$,弯起点 F 至点 E 的距离为:

$$EF=1000-\left(56+\frac{25.1}{2}+\frac{18.4}{2}+30+35.8+35.8+18.4+\frac{18.4}{2}\right)=793.05(\mathrm{mm})$$

第五排弯起钢筋弯起点 F 至支座中心 A 的距离为:

$$\begin{aligned}AF&=AB+BC+CD+DE+EF\\&=829.85+829.85+794.05+811.45+793.05\\&=4058.25(\mathrm{mm})>x_{sb}=3479(\mathrm{mm})\end{aligned}$$

这说明第五排弯起钢筋弯起点 F 已超过需设置弯起钢筋的区段长 x_{sb} 以外 598mm。弯起钢筋数量已满足抗剪承载力要求。

各排弯起钢筋弯起点至跨中截面 G 的距离见图 4-10:

$$x_B=BG=L/2-AB=6300-829.85=5470.15(\mathrm{mm})$$

$$x_C=CG=BG-BC=5470.15-829.85=4640.3(\mathrm{mm})$$

$$x_D=DG=CG-CD=4640.3-794.05=3846.25(\mathrm{mm})$$

$$x_E=EG=DG-DE=3846.25-811.45=3034.8(\mathrm{mm})$$

$$x_F=FG=EG-EF=3034.8-793.05=2241.75(\mathrm{mm})$$

6. 检验各排弯起钢筋的弯起点是否符合构造要求

(1)保证斜截面抗剪承载力方面

从图 4-9 可以看出,对支座而言,梁内第一排弯起钢筋的弯终点已落在支座中心截面处,以后各排弯起钢筋的弯终点均落在前一排弯起钢筋的弯起点截面上,这些都符合《桥规》(JTG D62—2004)的有关规定,即能满足斜截面抗剪承载力方面的构造要求。

(2)保证正截面抗弯承载力方面

①计算各排弯起钢筋弯起点的设计弯矩

跨中弯矩 $M_{d(L/2)}=910\mathrm{kN\cdot m}$,支点弯矩 $M_{d(0)}=0$,其他截面的设计弯矩可按二次抛物公式 $M_{dx}=M_{d(L/2)}\left(1-\frac{4x^2}{L^2}\right)$ 计算,如表 4-1 所列。

根据 M_x 值绘出设计弯矩图(见图 4-10)。

②计算各排弯起钢筋弯起点和跨中截面的抵抗弯矩(抗弯承载力)

首先判别 T 形截面类型:

对于跨中截面

$$f_{sd}A_s=(280\times 3217)+(280\times 804)=1125.9(\mathrm{kN})$$

$$f_{cd}b'_fh'_f=13.8\times 1500\times 110=2277(\mathrm{kN})$$

各排弯起钢筋弯起点的设计弯矩计算表

表 4-1

弯起钢筋序号	弯起点符号	弯起点至跨中截面距离 x_i(mm)	各弯起点的设计弯矩 $M_{dx}=M_{d(L/2)}\left(1-\frac{4x^2}{L^2}\right)$ (kN·m)
跨中截面			$M_G=M_{d(L/2)}=910$
5	F	$x_F=2241.75$	$M_F=910\times\left[1-\frac{4\times2241.75^2}{12600^2}\right]=794.8$
4	E	$x_E=3034.8$	$M_E=910\times\left[1-\frac{4\times3034.8^2}{12600^2}\right]=698.8$
3	D	$x_D=3846.25$	$M_D=910\times\left[1-\frac{4\times3846.25^2}{12600^2}\right]=570.8$
2	C	$x_C=4640.3$	$M_C=910\times\left[1-\frac{4\times4640.3^2}{12600^2}\right]=416.3$
1	B	$x_B=5470.15$	$M_B=910\times\left[1-\frac{4\times5470.15^2}{12600^2}\right]=223.9$

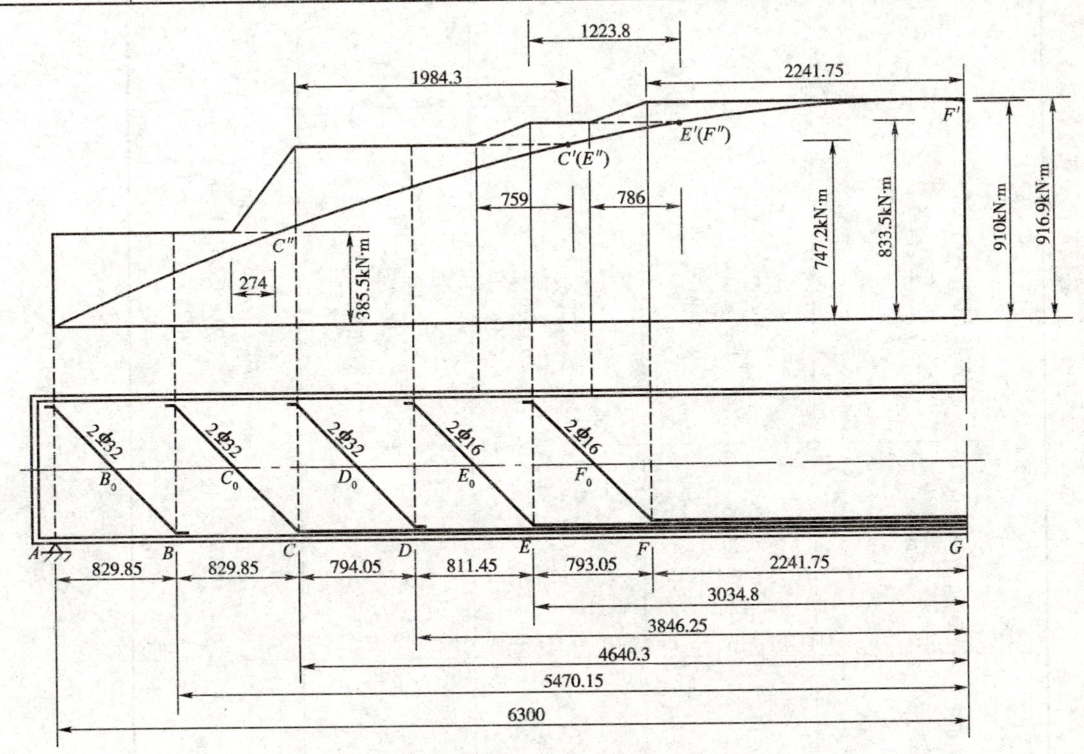

图 4-10 按抗弯承载力要求检验各排弯起钢筋弯起点的位置(尺寸单位:mm)

$f_{cd}b'_fh'_f>f_{sd}A_s$,说明跨中截面中性轴在翼缘内,属第一种 T 形截面,即可按单筋矩形截面 $b'_f\times h$ 计算。

其他截面的主筋截面积均小于跨中截面的主筋截面积,故各截面均属第一种 T 形截面,均可按单筋矩形截面 $b'_f\times h$ 计算。

随后计算各梁段抵抗弯矩,如表 4-2 中所列。根据 $M_{u(i)}$ 值绘出抵抗弯矩图(见图 4-10)。

各梁段抵抗弯矩计算表

表 4-2

梁段符号	主筋截面积 $A_s(mm^2)$	截面有效高度 $h_0(mm)$	混凝土受压区高度系数 $\xi=\frac{A_s}{b'_f\ h_0}\times\frac{f_{sd}}{f_{cd}}$	$1-0.5\xi$	各梁段抵抗弯矩 $M_{u(i)}=\frac{1}{\gamma_0}f_{sd}A_sh_0(1-0.5\xi)$
FG	4 ϕ 32 + 4 ϕ 16 $A_{s(\frac{1}{2})}=4021$	923	$\xi_{(\frac{1}{2})}=\frac{4021}{1500\times923}\times\frac{280}{13.8}$ $=0.0589$	0.9706	$M_{u(\frac{1}{2})}=\frac{1}{1.1}\times280\times4021\times923\times0.9706$ $=916.9kN\cdot m$
EF	4 ϕ 32 + 2 ϕ 16 $A_{s(EF)}=3619$	929.2	$\xi_{(EF)}=\frac{3619}{1500\times929.2}\times\frac{280}{13.8}$ $=0.0526$	0.9737	$M_{u(EF)}=\frac{1}{1.1}\times280\times3619\times929.2\times0.9737$ $=833.5kN\cdot m$
CE	4 ϕ 32 $A_{s(CE)}=3217$	934.2	$\xi_{(CE)}=\frac{3217}{1500\times934.2}\times\frac{280}{13.8}$ $=0.0465$	0.9767	$M_{u(CE)}=\frac{1}{1.1}\times280\times3217\times934.2\times0.9767$ $=747.2kN\cdot m$
AC	2 ϕ 32 $A_{s(AC)}=1609$	952.1	$\xi_{(AC)}=\frac{1609}{1500\times952.1}\times\frac{280}{13.8}$ $=0.0228$	0.9886	$M_{u(AC)}=\frac{1}{1.1}\times280\times1609\times952.1\times0.9886$ $=385.5kN\cdot m$

从图 4-10 所示的设计弯矩图与抵抗弯矩图的叠合图可以看出设计弯矩图完全被包含在抵抗弯矩图之内,即处处是 $M_d < M_u$,这表明正截面抗弯承载力能得到保证。

(3)保证斜截面抗弯承载力方面

各层纵向钢筋的充分利用点和不需要点位置计算,如表 4-3 所示。

各层纵向钢筋的充分利用点和不需要点位置计算表 表 4-3

各层纵向钢筋序号	对应充分利用点号	各充分利用点至跨中截面距离 $x_{i'} = \frac{L}{2}\sqrt{1 - \frac{M_{u(i)}}{M_{d(L/2)}}}$ (mm)	对应不需要点号	各不需要点至跨中截面距离 x_i (mm)
4	f'	$x_{f'} = 0$	F''	$x_{F''} = x_{E'} = 1827$
3	E'	$x_{E'} = 6300 \times \sqrt{1 - \frac{833.5}{910}} = 1827$	E''	$x_{E''} = x_{C'} = 2665$
2	C'	$x_{C'} = 6300 \times \sqrt{1 - \frac{747.2}{910}} = 2665$	C''	$x_{C''} = 6300 \times \sqrt{1 - \frac{385.5}{910}} = 4783$

计算各排弯起钢筋与梁中心线的交点 C_0、E_0、F_0的位置:

$$x_{C0} = 4640.3 + [500 - (30 + 35.8 + 35.8/2)] = 5056.6(\text{mm})$$

$$x_{E0} = 3034.8 + [500 - (30 + 2 \times 35.8 + 18.4/2)] = 3424(\text{mm})$$

$$x_{F0} = 2241.75 + [500 - (30 + 2 \times 35.8 + 18.4 + 18.4/2)] = 2612.55(\text{mm})$$

计算各排弯起钢筋弯起点至对应的充分利用点的距离、各排弯起钢筋与梁中心线交点至对应不需要点的距离,如表 4-4 所示。

保证斜截面抗弯承载力构造要求分析表 表 4-4

各排弯起钢筋序号	弯起点至充分利用点距离 $x_i - x'_i$(mm)	$\frac{h_0}{2}$(mm)	$(x_i - x_p) - \frac{h_0}{2}$(mm)	弯起钢筋与梁中心线交点至不需要点距离 $x_{i0} - x_{i''}$(mm)
5	$x_F - x_{f'} = 2241.75 - 0 = 2241.75$	$\frac{923}{2} = 461.5$	1780.25	$x_{F0} - x_{F''} = 2612.55 - 1827 = 785.55$
4	$x_E - x_{E'} = 3034.8 - 1827 = 1207.8$	$\frac{929.2}{2} = 464.6$	743.2	$x_{E0} - x_{E''} = 3424 - 2665 = 759$
2	$x_C - x_{C'} = 4640.3 - 2665 = 1975.3$	$\frac{934.2}{2} = 467.1$	1508.2	$x_{C0} - x_{C''} = 5056.6 - 4783 = 273.6$

从表 4-4 可以看出,各排弯起钢筋弯起点均在该层钢筋充分利用点以外不小于 $h_0/2$ 处,而且各排弯起钢筋与梁中心线的交点均在该层钢筋不需要点以外,即均能保证斜截面抗弯承载力。

另外,如图 4-10 所示,在梁底两侧有 2 根 ϕ 32 主筋不弯起,通过支座中心 A,这 2 根主筋截面积 $A_s = 1609\text{mm}^2$,与主筋 4 ϕ 32 + 4 ϕ 16 总截面积 $A_s = 4021\text{mm}^2$ 之比为 0.4,大于 1/5,这符合《桥规》(JTG D62—2004)规定的构造要求。

7. 配置箍筋

根据《桥规》(JTG D62—2004)关于“钢筋混凝土梁应设置直径不小于 8mm 且不小于 1/4 主筋直径的箍筋”的规定,本设计采用封闭式双肢箍筋,$n = 2$,R235 钢筋($f_{sv} = 195\text{MPa}$),直径为 $\phi 8$,每肢箍筋截面积 $a_{sv} = 50.3\text{mm}^2$。

《桥规》(JTG D62—2004)中又规定:"箍筋间距不大于梁高的1/2且不大于400mm","支承截面处,支座中心向跨径方向长度相当于不小于一倍梁高范围内,箍筋间距不大于100mm"。本设计按照这些规定,梁段箍筋最大间距不超过上述结果(见表4-5)。对梁端而言,第1~11组箍筋间距为100mm,其他箍筋间距均为200mm。相应的最小配箍率:$\rho_{sv}=\dfrac{A_{sv}}{bS_v}=\dfrac{2\times50.3}{180\times200}=0.0028>0.18\%$,这也符合《桥规》(JTG D62—2004)的构造要求。

各梁段箍筋的最大间距计算表 表4-5

梁段符号	主筋截面积 $A_s(\mathrm{mm}^2)$	截面有效高度 (h_0) (mm)	主筋配筋率 $p=100\times\dfrac{A_s}{bh_0}$	箍筋最大间距 $s_v=\dfrac{\alpha_1^2\alpha_3^2\times0.2\times10^{-6}(2+0.6p)\sqrt{f_{cu\cdot k}}A_{sv}f_{sv}bh_0^2}{(\xi\gamma_0V'_d)^2}$
FG	$4\phi32+4\phi16$ $A_{s(L/2)}=4021$	923	$p(L/2)=100\times\dfrac{4021}{180\times923}=2.42$	$s_v(L/2)=\dfrac{1.1^2\times0.2\times10^{-6}\times(2+0.6\times2.42)\sqrt{30}\times100.6\times195\times180\times923^2}{(0.6\times1.1\times290.5)^2}=374.4(\mathrm{mm})$
EF	$4\phi32+2\phi16$ $A_{s(EF)}=3619$	929.2	$p(EF)=100\times\dfrac{3619}{180\times929.2}=2.16$	$s_v(EF)=\dfrac{1.1^2\times0.2\times10^{-6}\times(2+0.6\times2.16)\sqrt{30}\times100.6\times195\times180\times929.2^2}{(0.6\times1.1\times290.5)^2}=362.3(\mathrm{mm})$
CE	$4\phi32$ $A_{s(CE)}=3217$	934.2	$p(CE)=100\times\dfrac{3217}{180\times934.2}=1.91$	$s_v(CE)=\dfrac{1.1^2\times0.2\times10^{-6}\times(2+0.6\times1.91)\sqrt{30}\times100.6\times195\times180\times934.2^2}{(0.6\times1.1\times290.5)^2}=349.6(\mathrm{mm})$
AC	$2\phi32$ $A_{s(AC)}=1609$	952.1	$p(AC)=100\times\dfrac{1609}{180\times952.1}=0.94$	$s_v(AC)=\dfrac{1.1^2\times0.2\times10^{-6}\times(2+0.6\times0.94)\sqrt{30}\times100.6\times195\times180\times952.1^2}{(0.6\times1.1\times290.5)^2}=295.9(\mathrm{mm})$

思考题

1. 什么是有腹筋梁和无腹筋梁?
2. 钢筋混凝土梁在承受作用时,为什么产生斜裂缝?
3. 剪跨比是指什么?
4. 受弯构件沿斜截面破坏的形态有哪些?各有什么特点?
5. 影响受弯构件斜截面抗剪承载力的主要因素有哪些?
6. 受弯构件斜截面抗剪承载力由哪几部分组成?
7. 写出斜截面抗剪承载力的计算公式,解释式中各字母的含义。
8. 斜截面抗剪承载力计算公式的上限和下限值各说明了什么?写出它们的表达式,并说明之。
9. 为什么受弯构件内一定要配置箍筋?
10. 对于简支梁,其斜截面抗剪承载力计算用的剪力如何取用?
11. 写出箍筋设计计算步骤。
12. 写出弯起抗剪的设计计算步骤。
13. 在进行受弯构件斜截面抗剪承载力复核前,如何确定其验算截面?
14. 受弯构件斜截面只要抗剪承载力满足要求即可。这话对吗?为什么?

15. 什么是设计弯矩图？如何绘制？

16. 什么是抵抗弯矩图？如何绘制？

17. 在进行全梁承载力校核时，如何使用设计弯矩图和抵抗弯矩图？

18. 纵向钢筋弯起的条件是什么？

19. 画图说明纵向主筋的不需要点和充分利用点。

20. 纵筋可在不需要点后的任意位置截断，对吗？为什么？

21. 纵筋在支座处的锚固措施有哪些？

习题

22. 承受均布荷载的简支梁，净跨为 $l_0=4.8\text{m}$，截面尺寸 $b=200\text{mm}$，$h=500\text{mm}$，纵向受拉钢筋采用 HRB335，4 ϕ 18，混凝土强度等级为 C20，箍筋为 R235 钢筋，已知沿梁长配有双肢 ϕ8 的箍筋，箍筋间距为 150mm。计算该斜截面受剪承载力。结构重要性系数 $\gamma_0=1.0$。

23. 如题 23 图所示简支梁，$b=250\text{mm}$，$h=550\text{mm}$，混凝土强度等级为 C25，箍筋为 R235 钢筋，纵向受拉钢筋用 HRB335 钢筋，集中荷载设计值 $P=135\text{kN}$，均布荷载设计值 $q=6.5\text{kN/m}$（包括自重）。请对下列两种情况进行受剪承载力计算（结构重要性系数 $\gamma_0=1.0$）：

(1)仅配置箍筋，并选定箍筋直径和间距；

(2)箍筋按双肢 ϕ6，间距为 200mm 配置，计算弯起钢筋用量，并绘制腹筋配置草图。

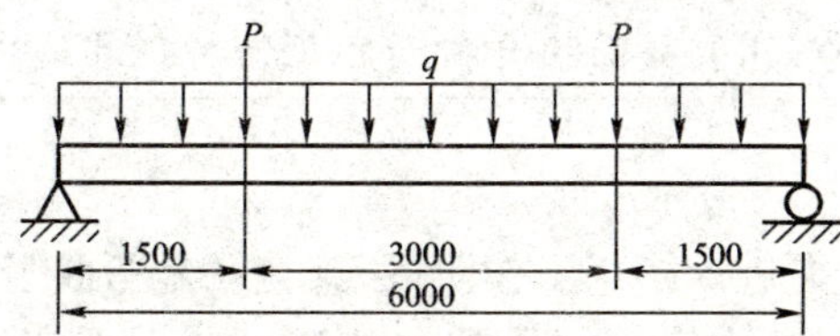

题 23 图（尺寸单位：mm）

单元五　钢筋混凝土受弯构件在施工阶段的应力计算

公路桥涵结构按承载能力极限状态设计的主要目的，是确保结构或构件在设计基准期内，不致发生承载力破坏或失稳破坏。在前面几单元里已经详细介绍了钢筋混凝土受弯构件的承载力计算及设计方法。但对于钢筋混凝土受弯构件，还要根据使用条件进行施工阶段的混凝土和钢筋的应力验算。

§5-1　换算截面

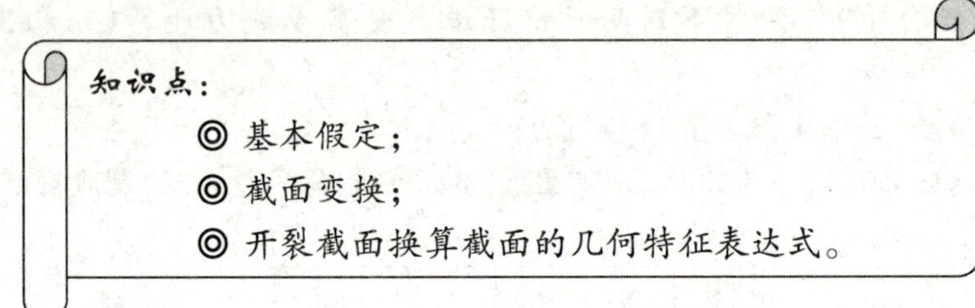

钢筋混凝土受弯构件受力进入第二工作阶段，其特征是弯曲竖向裂缝已形成并开展，中性轴以下部分混凝土已退出工作，由钢筋承受拉力，应力为 σ_s，但它还远小于钢筋的屈服强度。受压区混凝土的压应力图形大致是抛物线形，而受弯构件的作用（荷载）—挠度（跨中）关系曲线是一条接近于直线的曲线，因此，钢筋混凝土受弯构件的第二工作阶段又可称为开裂后弹性阶段。

由于钢筋混凝土是由钢筋和混凝土两种受力性能完全不同的材料组成，因此，钢筋混凝土受弯构件的应力计算就不能直接采用材料力学的方法，而需要通过换算截面的计算手段，把钢筋混凝土转换成匀质弹性材料，这样就可以借助材料力学的方法进行计算。

一、基本假定

根据钢筋混凝土受弯构件在施工阶段及正常使用时的主要受力特征，可作如下的假定：

（1）平截面假定。即梁的正截面在弯曲变形时，其截面仍保持平面。

（2）弹性体假定。钢筋混凝土受弯构件在第二工作阶段时，混凝土受压区的应力分布图形是曲线形，但此时曲线并不丰满，与直线形相差不大，可以近似地看作为直线分布，即受压区混凝土的应力与平均应变成正比。

（3）受拉区出现裂缝后，受拉区的混凝土不参加工作，拉应力全部由钢筋承担。

二、截面变换

由上述基本假定作出的钢筋混凝土受弯构件在第二工作阶段的计算图式，如图 5-1 所示。

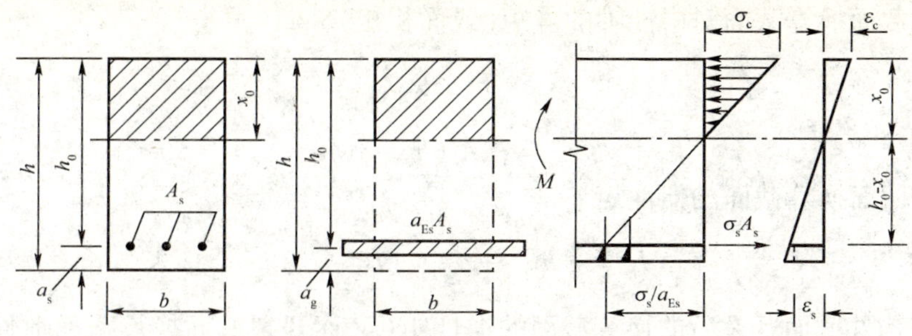

图 5-1　单筋矩形截面应力计算图式

钢筋混凝土受弯构件的正截面是由钢筋和混凝土组成的组合截面,并非均质的弹性材料,不能直接用材料力学公式进行截面计算。如果我们用虚拟的混凝土块等效地代替钢筋,如图5-1,于是两种材料组成的组合截面就变成单一材料(混凝土)的截面,人们称之为“换算截面”。上述等效变换的条件是:

(1)虚拟混凝土块仍居于钢筋的重心处,它们的应变相同,即:$\varepsilon_t=\varepsilon_s$。

(2)虚拟混凝土块与钢筋承担的内力相同,即:$\sigma_s A_s=\sigma_t A_t$。

综上所述,由虎克定律得:

$$\varepsilon_s=\sigma_s/E_s \qquad \varepsilon_t=\sigma_t/E_c$$

根据　$\varepsilon_t=\varepsilon_s$　得:

$$\sigma_s/E_s=\sigma_t/E_c$$

即:

$$\sigma_s=\frac{E_s}{E_c}\sigma_t=\alpha_{ES}\sigma_t \tag{5-1}$$

根据 $\sigma_s A_s=\sigma_t A_t$　得:

$$A_t=\frac{\sigma_s}{\sigma_t}A_s=\alpha_{ES}A_s \tag{5-2}$$

可见,虚拟混凝土块的面积 A_t 为主钢筋截面积 A_s 的 α_{ES} 倍。

以上各式中符号意义:

E_s——普通钢筋的弹性模量;

E_c——混凝土的弹性模量;

α_{ES}——钢筋的弹性模量与混凝土的弹性模量比;

ε_t——等效混凝土块的应变;

ε_s——钢筋的应变;

σ_s、A_s——钢筋的应力及截面面积;

σ_t、A_t——等效混凝土块的应力及面积。

三、开裂截面换算截面的几何特征表达式

1. 单筋矩形截面

(1)开裂截面换算截面面积 A_{cr}

$$A_{cr}=bx_0+\alpha_{ES}A_s \tag{5-3}$$

式中:A_{cr}——构件开裂截面换算截面面积;

b——矩形截面的宽度;

x_0——受压区的高度;

其余符号意义同上。

(2)开裂截面换算截面对中性轴的静矩(或面积矩)S_{cr}

受压区：
$$S_{cra}=\frac{1}{2}bx_0^{\ 2} \tag{5-4}$$

受拉区：
$$S_{crl}=\alpha_{ES}A_s(h_0-x_0) \tag{5-5}$$

(3)开裂截面换算截面的惯性矩 I_{cr}

$$I_{cr}=\frac{1}{3}bx_0^{\ 3}+\alpha_{ES}A_s(h_0-x_0)^2 \tag{5-6}$$

式中：I_{cr}——构件截面开裂后的换算截面的惯性矩(又称开裂截面换算截面惯性矩)。注意：虚拟混凝土块对其自身重心轴的惯性矩极小,通常略去不计。

(4)开裂截面换算截面的抵抗矩 W_{cr}

对混凝土受压边缘：

$$W_{cr}=\frac{I_{cr}}{x_0} \tag{5-7}$$

对受拉钢筋重心处：

$$W_{cr}=\frac{I_{cr}}{h_0-x_0} \tag{5-8}$$

(5)受压区高度 x_0

《材料力学》指出,承受平面弯曲的受弯构件,其截面的中性轴通过它的重心,而任意平面图形对重心的静矩总和等于零。因此,受压区对中性轴的静矩与受拉区对中性轴的静矩之代数和等于零,即：

$$S_{cra}-S_{crl}=0$$

由式(5-4)和式(5-5),即：

$$\frac{1}{2}bx_0^{\ 2}-\alpha_{ES}A_s(h_0-x_0)=0$$

化简后得：

$$bx_0^{\ 2}+2\alpha_{ES}A_sx_0-2\alpha_{ES}A_sh_0=0$$

解得：

$$x_0=\frac{\alpha_{ES}A_s}{b}\left\{\sqrt{1+\frac{2bh_0}{\alpha_{ES}A_s}}-1\right\} \tag{5-9}$$

2. 双筋矩形截面

对于双筋矩形截面,截面变换的方法就是将受拉钢筋的截面 A_s 和受压钢筋截面 A'_s 分别用两个虚拟的混凝土块代替,形成换算截面。它跟单筋矩形截面的不同之处,仅仅是受压区配置有受压钢筋,因此,双筋矩形截面几何特征值的表达式可在单筋矩形截面的基础上,再计入受压区钢筋换算截面 $\alpha_{ES}A'_s$ 就可以了。

《桥规》规定当受压区配有纵向钢筋时,在计算受压区高度 x 和惯性矩 I_{cr} 公式中的受压钢筋的应力应符合 $\alpha_{ES}\sigma^{t}_{cc}\leqslant f'_{sd}$ 的条件：当 $\alpha_{ES}\sigma^{t}_{cc}>f'_{sd}$ 时,则各公式中所含的 $\alpha_{ES}A'_s$ 应以 $\frac{f'_{sd}}{\sigma^{t}_{cc}}A'_s$ 代替。此处,f'_{sd} 为受压钢筋强度设计值,σ^{t}_{cc} 为受压钢筋合力点相应的混凝土压应力,见公式(5-21)。

3. 单筋 T 形截面

单筋 T 形截面的换算截面几何特征,根据受压区高度 x 值的大小不同,可分为两种情况：

(1)如果 $x_0 \leqslant h'_f$(T形截面受压区高度与翼缘厚度),表明中性轴位于翼缘内,此时,单筋T形截面可以按受压区翼缘宽度 b'_f 为宽度、以T形截面高度 h 为高度的单筋矩形截面的有关公式进行计算。

(2)如果 $x_0 > h'_f$,则表明中性轴位于翼缘之外的梁肋内,此时梁肋有一部分在受压区(图5-2)。

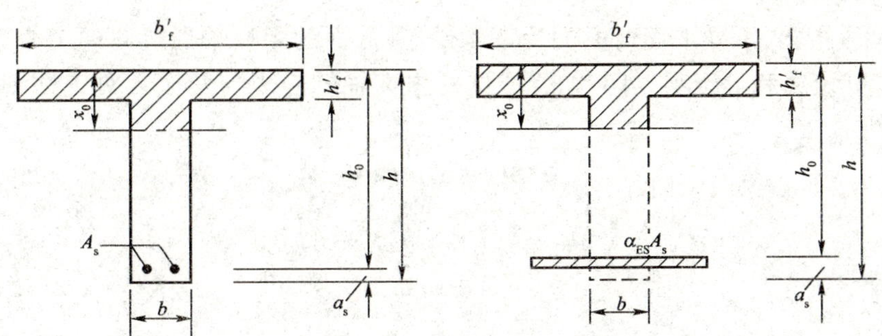

图5-2 单筋T形截面

单筋 T 形开裂截面换算截面的几何特征表达式

(1)开裂截面换算截面面积 A_{cr}

$$A_{cr} = bx_0 + (b'_f - b)h'_f + \alpha_{ES}A_s \tag{5-10}$$

式中:A_{cr}——构件开裂截面换算截面面积;

b'_f——T形截面受压区翼缘计算宽度;

h'_f——T形截面受压区翼缘厚度;

b——T形截面腹板宽度;

其余符号意义同上。

(2)开裂截面换算截面对中性轴的静矩(或面积矩)S_{cr}

受压区:

$$S_{cra} = \frac{1}{2}bx_0{}^2 + (b'_f - b)h'_f(x_0 - \frac{1}{2}h'_f) \tag{5-11}$$

或

$$S_{cra} = \frac{1}{2}b'_f x_0^2 - \frac{1}{2}(b'_f - b)(x_0 - h'_f)^2$$

受拉区:

$$S_{crl} = \alpha_{ES}A_s(h_0 - x_0) \tag{5-12}$$

(3)开裂截面换算截面的惯性矩 I_{cr}

$$I_{cr} = \frac{1}{3}b'_f x_0^3 - \frac{1}{3}(b'_f - b)(x_0 - h'_f)^3 + \alpha_{ES}A_s(h_0 - x_0)^2 \tag{5-13}$$

式中:I_{cr}——构件截面开裂后的换算截面的惯性矩(又称开裂截面换算截面惯性矩)。

注意:①虚拟混凝土块对其自身重心轴的惯性矩极小,通常略去不计。

②当受拉区配置有多层钢筋时,在计算开裂换算截面惯性矩的公式中所含 $\alpha_{ES}A_s(h_0 - x_0)^2$ 项,应用 $\alpha_{ES}\sum_{i=1}^{n}A_{si}(h_{0i} - x_0)^2$ 代替,此处 n 为受拉钢筋层数,A_{si} 为第 I 层全部钢筋的截面面积,h_{0i} 为第 I 层钢筋 A_{si} 重心至受压区边缘的距离。

(4)开裂截面换算截面的抵抗矩 W_{cr}

对混凝土受压边缘:

$$W_{cr}=\frac{I_{cr}}{x_0} \tag{5-14}$$

对受拉钢筋重心处：

$$W_{cr}=\frac{I_{cr}}{h_0-x_0} \tag{5-15}$$

(5)受压区高度 x

《材料力学》指出，承受平面弯曲的受弯构件，其截面的中性轴通过它的重心，而任意平面图形对重心的静矩总和等于零。因此，受压区对中性轴的静矩与受拉区对中性轴的静矩之代数和等于零，即：

$$S_{cra}-S_{crl}=0$$

$$\frac{1}{2}b'_f x_0^2-\frac{1}{2}(b'_f-b)(x_0-h'_f)^2=\alpha_{ES}A_s(h_0-x_0) \tag{5-16}$$

化简后得：

$$x_0^2+2Ax_0-B=0$$

其中：

$$A=\frac{\alpha_{ES}A_s+h'_f(b'_f-b)}{b}$$

$$B=\frac{h'^2_f(b'_f-b)+2\alpha_{ES}A_s h_0}{b}$$

解得：

$$x_0=\sqrt{A^2+B}-A \tag{5-17}$$

或通过公式：$x_0=\frac{S_{cra}}{A_{cr}}$，求得受压区高度。($S_{cra}$——换算截面对混凝土受压区上边缘的静矩)。

在钢筋混凝土受弯构件的使用阶段和施工阶段的计算中，有时会遇到全截面换算截面的概念，即《桥规》中提到的换算截面。

换算截面是混凝土全截面面积和钢筋的换算面积所组成的截面。对于图5-1所示的矩形截面，换算截面的几何特性计算式如下：

换算截面面积 A_0：

$$A_0=bh+(\alpha_{ES}-1)A_s \tag{5-18}$$

受压区高度 x_0：

$$x_0=\frac{\frac{1}{2}bh^2+(\alpha_{ES}-1)A_s h_0}{A_0} \tag{5-19}$$

换算截面对中性轴的惯性矩 I_0：

$$I_0=\frac{1}{12}bh^3+bh\left(\frac{1}{2}h-x_0\right)^2+(\alpha_{ES}-1)A_s(h_0-x_0)^2 \tag{5-20}$$

§5-2　受弯构件在施工阶段的应力计算

知识点：

◎ 正截面应力计算；

◎ 钢筋混凝土梁的最大剪应力计算；

◎ 钢筋混凝土梁的主应力计算。

对于钢筋混凝土梁在施工阶段，特别是梁在运输、安装过程中，梁的支承条件、受力图式都会发生变化。例如，图5-3b）所示简支梁的吊装，吊点的位置并不在梁设计的支座截面，当吊点位置 a 较大时，将会在吊点截面处引起较大的负弯矩。又如图5-3c）所示，采用"钓鱼法"架设简支梁，在安装施工中，其受力简图不再是简支体系。因此，应该根据受弯构件在施工中的实际受力体系进行应力计算。

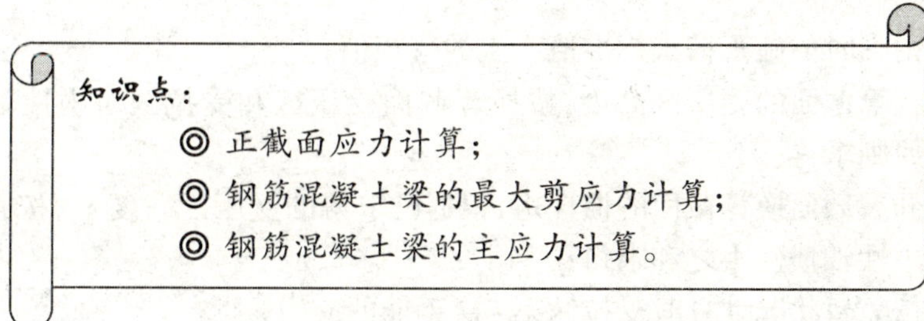

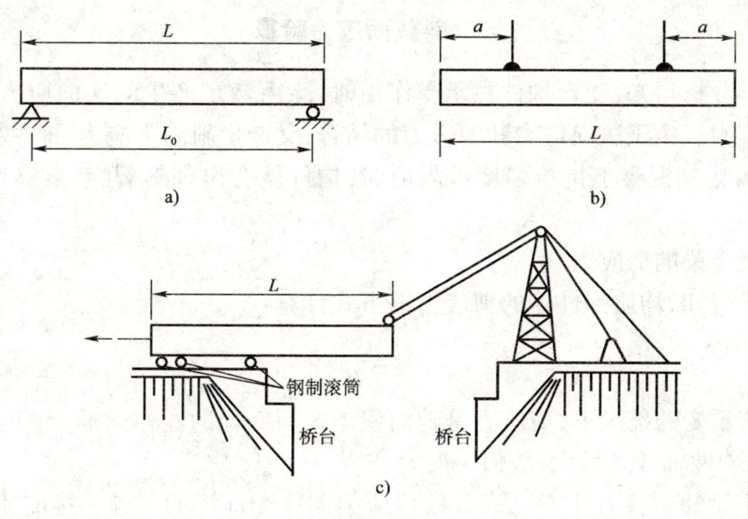

图5-3　构件吊装

钢筋混凝土受弯构件，在施工阶段，可以利用前述方法把构件正截面换算成换算截面，这样就变成了《材料力学》所研究的匀质弹性材料，即可用《材料力学》的方法进行计算。

《桥规》(JTG D62—2004)规定构件在吊装、运输时，构件重力应乘以动力系数1.2或0.85，并可视构件具体情况作适当增减。

一、正截面应力计算

《桥规》(JTG D62—2004)规定钢筋混凝土受弯构件按短暂状况设计，正截面应力按下列公式计算，并应符合下列规定：

1. 受压区混凝土边缘的压应力

$$\sigma_{cc}^{t}=\frac{M_{k}^{t}x_{0}}{I_{cr}}\leqslant 0.80f'_{ck} \tag{5-21}$$

2. 受拉钢筋的应力

$$\sigma_{si}^{t}=\alpha_{ES}\frac{M_{k}^{t}(h_{0i}-x_{0})}{I_{cr}}\leqslant 0.75f_{sk} \tag{5-22}$$

式中：M_{k}^{t}——由临时的施工荷载标准值产生的弯矩值；

x_0——换算截面的受压区高度，按换算截面受压区和受拉区对中性轴面积矩相等的原则求得；

I_{cr}——开裂截面换算截面的惯性矩，根据已求得的受压区高度 x_0，按开裂换算截面对中性轴惯性矩之和求得；

σ_{si}^{t}——按短暂状况计算时受拉区第 i 层钢筋的应力；

h_{0i}——受压区边缘至受拉区第 i 层钢筋截面重心的距离；

f'_{ck}——施工阶段相应于混凝土立方体抗压强度 $f_{cu,k}$ 的混凝土轴心抗压强度标准值，按表 1-1 以直线内插取用；

f_{sk}——普通钢筋抗拉强度标准值，按表 1-4 采用。

对于多层焊接骨架配筋的构件，应验算最外排钢筋的应力

二、斜截面应力验算

从材料力学分析得知，受弯构件在承受作用时，除由弯矩产生的法向应力外，同时还伴随着剪力产生剪应力。由于法向应力和剪应力的结合，又产生斜向主应力，即主拉应力和主压应力。当主拉应力达到混凝土抗拉强度极限值时，构件就会出现斜裂缝，最终导致梁的斜截面破坏。

1. 钢筋混凝土梁的剪应力

由材料力学得知，均质弹性体的剪应力按下式计算：

$$\tau=\frac{VS}{Ib} \tag{5-23}$$

在梁宽 b 值不变的情况下，剪应力是随面积矩 S 而变化的。在梁的上、下边缘处 $S=0$，故剪应力 $\tau=0$；在中性轴处 S 最大，故值 τ 最大。

钢筋混凝土梁的剪应力计算以第 II 阶段应力图作为计算的基础。按前述换算截面原理，只要将公式(5-23)中的惯性矩 I 和面积矩 S 改为开裂的换算截面惯性矩 I_{cr} 和截面面积矩 S_0，即可用于计算钢筋混凝土梁的剪应力：

$$\tau=\frac{VS_0}{I_{cr}b} \tag{5-24}$$

式中：V——作用(荷载)标准值产生的剪力；

I_{cr}——换算截面惯性矩；

S_0——所求应力的水平纤维以上(或以下)部分换算面积对换算截面重心轴的面积矩；

b——所求应力的水平纤维处的截面宽度。

按公式(5-24)计算的钢筋混凝土矩形梁的剪应力沿截面高度方向的变化情况示于图(5-4a)。

在受压区 S_0 仅随梁高而变，在受压边缘处，$S_0=0$，$\tau=0$；在中性轴处 S_0 最大，故 τ 值也最大。中间值按二次抛物线规律变化。在受拉区不考虑混凝土的抗拉作用，任何一层纤维处的面积矩为一常数，其值为 $\alpha_{ES}A_s(h_0-x_0)$，所以图中 (h_0-x_0) 高度范围内，τ 值不变。

钢筋混凝土 T 形截面梁剪应力沿截面高度方向的分布情况示于[图 5-4b)、c)]。

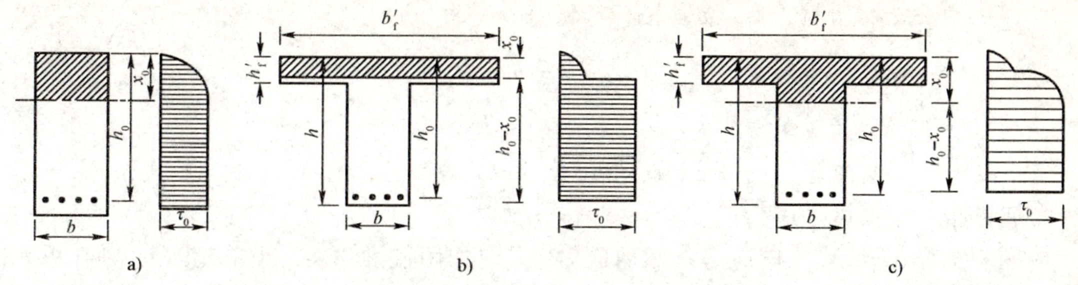

图 5-4 钢筋混凝土梁的剪力图

从图 5-4 可以看出，钢筋混凝土梁在中性轴处剪应力最大，一般记为 τ_0，并在整个受拉区保持这一最大值。

为简化计算，钢筋混凝土梁的最大剪应力 τ_0 常采用简便公式计算。

知识链接

等高度的钢筋混凝土梁由弯矩引起的法向应力和剪力引起的剪应力分布情况如图 5-5 所示。

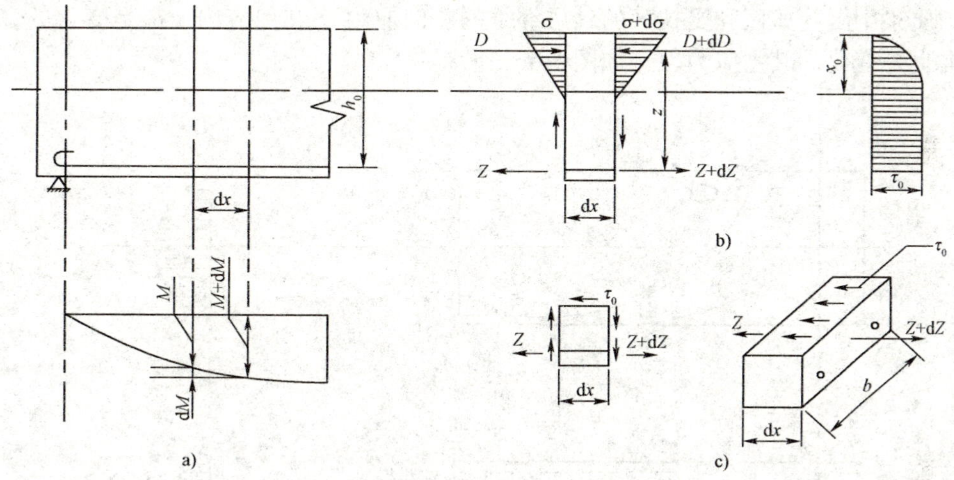

图 5-5 钢筋混凝土梁段和分离体的受力情况

沿梁长方向取微分段 dx 来分析，在中性轴以下任一截取一部分，其上必将产生水平剪应力 τ_0，以平衡两端钢筋拉力之差，由平衡条件得：

$$\tau_0 b\mathrm{d}x = \mathrm{d}Z$$

$$\tau_0 = \frac{\mathrm{d}Z}{b\mathrm{d}x} \tag{5-25}$$

而 $M = Z \cdot z$，其中 z 为内力臂。在微分段长度 dx 内，可视 z 不变，所以：

$$\mathrm{d}M = z\mathrm{d}Z$$

$$\mathrm{d}Z = \mathrm{d}M/z \tag{5-26}$$

将公式(5-26)代入(5-25)，并取$\frac{\mathrm{d}M}{\mathrm{d}x} = V$，可得：

$$\tau_0 = \frac{V}{bz} \tag{5-27}$$

式中,z为内力臂,可近似地取下列数值:

单筋矩形梁 $z=\frac{7}{8}h_0$

双筋矩形梁 $z=0.9h_0$

T 形梁 $z=0.92h_0$ 或 $z=h_0-h'_f/2$

2. 钢筋混凝土梁的主应力

从材料力学得知,当法向应力σ和剪应力τ同时作用在梁内某一小单元体上,则在单元体的某一方向上将出现主拉应力,在与主拉应力方向垂直的方向上将出现主压应力,其大小和方向为:

主压应力 $\sigma_{cp}=\frac{\sigma}{2}-\sqrt{\frac{\sigma^2}{4}+\tau^2}$

主拉应力 $\sigma_{tp}=\frac{\sigma}{2}+\sqrt{\frac{\sigma^2}{4}+\tau^2}$

主拉应力方向 $\tan 2\alpha=-\frac{2\tau}{\sigma}$

式中σ值以拉应力为正,压应力为负。

在匀质梁中因受压区和受拉区的各层纤维的法向应力σ和剪应力τ都是变化的,故其主应力方向也是变化。其主应力轨迹如图 5-6a)所示。

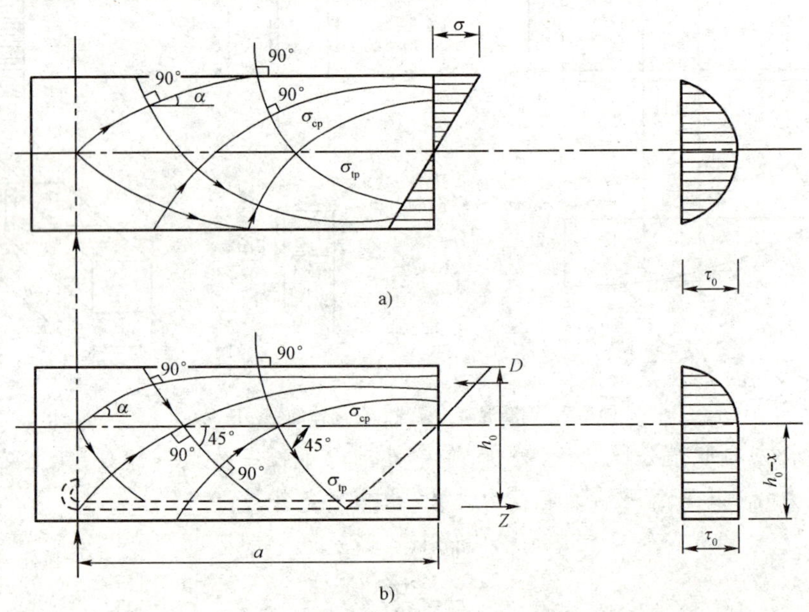

图 5-6 主应力轨迹图

a)匀质梁;b)钢筋混凝土梁

对处于第 II 应力阶段(带裂缝工作)的钢筋混凝土梁,其主应力与轨迹线有如下特点[图 5-6b)]。

(1)在受压区内法向应力σ和剪应力τ的分布,均与匀质梁相同,故主应力轨迹线的变化规律与匀质梁相同。

(2)在中性轴处，由于 $\sigma=0, \tau=\tau_0$，代入公式可得 $\sigma_{tp}=\sigma_{cp}=\tau_0$，主平面方向为 $\tan 2\alpha=\infty$，$\alpha=45°$。主拉应力与梁轴线成45°的交角。

(3)在受拉区，由于不考虑混凝土的抗拉作用，$\sigma=0, \tau=\tau_0$，数值不变，所以，$\sigma_{tp}=\sigma_{cp}=\tau_0$ 主应力轨迹呈直线，主拉应力与梁轴线呈45°的交角，均不变。

由此得出一个重要的结论：在钢筋混凝土梁中性轴处及整个受拉区主拉应力达到最大值，主拉应力在数值上等于主压应力，且等于最大剪应力，其方向与梁轴线呈45°交角。即：

$$\sigma_{tp}=\sigma_{cp}=\tau_0=\frac{V}{bz} \tag{5-28}$$

由于主拉应力与主压应力及最大剪应力在数值上相等，且混凝土的抗拉强度最低，所以，在钢筋混凝土结构中只验算主拉应力，不必验算主压应力和剪应力。

这样，钢筋混凝土受弯构件按短暂状况设计斜截面应力验算，就是计算中性轴处的主拉应力并应符合下列规定：

$$\sigma_{tp}^{t}=\frac{V_k^t}{bz_0}\leqslant f'_{tk} \tag{5-29}$$

式中：V_k^t——由施工荷载标准值产生的剪力值；

b——矩形截面宽度、T形、工形截面的腹板宽度；

z_0——受压区合力点至受拉钢筋合力点的距离，按受压区应力图形为三角形计算确定；

f'_{tk}——施工阶段的混凝土轴心抗拉强度标准值。

对于某些需要按短暂状况计算荷载或其他需按弹性分析允许应力法进行抗剪配筋设计的情况，应按下列方法处理。

钢筋混凝土受弯构件中性轴处的主拉应力，若符合下列条件：

$$\sigma_{tp}^{t}\leqslant 0.25f'_{tk} \tag{5-30}$$

该区段的主拉应力全部由混凝土承受，此时抗剪钢筋按构造要求配置。

中性轴处的主拉应力不符合公式(5-30)的区段，则主拉应力全部由箍筋和弯起钢筋承受。箍筋、弯起钢筋可按剪应力图配置(图5-7)，并按下列公式计算：

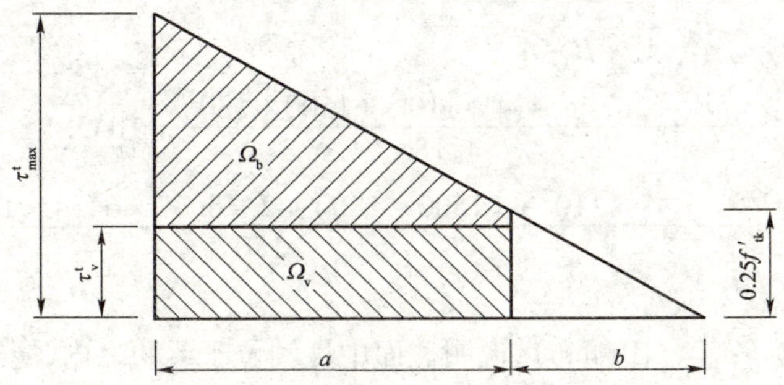

图5-7 钢筋混凝土受弯构件剪应力沿梁长方向分布图

(1)箍筋

$$\tau_v^t\geqslant\frac{na_{sv}[\sigma_{sv}^t]}{bS_v} \tag{5-31}$$

(2)弯起钢筋

$$A_{sb} \geqslant \frac{b\Omega_b}{[\sigma_{sb}^t]\sin\theta_s} \tag{5-32}$$

式中：τ_v^t——由箍筋承担的主拉应力（剪应力）值；

n——同一截面内箍筋的肢数；

$[\sigma_{sv}^t]$——按短暂状况设计时，箍筋钢筋应力限值，取$[\sigma_{sv}^t]=0.75f_{sk,v}$；

a_{sv}——一肢箍筋的截面面积；

S_v——箍筋的间距；

b——矩形截面宽度，T形和工形截面的腹板宽度；

A_{sb}——弯起钢筋的总截面面积；

$[\sigma_{sb}^t]$——按短暂状况设计时，弯起钢筋应力限值，取$[\sigma_{sb}^t]=0.75f_{sk,b}$；

Ω_b——相应于由弯起钢筋承受的剪应力图的面积；

θ_s——弯起钢筋与构件轴线的夹角。

例 5-1 某装配式钢筋混凝土简支 T 梁，其计算跨径 $L=19.5\text{m}$，截面尺寸见图（5-8），采用 C30 号混凝土（$f_{tk}=2.01\text{MPa}$，$f'_{ck}=20.1\text{MPa}$）、主筋采用 HRB400 钢筋（8 Φ 32，$A_s=6434\text{mm}^2$，$f_{sk}=400\text{MPa}$），焊接钢筋骨架。由恒载标准值产生的弯矩值 $M_k^t=766\text{kN·m}$，试进行正截面应力验算。

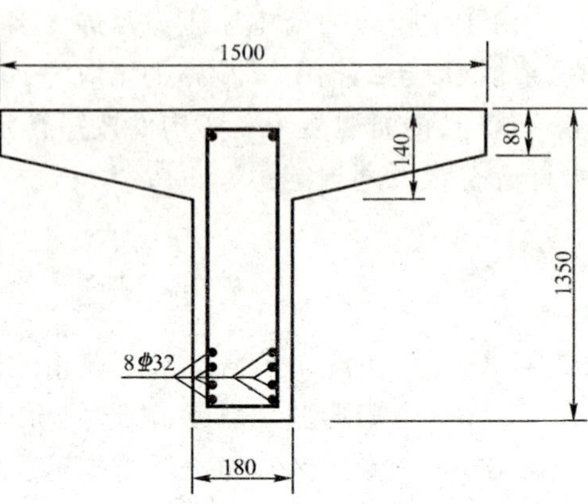

图 5-8 T 梁截面（尺寸单位：mm）

解：C30 混凝土的弹性模量 $E_c=3\times10^4$（MPa）；HRB400 钢筋的弹性模量 $E_s=2\times10^5$（MPa）

$\alpha_{ES}=E_s/E_c=6.67$；翼缘平均厚度

$h'_f=(140+80)/2=110(\text{mm})$；截面的有效高度：

$h_0=1350-(30+2\times35.8)=1248.4(\text{mm})$

$h_{01}=1350-(30+35.8/2)=1302.1(\text{mm})$

1）确定受压区高度

由公式（5-17）得：$x_0=\sqrt{A^2+B}-A$

$$A=\frac{\alpha_{ES}A_s+h'_f(b'_f-b)}{b}=\frac{6.67\times6434+110\times(1500-180)}{180}=1045.1$$

$$B=\frac{h'^2_f(b'_f-b)+2\alpha_{ES}A_sh_0}{b}=\frac{110^2\times(1500-180)+2\times6.67\times6434\times1248.4}{180}=684009.02$$

则 $x_0=288(\text{mm})$

则 $x_0=288(\text{mm})>h'_f=110(\text{mm})$，说明截面中性轴位于梁肋之内，属第二类 T 形截面。

2）求开裂截面换算截面的惯性矩

$$I_{cr}=\frac{1}{3}b'_fx_0^3-\frac{1}{3}(b'_f-b)(x_0-h'_f)^3+\alpha_{ES}A_s(h_0-x_0)^2$$

$$=\frac{1}{3}\times1500\times288^3-\frac{1}{3}\times(1500-180)\times(288-110)^3+6.67\times6434\times(1248.4-288)^2$$

$$=490.5\times10^8(\text{mm})^4$$

3)正截面应力验算

受压区混凝土边缘的压应力

$$\sigma_{cc}^{t}=\frac{M_{k}^{t}x_{0}}{I_{cr}}=\frac{766\times10^{6}\times288}{490.5\times10^{8}}=4.5(\text{MPa})\leqslant0.80f'_{ck}=0.8\times20.1=16.08(\text{MPa})$$

最外一层受拉钢筋应力

$$\sigma_{si}^{t}=\alpha_{ES}\frac{M_{k}^{t}(h_{0i}-x_{0})}{I_{cr}}=6.67\times\frac{766\times10^{6}\times(1302.1-288)}{490.5\times10^{8}}=105.6(\text{MPa})$$

$$\leqslant0.75f_{sk}=0.75\times400=300(\text{MPa})$$

因此,构件满足要求。

思考题

1. 受弯构件在施工阶段的计算是以哪个受力阶段为计算图式的?
2. 受弯构件在施工阶段进行计算有哪些假定?
3. 什么是换算截面?
4. 截面变换的条件是什么?书中公式(5-1)说明了什么?
5. 推出双筋矩形截面换算截面的面积A_{cr}、惯性矩I_{cr}的计算式。
6. 受弯构件在施工阶段应力计算的原理是什么?
7. 写出受弯构件在施工阶段正截面应力的计算公式,并说明各字母的含义。
8. 画图说明钢筋混凝土梁剪应力的变化规律。
9. 为什么在钢筋混凝土梁中性轴处及整个受拉区主拉应力等于最大剪应力?

习题

10. 某装配式钢筋混凝土实体板桥,每块板宽$b=1000$ mm,板厚$h=300$ mm,采用C25混凝土,HRB335级钢筋,配筋8ϕ16($A_s=1609$ mm^2)受拉钢筋,$a_s=33$mm,承受计算弯矩$M_k^t=90$ kN·m,试验算正截面应力。

单元六　钢筋混凝土受弯构件变形和裂缝宽度计算

按照正常使用极限状态的要求，除了对钢筋混凝土构件在必要的情况下进行施工阶段的应力验算外，还需要对构件进行挠度和裂缝宽度进行验算，从而满足结构构件的适用性和耐久性。

《桥规》(JTG D62—2004) 规定：钢筋混凝土构件，在正常使用极限状态下的裂缝宽度，应按作用（或荷载）短期效应组合并考虑长期效应影响进行验算；钢筋混凝土受弯构件，在正常使用极限状态下的挠度，可根据给定的构件刚度用结构力学的方法计算。

§6-1　受弯构件的变形计算

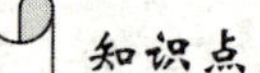

◎ 变形（挠度）计算公式及应用；
◎ 挠度限值；
◎ 预拱度的设置。

承受作用的受弯构件，如果变形过大，将会影响结构的正常使用。例如，桥梁上部结构的挠度过大，梁端的转角亦大，车辆通过时，不仅要发生冲击，而且要破坏伸缩装置处的桥面，影响结构的耐久性；桥面铺装的过大变形将会引起车辆的颠簸和冲击，起着对桥梁结构不利的加载作用，所以在设计这些构件时，必须根据不同要求，把它们的弯曲变形控制在规范规定容许值以内。这就是所谓的刚度问题。

一、受弯构件在使用阶段按短期效应组合的挠度计算

一般地说，满足梁的承载力要求，应是问题的主要方面，但对构件的刚度问题也不能忽视。特别是当使用要求对变形限制较严格或构件截面过于单薄时，刚度要求可能在梁的设计中起控制作用。

1. 结构力学中的挠度计算公式

对于普通的匀质弹性梁在承受不同作用时的变形（挠度）计算，可用《结构力学》中的相应的公式求解。例如：在均布荷载作用下，简支梁的最大挠度为

$$f=\frac{5ML^2}{48EI}\text{或}f=\frac{5qL^4}{384EI} \tag{6-1}$$

当集中荷载作用在简支梁跨中时，梁的最大挠度为

$$f=\frac{1ML^2}{12EI}\text{或}f=\frac{PL^3}{48EI} \tag{6-2}$$

由这些公式可以看出，不论作用的形式和大小如何，梁的挠度 f 总是与 EI 值成反比。EI 值愈大，挠度 f 就愈小；反之，挠度 f 就加大。EI 值反映了梁的抵抗弯曲变形的能力，故 EI 又称为受弯构件的抗弯刚度。

2. 钢筋混凝土受弯构件的挠度计算公式

钢筋混凝土受弯构件在承受作用时的变形（挠度）计算，可按上述公式（6-1）、（6-2）进行。但是在应用时，还需要认真考虑和正确反映钢筋混凝土材料的特殊本质，即钢筋混凝土是由两种不同性质的材料所组成。混凝土是一种非匀质的弹塑性体，受力后除弹性变形外，还会产生塑性变形。钢筋混凝土受弯构件在承受作用时会产生裂缝，其受拉区成为非连续体，这就决定了钢筋混凝土受弯构件的变形（挠度）计算中涉及的抗弯刚度不能直接采用匀质弹性梁的抗弯刚度 EI，钢筋混凝土受弯构件的抗弯刚度通常用 B 表示。即用 B 取代公式（6-1）和（6-2）中的 EI。即：

$$f_s = \frac{5qL^4}{384B} \text{和} f_s = \frac{PL^3}{48B}$$

《桥规》（JTG D62—2004）规定：对于钢筋混凝土受弯构件的刚度按下式计算：

$$B = \frac{B_0}{\left(\frac{M_{cr}}{M_s}\right)^2 + \left(1 - \left(\frac{M_{cr}}{M_s}\right)^2\right)\frac{B_0}{B_{cr}}} \tag{6-3}$$

$$M_{cr} = \gamma \cdot f_{tk} W_0 \tag{6-4}$$

$$\gamma = \frac{2S_0}{W_0} \tag{6-5}$$

式中：B——开裂构件等效截面的抗弯刚度；

B_0——全截面的抗弯刚度，$B_0 = 0.95E_cI_0$；

B_{cr}——开裂截面的抗弯刚度，$B_{cr} = E_cI_{cr}$；

M_s——按作用（或荷载）短期效应组合计算的弯矩值；

M_{cr}——开裂弯矩；

γ——构件受拉区混凝土塑性影响系数；

S_0——全截面换算截面重心轴以上（或以下）部分面积对重心轴的面积矩；

W_0——换算截面抗裂边缘的弹性抵抗矩；

I_0——全截面换算截面惯性矩；

I_{cr}——开裂截面换算截面惯性矩；

f_{tk}——混凝土轴心抗拉强度标准值。

二、受弯构件在使用阶段的长期挠度 f_l

按《桥规》（JTG D62—2004）规定，钢筋混凝土受弯构件的挠度要考虑作用长期效应的影响，即随着时间的增长，构件的刚度要降低，挠度要增大。这是因为：

（1）受压区的混凝土要发生徐变。

（2）受拉区裂缝间混凝土与钢筋之间的黏结逐渐退出工作，钢筋平均应变增大。

（3）受压区与受拉区混凝土收缩不一致，构件曲率增大。

（4）混凝土的弹性模量降低。

因此，《桥规》规定按作用短期效应组合和按公式（6-3）规定的刚度计算的挠度值，要乘以

挠度长期增长系数 η_θ;挠度增长系数可按下列规定取用:

当采用 C40 以下混凝土时,$\eta_\theta = 1.60$;当采用 C40 ~ C80 混凝土时,$\eta_\theta = 1.45 \sim 1.35$,中间强度等级可按直线内插取用。受弯构件在使用阶段的长期挠度为:

$$f_l = \eta_\theta f_s$$

式中:f_s——按作用短期效应组合计算的挠度值。

三、挠度限值及预拱度

1. 限值

钢筋混凝土受弯构件按上述计算的长期挠度值,在消除结构自重产生的长期挠度后,梁式桥主梁的最大挠度处不应超过计算跨径的 1/600;梁式桥主梁的悬臂端不应超过悬臂长度的 1/300,即:

$$\eta_\theta(f_s - f_G) \leqslant L/600 \text{ 或 } L/300 \tag{6-6}$$

式中:f_G——结构自重产生的挠度;

L——结构的计算跨径。

2. 预拱度

在承受作用时,受弯构件的变形(挠度)系由两部分组成:一部分是由永久作用产生的挠度,另一部分是由基本可变作用所产生的。永久作用产生的挠度,可以认为是在长期荷载作用下所引起的构件变形,它可以通过在施工时设置预拱度的办法来消除;而基本可变作用产生的挠度,则需要通过验算来分析是否符合要求。

钢筋混凝土受弯构件的预拱度可按下列规定设置:

(1)当由作用短期效应组合并考虑作用长期效应影响产生的长期挠度不超过计算跨径的 1/1600 时,可不设预拱度;

(2)当不符合上述规定时应设预拱度,且其值应按结构自重和 1/2 可变作用频遇值计算的长期挠度值之和采用。

汽车荷载频遇值为汽车荷载标准值的 0.7 倍,人群荷载频遇值为其标准值。

例 6-1 某装配式钢筋混凝土简支 T 梁,其计算跨径 $L = 19.5\text{m}$,截面尺寸见图 6-1,采用 C30 号混凝土($f_{tk} = 2.01\text{MPa}$)、主筋采用 HRB400 钢筋(8 ϕ32,$A_s = 6434\text{mm}^2$),焊接钢筋骨架。恒载弯矩标准值 $M_{GK} = 766\text{kN·m}$,汽车荷载弯矩标准值 $M_{Q1K} = 660.8\text{kN·m}$[其中包括冲击系数 $(1+\mu) = 1.19$],人群荷载弯矩标准值 $M_{Q2K} = 85.5\text{kN·m}$,试计算此 T 梁的跨中挠度。

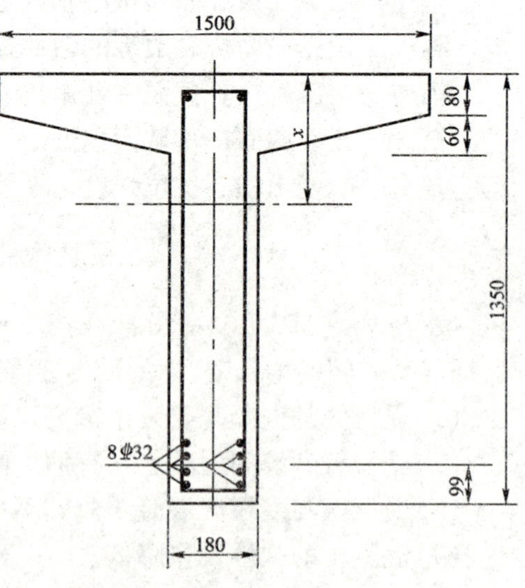

图 6-1 T 梁截面(尺寸单位:mm)

解:1)计算截面的几何特性

详见[例 5-1]开裂截面换算截面的惯性矩为 $I_{cr} = 490.5 \times 10^8 (\text{mm})^4$

全截面的换算截面面积 A_0:

$$A_0 = bh + (b'_f - b)h'_f + (\alpha_{ES} - 1)A_s = 180 \times 1350 + (1500 - 180) \times 110 + (6.67 - 1) \times 6434 = 424680.8(\text{mm})^2$$

全截面对上边缘的静矩 S_{0a}：

$$S_{0a} = \frac{1}{2}bh^2 + \frac{1}{2}(b'_f - b)h'^2_f + (\alpha_{ES} - 1)A_s h_0$$

$$= \frac{1}{2} \times 180 \times 1350^2 + \frac{1}{2} \times (1500 - 180) \times 110^2 + (6.67 - 1) \times 6434 \times 1251$$

$$= 217648455.8(\text{mm})^3$$

换算截面重心至受压边缘的距离 $y'_0 = \frac{S_{0a}}{A_0} = 512(\text{mm})$，至受拉边缘的距离 $y_0 = 1350 - 512 = 838(\text{mm})$；中性轴在梁肋内。

全截面换算截面重心轴以上部分面积对重心轴的面积矩：

$$S_0 = \frac{1}{2}by'^2_0 + (b'_f - b)h'_f(y'_0 - \frac{1}{2}h'_f)$$

$$= \frac{1}{2} \times 180 \times 512^2 + (1500 - 180) \times 110 \times (512 - \frac{1}{2} \times 110) = 89949360(\text{mm})^3$$

全截面换算截面的惯性矩 I_0：

$$I_0 = \frac{1}{3}b'_f y'^3_0 - \frac{1}{3}(b'_f - b)(y'_0 - h'_f)^3 + \frac{1}{3}b(h_0 - y'_0)^3 + (\alpha_{ES} - 1)A_s(h_0 - y'_0)^2$$

$$= \frac{1}{3} \times 1500 \times 512^3 - \frac{1}{3}(1500 - 180) \times (512 - 110)^3 + \frac{1}{3} \times 180 \times (1350 - 512)^3 + (6.67 - 1) \times 6434 \times (1248.4 - 512)^2$$

$$= 936.2 \times 10^8(\text{mm})^4$$

对受拉边缘的弹性抵抗矩 W_0：

$$W_0 = I_0 / y_0 = 936.2 \times 10^8 / 838 = 11.17 \times 10^7(\text{mm})^3$$

2）计算构件的刚度 B

作用短期效应组合：$M_s = M_{GK} + 0.7M_{Q1K}/(1 + \mu) + M_{Q2K} = 766 + 0.7 \times 660.8/1.19 + 85.5 = 1240.2(\text{kN·m})$

全截面的抗弯刚度：$B_0 = 0.95E_c I_0 = 0.95 \times 3 \times 10^4 \times 936.2 \times 10^8 = 2668.17 \times 10^{12}(\text{N·mm}^2)$

开裂截面的抗弯刚度：$B_{cr} = E_c I_{cr} = 3 \times 10^4 \times 490.5 \times 10^8 = 1471.5 \times 10^{12}(\text{N·mm}^2)$

构件受拉区混凝土塑性影响系数：$\gamma = \frac{2S_0}{W_0} = \frac{2 \times 89949360}{11.17 \times 10^7} = 1.61$

开裂弯矩：$M_{cr} = \gamma \cdot f_{tk} W_0 = 1.61 \times 2.01 \times 11.17 \times 10^7 = 36.16 \times 10^7(\text{N·mm}) = 361.6(\text{kN·m})$

将以上数据代入公式(6-3)得：

$$B = \frac{B_0}{\left(\frac{M_{cr}}{M_s}\right)^2 + \left(1 - \left(\frac{M_{cr}}{M_s}\right)^2\right)\frac{B_0}{B_{cr}}}$$

$$= \frac{2668.17 \times 10^{12}}{\left(\frac{361.6}{1240.2}\right)^2 + \left[1 - \left(\frac{361.6}{1240.2}\right)^2\right] \times \frac{2668.17 \times 10^{12}}{1471.5 \times 10^{12}}}$$

$$=1529.8\times10^{12}(\text{N}\cdot\text{mm}^2)$$

3)作用短期效应作用下跨中截面挠度为：

$$f_s=\frac{5M_sL^2}{48B}=\frac{5\times1240.2\times10^6\times19500^2}{48\times1529.8\times10^{12}}=32.1(\text{mm})$$

长期挠度为：$f_l=\eta_\theta f_s=1.6\times32.1=51.4(\text{mm})>L/1600=19500/1600=12.2(\text{mm})$

应设置预拱度，按结构自重和1/2可变作用频遇值计算的长期挠度值之和采用。

$$f'_p=\eta_\theta\times\frac{5}{48}\times\frac{\{M_{GK}+0.5\times[0.7M_{Q1K}/(1+\mu)+M_{Q2K}]\}}{B}\times L^2$$

$$=1.6\times\frac{5}{48}\times\frac{[766+0.5\times(0.7\times660.8/1.19+85.5)]}{1529.8\times10^{12}}\times10^6\times19500^2$$

$$=41.6(\text{mm})$$

消除自重影响后的长期挠度为：

$$f_{LQ}=\eta_\theta\times\frac{5}{48}\times\frac{M_s-M_{GK}}{B}\times L^2$$

$$=1.6\times\frac{5}{48}\times\frac{(1240.2-766)\times10^6}{1529.8\times10^{12}}\times19500^2$$

$$=19.6(\text{mm})<L/600=19500/600=32.5(\text{mm})$$

计算挠度满足规范要求。

§6-2 受弯构件裂缝宽度计算

知识点：

◎ 裂缝类型；

◎ 影响裂缝宽度的因素；

◎ 钢筋混凝土受弯构件裂缝宽度的计算。

混凝土的抗拉强度很低，在不大的拉应力作用下就可能出现裂缝。如果桥梁构件出现过大的裂缝，不但会引起人们心理上的不安全感，而且也会导致钢筋锈蚀，有可能带来重大的工程事故。

一、裂缝的类型

钢筋混凝土结构的裂缝按其产生的原因可分为以下几类：

1. 由作用效应（如弯矩、剪力、扭矩及拉力等）引起的裂缝

这类裂缝是由于构件下缘拉应力早已超过混凝土抗拉强度而使受拉区混凝土产生的垂直裂缝。例如C25混凝土，其轴心抗拉标准值$f_{tk}=1.78\text{MPa}$，采用HRB335钢筋，则弹性模量比等于7.14。在使用中，当构件下缘混凝土应力达到1.78MPa截面即将开裂时，与混凝土黏结在一起的钢筋应力仅为12.7MPa，可见，当受拉钢筋应力达到其设计应力时，构件下缘混凝土早已开裂。所以，通常按承载能力极限状态设计的钢筋混凝土构件，在使用阶段总是有裂

缝的。

2. 由外加变形或约束变形引起的裂缝

外加变形或约束变形一般有地基的不均匀沉降、混凝土的收缩及温度差等。约束变形越大,裂缝宽度也越大。例如在钢筋混凝土薄腹T梁的腹板表面上出现中间宽两端窄的竖向裂缝,这是混凝土结硬时,腹板混凝土受到四周混凝土及钢筋骨架的约束而引起的裂缝。

施工不当也会造成裂缝,如拆模时间不当、养护不周等。

3. 钢筋锈蚀裂缝

由于保护层混凝土碳化或冬季施工中掺氯盐(是一种混凝土促凝、早强剂)过多导致钢筋锈蚀,锈蚀产物的体积比钢筋被侵蚀的体积大2~3倍,这种体积膨胀使外围混凝土产生相当大的拉应力,引起混凝土的开裂,甚至使混凝土保护层剥落。

上述第一种裂缝总是要产生的,习惯上称之为正常裂缝;而后两种就称为非正常裂缝。过多裂缝或过大的裂缝宽度会影响结构的外观,造成使用者的不安。同时,某些裂缝的发生或发展,将会影响结构的使用寿命。为了保证钢筋混凝土构件的耐久性,必须在设计、施工等方面控制裂缝的宽度。对于非正常裂缝,只要在设计与施工中采取相应的措施,如在施工中保证混凝土的密实性,在设计上采用必要的保护层厚度,大部分是可以限制并被克服的,而正常裂缝则需要进行裂缝宽度的验算。

二、裂缝宽度的计算

1. 概述

目前,国内外有关裂缝宽度的计算公式很多,尽管各种公式所考虑的参数不同,但就其研究的方法来说,可将其分为两类:第一类是以黏结—滑移理论为基础的半理论半经验的计算方法,按照这种理论,裂缝的间距取决于钢筋与混凝土间黏结应力的分布,裂缝的开展是由于钢筋与混凝土间的变形不再维持协调,出现相对滑移而产生。第二类是以数理统计为基础的经验计算方法,即从大量的试验资料中分析影响裂缝的各种因素,保留主要因素,舍去次要因素,给出简单适用而又有一定可靠性的经验计算公式。

2. 影响裂缝宽度的因素

根据试验研究结果分析,影响裂缝宽度的主要因素有:钢筋应力、钢筋直径、配筋率、保护层厚度、钢筋外形、作用性质(短期、长期、重复作用)、构件的受力性质(受弯、受拉、偏心受拉等)等。

(1)受拉钢筋应力 σ_s

在国内外文献中,一致认为受拉钢筋应力是影响裂缝开展宽度的最主要因素。但裂缝宽度与钢筋应力 σ_s 的关系则有不同的表达形式。在使用荷载作用下,裂缝最大宽度与受拉钢筋应力呈线性关系,其表达式为 $W_f = k_1\sigma_s + k'_1$,式中 k_1 和 k'_1 为由试验资料决定的系数。

(2)受拉钢筋直径

试验表明,在受拉钢筋配筋率和钢筋应力大致相同的情况下,裂缝宽度随钢筋直径的增大而增大。

(3)受拉钢筋配筋率

试验表明,当钢筋直径相同、钢筋应力大致相同的情况下,裂缝宽度随着钢筋配筋率的增加而减小,当配筋率接近某一数值,裂缝宽度接近不变。

(4)混凝土保护层厚度

保护层厚度对裂缝间距和裂缝宽度均有影响，保护层愈厚，裂缝宽度愈宽。但是，从另一方面讲，保护层愈厚，钢筋锈蚀的可能性就愈小。因此，保护层对裂缝宽度的正负影响可大致抵消。故在裂缝宽度计算公式中，暂时也不考虑保护层厚度的影响。

(5)受拉钢筋的外形影响

受拉钢筋表面形状对钢筋与混凝土之间的黏结力影响颇大，而黏结力又对裂缝开展存在一定影响。公式中引用系数 C_1 来反映这种影响。对带肋钢筋取 $C_1 = 1.0$；对光圆钢筋取 $C_1 = 1.4$。

(6)荷载作用性质的影响

原南京工学院的试验资料指出，构件的平均及最大裂缝宽度会随承受作用时间的延续，以逐渐减低的比率增加。中国建筑科学研究院的试验资料指出，承受重复作用时发展的裂缝宽度是承受初始作用时裂缝宽度的 1.0～1.5 倍，因而，人们又在裂缝宽度计算中取用扩大系数 C_2 来考虑长期或重复荷载的影响。

(7)构件形式的影响

实践证明，具有腹板的受弯构件抗裂性能比板式受弯构件稍好，因此，人们在裂缝宽度计算公式中又引入了一个与构件形式有关的系数 C_3。

3. 裂缝宽度的计算公式

《桥规》(JTG D62—2004)规定，矩形、T 形和工形截面钢筋混凝土构件，其最大裂缝宽度 W_{fk} 可按下列公式计算：

$$W_{fk} = C_1 C_2 C_3 \frac{\sigma_{ss}}{E_s}\left(\frac{30+d}{0.28+10\rho}\right)(\mathrm{mm}) \tag{6-7}$$

式中：W_{fk}——受弯构件最大裂缝宽度(mm)；

C_1——钢筋表面形状的系数，对光面钢筋，$C_1 = 1.4$；对带肋钢筋，$C_1 = 1.0$；

C_2——作用(或荷载)长期效应影响系数，$C_2 = 1 + 0.5\dfrac{N_l}{N_s}$，其中 N_l 和 N_s 分别为按作用(或荷载)长期效应组合和短期效应组合计算的内力值(弯矩或轴向力)；

C_3——与构件受力性质有关的系数，当为钢筋混凝土板式受弯构件时，$C_3 = 1.15$，其他受弯构件 $C_3 = 1.0$，轴心受拉构件 $C_3 = 1.2$，偏心受拉构件 $C_3 = 1.1$，偏心受压构件 $C_3 = 0.9$；

σ_{ss}——钢筋应力，按公式(6-8)的规定计算；

d——纵向受拉钢筋直径(mm)，当用不同直径的钢筋时，d 改用换算直径 d_e，$d_e = \dfrac{\sum n_i d_i^2}{\sum n_i d_i}$，式中，对钢筋混凝土构件，$n_i$ 为受拉区第 i 种普通钢筋的根数，d_i 为受拉区第 i 种普通钢筋的公称直径。对混合配筋的预应力混凝土构件，预应力钢筋为由多根钢丝或钢绞线组成的钢丝束或钢绞线束，式中 d_i 为普通钢筋公称直径、钢丝束或钢绞线束的等代直径 d_{pe}，$d_{pe} = \sqrt{n}d$，此处，n 为钢丝束中钢丝根数或钢绞线束中钢绞线根数，d 为单根钢丝或钢绞线的公称直径；对于钢筋混凝土构件中的焊接钢筋骨架，公式中的 d 或 d_e 应乘以 1.3 系数；

ρ——纵向受拉钢筋配筋率，对矩形及 T 形截面 $\rho = A_s/bh_0$，对带有受拉翼缘的 T 形截面 $\rho = \dfrac{A_s}{bh_0 + (b_f - b)h_f}$，当 $\rho > 0.02$ 时，取 $\rho = 0.02$；当 $\rho < 0.006$ 时，取 $\rho = 0.006$；

对于轴心受拉构件，ρ 按全部受拉钢筋截面面积 A_s 的一半计算；

b_f——构件受拉翼缘宽度；

h_f——构件受拉翼缘厚度；

A_s——受拉区纵向钢筋截面面积；

上式中开裂截面纵向受拉钢筋的应力 σ_{ss}，可按下列公式计算：

受弯构件：

$$\sigma_{ss}=\frac{M_s}{0.87A_sh_0} \tag{6-8}$$

式中：M_s——按作用(或荷载)短期效应组合计算的弯矩值。

4. 裂缝宽度的限值

《桥规》(JTG D62—2004)规定，钢筋混凝土构件，其计算的最大裂缝宽度不应超过下列规定的限值：I 类和 II 类环境为 0.20mm，III 类和 IV 类环境为 0.15mm。

例 6-2 根据例 5-1、例 6-1 的已知条件，试验算该 T 形梁跨中截面裂缝宽度。

解：正常使用极限状态裂缝宽度计算，采用作用短期效应组合，并考虑作用长期效应的影响。

作用短期效应组合：$M_s=1240.2(\text{kN·m})$

作用长期效应组合：$M_l=M_{GK}+0.4[M_{Q1K}/(1+\mu)+M_{Q2K}]$

$$=766+0.4\times(660.8/1.19+85.5)$$

$$=1022.3(\text{kN·m})$$

$$C_1=1.0$$

$$C_2=1+0.5\frac{M_l}{M_s}=1+0.5\times\frac{1022.3}{1240.2}=1.41$$

$$C_3=1.0$$

$$\rho=\frac{A_s}{bh_0}=\frac{6434}{180\times1248.4}=0.029>0.02\text{，取 }\rho=0.02$$

$$\sigma_{ss}=\frac{M_s}{0.87A_sh_0}=\frac{1240.2\times10^6}{0.87\times6434\times1248.4}=177.5(\text{MPa})$$

将以上数据带入公式(6-7)得：

$$W_{fk}=C_1C_2C_3\frac{\sigma_{ss}}{E_s}\left(\frac{30+d}{0.28+10\rho}\right)$$

$$=1.41\times\frac{177.5}{2\times10^5}\times\left(\frac{30+1.3\times32}{0.28+10\times0.02}\right)$$

$$=0.19(\text{mm})<0.2(\text{mm})$$

满足规范要求。

思考题

1. 什么是刚度？钢筋混凝土受弯构件的刚度能否取用 EI？为什么？应该如何取值？
2. 为什么要进行变形计算？
3. 钢筋混凝土受弯构件的挠度为什么要考虑作用长期效应的影响？如何考虑？
4. 钢筋混凝土受弯构件挠度的限值是多少？如何应用？
5. 受弯构件的变形(挠度)如何控制？

6. 什么是预拱度？设置预拱度有何条件？

7. 受弯构件的预拱度值取多少？

8. 钢筋混凝土结构的裂缝有哪些类型？

9. 裂缝的计算方法有哪些？

10. 影响裂缝宽度的主要因素有哪些？

11. 裂缝宽度计算公式中的“C_1、C_2、C_3”分别指什么？它们如何取值？

12. 纵向受拉钢筋的配筋率对裂缝宽度有无影响？其值计算有何规定？

13.《桥规》(JTG D62—2004)中对裂缝宽度有何规定？

14. 钢筋混凝土构件中的裂缝对结构有哪些不利的影响？

习题

15. 某混凝土简支T形梁，其计算跨径 $L=19.5\text{m}$，截面尺寸：翼板宽 $b'_f=1780\text{mm}$；翼板根部厚140mm；端部厚100mm；梁高 $h=1000\text{mm}$；梁肋宽 $b=240\text{mm}$。采用C30混凝土，主筋采用HRB400钢筋(12 ⌀32，$A_s=9650\text{mm}^2$，$a_s=101.6\text{mm}$)，焊接钢筋骨架，跨中恒载弯矩标准值 $M_{GK}=912.58\text{kN·m}$，汽车荷载弯矩标准值 $M_{Q1K}=859.57\text{kN·m}$(包括冲击系数 $1+\mu=1.19$)，人群荷载弯矩标准值 $M_{Q2k}=85.44\text{kN·m}$，试计算此梁的跨中挠度及其裂缝宽度。

16. 某计算跨径 $L=19.5\text{m}$ 的T形梁，截面尺寸为 $b'_f=1600\text{mm}$，$b=180\text{mm}$，$h'_f=120\text{mm}$，$h=1350\text{mm}$，$h_0=1240\text{mm}$，配有 $10\phi28$ 纵向钢筋。采用C20混凝土，恒载弯矩标准值 $M_{GK}=750\ \text{kN·m}$，汽车荷载弯矩标准值 $M_{Q1K}=600\ \text{kN·m}$[其中包括冲击系数$(1+\mu)=1.19$]，人群荷载弯矩标准值 $M_{Q2K}=60\ \text{kN·m}$，试计算此T梁的跨中最大裂缝宽度及跨中挠度。

单元七　轴心受压构件承载力计算

§7-1　概　　述

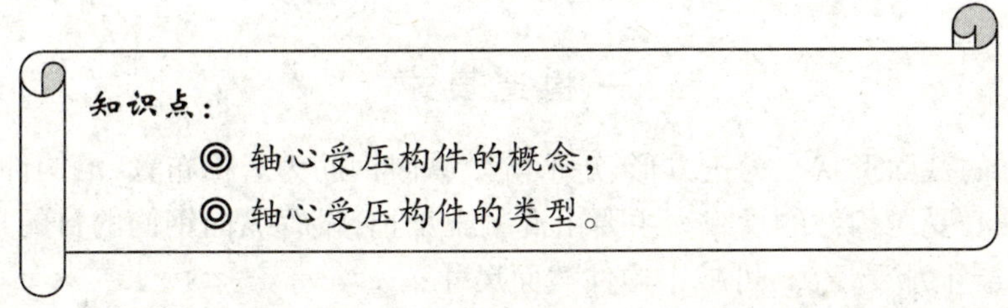

受压构件是以承受轴向压力为主的构件。**当纵向外压力作用线与受压构件轴线相重合时，此受压构件为轴心受压构件**。

在实际结构中，真正意义上的轴心受压构件是不存在的。通常由于作用位置的偏差、混凝土组成结构的非均匀性、纵向钢筋的非对称布置以及施工中的误差等原因，受压构件都或多或少承受弯矩的作用。

如果偏心距很小，在实际的工程设计中容许忽略不计时，即可按轴心受压构件计算。

钢筋混凝土轴心受压构件根据箍筋的功能和配置方式的不同可分为两种：

(1)配有纵向钢筋和普通箍筋的轴心受压构件（普通箍筋柱），如图 7-1a)所示；

(2)配有纵向钢筋和螺旋箍筋的轴心受压构件（螺旋箍筋柱），如图 7-1b)所示。

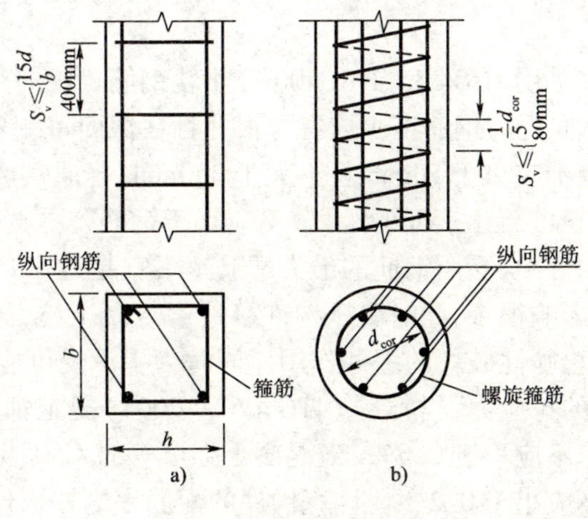

图 7-1　轴心受压构件配筋

§7-2 普通箍筋柱

课题一　概述

① 长、短柱的破坏形态；
② 轴向受压构件稳定系数。

一、构造要求

普通箍筋柱的截面形状多为正方形、矩形等。纵向钢筋为对称布置，沿构件高度设置有等间距的箍筋。轴心受压构件的承载力主要由混凝土承担，设置纵向钢筋的目的是：

(1)协助混凝土承受压力，可减小构件截面尺寸；

(2)承受可能存在的不大的弯矩；

(3)防止构件的突然脆性破坏。

普通箍筋的作用是防止纵向钢筋局部压屈，并与纵向钢筋形成钢筋骨架，便于施工。

1. 混凝土的强度等级

轴心受压构件一般多采用 C20 ~ C30 的混凝土，或采用更高强度等级的混凝土，正截面承载力主要是由混凝土来提供。

2. 截面尺寸

轴心受压构件截面尺寸不宜过小，因长细比越大纵向弯曲的影响越大，承载力降低很多，不能充分利用材料强度。构件截面尺寸（矩形截面以短边计）不宜小于 250mm。通常按 50mm 一级增加，如：250mm、300mm、350mm 等。在 800mm 以上时，则采用 100mm 为一级，如 800mm、900mm、1000mm 等。

3. 纵向钢筋

纵向受力钢筋一般多采用 HRB335、HRB400 等热轧钢筋。纵向受力钢筋的直径应不小于 12mm。在构件截面上，纵向受力钢筋至少应有 4 根并且在截面每一角隅处必须布置一根。

纵向受力钢筋的净距不应小于 50mm 且不大于 350mm；普通钢筋的最小混凝土保护层厚度（钢筋外缘或管道外缘至混凝土表面的距离）不应小于钢筋公称直径。

在设计的轴心受压构件中，受压钢筋的最大配筋率不宜超过 5%；当纵向钢筋配筋率很小时，纵筋对构件承载力的影响很小，此时受压构件接近素混凝土柱，徐变使混凝土的应力降低的很小，纵筋将起不到防止脆性破坏的缓冲作用。同时为了承受可能存在的较小弯矩，以及混凝土收缩、温度变化引起的拉应力，《桥规》（JTG D62—2004）规定轴心受压构件、偏心受压构件全部纵向钢筋的配筋率不应小于 0.5%，当混凝土强度等级 C50 及以上时不应小于 0.6%；同时一侧钢筋的配筋率不应小于 0.2%。计算构件的配筋率应按构件的全截面面积计算。

水平浇筑的预制件的纵向钢筋的最小净距首先应满足施工要求，使振捣器可以顺利插入。并且此净距不小于 50mm，并不小于钢筋直径。

构件内纵向受力钢筋应设置于离角筋（即位于箍筋的角处的钢筋）中心距离 s（见图 7-2）不大于 150mm 或 15 倍箍筋直径（取较大者）范围内，如超出此范围设置纵向受力钢筋，应设复合箍(附加箍筋)。相邻箍筋的弯钩接头,在纵向应错开布置。

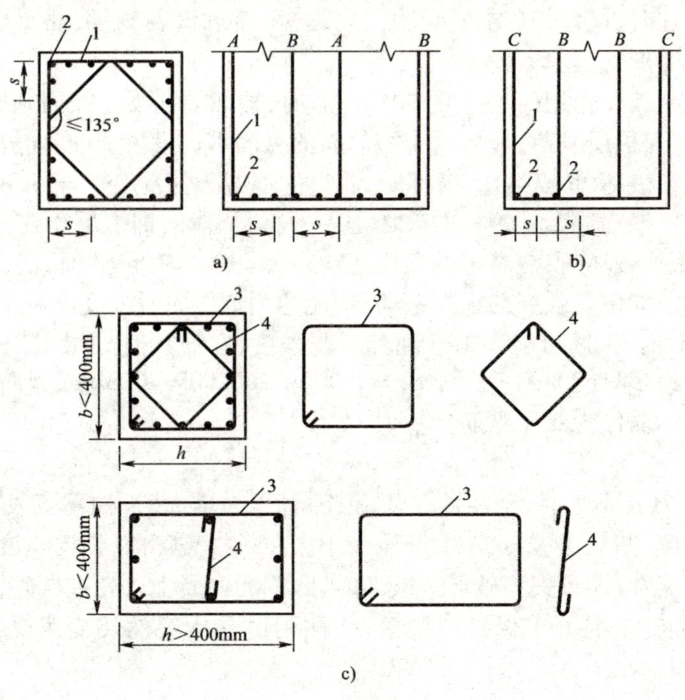

图 7-2　柱内复合箍筋布置

a) S 内设三根纵向受力钢筋;b) S 内设二根纵向受力钢筋;c)受压柱箍筋配置

1-箍筋;2-角筋;A、B、C、D~箍筋编号;3-正常箍筋;4-附加箍筋

4. 箍筋

箍筋必须做成封闭式的,箍筋直径不应小于纵向钢筋直径的 1/4,且不小于 8mm。

箍筋的间距不应大于纵向受力钢筋直径的 15 倍、不大于构件短边尺寸(圆形截面采用 0.8倍直径)并不大于 400mm。纵向受力钢筋搭接范围内的箍筋间距,不应大于主钢筋直径的 10 倍,且不大于 200mm。

纵向钢筋截面面积大于混凝土截面面积 3% 时,箍筋间距应不大于纵向钢筋直径的10 倍,且不大于 200mm。箍筋的形式见图 7-2c)。

二、破坏形态

按照构件的长细比不同,轴心受压构件可分为短柱和长柱两种,它们的受力变形和破坏形态各不相同。下面结合有关试验研究来分别介绍。

轴心受压构件试验采用的两种试件,它们的材料等级、截面尺寸和配筋均相同,但柱的长度不同(图 7-3)。轴心压力用油压千斤顶施加,并用电子秤量测压力大小。由平衡条件可知,压力的读数就等于试验柱截面所受到轴心压力值。同时,在柱长度一半处设置百分表,测量其横向挠度。此试验目的是采取对比方法来观察长细比不同的轴心受压构件的破坏形态。

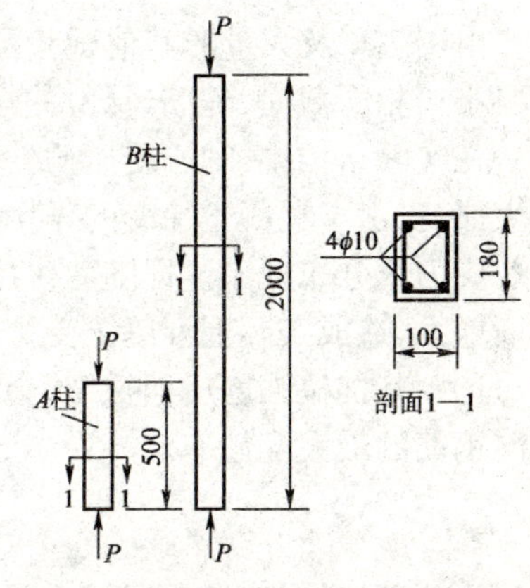

图 7-3　轴心受压构件试件(尺寸单位:mm)

1. 短柱

当压力逐渐增加时，试件柱（试件 A）也随之缩短，通过仪表测量，证明混凝土全截面和纵向钢筋均发生压缩变形。

当轴向压力达到破坏作用（荷载）的90%左右时，柱四周混凝土表面开始出现纵向裂缝等压坏的迹象，混凝土保护层剥落，最后由于箍筋间的纵向钢筋发生屈曲，向外凸出，直至混凝土被压碎而整个试验柱破坏（图7-4）。破坏时，测得的混凝土压应变大于 1.8×10^{-3}，而柱中部的横向挠度却很小。钢筋混凝土短柱的破坏是一种材料破坏，即混凝土压碎破坏。许多试验证明，钢筋混凝土短柱破坏时，混凝土的压应变均在 2×10^{-3} 附近，此时，混凝土已达到其棱柱体抗压强度；同时，一般中等强度的纵向钢筋，均能达到抗压屈服强度。对于高强度钢筋，混凝土应变达到 2×10^{-3} 时，钢筋可能尚未达到其屈服强度，在设计时如果采用这样的钢材，则它的抗压强度设计值最多只能取为 $f'_{sd}=\varepsilon_c E_s=0.002\times200000=400\text{MPa}$，因而在短柱设计中，一般都不宜采用高强钢筋作为受压纵筋。

2. 长柱

试件 B 柱在压力 P 不大时，全截面受压，但随着压力增大，长柱不仅发生压缩变形，同时产生较大的横向挠度，凹侧压应力较大，凸侧较小。在长柱破坏前，横向挠度增加得很快，使长柱的破坏来得比较突然，导致失稳破坏。破坏时，凹侧的混凝土首先被压碎，有纵向裂缝，纵向钢筋被压弯而向外鼓出，混凝土保护层脱落；凸侧则由受压突然转变为受拉，出现水平裂缝（图7-5）。

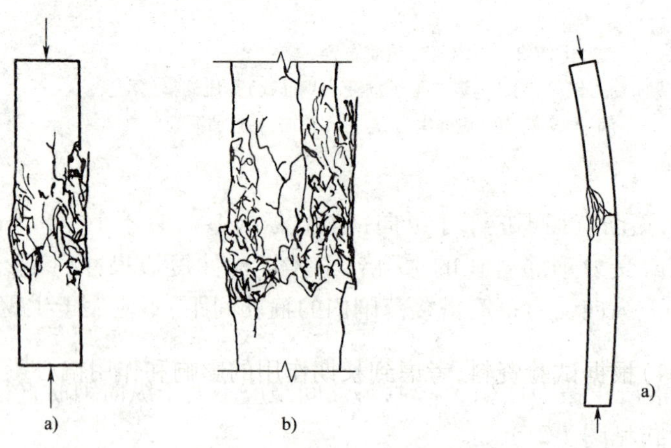

图7-4　轴心受压短柱的破坏

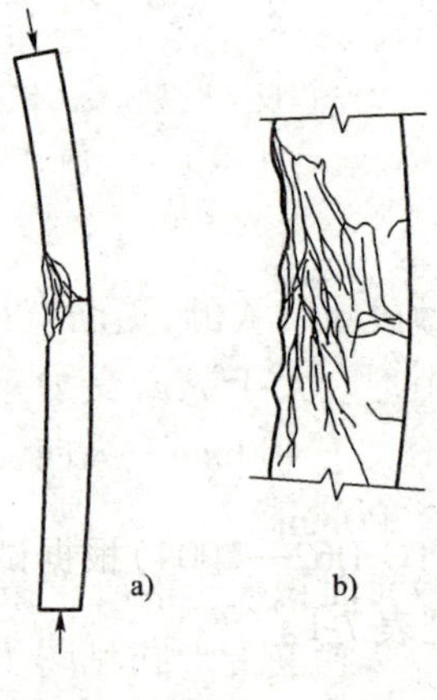

图7-5　轴心受压长柱的破坏

由图7-6及大量的其他试验可知，短柱总是压碎破坏，长柱则是失稳破坏；长柱的承载能力要小于相同截面、配筋、材料的短柱的承载能力。

在实际结构中，轴心受压构件承受的作用大部分为恒载。在恒载的长期作用下，混凝土要产生徐变，由于混凝土徐变的作用及钢筋和混凝土的变形必须协调，在混凝土和钢筋之间将会出现应力重分布现象。即随着作用持续时间的增加，混凝土的压应力逐渐减小，钢筋的压应力逐渐增大，造成实际上混凝土受拉，而钢筋受压。若纵向钢筋配筋率过大，可能使混凝土的拉应力达到其抗拉强度后而拉裂，会出现若干条与构件轴线垂直的贯通裂缝，故在设计中要限制纵向钢筋的最大配筋率。

三、稳定系数

如前所述，对于钢筋混凝土轴心受压构件，把长柱失稳破坏时的临界压力 $N_{长}$ 与短柱压坏

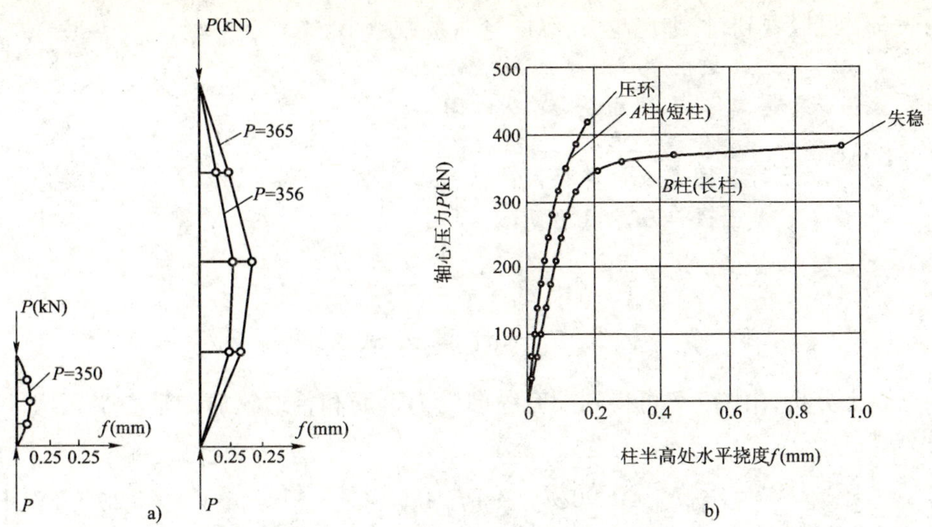

图 7-6 轴心受压构件的横向挠度 f

a)横向挠度沿柱高的变化;b)横向挠度与压力的关系

时的轴心压力 $N_{短}$ 的比值,称为轴向受压构件稳定系数(或称纵向弯曲系数)φ,即:

$$\varphi = \frac{N_{长}}{N_{短}} \tag{7-1}$$

根据有关试验资料与数据分析可知,稳定系数 φ 主要与构件的长细比有关,混凝土强度等级及配筋率对其影响很小。所谓长细比(又称压杆的柔度)是一个没有单位的参数,它综合反映了杆长、支承情况、截面尺寸和截面形状对临界力的影响。在结构设计中,为了提高压杆的稳定性,往往采取措施降低压杆的长细比。长细比的表达式为:

矩形截面:l_0/b

圆形截面:$l_0/2r$

一般截面:l_0/i

其中 i 为截面的最小回转半径。

《桥规》(JTG D62—2004)根据试验资料,考虑到长期作用的影响和作用偏心影响,规定了稳定系数值,见表 7-1。

钢筋混凝土轴心受压构件的稳定系数 表 7-1

l_0/b	≤8	10	12	14	16	18	20	22	24	26	28
$l_0/2r$	≤7	8.5	10.5	12	14	15.5	17	19	21	22.5	24
l_0/i	≤28	35	42	48	55	62	69	76	83	90	97
φ	1.0	0.98	0.95	0.92	0.87	0.81	0.75	0.70	0.65	0.60	0.56
l_0/b	30	32	34	36	38	40	42	44	46	48	50
$l_0/2r$	26	28	29.5	31	33	34.5	36.5	38	40	41.5	43
l_0/i	104	111	118	125	132	139	146	153	160	167	174
φ	0.52	0.48	0.44	0.40	0.36	0.32	0.29	0.26	0.23	0.21	0.19

注:①表中 l_0 为构件的计算长度;b 为矩形截面的短边尺寸;r 为圆形截面的半径;i 为截面最小回旋半径 $i=\sqrt{I/A}$(I 为截面惯性矩,A 为截面面积);

②构件计算长度 l_0 的取值。当构件两端固定时取 $0.5l$;当一端固定一端为不移动的铰时取 $0.7l$;当两端均为不移动的铰时取 1,当一端固定一端自由时取 $2l$,l 为构件支点间长度。

由表 7-1 可以看到,长细比越大,纵向弯曲系数越小。

课题二 正截面承载力计算

① 计算图式及计算公式;

② 截面设计和承载力复核。

一、计算公式

根据以上分析,由图 7-7 可得到配有纵向受力钢筋和普通箍筋的轴心受压构件正截面承载力计算式:

$$\gamma_0 N_d \leqslant 0.90\varphi(f_{cd}A + f'_{sd}A'_s) \tag{7-2}$$

式中:γ_0——结构的重要性系数,对应于结构设计安全等级当为一级、二级和三级时分别取 1.1、1.0 和 0.9;

N_d——轴向力组合设计值;

φ——轴心受压构件稳定系数,按表 7-1 采用;

A——构件毛截面面积,当纵向钢筋配筋率大于 3% 时,A 应改用 $A_n = A - A'_s$;

A'_s——全部纵向钢筋的截面面积;

f_{cd}——混凝土轴心抗压强度设计值;

f'_{sd}——普通钢筋抗压强度设计值。

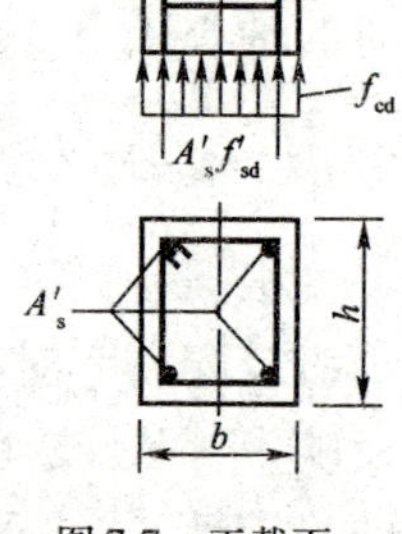

图 7-7 正截面

二、计算内容

普通箍筋柱的正截面承载力计算,分为截面设计和承载力复核两种情况。

1. 截面设计

已知:截面尺寸,计算长度,混凝土轴心抗压设计值,钢筋抗压设计值,轴向压力 N_d,结构的重要性系数 γ_0。

求:纵向钢筋 A'_s

解法:首先计算长细比 l_0/b,由表 7-1 查得相应的稳定系数 φ。

再由公式(7-2)计算所需钢筋截面积:

$$A'_s = \frac{\gamma_0 N_d - 0.9\varphi f_{cd}A}{0.9\varphi f'_{sd}} \tag{7-3}$$

由 A'_s 计算值及构造要求选择并布置钢筋。

若截面尺寸未知,可先假定配筋率 ρ($\rho = 0.8\% \sim 1.5\%$),并设 $\varphi = 1$;则可将 $A'_s = \rho A$ 代入公式(7-2)得:

$$\gamma_0 N_d \leqslant 0.90\varphi(f_{cd}A + f'_{sd}\rho A)$$

则

$$A \geqslant \frac{\gamma_0 N_d}{0.9\varphi(f_{cd} + f'_{sd}\rho)} \tag{7-4}$$

构件的截面面积确定后，结合构造要求选取截面尺寸(截面的边长要取整数)。然后，按构件的实际长细比，确定稳定系数 φ，再由公式(7-2)计算所需的钢筋截面面积 A'_s，最后按构造要求选择并布置钢筋。

2. 承载力复核

已知：截面尺寸，纵向钢筋 A'_s，计算长度 l_0，混凝土和钢筋的抗压设计强度，轴向力组合设计值 N_d，结构重要性系数 γ_0。求截面承载力。

解法：首先应检查纵向钢筋及箍筋布置是否符合构造要求。

由已知截面尺寸和计算长度算长细比，由表 7-1 查得相应的稳定系数 φ，由公式(7-2)计算轴心受压构件正截面承载能力 N_{du}，且应满足 $N_{du} \geqslant \gamma_0 N_d$，说明构件的承载力是足够的。

例 7-1 有一现浇的钢筋混凝土轴心受压柱，柱高 7m，两端固定，承受的轴向压力组合设计值 $N_d = 900\text{kN}$，结构重要性系数 $\gamma_0 = 1.0$，拟采用 C30 混凝土，$f_{cd} = 13.8\text{MPa}$；HRB400 钢筋，$f'_{sd} = 330\text{MPa}$。试设计柱的截面尺寸及配筋。

解：设纵向钢筋的配筋率 $\rho = 1\%$，假定 $\varphi = 1$，由公式(7-4)求得柱的截面面积为：

$$A \geqslant \frac{\gamma_0 N_d}{0.9\varphi(f_{cd} + f'_{sd}\rho)} = \frac{1.0 \times 900 \times 10^3}{0.9 \times 1 \times (13.8 + 330 \times 0.01)} = 58479.5(\text{mm}^2)$$

选取正方形截面，$b = \sqrt{58479.5} = 241.8(\text{mm})$，取 $b = 250(\text{mm})$。因截面尺寸小于 300(mm)，混凝土的抗压强度设计值应取 $f_{cd} = 0.8 \times 13.8 = 11.04(\text{MPa})$

柱的计算长度 $l_0 = 0.5 \times 7000 = 3500(\text{mm})$，$l_0/b = 3500/250 = 14$，查表 7-1 得，$\varphi = 0.92$。

所需钢筋截面面积由公式(7-3)求得：

$$A'_s = \frac{\gamma_0 N_d - 0.9\varphi f_{cd} A}{0.9\varphi f'_{sd}}$$

$$= \frac{1 \times 900000 - 0.9 \times 0.92 \times 11.04 \times 250^2}{0.9 \times 0.92 \times 330}$$

$$= 1202.9(\text{mm})^2$$

选取 8 Φ 14，钢筋的截面面积 $A'_s = 1232(\text{mm}^2)$，实际配筋率 $\rho = 1232/250 \times 250 = 0.0197$。箍筋选 $\phi 8$，间距 $s = 200(\text{mm}) < 15d = 15 \times 14 = 210(\text{mm})$。均满足构造要求。

§7-3 螺旋箍筋柱

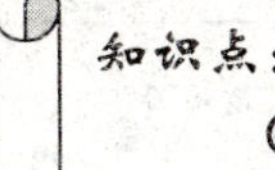

◎ 螺旋箍筋柱的构造要求；
◎ 螺旋箍筋柱的受力特点及破坏特性；
◎ 正截面承载力的计算公式及应用；
◎ 计算公式的适用条件；
◎ 普通箍筋柱与螺旋箍筋柱的判断。

当轴心受压构件承受很大的轴向压力，而截面尺寸又受到限制不能加大，若用普通箍筋柱，即使提高混凝土强度等级和增加纵向钢筋用量也不足以承受该轴向压力时，可以采用螺旋箍筋柱以提高柱的承载力。

一、构造要求

螺旋箍筋柱的截面形状多为圆形或正多边形,纵向钢筋外围设有连续环绕的间距较密的螺旋箍筋或间距较密的焊接环式箍筋。螺旋筋的作用是使截面中间部分(核心)混凝土成为约束混凝土,从而提高构件的承载力和延性。

(1)螺旋箍筋柱的纵向钢筋应沿圆周均匀分布,其截面积应不小于构件箍筋圈内核心截面面积的0.5%。核心截面面积不应小于构件整个截面面积的2/3。

(2)箍筋的螺距或间距不应大于核心直径的1/5,亦不应大于80mm,且不应小于40mm。

(3)纵向受力钢筋应伸入与受压构件连接的上下构件内,其长度不应小于受压构件的直径且不应小于纵向受力钢筋的锚固长度。

(4)箍筋的直径不应小于纵向钢筋直径的1/4,且不小于8mm。

其余构造要求与普通箍筋柱相同。

二、受力特点与破坏特性

对于配有纵向钢筋和螺旋箍筋的轴心受压短柱,沿柱高连续缠绕的、间距很密的螺旋箍筋犹如一个套筒,将核心部分的混凝土包住,有效地限制了核心混凝土的横向变形,从而提高了柱的承载能力。

图7-8中的曲线C是螺旋箍筋柱的作用(荷载)—应变曲线,在压应变$\varepsilon=0.002$以前,螺旋箍筋柱的应变变化曲线与普通箍筋柱基本相同,当作用(荷载)继续增加,直至混凝土和纵筋的压应变$\varepsilon=0.003\sim0.0035$时,纵筋已经屈服,箍筋外面的混凝土保护层开始崩裂剥落,混凝土的截面积减小,作用(荷载)略有下降。这时,核心部分混凝土由于受到螺旋箍筋的约束,仍能继续受压,核心混凝土处于三向受压状态,其抗压强度超过了棱柱体抗压强度,补偿了剥落的外围混凝土所承担的压力,曲线逐渐回升。随着作用(荷载)不断增大,螺旋箍筋中的环向拉力也不断增大,直至螺旋箍筋达到屈服,不能再约束核心混凝土的横向变形,核心部分混凝土的抗压强度不再提高,混凝土被压碎,构件即告破坏。这时,作用(荷载)达到第二峰值,柱的纵向压应变可达到0.01以上。

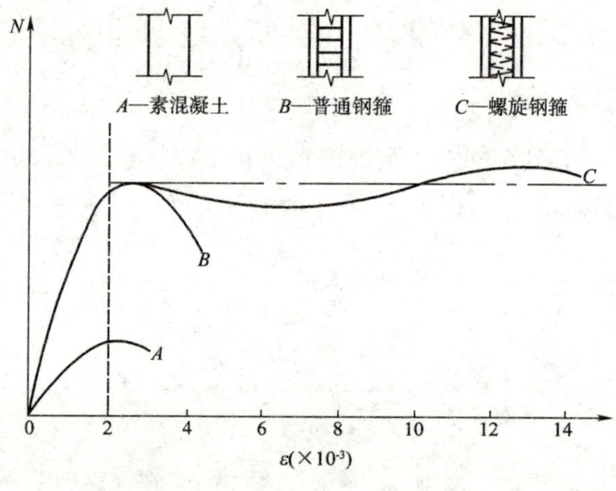

图7-8 柱的作用(荷载)—应变曲线

由图7-8也可见到,螺旋箍筋柱具有很好的延性,在承载能力不降低的情况下,其变形能力比普通箍筋柱提高很多。

考虑到螺旋箍筋柱承载能力的提高,是通过螺旋箍筋或焊接环式箍筋受拉而间接达到的,故常将螺旋箍筋或焊接环式箍筋称为间接钢筋,相应地亦称螺旋箍筋柱为间接钢筋柱。

三、正截面承载力计算

螺旋箍筋柱的正截面破坏的特征是其核心混凝土压碎、纵向钢筋已经屈服。而在破坏之前，柱的混凝土保护层早已剥落。

因此，螺旋箍筋柱的正截面抗压承载力是由核心混凝土、纵向钢筋、螺旋式或焊接环式箍筋三部分的承载力所组成，其正截面承载力可按下式计算：

$$\gamma_0 N_d \leqslant 0.90(f_{cd}A_{cor} + f'_{sd}A'_s + kf_{sd}A_{so}) \tag{7-5}$$

$$A_{so} = \frac{\pi d_{cor}A_{sol}}{S} \tag{7-6}$$

式中：A_{cor}——构件核心截面面积；

A_{so}——螺旋式或焊接环式间接钢筋的换算截面面积；

d_{cor}——构件截面的核心直径；

k——间接钢筋影响系数，混凝土强度等级 C50 及以下时，取 $k = 2.0$；C50 ~ C80 取 $k = 2.0 \sim 1.70$，中间值按直线插入取用；

A_{sol}——单根间接钢筋的截面面积；

S——沿构件轴线方向间接钢筋的螺距或间距。

f_{sd}——普通钢筋抗拉强度设计值；

其余符号意义同前。

上述公式是针对长细比较小的螺旋箍筋柱的，对于长细比较大的螺旋箍筋柱有可能发生失稳破坏，构件破坏时核心混凝土的横向变形不大，螺旋箍筋的约束作用不能有效发挥，甚至不起作用。换句话说，螺旋箍筋的作用只能提高核心混凝土的抗压强度，而不能增加柱的稳定性。所以，在利用上式进行计算时《桥规》（JTG D62—2004）有如下规定条件：

（1）保证构件在承受作用时，螺旋箍筋混凝土保护层不致过早剥落，螺旋箍筋柱的承载力计算值［按式（7-5）计算］，不应比按普通箍筋柱算得的承载力［按式（7-2）计算］大 50%，即：

$$(f_{cd}A_{cor} + f'_{sd}A'_s + kf_{sd}A_{so}) \leqslant 1.5\varphi(f_{cd}A + f'_{sd}A'_s) \tag{7-7}$$

（2）当遇到下列任意一种情况时，不考虑间接钢筋的套箍作用，而按式（7-2）计算构件的承载力。

①当间接钢筋的换算截面面积 A_{s0} 小于全部纵向钢筋截面面积的 25%，即 $A_{so} < 0.25A'_s$ 时，由于螺旋箍筋配置的太少，不能起到约束作用；

②当间接钢筋的间距大于 80mm 或大于核心直径的 1/5 时；

③当构件的长细比 $l_0/i > 48$ 或 $l_0/b > 14$ 或 $l_0/2r > 12$ 时，由于纵向弯曲的影响，螺旋箍筋不能发挥其作用；

④当按式（7-5）计算承载力小于按式（7-2）计算的承载力时，因为式（7-5）中只考虑了混凝土核心面积，当柱截面外围混凝土较厚时，核心面积相对较小，会出现上述情况，这时就应该按式（7-2）进行柱的承载力计算。

螺旋箍筋柱的正截面承载力计算包括截面设计与承载力复核两项内容。

例 7-2 有一圆形截面柱，半径 $r = 250$mm，柱高 $L = 5$m，两端为铰接；承受的轴向压力组合设计值 $N_d = 4700$kN，结构重要性系数 $\gamma_0 = 1.0$，拟采用 C30 混凝土，$f_{cd} = 13.8$MPa；纵向钢筋采用 HRB400 钢筋，$f'_{sd} = 330$MPa；箍筋采用 HRB335 钢筋，$f_{sd} = 280$MPa。试选择钢筋。

解：首先按普通箍筋柱设计。

柱的计算长度 $l_0 = l = 5000$(mm)，则 $l_0/2r = 5000/2 \times 250 = 10$，查表 7-1 得 $\varphi = 0.96$。由公式（7-3）求得所需钢筋截面面积：

$$A'_s=\frac{\gamma_0 N_d-0.9\varphi f_{cd}A}{0.9\varphi f_{sd}}$$

$$=\frac{4700\times10^3-0.9\times0.96\times13.8\times3.14\times500^2/4}{0.9\times0.96\times330}$$

$$=8168(\mathrm{mm})^2$$

配筋率$\rho=A'_s/A=8168/3.14\times500^2/4=0.0416$，此配筋率偏大，并因$L_0/2r=10<12$，可以采用配置螺旋箍筋以提高柱的承载力，改为按螺旋箍筋柱设计。

假设按混凝土全截面计算的纵向钢筋配筋率$\rho=0.025$，纵向钢筋截面面积$A'_s=\rho A=0.025\times3.14\times500^2/4=4908(\mathrm{mm}^2)$。选择13 ϕ 22，钢筋截面面积$A'_s=4941(\mathrm{mm}^2)$。混凝土的保护层取30(mm)，则得柱的核心直径及核心截面面积为：

$$d_{cor}=2r-2\times30=2\times250-2\times30=440(\mathrm{mm})$$

$$A_{cor}=\frac{\pi d_{cor}^2}{4}=\frac{3.14\times440^2}{4}=151976(\mathrm{mm}^2)$$

然后，按公式(7-5)求得所需螺旋箍筋的换算截面面积为：

$$A_{so}=\frac{\gamma_0 N_d-0.9(f_{cd}A_{cor}+f'_{sd}A'_s)}{0.9kf_{sd}}$$

式中：f_{sd}——螺旋箍筋的抗拉强度设计值，螺旋箍筋采用HRB335钢筋，$f_{sd}=280\mathrm{MPa}$；对C30混凝土取$k=2$，代入上式后得：

$$A_{so}=\frac{4700\times10^3-0.9\times(13.8\times151976+330\times4941)}{0.9\times2\times280}$$

$$=2668.6(\mathrm{mm})^2>0.25A'_s=0.25\times4941=1235(\mathrm{mm}^2)$$，满足构造要求。

螺旋箍筋选取ϕ 10，单肢螺旋箍筋的截面面积$A_{s01}=78.5\mathrm{mm}^2$。螺旋箍筋的间距可由公式(7-6)求得：

$$s=\frac{\pi d_{cor}A_{sol}}{A_{so}}$$

$$=\frac{3.14\times440\times78.5}{2668.6}=40.6(\mathrm{mm})$$

取$s=45(\mathrm{mm})$，满足不小于40(mm)，并不大于80mm的构造要求。

最后，按实际配筋情况$A_{so}=\frac{\pi d_{cor}A_{sol}}{S}=\frac{3.14\times440\times78.5}{45}=2410.1(\mathrm{mm}^2)$，重新计算柱的实际承载力为：

$$N_{du}=0.9(f_{cd}A_{cor}+f'_{sd}A'_s+k\cdot f_{sd}A_{so})$$

$$=0.9\times(13.8\times151976+330\times4941+2\times280\times2410.1)$$

$$=4569.7\times10^3N=4569.7(\mathrm{kN})<\gamma_0 N_d=4700(\mathrm{kN})$$

但仅相差3.4%。同时满足$N_{du}\leqslant1.5\times0.9\varphi(f_{sd}A+f'_{sd}A'_s)$的要求（式中$\varphi$值按表7-1查得，$\varphi=0.9575$）。

$$4569.7\leqslant1.5\times0.9\times0.9575\times(13.8\times\frac{3.14\times500^2}{4}+330\times4941)/10^3$$

$$\leqslant5608.42(\mathrm{kN})$$

计算结果表明，柱的承载力满足要求，并且在使用荷载作用下混凝土保护层不会脱落。

思考题

1. 什么是轴心受压构件?

2. 什么是普通箍筋柱和螺旋箍筋柱?

3. 普通箍筋柱与螺旋箍筋柱在构造上有哪些不同?既然轴心受压构件的承载力主要由混凝土承担,为什么还要设置纵向钢筋?

4. 受压构件的长柱和短柱如何划分?

5.《桥规》(JTG D62—2004)中对轴心受压构件的纵筋配筋率有何要求?为何在设计中要限制纵向钢筋的最大配筋率?

6. 普通箍筋柱有哪些破坏形态?

7. 为什么长柱的承载力比短柱低?

8. 轴向受压构件的稳定系数是指什么?

9. 长细比的计算公式中的 l_0 表示什么?如何取值?

10. 画出普通箍筋柱的计算图式,并由此写出正截面承载力计算公式。

11. 为什么螺旋箍筋柱的承载力大于普通箍筋柱的承载力?

12. 螺旋箍筋柱的正截面抗压承载力由哪些部分组成?

13. 螺旋箍筋柱的破坏特征是什么?

14. 螺旋箍筋柱应满足哪些条件?

习题

15. 预制的钢筋混凝土轴心受压构件,截面尺寸为:$b \times h = 300\text{mm} \times 350\text{mm}$,计算长度 $l_0 = 4.5\text{m}$;采用 C25 混凝土,HRB335 钢筋(纵筋)和 R235 钢筋(箍筋);作用的轴向压力组合设计值 $N_d = 1600\text{kN}$;I 类环境条件,安全二级,试进行构件的截面设计。

16. 配有纵向钢筋和普通箍筋的轴心受压构件,其截面尺寸为 $b \times h = 250\text{mm} \times 250\text{mm}$,构件计算长度 $l_0 = 5\text{m}$;C25 混凝土,HRB335 钢筋,配有纵筋 $A'_S = 804\text{mm}^2(4\phi16)$;I 类环境条件,安全二级,轴向压力组合设计值 $N_d = 560\text{kN}$;试进行构件承载力校核。

17. 已知一矩形截面柱,截面为 $400\text{mm} \times 500\text{mm}$,计算长度 $l_0 = 5\text{m}$,$N_d = 3550\text{kN}$,C30 混凝土,钢筋等级为 HRB335,试对构件进行配筋,并复核承载力。I 类环境条件,安全二级。

18. 有一正方形轴心受压构件,其计算长度 $l_0 = 5.8\text{m}$,计算纵向力 $N_d = 1025\text{kN}$,采用 C25 混凝土,HRB335 钢筋,试设计此构件的截面尺寸并配筋。II 类环境条件,安全一级。

19. 有一圆形截面柱,直径 500mm,柱高 5m,两端固结,C30 混凝土,沿圆周均布 10ϕ16 纵向钢筋 HRB400,箍筋为 R235,直径为 10mm 的螺旋筋,间距 $s_k = 80\text{mm}$,求该柱所承受的最大计算纵向力。II 类环境条件,安全一级。

20. 有一圆形截面螺旋箍筋柱,柱高 $l = 5.5\text{m}$,两端固结,采用 C30 混凝土,纵向钢筋用 HRB335 钢筋,螺旋筋用 HRB235 钢筋,承受纵向力 $N_d = 1590\text{kN}$,求此柱直径并配筋。II 类环境条件,安全一级。

说明:习题中未加特殊说明的,结构的安全等级均取二级。

单元八 偏心受压构件承载力计算

§8-1 概 述

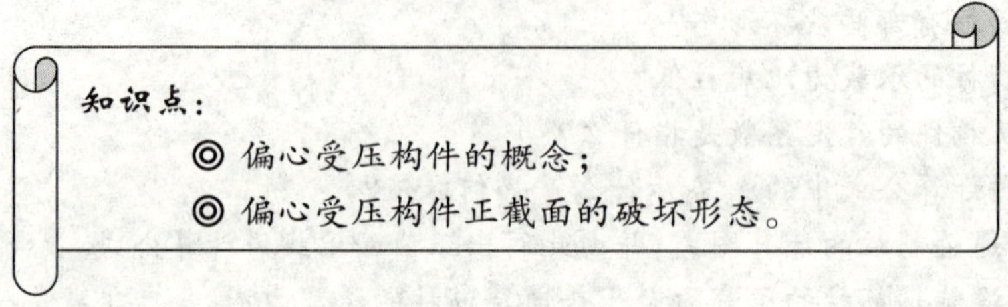

一、基本概念

当轴向压力 N 的作用线偏离受压构件的轴线时［图 8-1a)］，此受压构件称为偏心受压构件。偏心压力 N 的作用点离构件截面形心的距离 e_0 称为偏心距。截面上同时承受轴心压力和弯矩的构件［图 8-1b)］，称为压弯构件。根据力的平移法则，截面承受偏心距为 e_0 的偏心压力 N 相当于承受轴心压力 N 和弯矩 $M(M=Ne_0)$ 的共同作用，故压弯构件与偏心受压构件的受力特性是基本一致的。

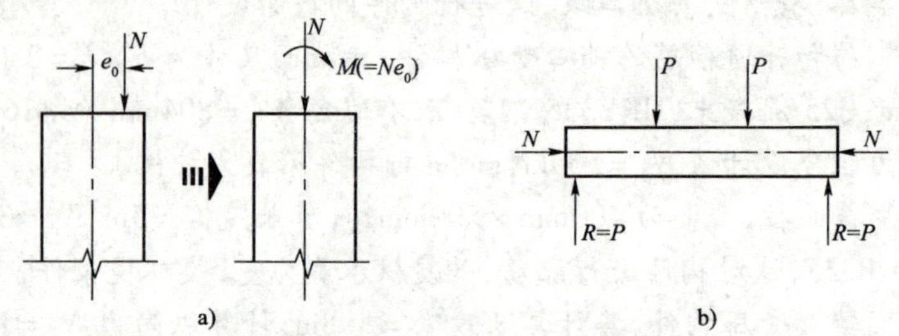

图 8-1 偏心受压构件与压弯构件

钢筋混凝土偏心受压（或压弯）构件是实际工程中应用较广泛的受力构件之一。例如，拱桥的钢筋混凝土拱肋、（上承式）桁架的上弦杆、刚架的立柱、柱式墩（台）的墩（台）柱、桩基础的桩等均属偏心受压构件，即在承受作用时，构件截面上同时存在着轴心压力和弯矩。

钢筋混凝土偏心受压构件的截面形式如图 8-2 所示。矩形截面为最常用的截面形式；截面高度大于 600mm 的偏心受压构件多采用工字形或箱形截面；圆形截面多用于柱式墩台及桩基础中。

在钢筋混凝土偏心受压构件中，布置有纵向受力钢筋和箍筋。纵向受力钢筋在矩形截面中最常见的配置方式是将纵向钢筋布置在偏心力方向的两侧［图 8-3a)］，其数量通过承载力计算确定。对于圆形截面，则采用沿截面周边均匀配筋的方式［图 8-3b)］。箍筋的作用与轴心受压构件中普通箍筋的作用基本相同。此外，偏心受压构件中还存在着一定的剪力，可由箍

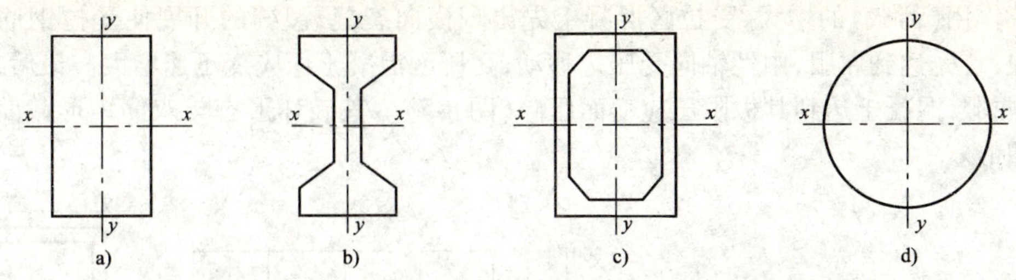

图 8-2　偏心受压构件截面形式

a)矩形截面;b)工字形截面;c)箱形截面;d)圆形截面

筋承担。但因剪力的数值一般较小,故一般不作计算。箍筋数量及间距按单元七中普通箍筋柱的构造要求确定。

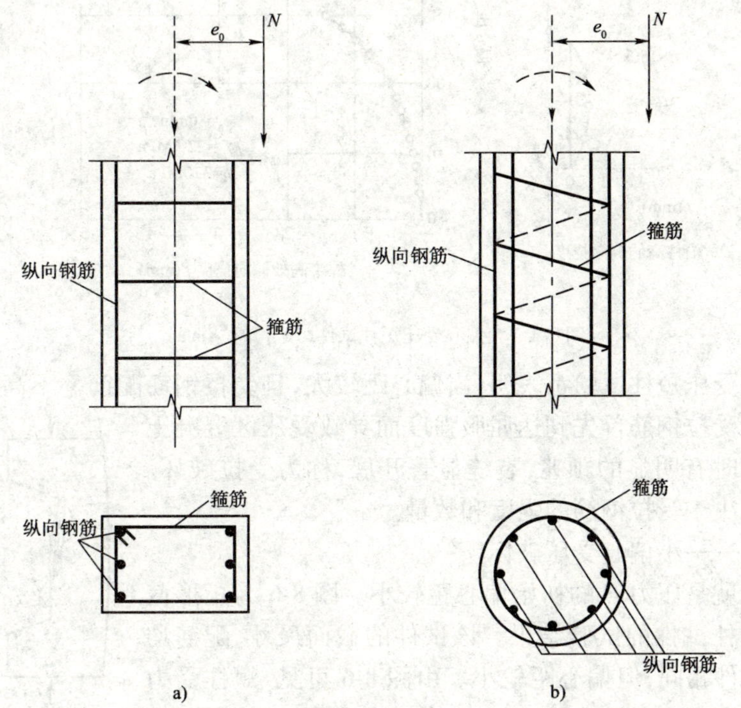

图 8-3　钢筋布置

二、偏心受压构件正截面受力特点和破坏形态

钢筋混凝土偏心受压构件也有短柱和长柱之分。本节以矩形截面的偏心受压短柱的试验结果,介绍偏心受压构件的受力特点和破坏形态。

(一)偏心受压构件的破坏形态

钢筋混凝土偏心受压构件随着偏心距的大小及纵向钢筋配筋情况的不同,有以下两种主要破坏形态。

1. 受拉破坏——大偏心受压破坏

在相对偏心距(e_0/h)较大,且受拉(远离偏心力一侧)钢筋配置得不太多时,会发生这种破坏形态。图 8-4 为矩形截面大偏心受压短柱试件的尺寸、配筋和截面应变、应力及横向挠度的发展情况。短柱受力后,截面靠近偏心压力 P 一侧的钢筋(A'_s)受压,另一侧的钢筋(A_s)受拉。随着作用(荷载)的增大,受拉区混凝土先出现横向裂缝,裂缝的开展使受拉钢筋的应力增长较快,首先达到屈服,中性轴向受压边移动,受压区混凝土压应变迅速增大。最后,受压区钢筋 $A_s{}'$ 屈服,混凝土达到其极限压应变而压碎(图 8-5)。其破坏形态与双筋矩形截面梁的破坏形态相似。

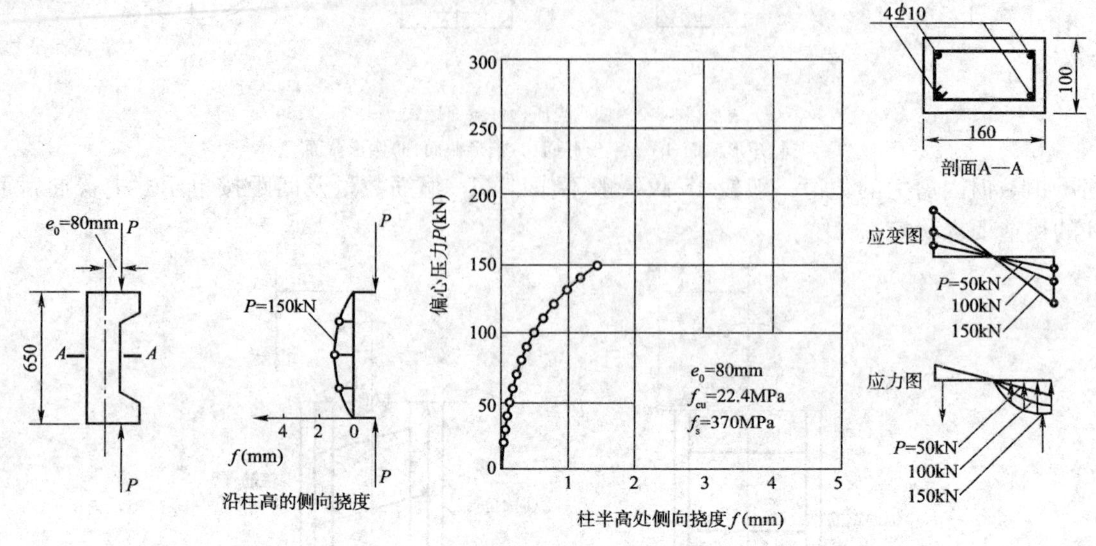

图 8-4　大偏心受压短柱试件(尺寸单位:mm)

许多大偏心受压短柱试验都表明,当偏心距较大,且受拉钢筋配筋率不高时,偏心受压构件的破坏是由于受拉钢筋首先到达屈服强度而导致受压区混凝土压坏。临近破坏时有明显的预兆,裂缝显著开展,称为受拉破坏。构件的承载力取决于受拉钢筋的强度和数量。

2. 受压破坏——小偏心受压破坏

小偏心受压就是压力 P 的初始偏心距较小。图 8-6 为矩形截面小偏心受压短柱试件的试验结果。该试件的截面尺寸、配筋均与图 8-4 所示试件相同,但偏心距较小。由图 8-6 可见,短柱受力后,截面全部受压,其中,靠近偏心压力 P 的一侧钢筋(A'_s)受到的压应力较大,另一侧钢筋(A_s)受到的压应力较小。作用(荷载)逐渐增加,应力也增大,当靠近压力 P 一侧的混凝土压应变达到其极限压应变时,该侧的边缘混凝土被压碎,同时,该侧的受压钢筋也达到屈服;但是,破坏时另一侧的混凝土和钢筋的应力都很小,在临近破坏时,远离偏心力的一侧才出现短而小的裂缝(图 8-7)。

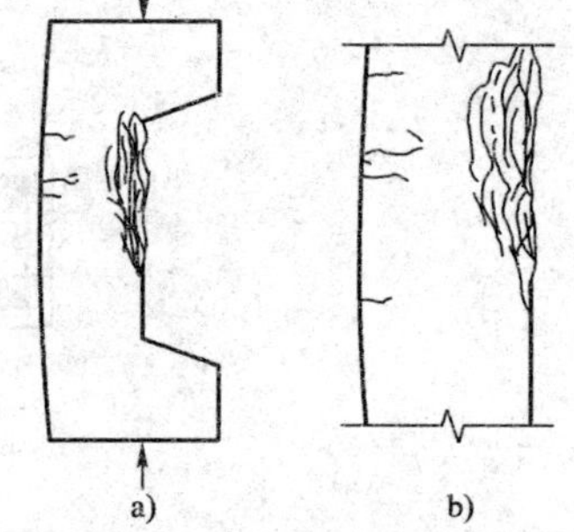

图 8-5　大偏心受压短柱破坏形态

(二)小偏心受压构件的截面应力状态

根据以上试验以及其他短柱的试验结果,小偏心受压短柱破坏时的截面应力分布,根据偏心距的大小及远离偏心力一侧的纵向钢筋数量,可分为图 8-8 所示的几种情况。

(1)当纵向偏心压力偏心距很小时,构件截面将全部受压,中性轴位于截面形心轴线以外[图 8-8a)]。破坏时,靠近压力 N 一侧混凝土压应变达到其极限压应变,钢筋 A'_s 达到其屈服强度,而离纵向压力较远一侧的混凝土和钢筋均未达到其抗压强度。

(2)纵向压力偏心距很小,但是当离纵向压力较远一侧的钢筋(A_s)数量少而靠近纵向力 N 一侧的钢筋(A'_s)较多时,则截面的实际中性轴就不在混凝土截面形心轴 0—0 处[图

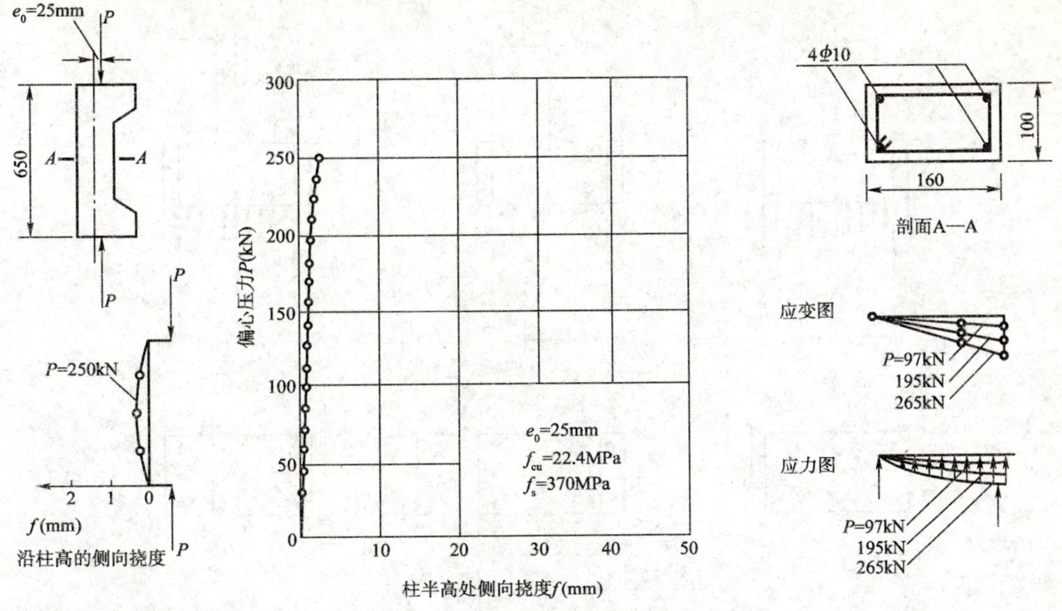

图 8-6　小偏心受压短柱试件(尺寸单位:mm)

8-8c)],而向右偏移至 1—1 轴。这样,截面靠近纵向力 N 的一侧,即原来压应力较大而 A'_s 布置较多的一侧,将负担较小的压应力;而远离纵向力 N 的一侧,即原来压应力较小而 A_s 布置过少的一侧,将负担较大的压应力。

(3)当纵向力偏心距较小时,或偏心距较大而远离纵向力一侧的钢筋较多时,截面大部分受压而小部分受拉[图 8-8b)],中性轴距受拉钢筋很近,钢筋中的拉应力很小,达不到屈服强度。

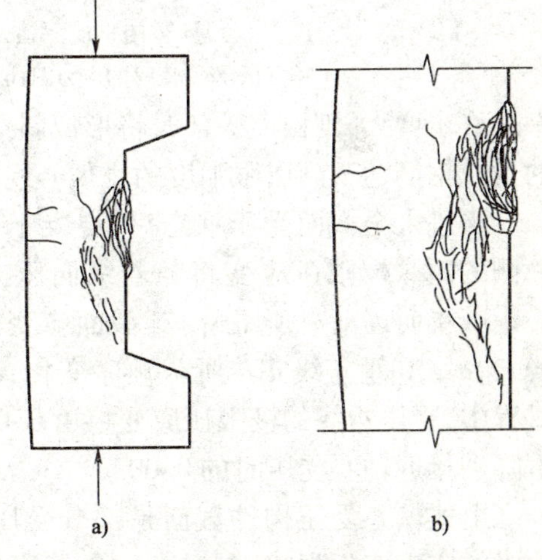

图 8-7　小偏心受压短柱破坏形态

总而言之,小偏心受压构件的破坏特征一般是首先受压区边缘混凝土的应变达到极限压应变,受压区混凝土被压碎;同一侧的钢筋压应力达到屈服强度,而另一侧的钢筋不论受拉还是受压,其应力均达不到屈服强度;破坏前,构件横向变形无明显的急剧增长。这种破坏被称为"受压破坏",其正截面承载能力取决于受压区混凝土强度和受压钢筋强度。

综上所述,形成受拉破坏的条件是偏心距较大且受拉钢筋数量不多的情况,这类构件称之为大偏心受压构件。形成受压破坏的条件是偏心距较小而受拉钢筋数量过多的情况,这类构件称之为小偏心受压构件。

三、大、小偏心受压的界限

图 8-9 表示偏心受压构件的截面应变分布图形,图中 ab、ac 线表示在大偏心受压状态下截面应变状态。随着纵向压力的偏心距减小,或受拉钢筋配筋率的增加,在破坏时形成斜线 ad 所示的应变分布状态。即当受拉钢筋达到屈服应变 ε_y 时,受压边缘混凝土也刚好达到极限压应变值 $\varepsilon_{cu}=0.0033$,此时称为界限状态。若纵向压力的偏心距进一步减小或受拉钢筋配筋

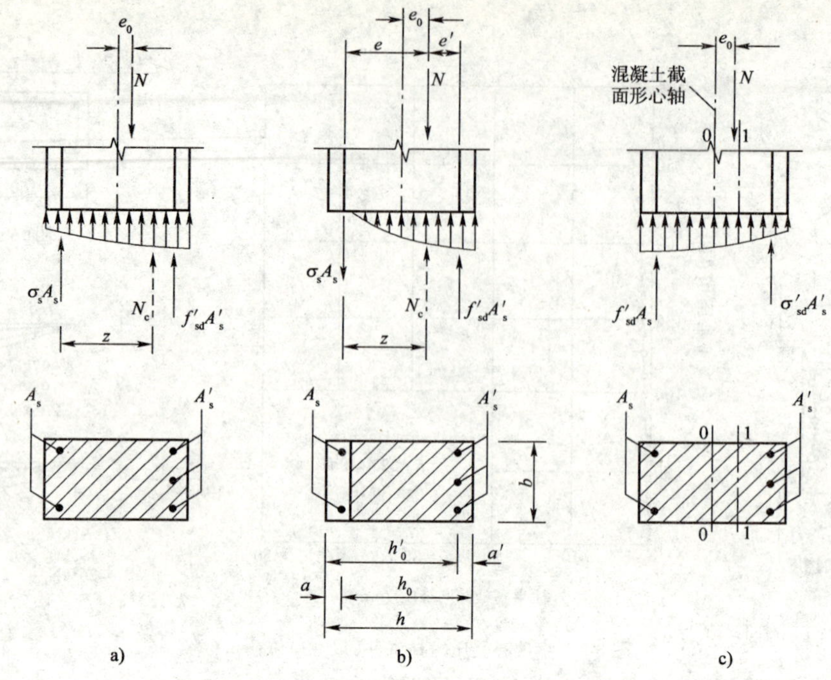

图 8-8　小偏心受压短柱截面受力的几种情况

a)截面全部受压时的应力图;b)截面大部受压时的应力图;c)A_s 太少时的应力图

率进一步增大,则截面破坏时将形成斜线 ae 所示的受拉钢筋达不到屈服强度的小偏心受压状态。

当进入全截面受压状态后,混凝土受压较大一侧的边缘极限压应变将随着纵向压力 N 的偏心距减小而逐渐有所下降,其截面应变分布如斜线 af、$a'g$ 和垂直线 $a''h$ 所示顺序变化,在变化的过程中,受压边缘的极限压应变将由 0.0033 逐步下降到接近轴心受压时的 0.002。

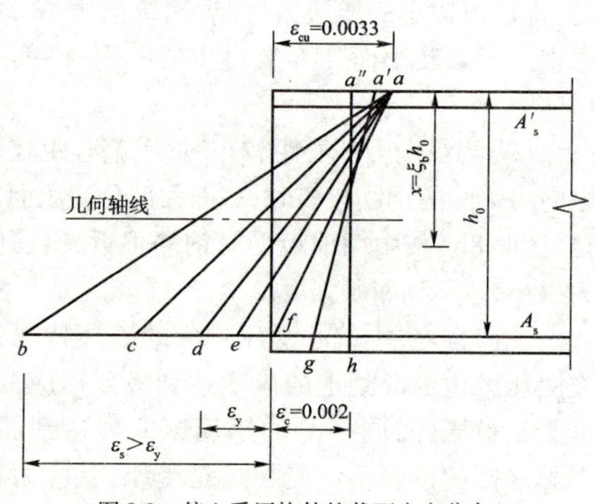

图 8-9　偏心受压构件的截面应变分布

上述偏心受压构件截面是部分受压、部分受拉时的应变变化规律,与受弯构件截面应变变化是相似的,因此,与受弯构件正截面强度计算相同,可用相对界限受压区高度 ξ_b 来判别两种不同偏心受压形态。

(1)当 $\xi \leq \xi_b$ 时,截面为大偏心受压破坏;

(2)当 $\xi > \xi_b$ 时,截面为小偏心受压破坏。

四、偏心受压构件弯矩与轴向力的关系

偏心受压构件是弯矩和轴向力共同作用的构件,轴向力与弯矩对构件的作用效应存在着叠加和制约的关系,亦即当给定轴向力时,有其唯一对应的弯矩,或者说构件可以在不同的轴向力和弯矩的组合下达到其极限承载力。

对于偏心受压短柱,由其截面强度的计算分析,可以得到图 8-10 所示的偏心受压构件弯

矩 M 与轴向力 N 相关曲线图。

在图 8-10 中,ab 段表示大偏心受压时的 $M \sim N$ 相关曲线,为二次抛物线。随着轴向力 N 的增大,截面能承担的弯矩也相应提高。

b 点为钢筋与受压混凝土同时达到其强度极限值的界限状态。此时,偏心受压构件承受的弯矩 M 最大。

bc 段表示小偏心受压时的 $M \sim N$ 相关曲线,是一条接近于直线的二次函数曲线。由曲线走向可以看出,在小偏心受压情况下,随着轴向压力的增大,截面所能承担的弯矩反而降低。

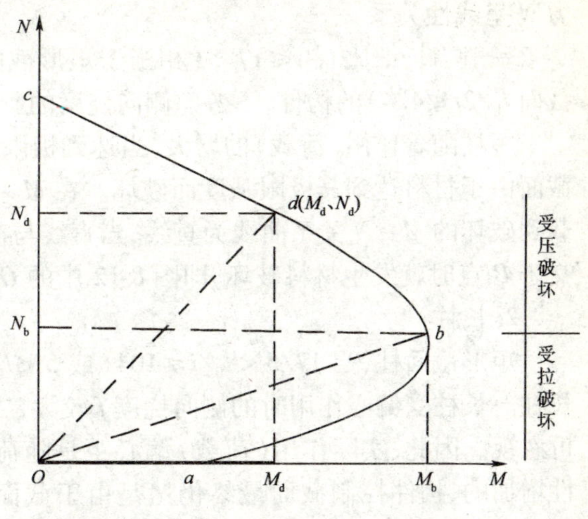

图 8-10 偏心受压构件的 $M \sim N$ 曲线图

在图 8-10 中,c 点代表轴心受压的情况,a 点代表受弯构件的情况。图中曲线上的任一点 d 的坐标就代表截面强度的一种 M 和 N 的组合。若任意点 d 位于曲线 abc 的内侧,说明截面在该点坐标给出的 M 和 N 组合下未达到承载能力极限状态;若 d 点位于图中曲线 abc 的外侧,则表明截面的承载能力不足。

§8-2 偏心受压构件的纵向弯曲

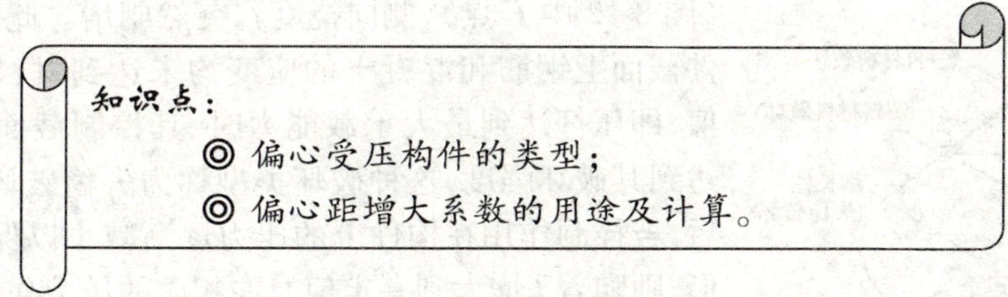

钢筋混凝土受压构件在承受偏心作用(荷载)后,将产生纵向弯曲变形,即产生侧向挠度。对于长细比小的短柱,侧向挠度小,计算时一般可忽略其影响。而对长细比较大的长柱由于侧向挠度的影响,各截面所受的弯矩不再是 Ne_0,而变成 $N(e_0+y)$(图 8-11),y 为构件任意点的水平侧向挠度。在柱高度中点处,侧向挠度最大为 f,截面上的弯矩为 $N(e_0+f)$。f 随着作用(荷载)的增大而不断增大,因而弯矩的增长也越来越快。一般把偏心受压构件截面弯矩中的 Ne_0 称为初始弯矩或一阶弯矩(不考虑构件侧向挠度时的弯矩),将 Nf 或 Ny 称为附加弯矩或二阶弯矩。由于二阶弯矩的影响,将造成偏心受压构件不同的破坏类型。

一、偏心受压构件的破坏类型

钢筋混凝土偏心受压构件按长细比可分为短柱、长柱和细长柱。

1. 短柱

偏心受压短柱中,虽然由偏心作用将产生一定的侧向挠度 f,但其 f 值很小,一般可忽略不计。例如,由于 f 而产生的二阶弯矩 $M_2 = Nf$ 与初始弯矩 $M_1 = Ne_0$ 相比小于 5% 时,可不考虑二阶弯矩。各个截面中的弯矩均可认为等于 Ne_0，即弯矩 M 与轴向力 N 呈线性关系。

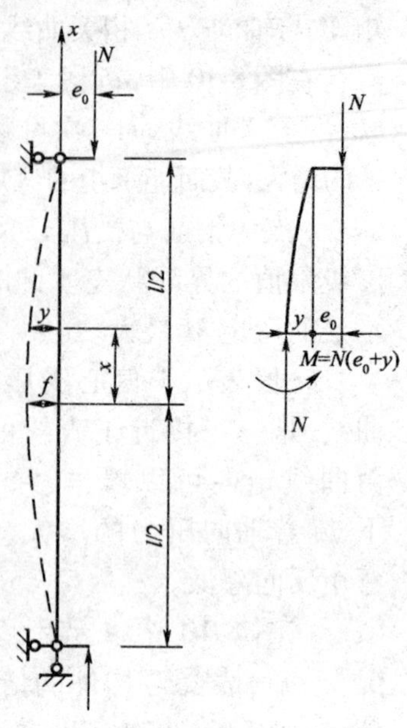

图 8-11 偏心受压构件的受力图

一般当长细比 $l_0/i \leqslant 17.5$（相当于矩形截面 $l_0/h \leqslant 5$ 或圆形截面 $l_0/2r \leqslant 4.4$）的构件，不考虑侧向挠度的影响。

短柱随着作用（荷载）的增大，当达到极限承载能力时，柱的截面由于材料达到其极限强度而破坏。在 $M \sim N$ 相关图中，从加载到破坏的 $M \sim N$ 关系曲线为直线，当直线与截面承载能力线相交于 B 点时就发生材料破坏，即图 8-12 中的 OB 直线。

2. 长柱

矩形截面柱，当 $17.5 < l_0/i \leqslant 104$（或 $5 < l_0/h \leqslant 30$）时，即为长柱。长柱受偏心作用时的侧向挠度 f 较大，二阶弯矩影响已不可忽视。因此，实际作用（荷载）偏心距是随荷载的增大而非线性增加的，构件控制截面最终仍然是由于截面中材料达到其极限强度而破坏，属材料破坏。图 8-13 为偏心受压长柱的试验结果，其截面尺寸、配筋与图 8-6 所示短柱相同，最终破坏形态仍为小偏心受压，但偏心距已随荷载的增加而变大。

偏心受压长柱在 $M \sim N$ 相关图上从加荷到破坏的关系图线以曲线分布，与截面承载力曲线相交于 C 点而发生材料破坏，即图8-12中的 OC 曲线。

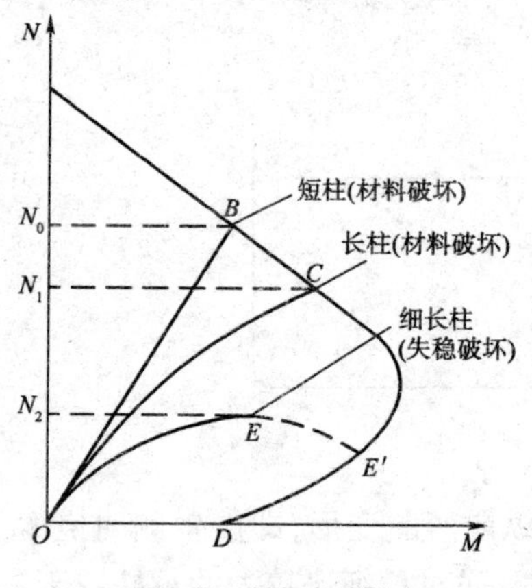

图 8-12 长细比的影响

3. 细长柱

长细比（$l_0/h > 30$）很大的柱，当偏心压力达到最大值时（图 8-12 中 E 点），侧向挠度 f' 突然剧增。此时，偏心受压构件截面上钢筋和混凝土的应变均未达到材料破坏时的极限值，即压杆达到最大承载能力时，其控制截面材料强度还未达到其破坏强度，这种破坏类型称为失稳破坏。在构件失稳后，若控制作用在构件上的压力逐渐减小以保持构件继续变形，则随着 f 增大到一定值及在相应的压力作用下，截面也可达到材料破坏点（E'）。但这时的承载力已明显低于失稳的破坏作用（荷载）。由于失稳破坏与材料破坏有本质的区别，设计中一般尽量不采用细长柱。

在图 8-12 中，短柱、长柱和细长柱的初始偏心距是相同的，但破坏类型不同：短柱和长柱分别为 OB 和 OC 曲线，是材料破坏；细长柱为 OE 曲线，是失稳破坏。随着长细比的增大承载力 N 值也不同，其值分别为 N_0、N_1 和 N_2，而 $N_0 > N_1 > N_2$。

二、偏心距增大系数

实际工程中最常遇到的是长柱，由于最终破坏是材料破坏，因此，在设计计算中需考虑由于构件侧向挠度而引起的二阶弯矩的影响。

在承受竖向作用时，两端铰支且偏心距 e_0 相等的标准受压构件，其偏心距增大系数可按下式表示：

$$\eta = \frac{e_0 + f_{\max}}{e_0} = 1 + \frac{f_{\max}}{e_0} \tag{8-1}$$

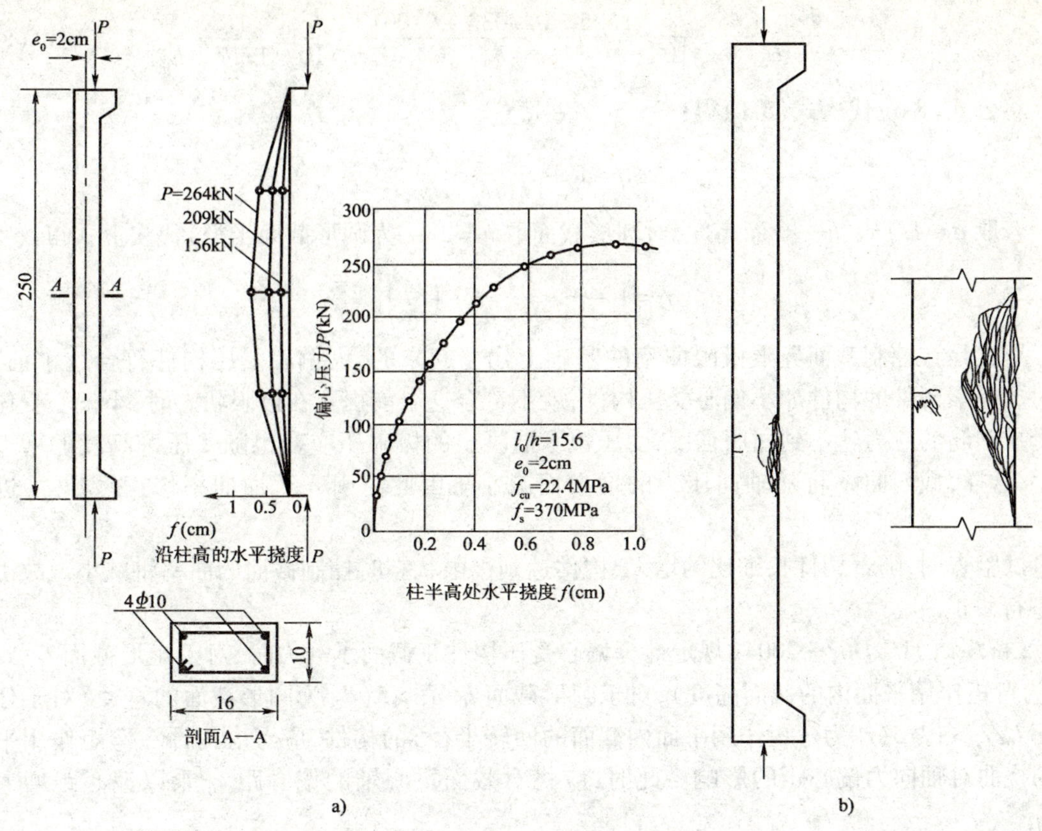

图 8-13　偏心受压长柱的试验与破坏(尺寸单位:cm)

a)试件尺寸、配筋和受力图;b)试件受力与破坏情形图

上式是按极限曲率理论建立起来的。公式(8-1)中构件中点最大挠度 f_{max} 可用积分法求得。

根据试验研究,对于两端铰接柱的侧向挠度曲线近似符合正弦曲线。

挠度曲线方程:
$$y = f\sin\frac{\pi x}{l_0}$$

挠度曲线曲率:
$$\varphi = -\frac{d^2y}{dx^2} = f\frac{\pi^2}{l_0^2}\sin\frac{\pi x}{l_0} = y\frac{\pi^2}{l_0^2}$$

若近似取 $\pi^2 = 10$,则:$\varphi \approx y\dfrac{10}{l_0^2}$

即:
$$y = \varphi\frac{l_0^2}{10} \tag{8-2}$$

根据平截面假定,曲率可以表示为:$\varphi = \dfrac{\varepsilon_c + \varepsilon_s}{h_0}$

式中:ε_c——受压较大边缘混凝土的压应变;

ε_s——受拉边(或受压较小边)钢筋的应变;

h_0——截面的有效高度,$h_0 = h - a_s$。

对界限破坏时,取 $\varepsilon_c = \phi\varepsilon_{cu} = 1.25 \times 0.0033$($\phi$ 是考虑承受长期作用时混凝土徐变影响的增大系数,取 1.25)。$\varepsilon_s = \varepsilon_y = f_y/E_s = 0.0017$(对常用的普通钢筋)

界限破坏时,柱中点的最大挠度由公式(8-2)得:

$$f_{max}=\frac{\phi\varepsilon_{cu}+\varepsilon_y}{h_0}\cdot\frac{l_0^2}{10}=\frac{1.25\times0.0033+0.0017}{h_0}\cdot\frac{l_0^2}{10}=\frac{1}{1717}\cdot\frac{l_0^2}{h_0} \tag{8-3}$$

将公式(8-3)代入式(8-1)得：

$$\eta=1+\frac{1}{1717e_0}\cdot\frac{l_0^2}{h_0}$$

若取 $h\approx1.1h_0$（h—截面高度，对圆形截面取 $h=2r$，r 为圆形截面半径）代入上式得：

$$\eta=1+\frac{1}{1400e_0/h_0}\cdot\left(\frac{l_0}{h}\right)^2$$

上式是在控制截面界限极限曲率的基础上建立起来的，大偏心受压构件符合这个前提。但对非界限条件的构件如小偏心受压构件，就不符合这个前提。在极限状态时，小偏心受压构件受拉钢筋的应力达不到屈服强度，受压边缘混凝土的极限压应变也随受压区高度的增大而减小，这样，截面曲率将随轴向压力的增大而减小。因此需引入截面曲率修正系数 ζ_1 进行修正。

试验表明，随着构件长细比的增大，构件达到极限状态时控制截面的曲率将减小。故引入 ζ_2 进行修正。

《桥规》(JTG D62—2004)规定计算偏心受压构件正截面承载力时，对于矩形截面 $l_0/h>5$（h 为弯矩作用平面内的截面高度），对于圆形截面 $l_0/d_1>5$（d_1 为圆形截面的直径）对于任意截面 $l_0/r_i>17.5$（r_i 为弯矩作用平面内截面的回转半径）的构件，应考虑构件在弯矩作用平面内的挠曲对轴向力偏心距的影响。此时，应将对截面重心轴的偏心距 e_0 乘以偏心距增大系数 η。

矩形、T 形、I 形和圆形截面偏心受压构件的偏心距增大系数可按下列公式计算：

$$\eta=1+\frac{1}{1400e_0/h_0}\cdot\left(\frac{l_0}{h}\right)^2\zeta_1\zeta_2 \tag{8-4}$$

$$\zeta_1=0.2+2.7\frac{e_0}{h_0}\leqslant1.0$$

$$\zeta_2=1.15-0.01\frac{l_0}{h}\leqslant1.0$$

式中：l_0——构件的计算长度，按表 7-1 取用或按工程经验确定；

e_0——轴向力对截面重心轴的偏心矩，$e_0=M_d/N_d$；

h_0——截面有效高度，对圆形截面取 $h_0=r+r_s$；

h——截面高度，对圆形截面取 $h=2r$，r 为圆形截面半径；

ζ_1——荷载偏心率对截面曲率的影响系数；

ζ_2——构件长细比对截面曲率的影响系数；ζ_2 计算公式的适用范围为 $15\leqslant l_0/h\leqslant30$；当 $l_0/h<15$ 时，影响不显著，取 $\zeta_2=1$；当 $l_0/h>30$ 时，构件已由材料破坏变为失稳破坏，不在考虑范围之内；当 $l_0/h=30$ 时，最小值 $\zeta_2=0.85$。

§8-3　矩形截面偏心受压构件

钢筋混凝土矩形截面偏心受压构件是工程中应用最广泛的构件。其截面长边为 h，短边为 b。在设计中，应该长边方向的截面主轴面 x—x 为弯矩作用平面（图 8-2）。矩形偏心受压构件的纵向钢筋一般集中布置在弯矩作用方向的截面两对边位置上。以 A_s 和 A'_s 来分别代表离偏心压力较远一侧和较近一侧的钢筋面积，当 $A_s \neq A'_s$ 时，称为非对称布筋；当 $A_s = A'_s$ 时，称为对称布筋。

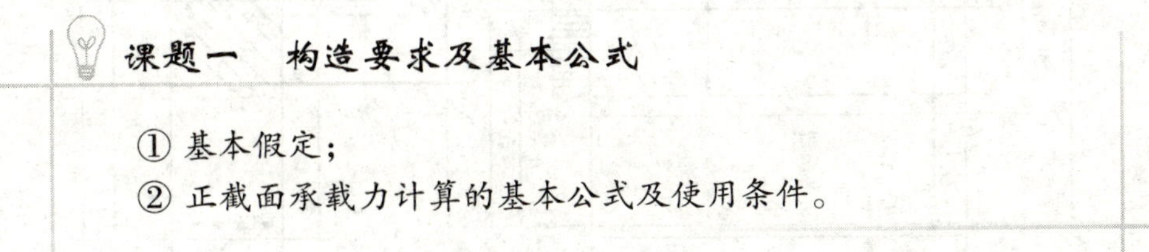

课题一　构造要求及基本公式

① 基本假定；

② 正截面承载力计算的基本公式及使用条件。

一、矩形截面偏心受压构件的构造要求

矩形偏心受压构件的构造要求，与配有纵向钢筋及普通箍筋轴心受压构件相似，详见单元七中的相关内容。长短边的比值一般为 1.5～3.0，为了模板尺寸模数化，边长宜采用 50mm 的倍数，应将长边布置在弯矩作用的方向。当偏心受压构件的截面高度（长边）$h \geqslant 600$mm 时，在侧面应设置直径为 10～16mm 的纵向构造钢筋，必要时设置相应的复合箍筋（图 8-14）。

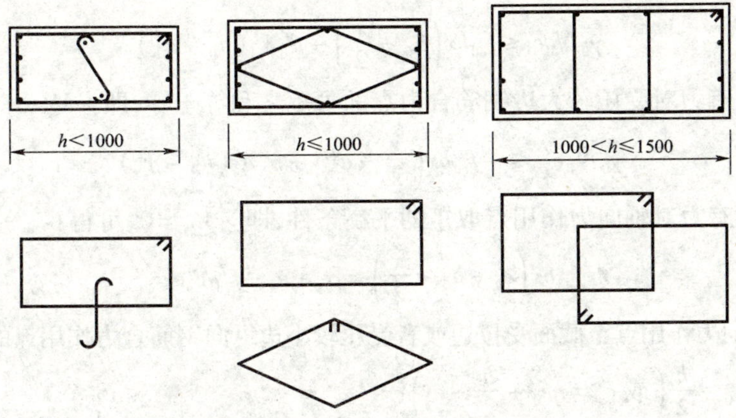

图 8-14　偏心受压柱复合箍筋（尺寸单位：mm）

二、矩形截面偏心受压构件正截面承载力计算的基本公式及适用条件

偏心受压构件的正截面承载力计算采用下列基本假定：

(1)截面应变分布符合平截面假定；

(2)不考虑受拉区混凝土参加工作，拉力全部由钢筋承担；

(3)受压区混凝土的极限压应变 $\varepsilon_{cu} = 0.0033$；

(4)混凝土的压应力图形为矩形，受压区混凝土应力达到混凝土抗压强度设计值 f_{cd}，矩形应力图的高度取 $x = \beta x_0$（式中 x_0 为应变图应变零点至受压较大边截面边缘的距离；β 为矩形应力图高度系数，按表 8-1 取用），受压较大边钢筋的应力取钢筋抗压强度设计值 f'_{sd}。

矩形截面偏心受压构件正截面抗压承载力的计算图示如图 8-15。

对于矩形截面偏心受压构件，用 $\eta\ e_0$ 表示纵向弯曲的影响。无论是大偏心受压破坏，还是小偏心受压破坏，受压区边缘混凝土都达到极限压应变，同一侧的受压钢筋 A'_s，一般都能达到抗压强度设计值 f'_{sd}，而对面一侧的钢筋 A_s 的应力，可能受拉（达到抗拉强度设计值 f_{sd} 或未达到抗拉强度设计值 f_{sd}），也可能受压，故在图 8-15 中以 σ_s 表示钢筋 A_s 中的应力，从而可以

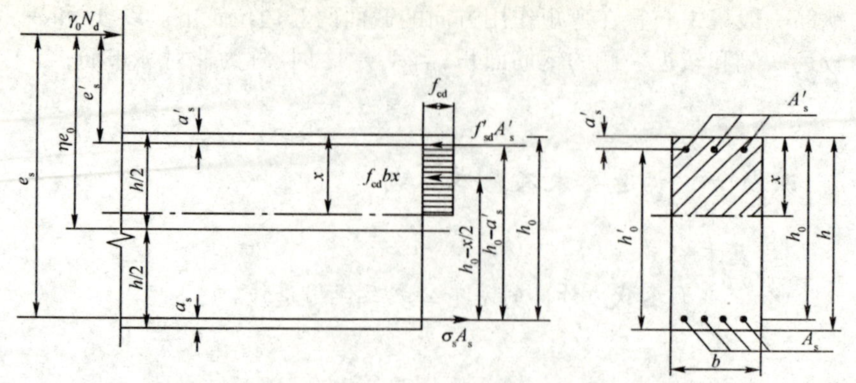

图 8-15　矩形截面偏心受压构件正截面强度计算图

建立一种大小偏心受压情况下统一的正截面承载力的计算公式。

按沿构件纵轴方向的内外力之和为零，即$\sum N=0$，得：

$$\gamma_0 N_d \leqslant f_{cd}bx + f'_{sd}A'_s - \sigma_s A_s \tag{8-5}$$

由截面上所有力对受拉边（或受压较小边）钢筋合力点的力矩之和等于零，即$\sum M_{As}=0$，可得：

$$\gamma_0 N_d e_s \leqslant f_{cd}bx\left(h_0-\frac{x}{2}\right)+f'_{sd}A'_s(h_0-a'_s) \tag{8-6}$$

由截面上所有力对受压较大边钢筋合力点的力矩之和等于零，即$\sum M_{A'_s}=0$，可得：

$$\gamma_0 N_d e'_s \leqslant -f_{cd}bx\left(\frac{x}{2}-a'_s\right)+\sigma_s A_s(h_0-a'_s) \tag{8-7}$$

由截面上所有力对轴向力作用点取矩的平衡条件，即$\sum M_N=0$，可得：

$$f_{cd}bx\left(e_s-h_0+\frac{x}{2}\right)=\sigma_s A_s e_s - f'_{sd}A'_s e'_s \tag{8-8}$$

式中：e_s——轴向力作用点至截面受拉边或者受压较小边纵向钢筋合力作用点的距离：$e_s=\eta e_0+h_0-\frac{h}{2}\left(\text{或 } e_s=\eta e_0+\frac{h}{2}-a_s\right)$；

e'_s——轴向力作用点至截面受压边钢筋合力作用点的距离，$e'_s=\eta e_0+a'_s-\frac{h}{2}$；

e_0——轴向力对截面重心轴的偏心距，即初始偏心距，$e_0=M_d/N_d$；

M_d——相应于轴向力的弯矩组合设计值；

h_0——截面受压较大边边缘至受拉边或者受压较小边纵向钢筋合力的距离，$h_0=h-a_s$；

η——偏心受压构件轴向力偏心距增大系数，按公式(8-3)计算；

f_{cd}——混凝土轴心抗压强度设计值。

关于式(8-5)至式(8-8)的使用要求及有关说明如下：

(1)受拉边或者受压较小边钢筋 A_s 的应力 σ_s 的取值：当 $x\leqslant\xi_b h_0$ 时，构件为大偏心受压，取 $\sigma_s=f_{sd}$；当 $x>\xi_b h_0$ 时，构件为小偏心受压，钢筋应力按下式计算：

$$\sigma_{si}=\varepsilon_{cu}E_s\left(\frac{\beta h_{0i}}{x}-1\right) \tag{8-9}$$

式中：σ_{si}——第 i 层纵向钢筋的应力，按公式计算为正值表示拉应力，负值表示压应力，其范围为：$-f'_{sd}\leqslant\sigma_{si}\leqslant f_{sd}$；

ε_{cu}——截面非均匀受压时，混凝土极限压应变，混凝土强度等级 C50 及以下时，取 $\varepsilon_{cu}=$

0.0033，当混凝土强度等级为 C80 时，取 $\varepsilon_{cu}=0.003$；中间强度等级用直线插入求得；

E_s——钢筋的弹性模量；

β——截面受压区矩形应力图高度与实际受压区高度的比值，按表 8-1 取用；

x——截面受压区高度；

h_{oi}——第 i 层纵向钢筋截面重心至受压较大边边缘的距离。

系 数 β 值 表 8-1

混凝土强度等级	C50 及以下	C55	C60	C65	C70	C75	C80
β 值	0.80	0.79	0.78	0.77	0.76	0.75	0.74

（2）为了保证构件破坏时，大偏心受压构件截面上的受压钢筋能达到抗压设计强度 f'_{sd}，必须满足：

$$x \geqslant 2a'_s \tag{8-10}$$

当 $x<2a'_s$ 时，受压钢筋的应力可能达不到抗压强度设计值，与双筋截面受弯构件类似，近似取 $x=2a'_s$，受压区混凝土所承担的压力作用位置与受压钢筋承担的压力作用位置重合，由截面受力平衡条件可写出：

$$\gamma_0 N_d e'_s \leqslant f_{sd} A_s (h_0 - a'_s) \tag{8-11}$$

（3）当偏心压力作用的偏心距很小（即小偏心受压）的情况下，且全截面受压，若靠近偏心压力一侧的纵向钢筋配置较多，而远离偏心压力的一侧的纵向钢筋配置较少时，钢筋的应力可能达到受压屈服强度，离偏心压力较远一侧的混凝土也有可能被压坏，为使钢筋的数量不至于过少，防止出现这种破坏，应满足下列条件：

$$\gamma_0 N_d e'_s \leqslant f_{cd} bh\left(h'_0 - \frac{h}{2}\right) + f'_{sd} A_s (h_0 - a'_s) \tag{8-12}$$

课题二 矩形截面非对称配筋

① 截面设计的基本思路；
② 承载力复核的基本思路；
③ 进行截面设计和承载力复核。

一、截 面 选 择

已知截面尺寸 b、h（通常是根据经验或以往类似的设计资料确定），构件安全等级，轴向力组合设计值 N_d，弯矩组合设计值 M_d，混凝土及钢筋的等级，构件计算长度 l_0。求钢筋截面积 A_s 及 A'_s。

计算步骤：首先应根据上述已知条件计算初始偏心距 $e_0=M_d/N_d$；假定 a_s 与 a'_s，按公式（8-3）计算偏心距增大系数 η，并根据实际计算所得的受压区高度系数值判定构件的偏心类型。但是，由于尚未进行配筋设计，所以 ξ 值是无法求出的，一般情况下可参考采用下述理论分析结果，即：当 $\eta e_0>0.3h_0$ 时，构件可按大偏心受压情况计算；当 $\eta e_0 \leqslant 0.3h_0$ 时，构件可按小偏心受压情况计算。

1. 当按大偏心受压构件计算时

因为公式(8-5)~(8-8)中,只有两个独立方程,而未知数为三个,从充分利用混凝土抗压强度的设计原则出发,先假设 $x=\xi_b h_0$,并取 $\sigma_s=f_{sd}$ 代入公式(8-6)(8-7)中,求得:

$$A'_s=\frac{\gamma_0 N_d e_s - f_{cd} b h_0^2 \xi_b (1-0.5\xi_b)}{f'_{sd}(h_0-a'_s)} \tag{8-13}$$

$$A_s=\frac{\gamma_0 N_d e'_s + f_{cd} b h_0 \xi_b (0.5\xi_b h_0 - a'_s)}{f_{sd}(h_0-a'_s)} \tag{8-14}$$

当按公式(8-13)求得的受压钢筋配筋率小于每侧受压钢筋的最小配筋率 $A'_s<\rho_{min}bh$(一般可取 $\rho_{min}=0.002$)或为负值时,应取 $A'_s=0.002bh$,并以此重新求解 x 和 A_s。

当 A'_s 为已知时,只有钢筋 A_s 和 x 两个未知数,故可以用基本公式来直接求解。由式(8-6),可得受压区高度为:

$$x=h_0-\sqrt{h_0^2-\frac{2[\gamma_0 N_d e_s - f'_{sd}A'_s(h_0-a'_s)]}{f_{cd}b}} \tag{8-15}$$

①当计算的 x 满足 $2a'_s\leqslant x\leqslant\xi_b h_0$,构件属于大偏心受压,取 $\sigma_s=f_{sd}$,把 x 代入公式(8-7)于是可得到受压区所需钢筋数量 A_s 为:

$$A_s=\frac{\gamma_0 N_d e'_s + f_{cd} b x (0.5x - a'_s)}{f_{sd}(h_0-a'_s)} \tag{8-16}$$

②当计算的 x 满足 $x\leqslant\xi_b h_0$,但是 $x<2a'_s$,则先按式(8-11)求得所需要的受拉钢筋数量 A_s,即:

$$A_s=\frac{\gamma_0 N_d e'_s}{f_{sd}(h_0-a'_s)}$$

然后,不考虑受压钢筋 A'_s,即取 $A'_s=0$,由式(8-6)和式(8-5)重新求受压区高度 x 和 A_s。两次计算的 A_s 取小者,且 A_s 满足 $A_s\geqslant 0.002bh$ 这一要求。

注意:无论什么情况,轴心受压构件、偏心受压构件全部纵向钢筋的配筋率不应小于0.5%。构件的全部纵向钢筋配筋率不宜超过5%。按构件的毛截面计算。

2. 当按小偏心受压构件计算时

对于小偏心受压的情况,远离偏心压力一侧纵向受力钢筋无论是受压还是受拉,其应力均未达到屈服强度,对截面承载力影响不大,A_s 可按构造要求取等于最小配筋量,即 $A_s=\rho_{min}bh_0=0.002bh_0$。

由式(8-7)和(8-9)可得到以 x 为未知数的方程:

$$\gamma_0 N_d e'_s \leqslant -f_{cd} b x\left(\frac{x}{2}-a'_s\right)+\sigma_s A_s (h_0-a'_s)$$

以及 $\sigma_{si}=\varepsilon_{cu}E_s\left(\frac{\beta h_{oi}}{x}-1\right)$,即得到关于 x 的一元三次方程:

$$Ax^3+Bx^2+Cx+D=0$$

式中各系数的计算表达式:

$$A=-0.5f_{cd}b \tag{8-17a}$$

$$B=f_{cd}ba'_s \tag{8-17b}$$

$$C=\varepsilon_{cu}E_s A_s(a'_s-h_0)-\gamma_0 N_d e'_s \tag{8-17c}$$

$$D=\varepsilon_{cu}\beta E_s A_s(h_0-a'_s)h_0 \tag{8-17d}$$

用逐次渐近法求解一元三次方程。

①如果 $\xi_b h_0 < x \leqslant h$，则将 x 代入公式(8-9)计算 σ_s 值；然后将 x 和 σ_s 值代入公式(8-5)或(8-6)，求得受压较大边钢筋截面面积 A'_s。

如果按上述步骤求得的 A'_s 仍然小于最小配筋率限值，则按构造要求取 $A_s=(0.005-0.002)bh=0.003bh$。

②如果 $x>h$，即相当于构件全截面均匀受压的情况。这时取 $x=h$ 代入公式(8-7)，求得 σ_s；将求得的 σ_s 代入公式(8-9)重新确定 x 值。然后，再代入公式(8-5)，求得钢筋截面面积 A'_s。

二、承载力复核

《桥规》(JTG D62—2004)规定矩形、T形和I形截面偏心受压构件除应计算弯矩作用平面抗压承载力外，尚应按轴心受压构件验算垂直于弯矩作用平面的抗压承载力，此时，不考虑弯矩的作用，但应考虑稳定系数 φ 的影响。

已知截面尺寸 b、h，钢筋截面面积 A_s 及 A'_s，构件长细比 l_0/h，混凝土及钢筋的等级，轴向力组合设计值 N_d，弯矩组合设计值 M_d，试复核构件的承载力。

计算步骤：首先判断配筋率是否满足规范要求。

1. 弯矩作用平面的承载力复核

截面设计时，以 ηe_0 与 $0.3h_0$ 之间的关系来初步确定截面按大小偏心的情况进行设计，但这不是判断大小偏心的根本依据。截面设计完成后，还必须通过 ξ 与 ξ_b 的关系来复核设计程序中所采用的初步假定是否成立，如果不成立，应重新进行截面设计。

截面复核时，因 A_s、A'_s 均为已知，故应通过实际的 ξ 与 ξ_b 的关系来判断截面是大偏心还是小偏心。一般可先取 $\sigma_s=f_{sd}$，代入式(8-8)中求 x，亦即 $\xi=\dfrac{x}{h_0}$。当 $\xi\leqslant\xi_b$ 时，截面为大偏心受压；当 $\xi>\xi_b$ 时，截面为小偏心受压。

①大偏心受压($\xi\leqslant\xi_b$)

若 $2a'_s\leqslant x\leqslant\xi_b h_0$，由式(8-8)计算的 x 即为大偏心受压构件截面受压区高度，此时，$\sigma_s=f_{sd}$，然后按式(8-5)进行截面复核。即：

$$N_{du}=f_{cd}bx+f'_{sd}A'_s-\sigma_s A_s\geqslant\gamma_0 N_d$$

若 $x<2a'_s$ 时，可以先由式(8-11)求得考虑部分受压钢筋作用的承载力 N_{du1}。另外，按不考虑受压钢筋作用，即令 $A'_s=0$，取为单筋截面，重新求得截面受压区高度 x，由此可得到承载力 N_{du2}。

截面复核时的大偏心受压构件承载力 N_{du} 应取 N_{du1} 和 N_{du2} 中较大值。

②小偏心受压($\xi>\xi_b$)

这时，截面受压区高度 x 不能单独由式(8-8)来确定。而要联合使用式(8-8)和式(8-9)来确定小偏心受压构件截面受压区高度 x，化简后可得：

$$Ax^3+Bx^2+Cx+D=0$$

式中各系数计算表达式：

$$A = 0.5 f_{cd} b$$

$$B = f_{cd} b (e_s - h_0)$$

$$C = \varepsilon_{cu} E_s A_s e_s + f'_{sd} A'_s e'_s$$

$$D = -\varepsilon_{cu} \beta E_s A_s e_s h_0$$

由上式可求得 x 和相应的 ξ 值。

a)当 $h/h_0 > \xi > \xi_b$ 时,截面部分受压,部分受拉。

将计算的 ξ 值代入式(8-9),可求得的应力 σ_s 值。然后,按照基本计算公式(8-5),求截面承载力 N_{du} 并且复核截面承载力。

b)当 $\xi > h/h_0$ 时,截面全部受压

这种情况下,偏心距较小。首先考虑靠近压力作用点的侧截面边缘的混凝土破坏,由实际的 ξ 代入式(8-9)中求得 A_s 的应力 σ_s 值,然后取 $\xi = h/h_0$,由式(8-5)求得截面承载力 N_{du1}。

因全截面受压、尚须考虑距纵向压力作用点远侧截面边缘的可能破坏,即再由式(8-12)求得承载力 N_{du2}。

很显然截面校核时截面承载力应取 N_{du1} 和 N_{du2} 较小者。

2. 垂直于弯矩作用平面的承载力复核

对于偏心受压构件,还应按轴心受压构件对垂直于弯距作用面的承载力进行复核。此内容可参考单元七相关的内容,此处不再赘述。

例 8-1 某钢筋混凝土矩形截面偏心受压柱,截面尺寸为 $b \times h = 300\text{mm} \times 500\text{mm}$,计算长度 $l_0 = 4.0\text{m}$,$M_d = 266\text{kN} \cdot \text{m}$,$N_d = 380\text{kN}$,结构重要性系数 $\gamma_0 = 1$,C30 混凝土,$f_{cd} = 13.8\text{MPa}$;HRB335 钢筋,$f_{sd} = f'_{sd} = 280\text{MPa}$。试进行配筋计算。

解:假设 $a_s = a'_s = 45\text{mm}$,则 $h_0 = h - a_s = 500 - 45 = 455\text{mm}$

由长细比 $l_0/h = 4000/500 = 8 > 5$,故应考虑桩的纵向弯曲。

(1)求偏心距增大系数 η

$$e_0 = \frac{M_d}{N_d} = \frac{266 \times 10^6}{380 \times 10^3} = 700\text{mm}$$

$\zeta_1 = 0.2 + 2.7 \dfrac{e_0}{h_0} = 0.2 + 2.7 \times 700/455 = 4.35 > 1.0$,取 $\zeta_1 = 1$

$\zeta_2 = 1.15 - 0.01 \dfrac{l_0}{h} = 1.15 - 0.01 \times 4000/500 = 1.07 > 1.0$,取 $\zeta_2 = 1$

$$\eta = 1 + \frac{1}{1400 e_0/h_0} \cdot \left(\frac{l_0}{h}\right)^2 \zeta_1 \zeta_2$$

$$= 1 + \frac{1}{1400 \times 700/455} \times \left(\frac{4000}{500}\right)^2 \times 1 \times 1 = 1.03$$

(2)大、小偏心截面的判断

$\eta \cdot e_0 = 1.03 \times 700 = 721\text{mm} > 0.3 \times 455 = 136.5\text{mm}$,可先按大偏心的情况进行设计。

$e_s = \eta e_0 + h_0 - \dfrac{h}{2} = 721 + 455 - 500/2 = 926\text{mm}$

$e'_s = \eta e_0 + a'_s - \dfrac{h}{2} = 721 + 45 - 500/2 = 516\text{mm}$

(3)钢筋选择

因采用 C30 混凝土，HRB335 钢筋，所以取 $\xi_b=0.56$，$x=\xi_b h_0=0.56\times455=254.8\text{mm}$。

由于是大偏心受压构件，取 $\sigma_s=f_{sd}=280\text{MPa}$。

首先由公式(8-13)可得：

$$A'_s=\frac{\gamma_0 N_d e_s-f_{cd}bh_0^2\xi_b(1-0.5\xi_b)}{f'_{sd}(h_0-a'_s)}$$

$$=\frac{380\times10^3\times926-13.8\times300\times455^2\times0.56\times(1-0.5\times0.56)}{280\times(455-45)}$$

$$=54.91\text{mm}^2<\rho_{min}bh=0.002\times300\times500=300\text{mm}^2$$

则按构造要求配筋，并取 $A'_s=300\text{mm}^2$ 选 2 ϕ 14(外径 16.2)，供给的 $A'_s=307.8\text{mm}^2$，仍取 $a'_s=45\text{mm}$。

由式(8-15)，可得：

$$x=h_0-\sqrt{h_0^2-\frac{2[\gamma_0 N_d e_s-f'_{sd}A'_s(h_0-a'_s)]}{f_{cd}b}}$$

$$=455-\sqrt{455^2-\frac{2\times380\times10^3\times926-280\times307.8\times410}{13.8\times300}}$$

$$=222.4\text{mm}<x=\xi_b h_0=254.8\text{mm}>2a'_s=90\text{mm}$$

x 满足 $2a'_s\leqslant x\leqslant\xi_b h_0$，构件属于大偏心受压，取 $\sigma_s=f_{sd}=280\text{MPa}$，把 x 代入公式(8-5)或式(8-16)，于是可得到受拉区所需钢筋数量 A_s 为：

$$A_s=\frac{f_{cd}bx+f'_{sd}A'_s-\gamma_0 N_d}{f_{sd}}$$

$$=\frac{13.8\times300\times222.4+280\times307.8-380\times10^3}{280}$$

$$=2239\text{mm}^2$$

故选用钢筋为 4 ϕ 28，$A_s=2463.2\text{mm}^2$，满足构造要求。

例 8-2 有一钢筋混凝土偏心受压构件，计算长度 $l_0=10\text{m}$，截面尺寸为 300mm×600mm，承受的轴向力组合设计值 $N_d=315\text{kN}$，弯矩组合设计值 $M_d=210\text{kN·m}$，结构重要性系数 $\gamma_0=1$，拟采用 C30 混凝土，$f_{cd}=13.8\text{MPa}$；HRB335 钢筋，$f_{sd}=280\text{MPa}$，$f'_{sd}=280\text{MPa}$，$E_s=2\times10^5\text{MPa}$，$\xi_b=0.56$。试选择钢筋，并复核承载力。

解：因 $L_0/h=10000/600=16.67>5$，故应考虑偏心距增大系数 η 的影响，η 值按公式(8-4)计算：

$$\eta=1+\frac{1}{1400e_0/h_0}(L_0/h)^2\zeta_1\zeta_2$$

式中：$e_0=M_d/N_d=\dfrac{210}{315}\times10^3=666.7\text{mm}$

$h_0=h-a_s=600-45=555\text{mm}$(假设 $a_s=a'_s=45\text{mm}$)

$L_0=10000\text{mm}$；$h=600\text{mm}$

$\zeta_1=0.2+2.7e_0/h_0=0.2+2.7\times666.7/555=3.44>1$，取 $\zeta_1=1$

$\zeta_2=1.15-0.01\dfrac{L_0}{h}=1.15-0.01\times\dfrac{10000}{600}=0.98<1$

代入上式则得：

$$\eta = 1 + \frac{1}{1400 \times \frac{666.7}{555}} \times \left(\frac{10000}{600}\right)^2 \times 1 \times 0.98 = 1.16$$

计算偏心距：

$$e_s = \eta e_0 + h_0 - \frac{h}{2} = 1.16 \times 666.7 + 555 - \frac{600}{2} = 1028.4\text{mm}$$

$$e'_s = \eta e_0 - \frac{h}{2} + a'_s = 1.16 \times 666.7 - \frac{600}{2} + 45 = 518.4\text{mm}$$

(1)钢筋选择

因 $\eta e_0/h_0 = 1.16 \times 666.7/555 = 1.39 > 0.3$，显然为大偏心受压构件，取 $\sigma_s = f_{sd} = 280\text{MPa}$。首先，以 $x = \xi_b h_0 = 0.56 \times 555 = 310.8\text{mm}$ 代入公式(8-6)，求得受压钢筋截面面积。

$$A'_s = \frac{\gamma_0 N_d e_s - f_{cd} bx(h_0 - \frac{x}{2})}{f'_{sd}(h_0 - a'_s)}$$

$$= \frac{1 \times 315 \times 10^3 \times 1028.4 - 13.8 \times 300 \times 310.8(555 - \frac{310.8}{2})}{280 \times (555 - 45)}$$

$$= -1332.1\text{mm}^2$$

A'_s 出现负值，则应改为按构造要求取 $A'_s = 0.002bh = 0.002 \times 300 \times 600 = 360\text{mm}^2$，选 3 ϕ 14(外径 16.2mm)，$A'_s = 462\text{mm}^2$，仍取 $a'_s = 45\text{mm}$。

这时，应由公式(8-6)计算混凝土受压高度 x：

$$\gamma_0 N_d e_s = f_{cd} bx(h_0 - \frac{x}{2}) + f'_{sd} A'_s (h_0 - a'_s)$$

$$= 1 \times 315 \times 10^3 \times 1028.4 = 13.8 \times 300x(555 - \frac{x}{2}) + 280 \times 462(555 - 45)$$

展开整理后得：

$$x^2 - 1110x + 124624.35 = 0$$

解之得：$x = 126.75\text{mm} < \xi_b h_0 = 0.56 \times 555 = 310.8\text{mm}$

$> 2a'_s = 2 \times 45 = 90\text{mm}$

将所得 x 值代入公式(8-5)，求得受拉钢筋截面面积为：

$$A_s = \frac{f_{cd} bx + f'_{sd} A'_s - \gamma_0 N_d}{f_{sd}}$$

$$= \frac{13.8 \times 300 \times 126.75 + 280 \times 462 - 1 \times 315 \times 10^3}{280} = 1211(\text{mm}^2)$$

选 4 ϕ 20(外径 22.7mm)，$A_s = 1256\text{mm}^2$，布置成一排，所需截面最小宽度 $b_{min} = 2 \times 30 + 3 \times 30 + 4 \times 22.7 = 241\text{mm} < b = 300\text{mm}$，仍取 $a_s = 45\text{mm}$，$h_0 = 555\text{mm}$(图 8-16)。

(2)稳定验算

因 $L_0/b = 10000/300 = 33.7 > 8$，应对垂直于弯矩作用平面进行稳定验算。稳定验算时，不考虑弯矩的作用，由公式(7-2)得：

$$N_{du} = 0.9\varphi[f_{cd} bh + f'_{sd}(A_s + A'_s)]$$

按 $L_0/b = 33.3$，查得 $\varphi = 0.467$，代入上式得：

$$N_{du} = 0.9 \times 0.467 \times [13.8 \times 300 \times 600 + 280 \times (462 + 1256)]$$

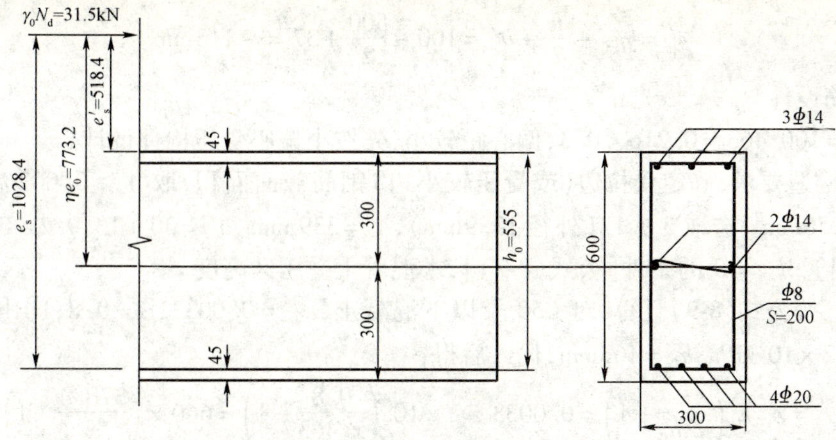

图 8-16　偏心受压构件计算简图及配筋(尺寸单位:mm)

$=1246.2\times10^3\text{N}=1246.2\text{kN}>\gamma_0 N_d=315\text{kN}$

计算结果表明,垂直弯矩作用平面的稳定性满足要求。

(3)承载力复核

按实际配筋情况进行承载力复核时,应由 $\sum M_N=0$ 的平衡条件公式(8-8),确定混凝土受压区高度 x:

$$f_{cd}bx(e_s-h_0+\frac{x}{2})=f_{sd}A_se_s-f'_{sd}A'_se'_s$$

$$13.8\times300x(1028.4-555+\frac{x}{2})=280\times1256\times1028.4-280\times462\times518.4$$

展开整理后得:

$$x^2+946.8x-142322.46=0$$

解之得:$x=131.9\text{mm}<\xi_b h_0=0.56\times555=310.8\text{mm}$

$>2a'_s=2\times45=90\text{mm}$

将所得 x 值,代入公式(8-5)得:

$N_{du}=f_{cd}bx+f'_{sd}A'_s-f_{sd}A_s$

$=13.8\times300\times131.9+280\times462-280\times1256$

$=323.9\times10^3\text{N}=323.9\text{kN}>\gamma_0 N_d=315(\text{kN})$

计算结果表明,结构的承载力是足够的。

例 8-3　有一现浇的钢筋混凝土偏心受压构件,计算长度 $L_0=2.5\text{m}$,截面尺寸 250mm × 500mm,承受的轴向力组合设计值 $N_d=1200\text{kN}$,弯矩组合设计值 $M_d=120\text{kN·m}$,结构重要性系数 $\gamma_0=1$。拟采用 C25 混凝土,$f_{cd}=11.5\text{MPa}$,$f_{td}=1.23\text{MPa}$;纵向钢筋拟采用 HRB335 钢筋,$f'_{sd}=280\text{MPa}$,$E_s=2.0\times10^5\text{MPa}$,$f_{sd}=280\text{MPa}$,$\xi_b=0.56$。试选择钢筋,并复核承载力。

解:因 $L_0/h=2500/500=5$,故可不考虑附加偏心增大系数 η 的影响。假设 $a_s=a'_s=37\text{mm}$,$h_0=h-a_s=500-37=463\text{mm}$。计算偏心距为:

$$e_0=M_d/N_d=\frac{120}{1200}\times10^3=100\text{mm}$$

$$e_s=\eta e_0+h_0-\frac{h}{2}=100+463-\frac{500}{2}=313\text{mm}$$

$$e'_s = \eta e_0 - \frac{h}{2} + a'_s = 100 - \frac{500}{2} + 37 = -113\text{mm}$$

(1)配筋设计

$\eta e_0/h_0 = 100/463 = 0.216 < 0.3$,偏心距较小,先按小偏心受压构件设计。

首先按构造要求,确定受拉边(或受压较小边)钢筋截面面积,取 $A_s \geqslant 0.002bh = 0.002 \times 250 \times 500 = 250\text{mm}^2$,选取 3 ϕ 12(外径 13.9mm),$A_s = 339\text{mm}^2$,$a'_s = 30 + 13.9/2 \approx 37\text{mm}$。

然后,由 $\sum M_{A's} = 0$ 的条件[公式(8-7)],求混凝土受压区高度 x。

式中,σ_s 按公式(8-9)计算,对 C50 及以下混凝土,$\varepsilon_{cu} = 0.0033$,$\beta = 0.8$;HRB335 钢筋弹性模量 $E_s = 2 \times 10^5\text{MPa}$;$h_0 = 463\text{mm}$,代入后得:

$$\sigma_s = \varepsilon_{cu} E_s \left(\frac{\beta}{x/h_0} - 1\right) = 0.0033 \times 2 \times 10^5 \left(\frac{0.8}{x/463} - 1\right) = 660 \times \left(\frac{370.4}{x} - 1\right)$$

将上式和有关数据代入公式(8-7),可得:

$$1200 \times 10^3 \times (-113) = -11.5 \times 250x\left(\frac{x}{2} - 37\right) + 660 \times \left(\frac{370.4}{x} - 1\right) \times 339 \times (463 - 37)$$

展开整理后得:

$$x^3 - 74x^2 - 28025.6x - 24559321 = 0$$

采用逐次渐近法求解三次方程得

$x = 351.9\text{mm} > \xi_b h_0 = 0.56 \times 463 = 240.76\text{mm}$,说明按小偏心受压构件计算是正确的。

受拉边或受压较小边的钢筋应力为:

$$\sigma_s = \varepsilon_{cu} E_s \left(\frac{\beta}{x/h_0} - 1\right) = 660 \times \left(\frac{370.4}{x} - 1\right)$$

$$= 660 \times \left(\frac{370.4}{351.9} - 1\right) = 34.7\text{MPa}(\text{拉应力})$$

由 $\sum N = 0$ 的条件[公式(8-5)],求得受压较大边钢筋截面面积为:

$$A'_s = \frac{\gamma_0 N_d - f_{cd}bx + \sigma_s A_s}{f'_{sd}}$$

$$= \frac{1 \times 1200 \times 10^3 - 11.5 \times 250 \times 351.9 - 34.7 \times 339}{280} = 714.5(\text{mm})^2$$

选取 4 ϕ 16(外径 18.4mm),$A'_s = 804\text{mm}^2$,$a'_s = 30 + 18.4/2 = 39.2\text{mm}$,取 $a'_s = 40\text{mm}$,钢筋按一排布置,所需截面最小宽度 $b_{min} = 2 \times 30 + 4 \times 18.4 + 3 \times 30 = 223.6\text{mm} < b = 250\text{mm}$。

受压较小边钢筋已选取 3 ϕ 12,$A_s = 339\text{mm}^2$,仍取 $a_s = 37\text{mm}$,$h_0 = 463\text{mm}$。实际的计算偏心距为:

$$e_0 = 100\text{mm}$$

$$e_s = 313\text{mm}$$

$$e'_s = e_0 - h/2 + a'_s = 100 - 500/2 + 40 = -108\text{mm}$$

(2)稳定验算

对垂直于弯矩作用平面进行稳定验算,由公式(7-2)得:

$$N_{du} = 0.9\varphi[f_{cd}bh + f'_{sd}(A_s + A'_s)]$$

由 $L_0/b = 2500/250 = 10$,查得 $\varphi = 0.98$,代入上式得:

$$N_{du}=0.9\times0.98\times[11.5\times250\times500+280(339+804)]$$
$$=1550\times10^3\text{N}=1550\text{kN}>\gamma_0N_d=1200(\text{kN})$$

计算结果表明，垂直于弯矩作用平面的稳定性满足要求（图8-17）。

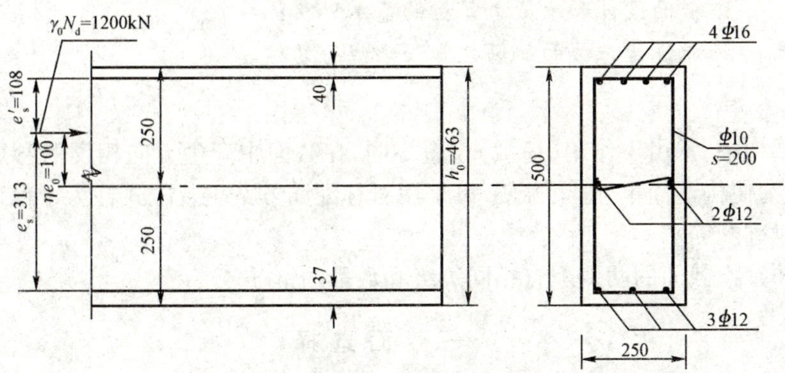

图8-17　偏心受压构件计算简图及配筋（尺寸单位：mm）

（3）承载力复核

由$\sum M_N=0$的平衡条件[公式（8-8）]，确定受压区高度x，可得：

$$f_{cd}bx\left(e_s-h_0+\frac{x}{2}\right)=\sigma_sA_se_s-f'_{sd}A'_se'_s$$

将$\sigma_s=\varepsilon_{cu}E_s\left(\dfrac{\beta}{x/h_0}-1\right)=660\times\left(\dfrac{370.4}{x}-1\right)$和有关数据代入上式：

$$11.5\times250x\left[313-463+\frac{x}{2}\right]=660\times\left(\frac{370.4}{x}-1\right)\times339\times313-280\times804\times(-108)$$

展开整理后得：

$$x^3-300x^2+31803.6x-18044759.4=0$$

解三次方程得$x=354.1\text{mm}>\xi_bh_0=0.56\times463=259.28\text{mm}$，属于小偏心受压构件。

受压较小边钢筋应力为：

$$\sigma_s=\varepsilon_{cu}E_s\left(\frac{\beta}{x/h_0}-1\right)=660\times\left(\frac{370.4}{354.1}-1\right)=30.4\text{MPa}\text{（拉应力）}$$

将所得x和σ_s值代入公式（8-5）得：

$$\begin{aligned}N_{du}&=f_{cd}bx+f'_{sd}A'_s-\sigma_sA_s\\&=11.5\times250\times354.1+280\times804-30.4\times339\\&=1232.9\times10^3\text{N}=1232.9\text{kN}>\gamma_0N_d=1200\text{kN}\end{aligned}$$

计算结果表明，承载力是足够的。

此外，对于轴向力作用于A_s和A'_s之间的小偏心受压构件为了防止离轴向力较远一侧混凝土先压坏，尚应满足公式（8-12）的限制条件：

$$\gamma_0N_de'_s\leqslant f_{cd}bh\left(h'_0-\frac{h}{2}\right)+f'_{sd}A_s(h_0-a'_s)$$

式中$h'_0=h-a'_s=500-40=460\text{mm}$，$e'_s=108\text{mm}$代入上式后得：

$$1.0\times1200\times10^3\times108\leqslant11.5\times250\times500\times\left(460-\frac{500}{2}\right)+280\times339\times(460-40)$$

$$129.6\times10^6\text{N·mm}\leqslant342\times10^6(\text{N·mm})$$

满足要求。

课题三　矩形截面对称配筋

① 截面设计和承载力复核的基本思路；

② 能进行正截面配筋计算和承载力复核。

在桥梁结构中，常由于作用（荷载）位置不同，在截面中产生方向相反的弯矩，当其绝对值相差不大时，为使构造简单、施工方便，可采用对称配筋方案。装配式柱为了保证安装不出错，有时也采用对称配筋。

对称配筋是指截面的两侧配有相同等级和数量的钢筋。

一、截面选择

已知截面尺寸 b、h（通常是根据经验或以往类似的设计资料确定），轴向力组合设计值 N_d，弯矩组合设计值 M_d，结构重要性系数 γ_0，混凝土及钢筋的等级，构件计算长度 l_0。求钢筋截面积 $A_s(=A'_s)$。

（1）大、小偏心受压构件的判别

首先假定是大偏心受压，由于是对称配筋，$A_s=A'_s$，$f'_{sd}=f_{sd}=\sigma_s$，由公式（8-5）得：

$$\gamma_0 N_d=f_{cd}bx$$

以 $x=\xi h_0$ 代入上式，得：

$$\xi=\frac{\gamma_0 N_d}{f_{cd}bh_0} \tag{8-18}$$

当 $\xi\leqslant\xi_b$ 时，截面为大偏心受压；当 $\xi>\xi_b$ 时，截面为小偏心受压。

（2）大偏心受压构件的计算

当 $x=\xi h_0\geqslant 2a'_s$ 时，直接利用公式（8-6）或式（8-7）得：

$$A_s=A'_s=\frac{\gamma_0 N_d e_s-f_{cd}bh_0^2(1-0.5\xi)\xi}{f'_{sd}(h_0-a'_s)} \tag{8-19}$$

当 $x=\xi h_0<2a'_s$ 时，首先按公式（8-11）求得：

$$A_{s1}=\frac{\gamma_0 N_d e'_s}{f_{sd}(h_0-a'_s)} \tag{8-20}$$

然后按照不考虑受压钢筋参加工作，即 $A'_s=0$，由公式（8-6）可得受压区高度 x 为：

$$x=h_0-\sqrt{h_0-\frac{2\gamma_0 N_d e_s}{f_{cd}b}} \tag{8-21}$$

将求得 x 代入公式（8-5）得：

$$A_{s2}=\frac{f_{cd}bx-\gamma_0 N_d}{f_{sd}} \tag{8-22}$$

则钢筋数量应取 A_{s1} 和 A_{s2} 中较小者。

二、小偏心受压构件的计算

对称配筋小偏心受压构件，由于 $A_s=A'_s$，即使在全截面受压情况下，也不会出现远离偏心压力作用点一侧混凝土先破坏的情况。

利用式（8-9）、（8-5）和（8-6）或（8-8）联立求解出 x，再由式（8-5）计算出 $A_s(=A'_s)$。

在上述计算中，如所求得总钢筋截面积$(A_s+A'_s)>0.05bh$，则说明所选混凝土截面尺寸过小，应加大截面尺寸；如求得的A'_s为负值，则说明截面尺寸过大，应按最小配筋率配筋，即取$A_s=A'_s=0.002bh$。

注意，小偏心受压构件当计算的截面受压区高度$x>h$时，计算构件承载力时取$x=h$，但计算钢筋应力σ时仍用计算所得的x。

三、承载力复核

对称配筋时的承载力复核计算过程与非对称配筋情况相同，由于假定$A_s=A'_s$因而不可能出现轴向力作用点远离边缘破坏的情形。

例8-4 有一装配式钢筋混凝土柱，计算长度$l_0=2.5\text{m}$，截面尺寸为$250\text{mm}\times500\text{mm}$。承受的轴向力组合设计值$N_d=1328\text{kN}$，双向变号弯矩组合设计值$M_d=\pm121.9\text{kN}\cdot\text{m}$，结构重要性系数$\gamma_0=1.0$。拟采用C25混凝土，$f_{cd}=11.5\text{MPa}$，$f_{td}=1.23\text{MPa}$；R235钢筋$f_{sd}=f'_{sd}=195\text{MPa}$，$\xi_b=0.62$，$E_s=2.1\times10^5\text{MPa}$。试按对称配筋原则选择钢筋，并复核承载力。

解：因$l_0/h=2500/500=5$，故可不考虑附加偏心增大系数的影响，即$\eta=1$。假设$a_s=a'_s=37\text{mm}$，则$h_0=h-a_s=500-37=463\text{mm}$。

计算偏心距为：

$$e_0=M_d/N_d=(121.9/1328)\times10^3=91.8\text{mm}$$

$$e_s=\eta e_0+h_0-\frac{h}{2}=91.8+463-\frac{500}{2}=304.8\text{mm}$$

$$e'_s=\eta e_0-\frac{h}{2}+a'_s=91.8-\frac{500}{2}+37=-121.2\text{mm}$$

(1)配筋设计

因相对偏心距较小，可先按小偏心受压构件计算，将

$$\sigma_s=\varepsilon_{cu}E_s\left(\frac{\beta}{x/h_0}-1\right)=0.0033\times2.1\times10^5\times\left(\frac{0.8\times463}{x}-1\right)$$

$$=693\times\left(\frac{370.4}{x}-1\right)$$

代入公式(8-5)，并取$A_s=A'_s$：

$$\gamma_0N_d=f_{cd}bx+f'_{sd}A'_s-\sigma_sA_s$$

$$\gamma_0N_d=f_{cd}bx+\left[f'_{sd}-693\times\left(\frac{370.4}{x}-1\right)\right]A'_s$$

$$\therefore A_s=A'_s=\frac{\gamma_0N_d-f_{sd}bx}{f'_{sd}-693\times\left(\frac{370.4}{x}-1\right)}$$

$$=\frac{1328\times10^3-11.5\times250x}{195-693\times\left(\frac{370.4}{x}-1\right)}=\frac{1328\times10^3x-2875x^2}{888x-256687.2}$$

将上式代入公式(8-6)，得：

$$\gamma_0N_de_s=f_{cd}bx\left(h_0-\frac{x}{2}\right)+f'_{sd}A'_s(h_0-a'_s)$$

$$1328\times10^3\times304.8=11.5\times250x\left(463-\frac{x}{2}\right)+195\times\left[\frac{1328\times10^3x-2875x^2}{888x-256687.2}\right]\times(463-37)$$

展开整理后得：

$$x^3 - 1027.97x^2 + 462832.32x - 81394757 = 0$$

解三次方程得：$x = 372\text{mm} > \xi_b h_0 = 0.62 \times 463 = 287.06\text{mm}$

说明按小偏心受压构件计算是正确的。

受拉边或受压较小边的钢筋应力为：

$$\sigma_s = \varepsilon_{cu} E_s \left(\frac{\beta}{x/h_0} - 1 \right) = 693 \times \left(\frac{370.4}{372} - 1 \right) = -3.0\text{MPa}(\text{压应力})$$

所需钢筋截面面积为：

$$A_s = A'_s = \frac{\gamma_0 N_d - f_{cd} bx}{f_{sd} - \sigma_s}$$

$$= \frac{1328 \times 10^3 - 11.5 \times 250 \times 372}{[195 - (-3)]} = 1305.6(\text{mm})^2$$

选取 4 ϕ 22，$A_s = A'_s = 1520\text{mm}^2$，钢筋布置成一排，所需截面最小宽度 $b_{min} = 2 \times 30 + 4 \times 25.1 + 3 \times 30 = 250.4(\text{mm}) \approx 250(\text{mm})$，$a_s = a'_s = 30 + 25.1/2 = 42.6(\text{mm})$，$h_0 = 500 - 42.6 = 457.4(\text{mm})$（图 8-18）。

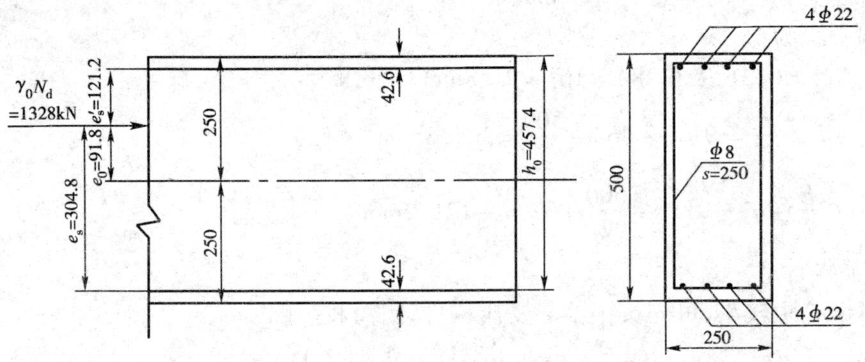

图 8-18　偏心受压构件计算简图及配筋（尺寸单位：mm）

（2）稳定验算

因 $l_0/b = 3500/250 = 14 > 8$ 故应对垂直于弯矩作用平面进行稳定验算，由公式(7-2)得：

$$N_{du} = 0.9\varphi[f_{cd} bh + 2f'_{sd} A'_s]$$

按 $l_0/b = 14$，查得 $\varphi = 0.92$，代入上式，得：

$$N_{du} = 0.9 \times 0.92 \times [11.5 \times 250 \times 500 + 2 \times 195 \times 1520]$$

$$= 1681.1 \times 10^3\text{N} = 1774.5\text{kN} > \gamma_0 N_d = 1328(\text{kN})$$

满足要求。

（3）承载力复核

由 $\sum M_N = 0$ 的条件[式(8-8)]确定混凝土受压区高度，得：

$$f_{cd} bx \left(e_s - h_0 + \frac{x}{2} \right) = \sigma_s A_s e_s - f'_{sd} A'_s e'_s$$

将 $\sigma_s = \varepsilon_{cu} E_s \left(\frac{\beta}{x/h_0} - 1 \right) = 693 \times \left(\frac{370.4}{x} - 1 \right)$ 和有关数据代入上式，得：

$$11.5 \times 250x \left[304.8 - 459 + \frac{x}{2} \right] = 693 \times \left(\frac{370.4}{x} - 1 \right) \times 1520 \times 304.8 - 195 \times 1520 \times (-121.2)$$

展开整理后得：

$$x^3 - 308.4x^2 + 198358.6x - 82728452 = 0$$

解三次方程得：$x = 372.4\text{mm} > \xi_b h_0 = 0.62 \times 457.4 = 283.6\text{mm}$

受拉边或受压较小边钢筋应力为：

$$\sigma_s = \varepsilon_{cu} E_s \left(\frac{\beta}{x/h_0} - 1 \right) = 693 \times \left(\frac{365.92}{372.4} - 1 \right) = -12.1\text{MPa}(\text{压应力})$$

将所得 x 和 σ_s 值代入公式(8-5)得：

$$N_{du} = f_{cd} bx + f'_{sd} A'_s - \sigma_s A_s$$

$$N_{du} = 11.5 \times 250 \times 372.4 + 195 \times 1520 - (-12.1) \times 1520$$

$$= 1385.4 \times 10^3\text{N} = 1385.4\text{kN} > \gamma_0 N_d = 1328\text{kN}$$

计算结果表明，结构的承载力是足够的。

§8-4　圆形截面偏心受压构件

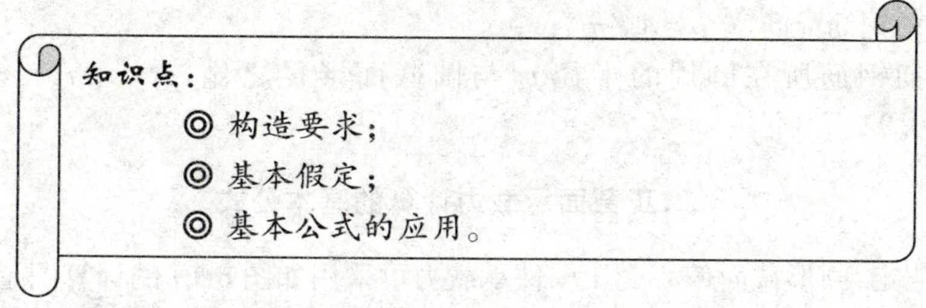

在桥梁结构中，圆形截面主要应用于桥梁墩（台）身及基础工程中，例如圆形柱式桥墩、钻孔灌注桩基础等。

圆形截面偏心受压构件的纵向受力钢筋通常是沿圆周均匀布置的。钢筋的构造要求可参考前面讲的有关圆形轴心受压构件的规范要求。

对于一般钢筋混凝土圆形截面偏心受压柱，纵向钢筋的直径不宜小于 12mm，保护层厚度不小于 30 ~ 40mm。桥梁工程中采用的钻孔灌注桩，直径不小于 800mm，桩内纵向受力钢筋的直径不宜小于 14mm，根数不宜少于 8 根，钢筋间净距不宜小于 80mm，混凝土保护层厚度不小于 60 ~ 75mm；箍筋间距为 200 ~ 400mm。对直径较大的桩，为了加强钢筋骨架的刚度，可在钢筋骨架上每隔 2 ~ 3m，设置一道直径为 14 ~ 18mm 的加劲箍筋。

一、正截面承载力计算的基本假定

试验研究表明，钢筋混凝土圆形截面偏心受压构件的破坏，最终表现为受压区的混凝土压碎。作用的轴向力对截面形心的偏心距不同，也会出现类似矩形截面偏心受压构件那样的“受拉破坏”和“受压破坏”两种破坏形态。但是，对于钢筋沿圆周均匀布置的圆形截面来说，构件破坏时各根钢筋的应变是不等的，应力也不完全相同。随着轴向压力的偏心距的增加，构件的破坏由“受压破坏”向“受拉破坏”的过渡基本上是连续的。

国内外对于环形和圆形截面偏心受压构件的试验表明，均匀配筋的截面到达破坏时，其截面应变分布比集中配筋截面更为符合直线关系，相应的混凝土极限压应变实测值为 0.0027 ~ 0.0046，平均值为 0.0035。考虑到极限压应变超过 0.0033 以后，其取值对正截面承载力的影响很小，根据实验研究结果，对圆形截面偏心受压构件取混凝土极限压应变为0.0033。

沿周边均匀配筋的圆形截面偏心受压构件，其正截面承载力计算的基本假定是：

(1)构件截面变形符合平截面假定。

(2)构件达到破坏时，受压区混凝土最边缘纤维的极限压应变限值为$\varepsilon_{cu}=0.0033$。

(3)受压区混凝土应力分布采用等效矩形应力图，应力集度为f_{cd}，计算高度为$x=\beta x_0$(x_0为实际受压区高度)，β值与实际相对受压区高度系数$\xi=x_0/2r$(r为圆形截面半径)有关，即：当$\xi\leqslant1$时，$\beta=0.8$；当$1<\xi\leqslant1.5$时，$\beta=1.0667\sim0.2667$；当$\xi>1$时，按全截面均匀受压处理。

(4)忽略受拉区混凝土的抗拉强度，拉力由钢筋承受。

(5)钢筋视为理想的弹塑性体，应力—应变关系表达式为$\sigma_{si}=\varepsilon_{si}E_s$。

对周边均匀配筋的圆形偏心受压构件，当纵向钢筋不少于6根时，可以将纵向钢筋化为总面积为A_s，半径为r_s的等效薄壁钢环，并认为等效薄壁钢环的壁厚中心至截面圆心的距离为$r_s=gr$(r为圆形截面的半径)，那么等效薄壁钢环的厚度：

$$t_s=\frac{A_s}{2\pi r_s}=\frac{\rho.r}{2g} \tag{8-23}$$

式中：ρ——纵向钢筋配筋率，$\rho=A_s/\pi r^2$；

g——纵向钢筋所在圆周的半径r_s与圆截面半径之比，$g=r_s/r$，一般取$g=0.88\sim0.92$。

二、正截面承载力计算的基本公式

基于前述假定，圆形截面偏心受压构件承载力可采用如图8-19的计算图示。

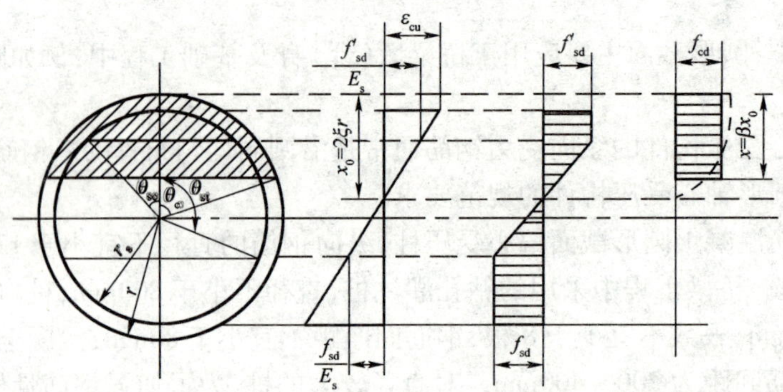

图8-19 圆形截面偏心受压构件正截面承载力计算图式

由轴向力平衡可得：

$$\gamma_0 N_d\leqslant D_c+D_s=f_{cd}A_c+\sum_{i=1}^{n}\sigma_{si}A_{si} \tag{8-24}$$

由力矩平衡可得：

$$\gamma_0 N_d e_0\leqslant M_c+M_s=f_{cd}A_c z_c+\sum_{i=1}^{n}\sigma_{si}A_{si}z_{si} \tag{8-25}$$

式中：D_c、D_s——分别为受压区混凝土压力的合力和所有纵筋的合力；

M_c、M_s——分别为上述合力对y轴的力矩；

N_d——轴向力组合设计值；

e_0——轴向力相对于y轴的计算偏心矩；$e_0=\eta e_0=\eta\frac{M_d}{N_d}$；

η——偏心受压构件轴向力偏心距增大系数,按公式(8-4)采用;

A_c——受压混凝土矩形应力图所对应的弓形截面面积;

z_c——受压区混凝土弓形面积的重心至 y 轴的距离;

z_{si}——第 i 根钢筋的截面面积重心至 y 轴的距离;

f_{cd}——混凝土的抗压强度设计值;

A_{si}——第 i 根钢筋的截面面积;

σ_{si}——第 i 根钢筋的应力。

在求解上述合力及合力矩之前,将图 8-19 中有关量进行计算:

(1)计算中性轴的位置 x,相应的圆心角之半为:

$$\theta_c = \arccos(1-2\beta\xi) \tag{8-26}$$

(2)钢环受压屈服点的坐标 x_{sc} 为:

$$x_{sc} = \left[\frac{2r\xi}{\varepsilon_{cu}} \cdot \frac{f'_{sd}}{E_s} + r(1-2\xi)\right] \leqslant gr \tag{8-27}$$

相应的圆心角之半为:

$$\theta_{sc} = \arccos\left[\frac{2\xi}{g\varepsilon_{cu}} \cdot \frac{f'_{sd}}{E_s} + \frac{1-2\xi}{g}\right] \leqslant \pi \tag{8-28}$$

(3)钢环受拉进入屈服强度点坐标为:

$$x_{st} = \left[-\frac{2r\xi}{g\varepsilon_{cu}} \cdot \frac{f'_{sd}}{E_s} + r(1-2\xi)\right] \geqslant -gr \tag{8-29}$$

相应的圆心角之半为:

$$\theta_{st} = \arccos\left[-\frac{2\xi}{g\varepsilon_{cu}} \cdot \frac{f'_{sd}}{E_s} + \frac{1-2\xi}{g}\right] \leqslant \pi \tag{8-30}$$

(4)钢环上任意一点的应力表达式为:

当 $0 < \theta \leqslant \theta_{sc}$ 时,$\sigma_{s\theta} = f'_{sd}$

当 $\theta_{sc} < \theta \leqslant \theta_{st}$ 时,$\sigma_{s\theta} = \dfrac{g\cos\theta - (1-2\xi)}{g\cos\theta_{sc} - (1-2\xi)} f'_{sd}$

当 $\theta_{st} < \theta \leqslant \pi$ 时,$\sigma_{s\theta} = -f'_{sd}$

式中负号表示拉应力。

(5)实际中性轴的位置为:

$$x_0 = 2\xi r \tag{8-31}$$

下面分别讨论式(8-24)和式(8-25)中各项的具体表达式。

1. 受压区混凝土的合力 D_c

根据图 8-19 中等效矩形应力图和相应的弓形受压区面积 A_c 来计算 D_c。即

$$D_c = f_{cd} A_c$$

$$A_c = \frac{2\theta_c - \sin 2\theta_c}{2} \cdot r^2$$

令:

$$A = \frac{2\theta_c - \sin 2\theta_c}{2}$$

则:

$$D_c = A r^2 f_{cd} \tag{8-32}$$

2. 受压区混凝土的合力对 y 轴力矩 M_c

$$M_c = f_{cd} A_c Z_c$$

而
$$z_c=\frac{4\sin^3\theta_c}{3(2\theta_c-\sin2\theta_c)}\cdot r$$

则：
$$M_c=\frac{2}{3}\sin^3\theta_c\cdot r^3f_{cd}$$

令：
$$B=\frac{2}{3}\sin^3\theta_c$$

则：
$$M_c=Br^3f_{cd}\tag{8-33}$$

3. 钢环的合力 D_s

$$D_s=\sum_{i=1}^{n}\sigma_{si}A_{si}\approx2\int_0^{\pi}\sigma_{s\theta}\mathrm{d}A_s$$

而
$$\mathrm{d}A_s=t_sr_s\mathrm{d}\theta=\frac{1}{2}\rho\cdot r^2\mathrm{d}\theta$$

即：
$$\begin{aligned}D_s&=2\int_0^{\theta_{sc}}f'_{sd}\frac{1}{2}\rho r^2\mathrm{d}\theta+2\int_{\theta'_{sc}}^{\theta'_{st}}\frac{g\cos\theta-(1-2\xi)}{g\cos\theta_{sc}-(1-2\xi)}f'_{sd}\cdot\frac{1}{2}\rho r^2\mathrm{d}\theta+2\int_{\theta_{st}}^{\pi}(-f'_{sd})\cdot\frac{1}{2}\rho r^2\mathrm{d}\theta\\&=\rho r^2f'_{sd}\left\{\theta_{sc}-\pi+\theta_{st}+\frac{1}{g\cos\theta_{sc}-(1-2\xi)}\cdot[g(\sin\theta_{st}-\sin\theta_{sc})-(1-2\xi)\cdot(\theta_{st}-\theta_{sc})]\right\}\end{aligned}$$

取上式中{　　}内表示的内容为 C，则有：
$$D_s=C\rho r^2f'_{sd}\tag{8-34}$$

4. 钢环的合力对 y 轴力矩 M_s

$$M_s=\sum_{i=1}^{n}\sigma_{si}A_{si}z_{si}\approx2\int_0^{\pi}\sigma_{s\theta}x\mathrm{d}A_s$$

而
$$\mathrm{d}A_s=\frac{1}{2}\rho r^2\mathrm{d}\theta,x=gr\cos\theta$$

即：
$$\begin{aligned}M_s&=2\int_0^{\theta_{sc}}f'_{sd}(gr\cos\theta)\cdot\frac{1}{2}\rho r^2\mathrm{d}\theta+2\int_{\theta_{sc}}^{\theta_{st}}\frac{g\cos\theta-(1-2\xi)}{g\cos\theta_{sc}-(1-2\xi)}f'_{sd}(gr\cos\theta)\cdot\frac{1}{2}\rho r^2\mathrm{d}\theta\\&\quad+2\int_{\theta_{st}}^{\pi}-f'_{sd}(gr\cos\theta)\cdot\frac{1}{2}\rho r^2\mathrm{d}\theta\\&=\rho gr^3f'_{sd}\left\{\sin\theta_{sc}-\sin\theta_{st}+\frac{1}{g\cos\theta_{sc}-(1-2\xi)}\left[g\left(\frac{\theta_{st}-\theta_{sc}}{2}+\frac{\sin2\theta_{st}-\sin2\theta_{sc}}{4}\right)\right.\right.\\&\quad\left.\left.-(1-2\xi)(\sin\theta_{st}-\sin\theta_{sc})\right]\right\}\end{aligned}$$

令上式中{　　}中所表示的内容为 D，则有：
$$M_s=D\rho g\cdot r^3f'_{sd}\tag{8-35}$$

将式(8-31)～(8-35)分别代入式(8-24)和式(8-25)内，可得到圆形截面偏心受压构件的承载力计算基本公式：

$$\gamma_0N_d\leqslant Ar^2f_{cd}+C\rho\cdot r^2f'_{sd}\tag{8-36}$$

$$\gamma_0N_de_0\leqslant Br^3f_{cd}+D\rho g\cdot r^3f'_{sd}\tag{8-37}$$

式中的 A、B 仅与 $\xi=x_0/2r$ 有关；系数 C、D 与 ξ、钢筋的 f'_{sd}、E_s 及 $g=r_s/r$ 有关，其数值可以编制成表，表中数值为 $g=0.88$ 的数值，详见表 8-2。

圆形截面钢筋混凝土偏压构件正截面抗压承载力计算系数 表 8-2

ξ	A	B	C	D	ξ	A	B	C	D	ξ	A	B	C	D
0. 20	0. 3244	0. 2628	-1. 5296	1. 4216	0. 64	1. 6188	0. 6661	0. 7373	1. 6763	1. 08	2. 8200	0. 2609	2. 4924	0. 5356
0. 21	0. 3481	0. 2787	-1. 4676	1. 4623	0. 65	1. 6508	0. 6651	0. 8080	1. 6343	1. 09	2. 8341	0. 2511	2. 5129	0. 5204
0. 22	0. 3723	0. 2945	-1. 4074	1. 5004	0. 66	1. 6827	0. 6635	0. 8766	1. 5933	1. 10	2. 8480	0. 2415	2. 5330	0. 5055
0. 23	0. 3969	0. 3103	-1. 3486	1. 5361	0. 67	1. 7147	0. 6615	0. 9430	1. 5534	1. 11	2. 8615	0. 2319	2. 5525	0. 4908
0. 24	0. 4219	0. 3259	-1. 2911	1. 5697	0. 68	1. 7466	0. 6589	1. 0071	1. 5146	1. 12	2. 8747	0. 2225	2. 5716	0. 4765
0. 25	0. 4473	0. 3413	-1. 2348	1. 6012	0. 69	1. 7784	0. 6559	1. 0692	1. 4769	1. 13	2. 8876	0. 2132	2. 5902	0. 4624
0. 26	0. 4731	0. 3566	-1. 1796	1. 6307	0. 70	1. 8102	0. 6523	1. 1294	1. 4402	1. 14	2. 9001	0. 2040	2. 6084	0. 4486
0. 27	0. 4992	0. 3717	-1. 1254	1. 6584	0. 71	1. 8420	0. 6483	1. 1876	1. 4045	1. 15	2. 9123	0. 1949	2. 6261	0. 4351
0. 28	0. 5258	0. 3865	-1. 0720	1. 6843	0. 72	1. 8736	0. 6437	1. 2440	1. 3697	1. 16	2. 9242	0. 1860	2. 6434	0. 4219
0. 29	0. 5526	0. 4011	-1. 0194	1. 7086	0. 73	1. 9052	0. 6386	1. 2987	1. 3358	1. 17	2. 9357	0. 1772	2. 6603	0. 4089
0. 30	0. 5798	0. 4155	-0. 9675	1. 7313	0. 74	1. 9367	0. 6331	1. 3517	1. 3028	1. 18	2. 9469	0. 1685	2. 6767	0. 3961
0. 31	0. 6073	0. 4295	-0. 9163	1. 7524	0. 75	1. 9681	0. 6271	1. 4030	1. 2706	1. 19	2. 9578	0. 1600	2. 6928	0. 3836
0. 32	0. 6351	0. 4433	-0. 8656	1. 7721	0. 76	1. 9994	0. 6206	1. 4529	1. 2392	1. 20	2. 9684	0. 1517	2. 7085	0. 3714
0. 33	0. 6631	0. 4568	-0. 8154	1. 7903	0. 77	2. 0306	0. 6136	1. 5013	1. 2086	1. 21	2. 9787	0. 1435	2. 7238	0. 3594
0. 34	0. 6915	0. 4699	-0. 7657	1. 8071	0. 78	2. 0617	0. 6061	1. 5482	1. 1787	1. 22	2. 9886	0. 1355	2. 7387	0. 3476
0. 35	0. 7201	0. 4828	-0. 7165	1. 8225	0. 79	2. 0926	0. 5982	1. 5938	1. 1496	1. 23	2. 9982	0. 1277	2. 7532	0. 3361
0. 36	0. 7489	0. 4952	-0. 6676	1. 8366	0. 80	2. 1234	0. 5898	1. 6381	1. 1212	1. 24	3. 0075	0. 1201	2. 7675	0. 3248
0. 37	0. 7780	0. 5073	-0. 6190	1. 8494	0. 81	2. 1540	0. 5810	1. 6811	1. 0934	1. 25	3. 0165	0. 1126	2. 7813	0. 3137
0. 38	0. 8074	0. 5191	-0. 5707	1. 8609	0. 82	2. 1845	0. 5717	1. 7228	1. 0663	1. 26	3. 0252	0. 1053	2. 7948	0. 3028
0. 39	0. 8369	0. 5304	-0. 5227	1. 8711	0. 83	2. 2148	0. 5620	1. 7635	1. 0398	1. 27	3. 0336	0. 0982	2. 8080	0. 2922
0. 40	0. 8667	0. 5414	-0. 4749	1. 8801	0. 84	2. 2450	0. 5519	1. 8029	1. 0139	1. 28	3. 0417	0. 0914	2. 8209	0. 2818
0. 41	0. 8966	0. 5519	-0. 4273	1. 8878	0. 85	2. 2749	0. 5414	1. 8413	0. 9886	1. 29	3. 0495	0. 0847	2. 8335	0. 2715
0. 42	0. 9268	0. 5620	-0. 3798	1. 8943	0. 86	2. 3047	0. 5304	1. 8786	0. 9639	1. 30	3. 0569	0. 0782	2. 8457	0. 2615
0. 43	0. 9571	0. 5717	-0. 3323	1. 8996	0. 87	2. 3342	0. 5191	1. 9149	0. 9397	1. 31	3. 0641	0. 0719	2. 8576	0. 2517
0. 44	0. 9876	0. 5810	-0. 2850	1. 9036	0. 88	2. 3636	0. 5073	1. 9503	0. 9161	1. 32	3. 0709	0. 0659	2. 8693	0. 2421
0. 45	1. 0182	0. 5898	-0. 2377	1. 9065	0. 89	2. 3927	0. 4952	1. 9846	0. 8930	1. 33	3. 0775	0. 0600	2. 8806	0. 2327
0. 46	1. 0490	0. 5982	-0. 1903	1. 9081	0. 90	2. 4215	0. 4828	2. 0181	0. 8704	1. 34	3. 0837	0. 0544	2. 8917	0. 2235
0. 47	1. 0799	0. 6061	-0. 1429	1. 9084	0. 91	2. 4501	0. 4699	2. 0507	0. 8483	1. 35	3. 0897	0. 0490	2. 9024	0. 2145
0. 48	1. 1110	0. 6136	-0. 0954	1. 9075	0. 92	2. 4785	0. 4568	2. 0824	0. 8266	1. 36	3. 0954	0. 0439	2. 9129	0. 2057
0. 49	1. 1422	0. 6206	-0. 0478	1. 9053	0. 93	2. 5065	0. 4433	2. 1132	0. 8055	1. 37	3. 1007	0. 0389	2. 9232	0. 1970
0. 50	1. 1735	0. 6271	0. 0000	1. 9018	0. 94	2. 5343	0. 4295	2. 1433	0. 7847	1. 38	3. 1058	0. 0343	2. 9331	0. 1886
0. 51	1. 2049	0. 6331	0. 0480	1. 8971	0. 95	2. 5618	0. 4155	2. 1726	0. 7645	1. 39	3. 1106	0. 0298	2. 9428	0. 1803
0. 52	1. 2364	0. 6386	0. 0963	1. 8909	0. 96	2. 5890	0. 4011	2. 2012	0. 7446	1. 40	3. 1150	0. 0256	2. 9523	0. 1722
0. 53	1. 2680	0. 6437	0. 1450	1. 8834	0. 97	2. 6158	0. 3865	2. 2290	0. 7251	1. 41	3. 1192	0. 0217	2. 9615	0. 1643
0. 54	1. 2996	0. 6483	0. 1941	1. 8744	0. 98	2. 6424	0. 3717	2. 2561	0. 7061	1. 42	3. 1231	0. 0180	2. 9704	0. 1566
0. 55	1. 3314	0. 6523	0. 2436	1. 8639	0. 99	2. 6685	0. 3566	2. 2825	0. 6874	1. 43	3. 1266	0. 0146	2. 9791	0. 1491
0. 56	1. 3632	0. 6559	0. 2937	1. 8519	1. 00	2. 6943	0. 3413	2. 3082	0. 6692	1. 44	3. 1299	0. 0115	2. 9876	0. 1417
0. 57	1. 3950	0. 6589	0. 3444	1. 8381	1. 01	2. 7112	0. 3311	2. 3333	0. 6513	1. 45	3. 1328	0. 0086	2. 9958	0. 1345
0. 58	1. 4269	0. 6615	0. 3960	1. 8226	1. 02	2. 7277	0. 3209	2. 3578	0. 6337	1. 46	3. 1354	0. 0061	3. 0038	0. 1275
0. 59	1. 4589	0. 6635	0. 4485	1. 8052	1. 03	2. 7440	0. 3108	2. 3817	0. 6165	1. 47	3. 1376	0. 0039	3. 0115	0. 1206
0. 60	1. 4908	0. 6651	0. 5021	1. 7856	1. 04	2. 7598	0. 3006	2. 4049	0. 5997	1. 48	3. 1395	0. 0021	3. 0191	0. 1140
0. 61	1. 5228	0. 6661	0. 5571	1. 7636	1. 05	2. 7754	0. 2906	2. 4276	0. 5832	1. 49	3. 1408	0. 0007	3. 0264	0. 1075
0. 62	1. 5548	0. 6666	0. 6139	1. 7387	1. 06	2. 7906	0. 2806	2. 4497	0. 5670	1. 50	3. 1416	0. 0000	3. 0334	0. 1011
0. 63	1. 5868	0. 6666	0. 6734	1. 7103	1. 07	2. 8054	0. 2707	2. 4713	0. 5512	1. 51	3. 1416	0. 0000	3. 0403	0. 0950

三、计 算 方 法

1. 截面设计

已知截面的尺寸，计算长度，材料强度等级，轴向力及弯矩组合设计值，结构重要性系数 γ_0，求纵向钢筋面积 A_s。

直接采用式(8-36)和式(8-37)是无法求得纵向钢筋面积 A_s 的，一般采用试算法。

现将式(8-37)除以式(8-36)，整理可得到：

$$\rho=\frac{f_{cd}}{f'_{sd}}\cdot\frac{B\cdot r-A\eta e_0}{C\eta e_0-Dg\cdot r} \tag{8-38}$$

在已知 f_{cd}、f'_{sd}、e_0、r 的条件下，首先假定出 ξ 值。由表 8-1 查得相应的系数 A、B、C、D，代入式(8-38)，得到配筋率 ρ。再将系数 A、C 和值 ρ 代入式(8-36)可求得轴向力值。若此轴向力值与实际作用的轴向力设计值基本相符(允许偏差在2%以内)，则假定的 ξ 值及依次计算的 ρ 值即为设计值。如果两者不相符则需要重新假定 ξ，重复上述步骤，直到依 ξ 计算的轴向力值与实际作用的轴向力设计值基本相符为止。

按最后确定的 ρ 值代入下式，即可得所需的配筋面积 A_s(所得钢筋配筋率应符合最小配筋率的要求)：

$$A_s=\rho\pi\cdot r^2$$

2. 截面复核

已知截面的尺寸、计算长度、材料强度等级、轴向力及弯矩组合设计值、结构重要性系数 γ_0，纵向钢筋面积 A_s，试对构件承载力进行复核。

仍采用试算法，现将式(8-37)除以式(8-36)，解得轴向力的偏心距为：

$$\eta e_0=\frac{Bf_{cd}+D\rho gf'_{sd}}{Af_{cd}+C\rho f'_{sd}}\cdot r \tag{8-39}$$

在已知 f_{cd}、f'_{sd}、ρ、r 的条件下，首先假定出 ξ 值。由表 8-1 查得相应的系数 A、B、C、D，代入式(8-39)得到 ηe_0。若此 ηe_0 值与实际计算偏心距 $\eta M_d/N_d$ 值基本相符(允许偏差在 2% 以内)，则假定的 ξ 值即为设计值。如果两者不相符则需要重新假定 ξ，重复上述步骤，直到相符为止。

按确定的 ξ 值及其所相应的系数 A、B、C 和 D 的值代入式(8-36)或式(8-37)中进行构件正截面承载能力的复核。

例 8-5 已知一钻孔灌注桩，桩的半径 $r=600$mm，计算长度 $l_0=8.0$m，$M_d=2200$kN·m，$N_d=11000$kN，结构重要性系数 $\gamma_0=1$，C25 混凝土，$f_{cd}=11.5$MPa；HRB335 钢筋，$f'_{sd}=280$MPa。试进行配筋计算，并进行截面复核。

解：(1)截面设计

由已知条件，取混凝土保护层的厚度 60mm，拟选用 ϕ 28(外径 31.6mm)的纵向钢筋，则：

$$r_s=600-(60+\frac{31.6}{2})=524.2(\text{mm})$$

$$g=r_s/r=524.2/600=0.874$$

桩的长细比 $l_0/2r=8000/1200=6.67>5$，故应考虑桩的纵向弯曲。

$$e_0=\frac{M_d}{N_d}=\frac{2200\times10^6}{11000\times10^3}=200(\text{mm}),h_0=r_s+r=1124.2(\text{mm})$$

①计算 ηe_0

$$\zeta_1=0.2+2.7\frac{e_0}{h_0}=0.2+2.7\times200/1124.2=0.68\leqslant1.0$$

$$\zeta_2=1.15-0.01\frac{l_0}{h}=1.15-0.01\times8000/1200=1.08>1.0$$

$$\begin{aligned}\eta&=1+\frac{1}{1400e_0/h_0}\cdot\left(\frac{l_0}{h}\right)^2\zeta_1\zeta_2\\&=1+\frac{1}{1400\times200/1124.2}\times\left(\frac{8000}{1200}\right)^2\times0.68\times1\\&=1.12\end{aligned}$$

$$\eta\cdot e_0=1.12\times200=224(\text{mm})$$

②计算 ξ

设 $\xi=0.78$，查表 8-1 得 $A=2.0617$、$B=0.6061$、$C=1.5482$、$D=1.1787$ 代入公式(8-38)可得：

$$\begin{aligned}\rho&=\frac{f_{cd}}{f'_{sd}}\cdot\frac{B\cdot r-A\eta e_0}{C\eta e_0-Dg\cdot r}\\&=\frac{11.5}{280}\times\frac{0.6061\times600-2.0617\times224}{1.5482\times224-1.1787\times0.874\times600}=0.0149\end{aligned}$$

由式(8-36)，可得：

$$\begin{aligned}N_{du}&=Ar^2f_{cd}+C\rho\cdot r^2f'_{sd}\\&=2.0617\times600^2\times11.5+1.5482\times0.0149\times600^2\times280\\&=10860.7(\text{kN})\end{aligned}$$

$N_{du}/\gamma_0N_d=0.9873$，计算轴向力设计值与实际值基本相等，所得配筋率 $\rho=0.0149$ 即为所求。

③计算 A_s

$$A_s=\rho\pi r^2=0.0149\times\pi\times600^2=16851.5(\text{mm}^2)$$

故选用钢筋为 28 ϕ 28，$A_s=17242.4\text{mm}^2$，钢筋间距为 $2\pi\cdot r_s/n=2\times3.14\times524.2/28=117.6\text{mm}$。实际配筋率 $\rho=A_s/\pi\cdot r^2=17242.4/3.1416\times600^2=0.01525$

(2)截面复核

由于实际配筋率略高于计算值，故假设 $\xi=0.785$，由表(8-2)内插得 $A=2.0772$、$B=0.6022$、$C=1.5710$、$D=1.1642$ 代入公式(8-39)得：

$$\begin{aligned}\eta e_0&=\frac{Bf_{cd}+D\rho gf'_{sd}}{Af_{cd}+C\rho f'_{sd}}\cdot r\\&=\frac{0.6022\times11.5+1.1642\times0.01525\times0.874\times280}{2.0772\times11.5+1.5710\times0.01525\times280}\times600\\&=221(\text{mm})\end{aligned}$$

计算偏心距与实际值基本相等，故 $\xi=0.785$ 即为所求。

截面所能承受的轴向力为：

$$N_{du}=Ar^2f_{cd}+C\rho\cdot r^2f'_{sd}$$
$$=2.0772\times600^2\times11.5+1.5710\times0.01525\times600^2\times280$$
$$=11014.5(kN)>11000(kN)$$

表明截面符合承载力要求。

思考题

1. 什么是偏心受压构件？

2. 钢筋混凝土偏心受压构件的截面形式有哪些？

3. 偏心受压构件的破坏形态有哪两种？它们的破坏特征是什么？

4. 小偏心受压构件的截面应力状态有哪些？

5. 大偏心受压构件和小偏心受压构件的区别是什么？

6. 大、小偏心受压的界限条件是什么？

7. 偏心受压构件的破坏类型有哪些？

8. 偏心受压构件在进行正截面承载力计算时，为什么偏心距要乘以增大系数？是否所有的偏心受压构件都要考虑此系数？

9. 什么情况下用复合箍筋？

10. 偏心受压构件正截面承载力计算需采用哪些基本假定？

11. 画出矩形截面偏心受压构件的计算图式，并由此写出计算公式。

12. 矩形截面偏心受压构件的计算公式有何要求和条件？

13. 什么是对称配筋和非对称配筋？

14. 矩形截面偏心受压构件在进行正截面承载力计算时如何判断大、小偏心受压？

15. 什么情况下可采用对称配筋？

16. 桥梁中所用的钢筋混凝土钻孔灌注桩有何构造要求？

17. 圆形截面偏心受压构件正截面承载力计算的基本假定是什么？

习题

18. 已知一矩形截面柱，截面为400mm×600mm，计算长度 $l_0=4$m，$N_d=1550$kN，$M_d=435$ kN·m，C30 混凝土，钢筋等级为 HRB335，试对构件进行配筋，并复核承载力。

19. 偏心受压柱的截面尺寸为 300mm×400mm，计算长度 $l_0=4$m，采用 C25 混凝土和 HRB335 钢筋，计算纵向力 $N_d=191$kN，计算弯矩 $M_d=129$kN·m，试对截面进行配筋并进行截面复核。

20. 已知矩形截面偏心受压柱，截面尺寸为 $b\times h=400$mm×600mm，计算长度 $l_0=6$m，C30 混凝土，HRB335 纵向钢筋，$N_d=271$kN，$M_d=131$kN·m，试对截面进行配筋并进行截面校核。

21. 已知其矩形截面偏心受压柱，截面尺寸 $b\times h=400$mm×600mm，计算长度 $l_0=4.5$m，承受计算纵向力 $N_d=1520$kN，计算弯矩 $M_d=197.6$kN·m，采用 C25 混凝土，HRB335 钢筋，对称配筋，求所需纵向钢筋截面面积。

22. 矩形截面受压构件尺寸 $b\times h=250$mm×300mm，$l_0=2.2$m，C25 混凝土，HRB335 钢筋，$M_d=\pm61.2$kN·m，$N_d=130$kN，试对截面进行对称配筋并进行截面校核。

23. 已知某拱桥的拱肋截面尺寸 $b\times h=600$mm×900mm，$l_0=16.58$mm，C30 混凝土，$N_d=$

3100kN，相应的 $M_d = \pm 61.2\text{kN}\cdot\text{m}$，若采用 HRB335 钢筋，试对截面进行对称配筋并进行截面校核。

24. 有一圆形截面偏心受压柱，直径 1000mm，柱高 8m，两端固结，C30 混凝土，沿圆周均布 20 ⌀28 纵向钢筋 HRB400；箍筋为 R235，直径为 10mm 螺旋筋，间距 $s_k = 200\text{mm}$，$\xi = 0.7$，求该柱所承受的最大计算纵向力。

25. 已知钻孔灌注桩直径 $d = 1.2\text{m}$，计算长度 $l_0 = 8\text{m}$，承受计算纵向力 $N_d = 4360\text{kN}$，计算弯矩 $M_d = 1665.5\text{kN}\cdot\text{m}$，采用 C25 混凝土和 HRB335 钢筋，$a_s = 60\text{mm}$，求所需纵向钢筋的截面面积。

单元九　预应力混凝土结构的基本概念及材料

§9-1　概　　述

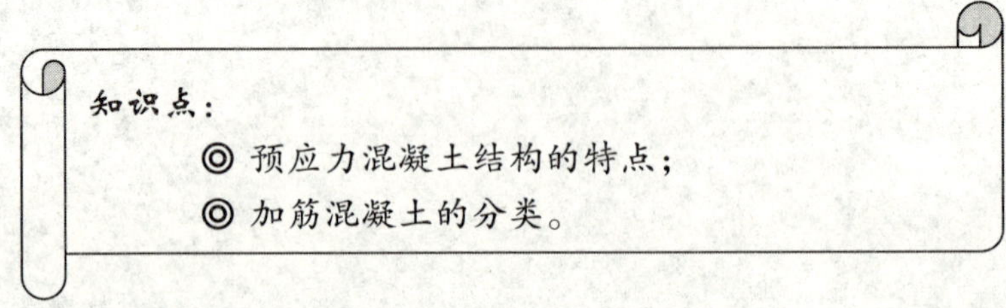

普通的钢筋混凝土结构在使用上具有许多优点，是桥梁结构的主要形式之一。但是它也有很多的弱点，主要是混凝土的抗拉强度过低、拉伸极限应变太小以及混凝土很容易开裂。这样，不仅使构件刚度下降，而且构件不能应用于不允许开裂的结构中，同时，也无法充分利用高强材料。当作用增加时，就只有增加钢筋混凝土构件的截面尺寸，或者增加钢筋用量的方法来控制裂缝和变形。这样做不仅使构件自重增加，而且是不经济的。要使钢筋混凝土结构得到进一步的发展，就必须克服混凝土抗拉强度低这一缺点。

一、预应力混凝土结构的基本原理

下面通过一个例子，进一步说明混凝土预加应力的原理。

图9-1为一根由C25混凝土制作的素混凝土梁，跨径 $L=4\text{m}$，截面尺寸为 $200\text{mm}\times 300\text{mm}$，截面模量 $W=200\times 300^2/6=3\times 10^6\text{mm}^3$，在 $q=15\text{kN/m}$ 的均布荷载作用下的跨中弯矩为：$M=ql^2/8=15\times 4^2/8=30\text{kN}\cdot\text{m}$。跨中截面上产生的最大应力：

$$\sigma = M/W = \pm 30\times 10^6/(3000\times 10^3) = \pm 10\text{MPa}$$

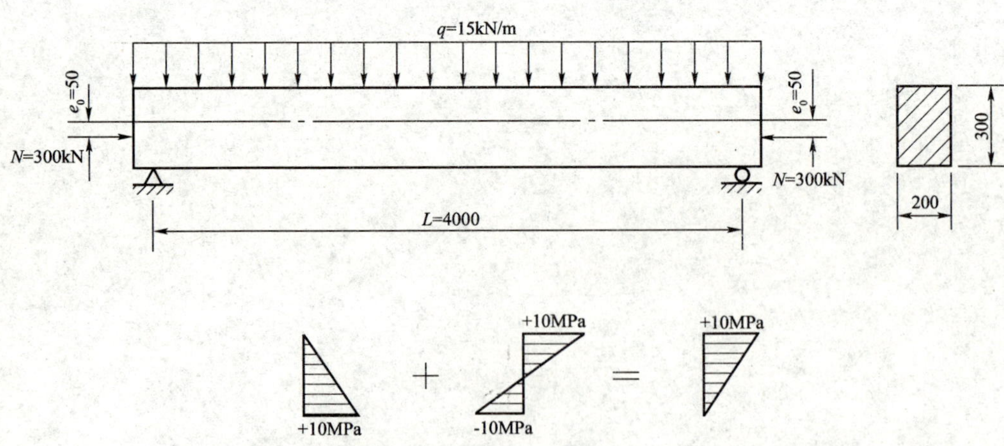

图9-1　预应力混凝土梁的受力情况（尺寸单位：mm）

对于 C25 混凝土来说，抗压强度设计值$f_{cd}=11.5\text{MPa}$，而抗拉强度设计值$f_{td}=1.23\text{MPa}$，所以，C25 混凝土承受 10MPa 的压应力是没有问题的。但若承担 10MPa 的拉应力，则是根本不可能的。实际上，这样一根素混凝土梁在$q=15\text{kN/m}$的均布荷载作用下早已断裂。

如果在梁端加一对偏心距$e_0=50\text{mm}$，纵向力$N=300\text{kN}$的预加力，在此预加力作用下，梁跨中截面上下边缘混凝土所受到的预应力为：

$$\sigma=\frac{N}{A}\mp\frac{Ne_0}{W}=\frac{300\times10^3}{200\times300}\mp\frac{300\times10^3\times50}{3000\times10^3}=\begin{matrix}0\\+10\end{matrix}(\text{MPa})$$

这样，在梁的下缘预先储备了 10MPa 的压应力，用以抵抗外荷载作用的拉应力。在外加作用和预加纵向力的共同作用下截面上下边缘应力为：

$$\sigma_{\min}^{\max}=\frac{N}{A}\mp\frac{Ne_0}{W}\pm\frac{M}{W}=\begin{matrix}0\\+10\end{matrix}+\begin{matrix}+10\\-10\end{matrix}=\begin{matrix}+10\\0\end{matrix}(\text{MPa})$$

显然，这样的梁承受$q=15\text{kN/m}$的均布荷载是没问题的，而且整个截面始终处于受压工作状态。从理论上讲，没有拉应力，也就不会出现裂缝。

二、预应力混凝土结构的特点

图 9-2 为两根梁的作用(荷载)—挠度曲线对比图。这两根梁具有相同强度等级的混凝土、跨度、截面尺寸和配筋量，但一根已施加预应力，另一根为普通钢筋混凝土梁。由图中实验曲线可以看出，预应力梁的开裂作用(荷载)大于钢筋混凝土梁的开裂作用(荷载)。同时，在承受作用(荷载)P时，前者并未开裂，且前者的挠度小于后者的挠度。

由此可见，预应力的施加能提高构件的抗裂度和刚度。对构件施加预应力，大大推迟了裂缝的出现。由于构件可不出现裂缝，或使裂缝推迟出现，因而也提高了构件的刚度，增加了结构的耐久性。同时，可以节省材料，减小自重，预应力混凝土必须采用高强度材料，因而可以减少钢筋用量和减小构件截面尺寸，使自重减轻，利于预应力混凝土构件建造大跨度承重结构。预应力的施加还可以减小梁的竖向剪力和主拉应力。预应力混凝土梁的曲线钢筋(束)，可使梁内支座附近的竖向剪力减小。此外，还可以增加结构的耐疲劳性能，保证结构质量，安全可靠。

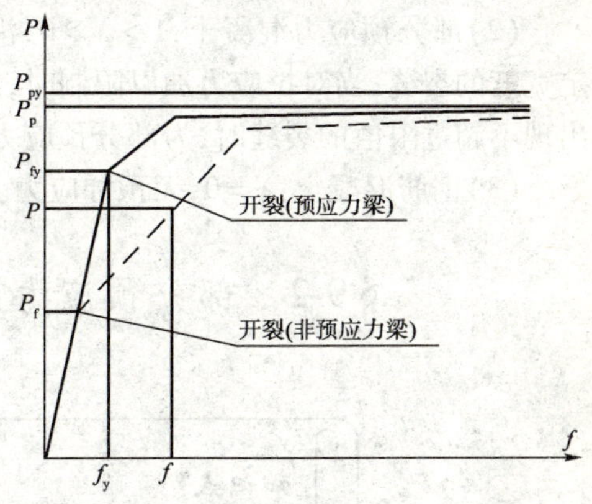

图 9-2　梁的荷载(P)～挠度(f)曲线对比图

预应力混凝土也存在着一些缺点，如工艺较复杂，对质量要求高，因而需要配备一支技术较熟练的专业队伍。制造预应力混凝土构件需要较多的张拉设备及具有一定加工精度要求的锚具。同时，预应力反拱不易控制。预应力混凝土结构的开工费用较大，对于跨径小、构件数量少的工程，成本较高。

三、预应力混凝土的分类

国内通常把混凝土结构内配有纵筋的结构总称为加筋混凝土结构系列。

根据国内工程界的习惯，将采用加筋的混凝土结构按其预应力度分成全预应力混凝土、部分预应力混凝土和钢筋混凝土等三种结构。

1. 预应力度的定义

《桥规》(JTG D62—2004)将预应力度(λ)定义为:

$$\lambda = \frac{\sigma_{pc}}{\sigma_{st}} \tag{9-1}$$

式中:σ_{pc}——扣除全部预应力损失后的预加力在构件抗裂边缘产生的预压应力;

σ_{st}——由作用(荷载)短期效应组合产生的构件抗裂边缘的法向应力。

对于预应力混凝土受弯构件,预应力度也可定义为:由预应力大小确定的消压弯矩 M_0 与按作用(或荷载)短期效应组合计算的弯矩值 M_s 的比值,即:

$$\lambda = \frac{M_0}{M_s} \tag{9-2}$$

式中:M_0——消压弯矩,也就是消除构件控制截面受拉区边缘混凝土的预压应力,使其恰好为零的弯矩;

M_s——按短期效应组合计算的弯矩值;

λ——预应力度。

2. 加筋混凝土结构的分类

(1)全预应力混凝土:$\lambda \geqslant 1$,沿预应力筋方向的正截面不出现拉应力;

(2)部分预应力混凝土:$1 > \lambda > 0$,沿预应力筋方向的正截面出现拉应力或出现不超过规定宽度的裂缝;当对拉应力加以限制时,为部分预应力混凝土 A 类构件;当拉应力超过限值或出现不超过限值的裂缝时,为部分预应力混凝土 B 类构件。

(3)钢筋混凝土:$\lambda = 0$,无预加应力。

§9-2 部分预应力混凝土与无黏结预应力混凝土

知识点:

◎ 部分预应力混凝土结构和无黏结预应力混凝土结构的概念;

◎ 部分预应力混凝土结构的受力特征;

◎ 无黏结预应力混凝土结构的受力性能。

一、部分预应力混凝土结构的基本概念

预应力混凝土结构,早期都是按全预应力混凝土来设计的。根据当时的认识,认为施加预应力的目的只是用混凝土承受的预压应力来抵消外加作用(荷载)引起的混凝土的拉应力,混凝土不受拉,就不会出现裂缝。这种在承受全部外加作用(荷载)时必须保持全截面受压的设计,通常称为全预应力混凝土设计。“零应力”或“无拉应力”则是全预应力混凝土设计的基本

准则。

全预应力混凝土结构虽有刚度大、抗疲劳、防渗漏等优点，但是在工程实践中也发现一些严重缺点，例如：结构构件的反拱过大，在恒载小、活载大、预加力大、且在长期承受持续作用(荷载)时，使梁的反拱不断增大，影响行车顺适；当预加力过大时，锚下混凝土横向拉应变超出极限拉应变，易出现沿预应力钢筋纵向不能恢复的水平裂缝。

部分预应力混凝土结构是针对全预应力混凝土在理论和实践中存在的这些问题，在最近十几年发展起来的一种新的预应力混凝土。它是介于全预应力混凝土结构和普通钢筋混凝土结构之间的预应力混凝土结构。即这种构件按正常使用极限状态设计时，对作用(荷载)短期效应组合，容许其截面受拉边缘出现拉应力或出现裂缝。部分预应力混凝土结构，一般采用预应力钢筋和非预应力钢筋混合钢筋，不仅能充分发挥预应力钢筋的作用，同时也充分发挥非预应力钢筋的作用，从而节约了预应力钢筋，进一步改善了预应力混凝土使用性能。同时它又促进了预应力混凝土结构设计思想的重大发展，使设计人员可以根据结构使用要求来选择适当的预应力度，进行合理的结构设计。

二、部分预应力混凝土结构的受力特征

为了理解部分预应力混凝土梁的工作性能，需要观察不同预应力程度条件下梁的作用(荷载)—挠度曲线。图9-3中①、②、③分别表示具有相同正截面承载能力 M_u 的全预应力、部分预应力和普通钢筋混凝土梁的弯矩—挠度关系曲线示意图。

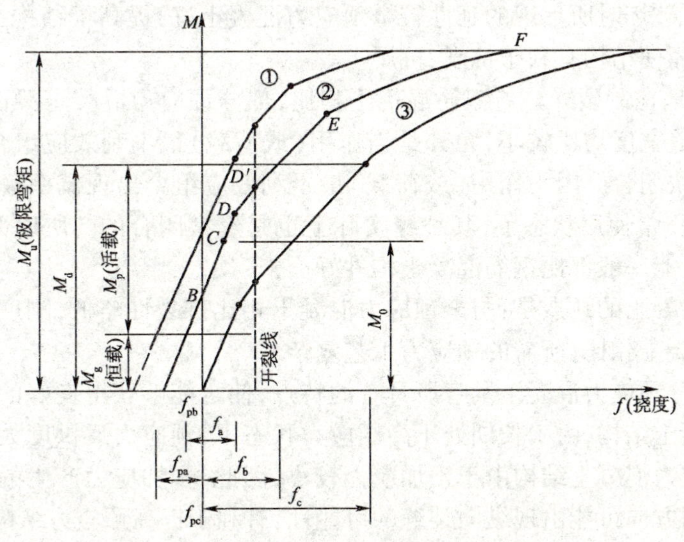

图9-3 不同受力状态下的弯矩—挠度关系曲线

从图中可以看出，部分预应力混凝土梁的受力特征，介于全预应力混凝土梁和普通钢筋混凝土梁之间。在作用(荷载)较小时，部分预应力混凝土梁(曲线②)受力特征与全预应力混凝土梁(曲线①)相似；在自重与有效预加力 N_p(扣除相应阶段的预应力损失)作用下，它具有反拱度 f_{pb}，但其值较全预应力混凝土梁的反拱度 f_{pa} 小；当作用(荷载)增加，弯矩 M 达到 B 点时，表示外加作用使梁产生的下挠度与预应力反拱度相等，两者正好相互抵消，这时梁的挠度为零，但此时受拉区边缘混凝土的应力并不为零。

当作用(荷载)继续增加，达到曲线②的 C 点时，外加作用(荷载)产生的梁底混凝土拉应力正好与梁底有效预应力互相抵消，使梁底受拉边缘的混凝土应力为零，此时相应的外加作用

(荷载)弯矩 M_0,就称为消压弯矩。

截面下边缘消压后,如继续加载至 D 点,混凝土的边缘拉应力达到极限抗拉强度。随着外加作用(荷载)增加,受拉区混凝土就进入塑性阶段,构件的刚度下降,达到 D'点时表示构件即将出现裂缝,此时相应的弯矩称为预应力混凝土构件的抗裂弯矩 M_{pr},显然($M_{pr}-M_0$)就相当于相应的钢筋混凝土构件的截面抗裂弯矩 M_{cr},即 $M_{cr}=M_{pr}-M_0$。

从 D'点开始,外加作用(荷载)加大,裂缝开展,刚度继续下降,挠度增加速度加快。而达到 E 点时,受拉钢筋屈服。E 点以后裂缝进一步扩展,刚度进一步下降,挠度增加速度更快,直到 F 点,构件达到承载能力极限状态而破坏。

三、部分预应力混凝土结构的优缺点

部分预应力混凝土结构的优点可以归纳如下。

(1)部分预应力改善了构件的使用性能,如减小或避免梁纵向和横向的裂缝;减小了构件弹性和徐变变形所引起的反拱度,以保证桥面行车顺畅。

(2)节省高强预应力钢材,简化施工工艺,降低工程造价。部分预应力构件预应力度较低,在保证构件极限承载力的条件下,可以用普通钢筋来代替一部分预应力钢筋承受破坏极限状态时的外加作用(荷载),也可以用强度(品种)较低的钢筋来代替高强度钢丝,或者减少高强度预应力钢丝束的数量,这样,对构件的设计、施工、使用以及经济方面都会带来好处。

(3)提高构件的延性。和全预应力混凝土相比,由于配置了非预应力钢筋,所以部分预应力混凝土受弯构件破坏时所呈现的延性较全预应力混凝土好,提高了结构在承受反复作用时能量耗散能力,因而使结构有利于抗震、抗爆。

(4)可以合理地控制裂缝。与钢筋混凝土相比,部分预应力混凝土梁由于具有适量的预应力,其挠度与裂缝宽度均比较小,尤其是当作用(或荷载)最不利效应组合卸载后的恢复性能较好,裂缝能很快闭合。因为作用(或荷载)最不利效应组合出现概率极小,即使是允许开裂的 B 类构件,在正常使用状态下,其裂缝实际上也是经常闭合的。所以部分预应力混凝土构件的综合使用性能一般都比钢筋混凝土构件好。

部分预应力混凝土的缺点是:与全预应力混凝土相比抗裂性略低,刚度较小,设计计算略为复杂;与钢筋混凝土相比,所需的预应力工艺复杂。

总之,由于部分预应力混凝土本身所具有的特点,使之能够获得良好的综合使用性能,克服了全预应力混凝土结构,由于长期处于高压应力状态下,预应力反拱度大,破坏时呈显脆性等弊病。部分预应力混凝土结构由于预加应力较小,因此,预加应力产生的横向拉应变也小,减小了沿预应力筋方向可能出现纵向裂缝的可能性,有利于提高预应力结构使用的耐久性。

四、非预应力钢筋的作用

在部分预应力混凝土结构中通常配置有非预应力受力钢筋,预应力筋可以平衡一部分作用(荷载),提高抗裂度,减少挠度;非预应力钢筋则可以改善裂缝的分布,增加极限承载力和提高破坏时的延性。同时非预应力筋还可以配置在结构中难以配置预应力筋的部分。部分预应力混凝土结构中配置的非预应力筋,一般都采用中等强度的变形钢筋,这种钢筋对分散裂缝的分布、限制裂缝宽度以及提高破坏时的延性更为有效。

根据非预应力钢筋在结构中功能的不同,大概可分为以下三种:

(1)用非预应力钢筋来加强应力传递时梁的承载力,如图 9-4 所示,这类非预应力钢筋主要在梁施加预应力时发挥作用，按照非预应力筋在梁中位置的不同，承担施加预应力时可能出现的拉应力，或预压受拉区过高的预压应力；

（2）第二种非预应力筋是用来承受临时作用（荷载）或者意外作用（荷载），这些作用（荷载）可能在施工阶段出现；

（3）第三种是用非预应力筋来改善梁的结构性能以及提高梁的承载能力，这些非预应力钢筋在正常使用状态与承载能力极限状态都发挥重要作用，它有利于分散裂缝的分布，限制裂缝的宽度，并能增加梁的抗弯承载力和提高破坏时的延性。在悬臂梁和连续梁的尖峰弯矩区配制这种非预应力筋起的作用会更显著（如图9-5）。

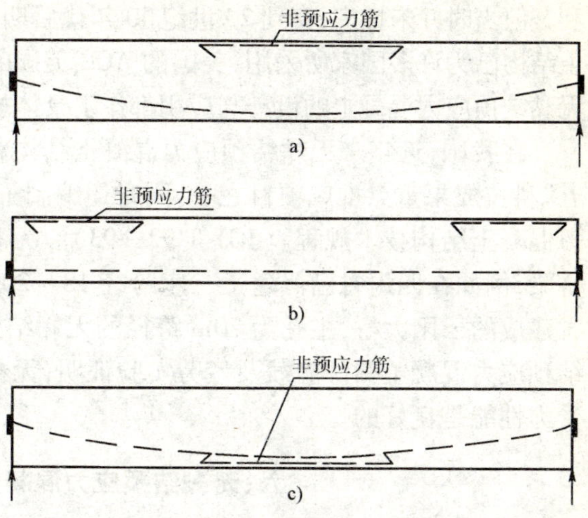

图9-4　用非预应力筋加强应力传递时梁的承载力
a）跨中承受预应力引起的拉力；b）在跨端承受预应力引起的拉力；c）承受预应力引起的应力

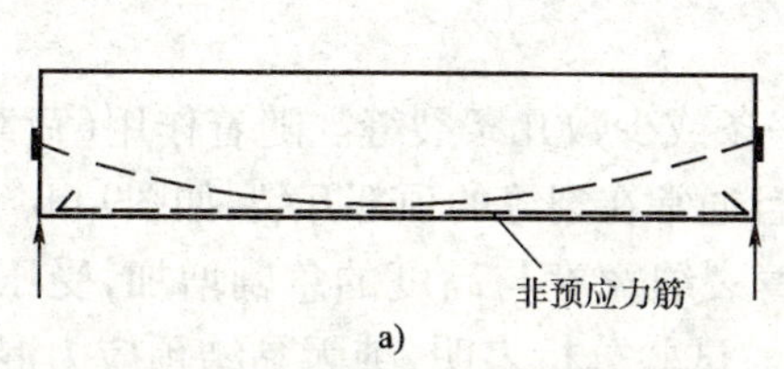

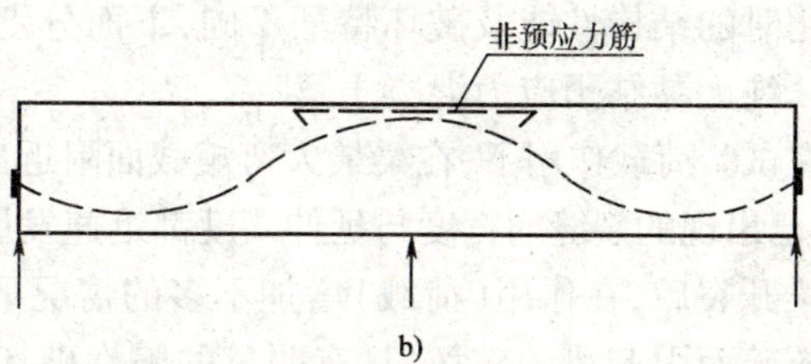

图9-5　用非预应力筋来改善梁的结构性能及提高强度
a）改善裂缝分布及提高强度；b）连续梁的负弯矩区设置非预应力筋

五、无黏结预应力混凝土结构的基本概念

无黏结预应力混凝土梁，是指配置的主筋为无黏结预应力钢筋的后张法预应力混凝土梁。而无黏结预应力钢筋，是指由单根或多根高强钢丝、钢绞线或粗钢筋，沿其全长涂有专用防腐油脂涂料层和外包层，使之与周围混凝土不建立黏结力，张拉时可沿着纵向发生相对滑动的预应力钢筋。

无黏结预应力钢筋的一般制作方法是将预应力钢筋沿其全长的外表面涂刷有沥青、油脂等润滑防锈材料，然后用纸带或塑料带包裹或套以塑料管。在施工时，跟普通钢筋一样，可以直接放入模板中，然后浇注混凝土，待混凝土达到强度要求后，即可利用混凝土构件本身作为支承件张拉钢筋。待张拉到控制应力之后，用锚具将无黏结预应力钢筋锚固于混凝土构件上而构成无黏结预应力混凝土构件。此举省去了传统后张法预应力混凝土的预埋管道、穿束、压浆等工艺，节省了施工设备，简化了施工工艺，缩短了工期；另外，在张拉时，由于摩阻力小，可有效地应用于曲线配筋的梁体，故其综合经济性好。

但是，它也存在不足之处，即开裂作用（荷载）相对较低，而且在承受作用开裂时，将仅出现一条或几条裂缝，随着作用（荷载）的少量增加，裂缝的宽度与高度将迅速扩展，使构件很快破坏。为此，需要设置一定数量的非预应力钢筋以改善构件的受力性能。

早在20世纪20年代，德国的R. Farber就提出了采用无黏结预应力筋的概念，并取得了专利。但当时并未推广，直到20世纪40年代后期才开始用于桥梁结构。现在，无黏结预应力混凝土结构已为许多国家所采用，美国的ACI、英国的CP110及德国的DIN4227等结构设计规范，对无黏结预应力混凝土的设计与应用都作了具体规定，显示出它已日趋完善，应用前景可观。

在我国，近年来无黏结预应力混凝土结构获得广泛应用，其技术是国家科委和建设部“八五”科技成果重点推广项目之一，同时还编制了中华人民共和国建设部行业标准《无黏结预应力混凝土结构技术规程》(JGJ/T 92—93)。无黏结预应力混凝土技术也已成功地被用于公路桥梁，例如在四川省已修建了三座跨径18～20m的无黏结预应力混凝土空心板梁桥；在江苏省建成的云阳大桥，主孔为70m跨径的无黏结预应力混凝土系杆拱桥。结合工程进行的无黏结预应力混凝土构件静载及疲劳实验证明，无黏结预应力混凝土在桥梁工程中的应用，其结构受力性能是良好的。

六、无黏结预应力混凝土受弯构件的受力性能

无黏结预应力混凝土梁，一般分为纯无黏结预应力混凝土梁和无黏结部分预应力混凝土梁。前者是受力主筋全部采用无黏结预应力钢筋，而后者是指其受力主筋采用无黏结预应力钢筋与适当数量非预应力有黏结钢筋形成混合配筋的梁。这两种无黏结预应力混凝土梁在承受作用时的结构性能及破坏特征不同，下面分别介绍：

1. 纯无黏结预应力混凝土梁

在试验荷载作用下，在梁最大弯矩截面附近出现一条或少数几条裂缝。随着作用(荷载)的增加，已出现的裂缝的宽度与延伸高度都迅速发展，并且通常在裂缝的顶部开裂，如图9-6b)。

梁开裂后，在作用(荷载)增加不多的情况下，随着裂缝宽度与高度的急剧增加，受压区混凝土压碎而引起梁的破坏，具有明显的脆性破坏特征。试验分析表明，纯无黏结预应力混凝土梁一经开裂，梁的结构性能就变得接近于带拉杆的扁拱而不像梁。

纯无黏结预应力混凝土梁不仅裂缝形态及发展与同样条件下的有黏结预应力混凝土梁不同[图9-6a)]，而且其作用(荷载)—跨中挠度曲线也不同。由图9-7可见，有黏结预应力混凝土梁的作用(荷载)—挠度曲线具有三直线形式，而纯无黏结预应力混凝土梁的曲线不仅没有第三阶段，连第二阶段也没有明显的直线段。

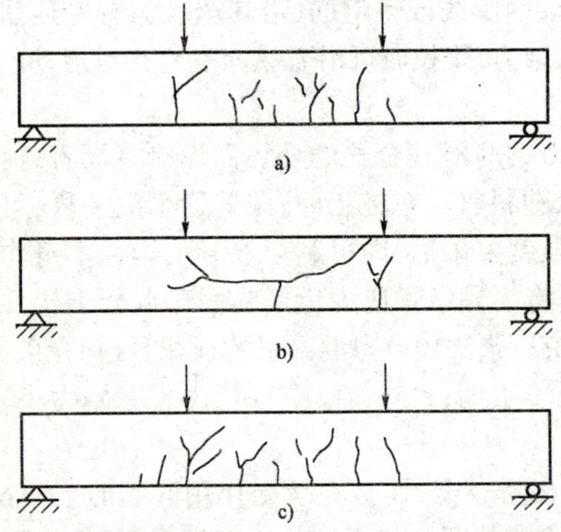

图9-6　有黏结与无黏结预应力混凝土梁的裂缝状态
a)有黏结预应力混凝土梁；b)纯无黏结预应力混凝土梁；c)无黏结部分预应力混凝土梁

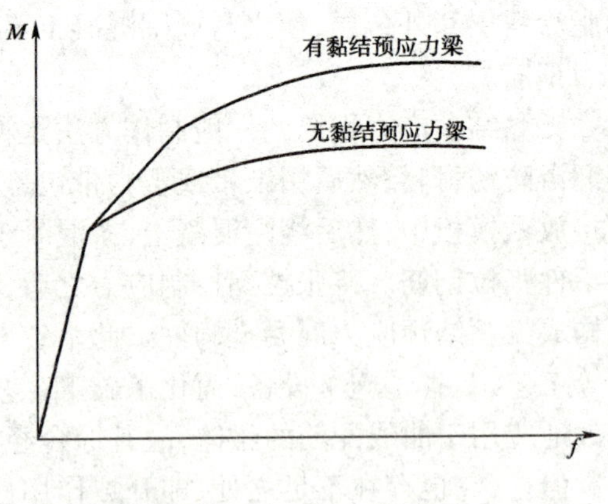

图9-7　黏结力对预应力混凝土梁挠度影响示意图

在梁最大弯矩截面上，无黏结预应力钢筋应力随作用（荷载）变化的规律，亦与有黏结预应力钢筋不同。无黏结预应力钢筋的应力增量，总是低于有黏结预应力钢筋的应力增量，而且，随着作用（荷载）的增大，这个差距就越来越大。在梁的最大弯矩截面处，无黏结筋的应力比有黏结筋的应力增加得少。

纯无黏结筋梁的抗弯强度比有黏结筋梁的要低；在承受作用时，裂缝少且发展迅速；破坏呈明显的脆性。这些不足，可以通过采用混合配筋的方法改变。

2. 无黏结部分预应力混凝土梁的受力性能

对于采用非预应力钢筋与无黏结预应力钢筋混合配筋的受弯构件，有关院、所进行了系统的试验研究，从试验梁观察到的现象及主要结论如下：

（1）混合配筋无黏结预应力混凝土梁的作用（荷载）—挠度曲线（图 9-7），和混合配筋有黏结预应力混凝土梁的一样，也具有三直线的形状，反映三个不同的工作阶段。

（2）混合配筋的无黏结预应力混凝土梁的裂缝，由于受到非预应力有黏结钢筋的约束，其钢筋根数及裂缝间距与配有同样钢筋的普通钢筋混凝土梁非常接近[图 9-6c）]。

（3）在一般情况下，混合配筋的无黏结预应力混凝土梁，先是普通钢筋屈服，裂缝向上延伸，直到受压区边缘混凝土达到极限压应变时，梁才呈现弯曲破坏。

（4）混合配筋梁的无黏结预应力钢筋，虽仍具有沿全长应力相等（忽略摩擦影响）和在梁破坏时极限应力不超过条件屈服强度 $\sigma_{0.2}$ 的无黏结筋特点，但极限应力的量值较纯无黏结梁的要大得多。

（5）混合配筋的无黏结预应力钢筋，在梁达到破坏时的应力增量，与梁的综合配筋指标有密切关系。

（6）对于混合配筋的无黏结预应力混凝土梁，在承受三分点作用（荷载）时，跨高比对应力增量无明显影响；在承受跨中作用（荷载）时，跨高比对应力增量有一定的影响。

§9-3　预加应力的方法与设备

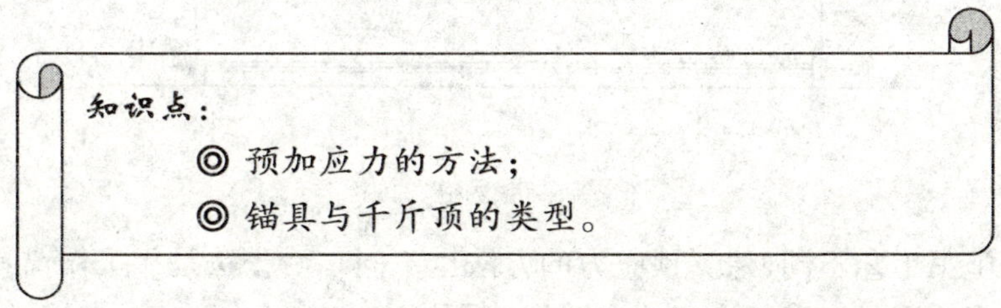

一、预加应力的主要方法

1. 先张法

先张法，即先张拉钢筋，后浇筑构件混凝土的方法，如图 9-8 所示。先在张拉台座上，按设计规定的拉力张拉筋束，并用锚具临时锚固，再浇筑构件混凝土，待混凝土达到要求强度（一般不低于强度设计值的 75%）后，放张（即将临时锚固松开或将筋束剪断），让筋束的回缩力通过筋束与混凝土间的黏结作用传递给混凝土，使混凝土获得预压应力。

先张法所用的预应力筋束，一般可用高强钢丝、钢绞线和直径较小的冷拉钢筋等，不专设永久锚具,借助钢筋束与混凝土的黏结力,以获得较好的自锚性能。

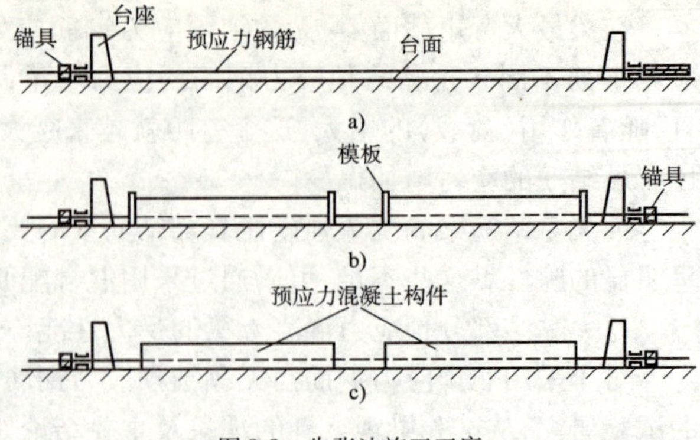

图 9-8 先张法施工工序

先张法施工工序简单,筋束靠黏结力自锚,不必耗费特制的锚具,临时固定所用的锚具都可以重复使用,一般称为工具式锚具或夹具。在大批量生产时,先张法构件比较经济,质量也比较稳定。但先张法一般仅适合于直线配筋的中小型构件。大型构件因需配合弯矩与剪力沿梁长度的分布而采用曲线配筋,这将使施工设备和工艺复杂化,且需配备庞大的张拉台座,同时构件尺寸大,起重、运输也不方便,故不宜采用。

2. 后张法

后张法,是先浇筑构件混凝土,待混凝土结硬后,再张拉筋束的方法,如图 9-9 所示。先浇筑构件混凝土,并在其中预留穿束孔道(或设套管),待混凝土达到要求强度后,将筋束穿入预留孔道内,将千斤顶支承于混凝土构件端部,张拉筋束,使构件也同时受到反力压缩。待张拉到控制拉力后,即用特制的锚具将筋束锚固于混凝土构件上,使混凝土获得并保持其预压应力。最后,在预留孔道内压注水泥浆,以保护筋束不致锈蚀,并使筋束与混凝土黏结成为整体。故亦称这种做法的预应力混凝土为有黏结预应力混凝土。

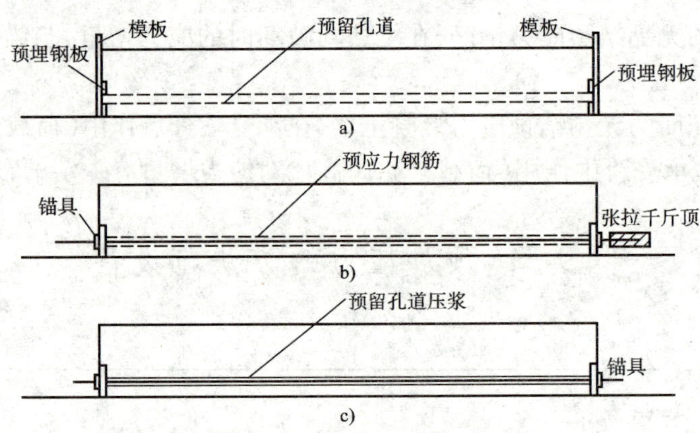

图 9-9 后张法施工工序

由上可知,施工工艺不同,建立预应力的方法也不同。后张法是靠工作锚具来传递和保持预加应力的;先张法则是靠黏结力来传递并保持预加应力的。

二、夹具和锚具

夹具和锚具是在制作预应力构件时锚固预应力钢筋的工具。一般以构件制成后能够重复使用的称为夹具;永远锚在构件上,与构件联成一体共同受力,不再取下的称为锚具。为了简化起见,有时也将夹具和锚具统称为锚具。

1. 对锚具的要求

无论是先张法所用的临时夹具,还是后张法所用的永久性工作锚具,都是保证预应力混凝土施工安全、结构可靠的技术关键性设备。因此,在设计、制造或选择锚具时,应注意满足下列要求:受力安全可靠;预应力损失要小;构造简单、紧凑、制作方便,用钢量少;张拉锚固方便迅速,设备简单。

2. 锚具的分类

锚具的形式繁多,按其传力锚固的受力原理,可分为:

(1)依靠摩阻力锚固的锚具。如楔形锚、锥形锚和用于锚固钢绞线的 JM 锚具等,都是借张拉筋束的回缩或千斤顶顶压,带动锥销或夹片将筋束楔紧于锥孔中而锚固的。

(2)依靠承压锚固的锚具。如镦头锚,钢筋螺纹锚等,是利用钢丝的镦粗头或钢筋螺纹承压进行锚固的。

(3)依靠黏结力锚固的锚具。如先张法的筋束锚固,以及后张法固定端的钢绞线压花锚具等,都是利用筋束与混凝土之间的黏结力进行锚固的。

对于不同形式的锚具,往往需要有专门的张拉设备配套使用。因此,在设计施工中,锚具与张拉设备的选择,应同时考虑。

3. 目前桥梁结构中几种常用的锚具

(1)锥形锚

锥形锚(又称为弗式锚)主要用于钢丝束的锚固。它由锚圈和锚塞(又称锥销)两个部分组成。

锥形锚是通过张拉钢束时顶压锚塞,把预应力钢丝楔紧在锚圈与锚塞之间,借助摩阻力锚固的(图 9-10)。

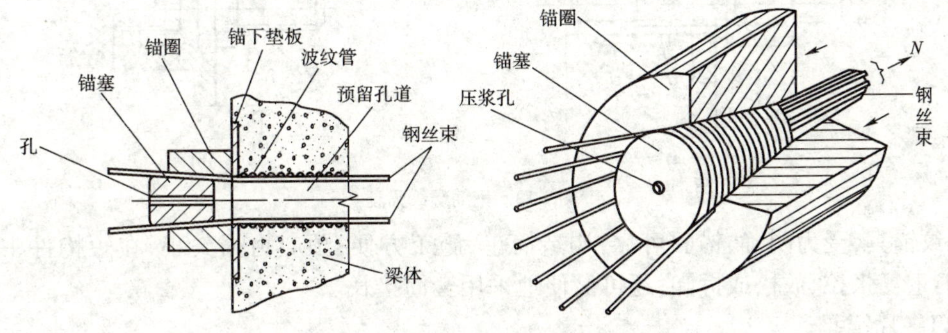

图 9-10 锥形锚具

目前在桥梁中常用的锥形锚,有锚固 $18\phi^s5$mm 和锚固 $24\phi^s5$mm 的钢丝束等两种,并配用 600kN 双作用千斤顶或 YZ85 型三作用千斤顶张拉。

锥形锚的优点是:锚固方便,锚具面积小,便于在梁体上分散布置。但锚固时钢丝的回缩量较大,预应力损失较其他锚具大。同时,它不能重复张拉和接长,使筋束设计长度受到千斤顶行程的限制。为防止受振松动,必须及时给预留孔道压浆。

(2)镦头锚

镦头锚主要用于锚固钢丝束,也可锚固直径在 14mm 以下的钢筋束。钢丝的根数和锚具尺寸,依设计张拉力的大小选定(图 9-11)。国内镦头锚首先是由同济大学桥梁研究室研制成功的,目前有锚固 12 ~ 133 根 ϕ^s5mm 和 12 ~ 84 根 ϕ^s7mm 两种锚具系列,配套的镦头机有 LD—10 型和 LD—20 型两种形式。

镦头锚适于锚固直线式配筋束,对于较缓和的曲线筋束也可采用。目前斜拉桥中锚固斜拉索的高振幅锚具——HiAm 式冷铸镦头锚,因锚杯内填入了环氧树脂、锌粉和钢球的混合料,使之具有较好的抗疲劳性能。

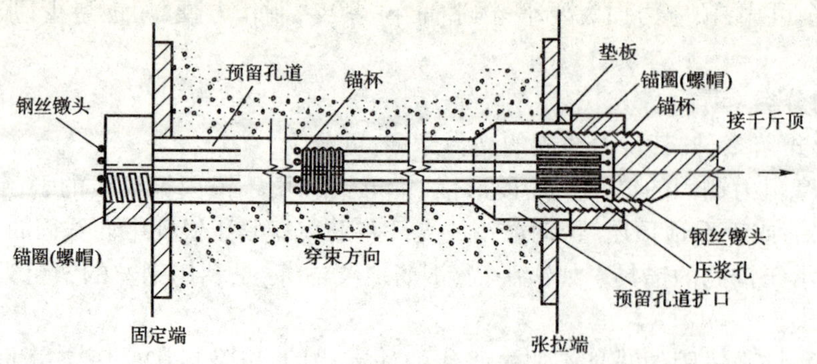

图 9-11　镦头锚工作示意图

(3)钢筋螺纹锚具

当采用高强粗钢筋作为预应力筋束时,可采用螺纹锚具固定。即利用粗钢筋两端的螺纹,在钢筋张拉后直接拧上螺帽进行锚固,钢筋的回缩力由螺帽经支承垫板承压传递给梁体而获得预应力(图 9-12)。

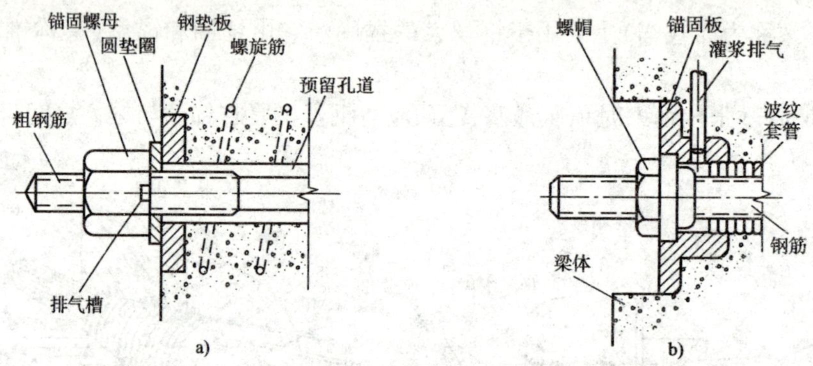

图 9-12　钢筋螺纹锚具

螺纹锚具,受力明确,锚固可靠;构造简单,施工方便;预应力损失小,在短构件中也可使用,并能重复张拉、放松或拆卸;还可简便地采用套筒接长。

(4)夹片锚具

夹片锚具体系主要作为锚固钢绞线筋束之用。由于钢绞线与周围接触的面积小,且强度高,硬度大,故对其锚具性能要求很高。JM 锚是我国 20 世纪 60 年代研制的钢绞线夹片锚具。后来又先后研制出了 XM 锚具、QM 锚具、YM 锚具及 OVM 锚具系列等。图 9-13 为 YM—15 锚具。这些锚具体系都经过严格检测、鉴定后定型,锚固性能均达到国际预应力混凝土协会(FIP)标准,并已广泛地应用于桥梁、水利、房屋等各种土建结构工程中。

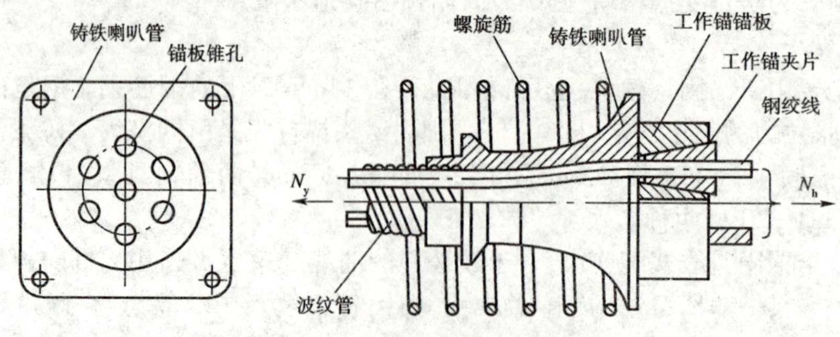

图 9-13　夹片锚具配套示意图

三、千 斤 顶

各种锚具都必须配置相应的张拉设备，才能顺利地进行张拉、锚固。与夹片式锚具配套的张拉设备，是一种大直径的穿心单作用千斤顶(图 9-14)。它常与夹片锚具配套研制。其他各种锚具也都有各自适用的张拉千斤顶，表 9-1 所列为国产锚具常用的千斤顶设备。由于篇幅有限，未将各千斤顶列全，需要时查阅各生产厂家的产品目录。

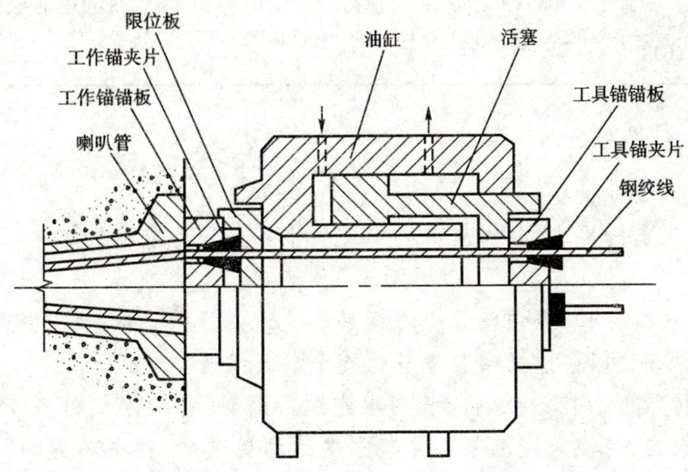

图 9-14 夹片锚具张拉千斤顶安装示意图

与国产常用锚具配套的千斤顶设备 表 9-1

锚具型号	千斤顶型号	主要技术参数与结构特点				
		张拉力(kN)	张拉行程(mm)	穿心孔径(mm)	外形尺寸(mm)	特 点
LM 锚具(螺纹锚)	YG60 YC60A	600	150 200	55	ϕ195×765	亦适于配有专门锚具的钢丝束与钢绞线束
GZM 锚具(钢质锥形锚)	YZ85 (或 YC60A)	850	250~600		ϕ326×(840~1190)	适于 ϕ[s]5、ϕ[s]7mm 钢丝束；丝数不同，仅需变换卡丝盘及分丝头
DM 锚具(镦头锚)	YC60A YC100 YC200	1 000 2 000	200 400	65 104	ϕ243×830 ϕ320×1520	
JM 锚具	YCL120	1 200	300	75	ϕ250×1250	
BM 锚具(扁锚)或单根钢绞线张拉	QYC230 YCQ25 YC200D YCL22	238 250 255 220	150~200 150~200 200 100	18 18 31 25	ϕ160×565 ϕ110×400 ϕ116×387 ϕ100×500	属前卡式，将工具锚移至前端靠近工作锚
XM 锚具	YCD1 200 YCD2 000 (或 YCW、YCT)	1 450 2 200	180 180	128 160	ϕ315×489 ϕ398×489	前端设顶压器，夹片属顶压锚固
QM 锚具	YCQ100 YCQ200 (YCL、YCW 等)	1 000 2 000	150 150	90 130	ϕ258×440 ϕ340×458	前端设限位板，夹片属无顶压自锚

续上表

锚具型号	千斤顶型号	主要技术参数与结构特点				
		张拉力（kN）	张拉行程（mm）	穿心孔径（mm）	外形尺寸（mm）	特　点
OVM 锚具	YCW100 YCW150 YCW250 （或 YCT）	1 000 1 500 2 500	150 150 150	90 130 140	φ250×480 φ310×510 φ380×491	前端设限位板，夹片属无顶压自锚

知识链接

预加应力的其他设备

按照施工工艺的要求，预加应力尚需有以下一些设备或配件。

1. 制孔器

预制后张法构件时，需预留预应力钢筋的孔道。目前，国内桥梁构件预留孔道所用的制孔器主要有两种：抽拔橡胶管与螺旋金属波纹管。

(1) 抽拔橡胶管。在钢丝网胶管内事先穿入钢筋（称芯棒），再将胶管（连同芯棒一起）放入模板内，待浇筑完混凝土且其强度达到要求后，抽去芯棒，再拔出胶管，则形成预留孔道。

(2) 螺旋金属波纹管（简称波纹管）。在浇筑混凝土之前，将波纹管按筋束设计位置，绑扎在与箍筋焊接在一起的钢筋托架上，再浇筑混凝土，结硬后即可形成穿束的孔道。使用波纹管制孔的穿束方法，有先穿法与后穿法两种。先穿法即在浇筑混凝土之前将筋束穿入波纹管中，绑扎就位后再浇筑混凝土；后穿法即是浇筑混凝土成孔之后再穿筋束。这种金属波纹管，是用薄钢带经卷管机压波后卷成。其质量轻，纵向弯曲性能好，径向刚度较大，连接方便，与混凝土黏结良好，与筋束的摩阻系数也小，是后张预应力混凝土构件一种较理想的制孔器。

2. 穿索机

在桥梁悬臂施工和尺寸较大的构件制作中，一般都采用后穿法穿束。对于大跨径桥梁有的筋束很长，人工穿束十分困难，故采用穿索（束）机。

穿索（束）机有两种类型：一是液压式，二是电动式，桥梁中多用前者。它一般采用单根钢绞线穿入，穿束时应在钢绞线前端套一子弹形帽子，以减小穿束阻力。

3. 水泥浆及压浆机

(1) 水泥浆

在后张法预应力混凝土构件中，筋束张拉锚固后必须给预留孔道压注水泥浆，以免钢筋锈蚀，并使筋束与梁体混凝土结合为一整体。为保证孔道内水泥浆密实，应严格控制水灰比，一般以 0.40~0.45 为宜。如加入适量的减水剂（如加入占水泥质量 0.25% 的木质素磺酸钙等），则水灰比可降至 0.35。所用水泥不应低于 42.5 级，水泥浆的强度不应低于构件混凝土强度等级的 80%，且不低于 30MPa。

(2) 压浆机

是孔道灌浆的主要设备，它主要由灰浆搅拌桶、贮浆桶和压送灰浆的灰浆泵以及供水系统组成。压浆机的最大工作压力可达约 1.50MPa（15 个大气压），可压送的最大水平距离为150m，最大竖直高度为40m。

4. 张拉台座

采用先张法生产预应力混凝土构件时，需设置用作张拉和临时锚固筋束的张拉台座。因台座需要承受张拉筋束的巨大回缩力，设计时应保证它具有足够的强度、刚度和稳定性。批量生产时，有条件的应尽量设计成长线式台座，以提高生产效率。张拉台座的台面，即预制构件的底模，有的构件厂已采用了预应力混凝土滑动台面，可防止在使用过程中台面开裂，提高产品质量。

§9-4 预应力混凝土结构的材料

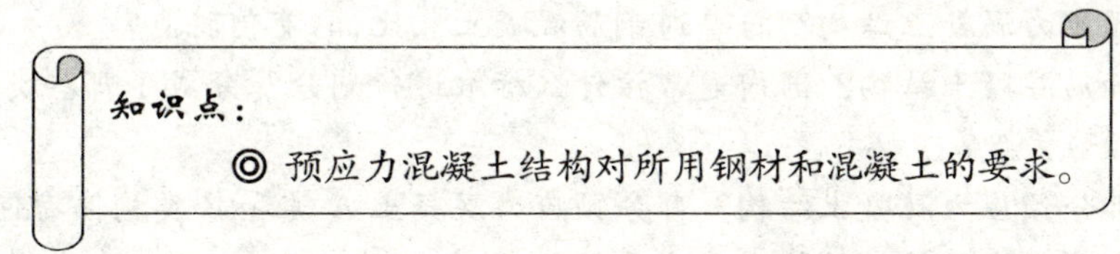

预应力混凝土结构应尽量采用高强材料，这是与普通钢筋混凝土结构的不同点之一。

1. 钢材

用于预应力混凝土结构中的钢材有钢筋、钢丝、钢绞线三大类。工程上对于预应力钢材有下列要求：

(1) 在混凝土中建立的预应力取决于预应力钢筋张拉应力的大小。张拉应力愈大，构件的抗裂性能就愈好。但为了防止张拉钢筋时所建立的应力因预应力损失而丧失殆尽，对预应力钢材要求有很高的强度。

(2) 在先张法中预应力钢筋与混凝土之间必须有较高的黏着自锚强度，以防止钢筋在混凝土中滑移。

(3) 预应力钢材要有足够的塑性和良好的加工性能。所谓良好的加工性能是指焊接性能良好及采用镦头锚具时钢筋头部经过镦粗后不影响原有的力学性能。

(4) 应力松弛损失要低。钢的应力随时间增长而降低的现象称为松弛（也叫徐舒）。由于预应力混凝土结构中预应力筋张拉完成后长度基本保持不变，应力松弛是对预应力筋性能的一个主要影响因素。应力松弛值的大小因钢的种类而异，并随着应力的增加和作用（荷载）持续的时间增长而增加。为满足此要求，可对钢筋进行超张拉，或采用低松弛钢丝、钢绞线。

目前，常用的预应力钢筋有下列几种：

(1) 精轧螺纹钢筋

专用于中、小型构件或竖、横向预应力钢筋。其级别有 JL540、JL785、JL930 三种；直径一般为 18mm、25mm、32mm、40mm。要求 10 小时松弛率不大于 1.5%。

(2) 钢丝

用于预应力混凝土构件中的钢丝有消除应力的三面刻痕钢丝、螺旋肋钢丝和光面钢丝三种。

(3) 钢绞线

钢绞线是把多根平行的高强钢丝围绕一根中心芯丝用绞盘绞捻成束而形成。常用的钢绞线有 7ϕ4 和 7ϕ5 两种。

预应力钢筋的强度设计值、强度标准值见表1-5a)、表1-5b)。

2. 混凝土

为了充分发挥高强钢筋的抗拉性能，预应力混凝土结构也要相应地采用强度等级高的混凝土。《桥规》(JTG D62—2004)规定：预应力混凝土构件不应低于C40。

用于预应力混凝土结构中的混凝土，不仅要求高强度，而且要求有很高的早期强度，以使能早日施加预应力，从而提高构件的生产效率和设备的利用率。此外，为了减少预应力损失，还要求混凝土具有较小的收缩值和徐变值。工程实践证明，采用干硬性混凝土、施工中注意水泥品种选择、适当选用早强剂和加强养护是配制高等级和低收缩率混凝土的必要措施。

思考题

1. 什么是预应力混凝土结构？与普通钢筋混凝土相比，它有何特点？
2. 什么是加筋混凝土结构？国内通常按什么标准进行划分？分成了哪些类型？
3. 什么是预应力度？
4. 什么是部分预应力混凝土结构？部分预应力混凝土A类和B类构件有何区别？
5. 简述部分预应力混凝土结构的受力特征。
6. 非预应力筋在部分预应力混凝土结构中有何作用？
7. 什么是无黏结预应力混凝土结构？
8. 如何制作无黏结预应力钢筋？
9. 无黏结预应力混凝土梁可分为哪两类？它们有何不同？
10. 预加应力的方法有哪些？它们有何区别？
11. 什么是锚具？什么是夹具？
12. 锚具按其传力锚固的不同，可分为哪些类型？
13. 预应力混凝土结构对锚具有哪些要求？
14. 预应力混凝土结构对预应力筋有何要求？工程中常用的预应力钢筋有哪些？
15. 预应力混凝土结构对混凝土有何要求？

单元十　预应力混凝土受弯构件按承载力极限状态设计计算

§10-1　概　　述

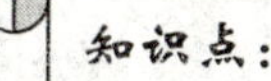

◎ 预应力混凝土受弯构件在各阶段所承受的作用;

◎ 预应力混凝土受弯构件在使用阶段的受力特点。

预应力混凝土受弯构件,从预加应力到承受外加作用(荷载),直至最后破坏,主要可分为两个阶段,即施工阶段和使用阶段。

一、施工阶段

预应力混凝土构件在制作、运输和安装的过程中,将承受不同的作用(荷载)。

本阶段预应力混凝土构件在预应力作用下,全截面参与工作,材料一般处于弹性工作阶段,可采用材料力学的方法,并根据《桥规》(JTG D62—2004)的要求进行设计计算。该阶段又依构件受力条件不同,可分为预加应力阶段和运输、安装阶段等两个阶段。

1. 预加应力阶段

此阶段是指从预加应力开始,至预加应力结束(即传力锚固)为止。它所承受的作用(荷载)主要是偏心预压力(即预加应力的合力)N_p;对于简支梁,由于 N_p 的偏心作用,构件将产生向上的反拱,形成以梁两端为支点的简支梁,因此梁的自重恒载 g_1 也在施加预加力的同时一起参加作用,如图 10-1 所示。

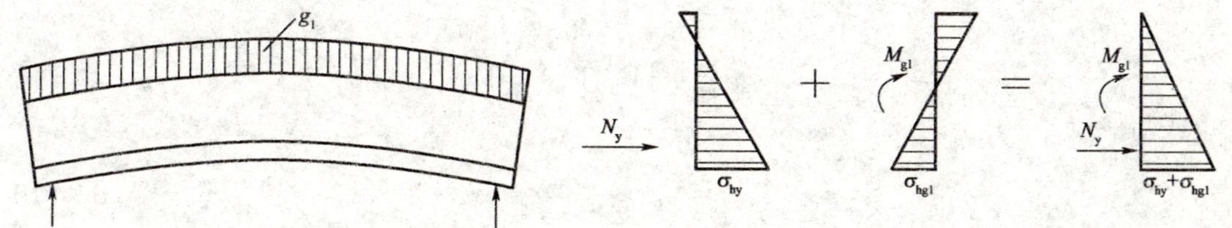

图 10-1　预加应力示意图

本阶段的设计计算要求是:①控制受弯构件上、下缘混凝土的最大拉应力和压应力,以及梁腹的主应力都不超出《桥规》(JTG D62—2004)的规定值;②控制预应力筋的最大张拉应力;③保证锚具下混凝土局部承压的容许承载能力应大于实际承受的压力,并有足够的安全度,以保证梁体不出现水平纵向裂缝。

本阶段由于各种因素影响,使预应力筋中的预拉应力将产生部分损失,通常把扣除应力损失的预应力筋中实际存余的应力，称为有效预应力。

2. 运输、安装阶段

此阶段混凝土梁所承受的作用（荷载）仍是预加力 N_P 和梁的自身恒载。但由于引起预应力损失的因素相继增多，N_P 要比预加应力阶段小；同时梁的自身恒载应根据《桥规》（JTG D62—2004）的规定计入 1.20 或 0.85 的动力系数。

二、使用阶段

这一阶段是指桥梁建成通车后的整个使用阶段，构件除承受偏心预加力 N_y 和梁的自身恒载 g_1 外，还要承受桥面铺装、人行道、栏杆等后加二期恒载 g_2 和车辆、人群等活载 P，如图 10-2 所示。

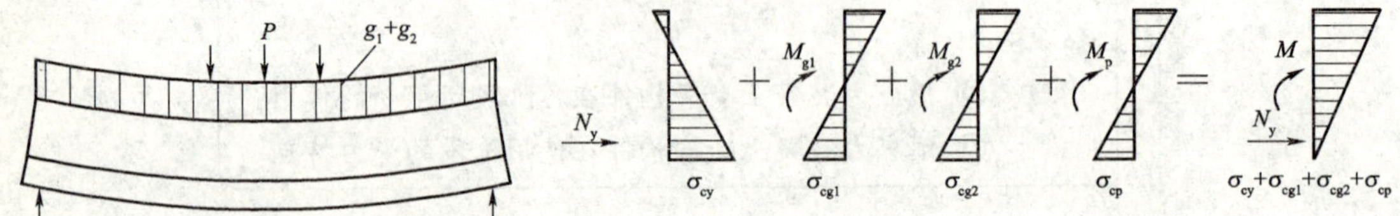

图 10-2 预应力梁应力组合示意图

本阶段各项预应力损失将相继全部完成，最后在预应力筋中建立相对不变的预拉应力，并将此称为永存预应力 σ_{pe}。显然，永存预应力要小于施工阶段的有效预应力值。

本阶段根据构件受力后的特征，又可分为如下几个受力状态：

1. 加载至受拉边缘混凝土预压应力为零

构件在永存预加力 N_{pe}（即永存预应力 σ_{pe} 的合力）作用下，其下边缘混凝土的有效预压应力为 σ_{pe}（图 10-3）。当构件加载至某一特定作用（荷载），在控制截面上所产生的弯矩为 M_0 时，其下边缘混凝土的预压应力 σ_{pc} 恰被抵消为零，则有：

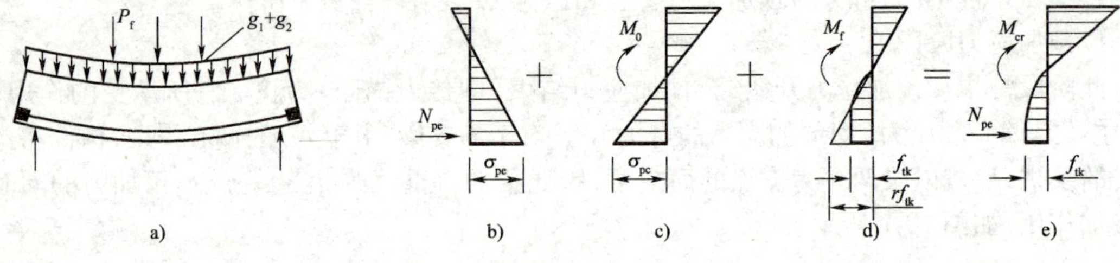

图 10-3 预应力梁第一受力阶段

$$\sigma_{pe}-(M_0/W_0)=0 \tag{10-1}$$

或写成

$$M_0=\sigma_{pe}W_0 \tag{10-2}$$

式中：M_0——由外加作用（恒载和活载）引起、恰好使受拉边缘混凝土应力为零的弯矩（也称消压弯矩），见图 10-3c）；

σ_{pe}——由永存预加力 N_{pe} 在梁下边缘产生的混凝土有效预压应力；

W_0——换算截面对受拉边的弹性抵抗矩。

但是，受弯构件在消压弯矩 M_0 和预加力 N_{pe} 的共同作用下，只有下边缘纤维的混凝土应力为零（消压），而截面上其他点的应力都不为零（不消压）。

2. 加载至受拉区裂缝即将出现

当构件在消压状态后继续加载,并使受拉区混凝土应力达到抗拉强度标准值 f_{tk},此时就称为裂缝即将出现状态,见图 10-3e)。而这时作用(荷载)产生的弯矩就称为裂缝弯矩 M_{cr}。

如果把受拉区边缘混凝土应力从零增加到应力为 f_{tk} 所需的外弯矩用 M_f[图 10-3d)]表示,则 M_{cr} 为 M_0 与 M_f 之和,即:

$$M_{cr}=M_0+M_f \tag{10-3}$$

式中:M_{cr}——相当于同截面钢筋混凝土梁的抗裂弯矩。

从上面的分析可以看出:在消压状态出现后,预应力混凝土梁的受力情况就和普通钢筋混凝土梁一样了。但是预应力混凝土梁的抗裂弯矩 M_{cr} 要比同截面、同材料的普通钢筋混凝土梁的抗裂弯矩大一个消压弯矩 M_0,这说明预应力混凝土梁在承受外加作用时可以大大推迟裂缝的出现,即提高了梁的抗裂性能。

3. 加载至构件破坏

预应力混凝土受弯构件在破坏时预加应力损失殆尽,故其应力状态和普通混凝土构件相类似,其计算方法也基本相同。

§10-2 预加力的计算与预应力损失的计算

知识点:

◎ 张拉控制应力的取值规定;
◎ 预应力损失的类型及组合;
◎ 预应力损失的计算;
◎ 有效预应力的计算。

设计预应力混凝土受弯构件时,需要事先根据承受外加作用(荷载)的情况,估计其预加应力的大小。但是,由于施工因素、材料性能和环境条件等的影响,钢筋中的预拉应力将会逐渐减小。这种减小的应力就称为预应力损失。设计中所需的钢筋预应力值,应是扣除相应阶段的应力损失后,钢筋中实际存在的预应力(即有效预应力 σ_{pe})值。例如钢筋初始张拉的预应力(一般称为张拉控制应力)记作 σ_{con},相应的应力损失值为 σ_l,则它们与有效预应力 σ_{pe} 之间的关系为:

$$\sigma_{pe}=\sigma_{con}-\sigma_l \tag{10-4}$$

由此可以看出:要确定张拉控制应力 σ_{con},除了需要根据承受外加作用(荷载)的情况事先估定有效预应力 σ_{pe} 外,还需要估算出各项预应力损失值。

一、张拉控制应力 σ_{con}

张拉控制应力 σ_{con} 是指张拉钢筋时,张拉设备(如千斤顶)所指示的总张拉力除以预应力钢筋截面面积所求得的钢筋预应力值。

张拉控制应力的取值大小，直接影响预应力混凝土构件优越性的发挥。如果张拉控制应力取值过低，则预应力钢筋在经历各种损失后，对混凝土产生的预压应力过小，不能有效地提高预应力混凝土构件的抗裂性能和刚度。但也不宜取得太高。若张拉控制应力 σ_{con} 过高，构件出现裂缝时的承载力和破坏时的承载力很接近，这意味着构件出现裂缝后不久就丧失其承载力，且事先没有明显的预兆，这是设计时应当避免的。另外，由于张拉的不准确和工艺上有时要求超张拉，且预应力钢筋的实际屈服强度并非根根相同等因素，如果控制应力 σ_{con} 取得太高，张拉时有可能使钢筋应力达到甚至超过实际屈服点，产生塑性变形而可能断裂，这样就达不到预期的预应力效果。为此，《桥规》(JTG D62—2004)指出：构件施加预应力时，预应力钢筋在构件端部(锚下)的控制应力应符合下列规定：

对于钢丝、钢绞线 $$\sigma_{con} \leqslant 0.75 f_{pk} \tag{10-5}$$

对于精轧螺纹钢筋 $$\sigma_{con} \leqslant 0.90 f_{pk} \tag{10-6}$$

式中：f_{pk}——预应力钢筋抗拉强度标准值，可按本书表 1-5a)规定采用。

当对构件进行超张拉或计入锚圈口摩擦损失时，钢筋中最大控制应力(千斤顶油泵上显示的值)对钢丝、钢绞线不应超过 $0.8f_{pk}$；对精轧螺纹钢筋不应超过 $0.95f_{pk}$。

钢筋张拉应力与所采用的钢筋品种有关。钢丝与钢绞线的塑性较差，没有明显的屈服台阶，其 σ_{con} 与标准强度 f_{pk} 的比值应相应地定得低些；而精轧螺纹钢筋的塑性较好，具有较明显的屈服台阶，故可以相应地定得高些。

二、钢筋预应力损失的估算

引起预应力损失的原因与施工工艺、材料性能及环境影响等有关，影响因素复杂，一般根据试验数据确定。如无可靠试验资料，则可按《桥规》(JTG D62—2004)的规定计算。

一般情况下，可主要考虑以下六项预应力损失值。但对于不同锚具、不同施工方法，可能还存在其他应力损失，如锚圈口摩阻损失等，应根据具体情况逐项考虑其影响。

1. 预应力钢筋与管道壁之间的摩擦引起的应力损失 σ_{l1}

在后张法中，由于张拉时预应力钢筋与管道壁之间接触而产生摩阻力，此项摩阻力与作用力的方向相反，因此，钢筋中的实际应力较张拉端拉力计中的读数要小，即造成预应力钢筋中的应力损失 σ_{l1}。

σ_{l1} 可按下式计算：

$$\sigma_{l1} = \sigma_{con}\left[1 - e^{-(\mu\theta + kx)}\right] \tag{10-7}$$

式中：σ_{con}——张拉钢筋时锚下的控制应力；

μ——钢筋与管道壁间的摩阻系数，按表 10-1 采用；

θ——从张拉端至计算截面曲线管道部分切线的夹角(rad)，见图 10-4；

k——管道每米局部偏差对摩擦的影响系数，按表 10-1 采用；

x——从张拉端至计算截面的曲线管道长度(m)，可近似地以其在构件纵轴上的投影长度代替，

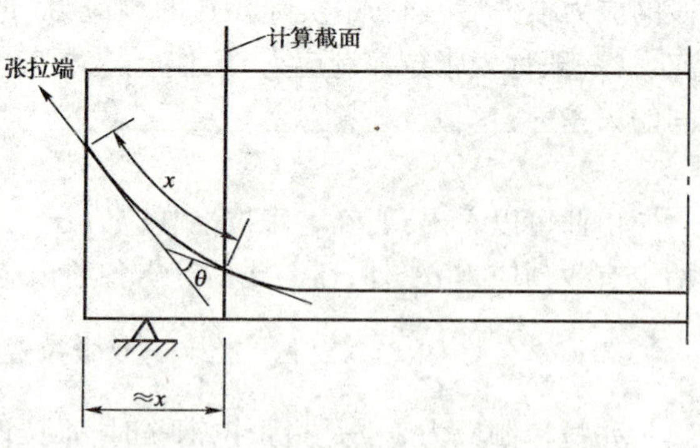

图 10-4　计算 σ_{s1} 时所取用的 θ 与 x 值

见图 10-4。

$1-e^{-(\mu\theta+kx)}$ 值见表 10-2。

为了减少摩擦损失，可采用两端张拉。采用两端张拉，可以减少摩擦损失，但锚具变形损失也相应增加，而且增加了张拉工作量。故究竟采用一端张拉，还是两端张拉，还得视构件长度和张拉设备而定。

系 数 k 和 μ 值　　表 10-1

管道成型方式	k	μ	
		钢绞线、钢丝束	精轧螺纹钢筋
预埋金属波纹管	0.0015	0.20～0.25	0.50
预埋塑料波纹管	0.0015	0.14～0.17	—
预埋铁皮管	0.0030	0.35	0.40
预埋钢管	0.0010	0.25	—
抽心成型	0.0015	0.55	0.60

另外，还可以采用超张拉，其工艺如下：

$$0 \rightarrow \text{初应力}(0.1\sigma_{con}) \rightarrow 1.05\sigma_{con} \xrightarrow{\text{持荷 2min}} 0.85\sigma_{con} \rightarrow \sigma_{con}(\text{锚固})$$

应当注意，对于一般夹片锚具，不宜采用超张拉工艺。因为超张拉后的钢筋拉应力无法在锚固前回降至 σ_{con}，一回降，钢筋就回缩，同时也就带动夹片进行锚固。这样就相当于提高了 σ_{con} 值，而与超张拉的意义不符。

$1-e^{-(\mu\theta+kx)}$ 值表　　表 10-2

$\mu\theta$ \ kx	0.00	0.01	0.02	0.03	0.04	0.05	0.06	0.07	0.08	0.09
0	0.000	0.010	0.020	0.030	0.040	0.049	0.058	0.068	0.077	0.086
0.1	0.095	0.104	0.113	0.112	0.131	0.139	0.148	0.156	0.165	0.173
0.2	0.181	0.189	0.197	0.205	0.213	0.221	0.229	0.237	0.244	0.252
0.3	0.259	0.267	0.274	0.281	0.288	0.295	0.302	0.309	0.316	0.323
0.4	0.33	0.336	0.343	0.349	0.356	0.362	0.368	0.375	0.381	0.387
0.5	0.393	0.398	0.405	0.411	0.417	0.423	0.429	0.434	0.44	0.446
0.6	0.451	0.457	0.462	0.467	0.473	0.478	0.483	0.488	0.493	0.498
0.7	0.503	0.508	0.513	0.518	0.523	0.528	0.532	0.537	0.542	0.546
0.8	0.551	0.555	0.56	0.564	0.568	0.573	0.577	0.581	0.585	0.589
0.9	0.593	0.597	0.601	0.605	0.609	0.613	0.617	0.621	0.625	0.628
1.0	0.632	0.636	0.639	0.643	0.647	0.65	0.654	0.657	0.66	0.664

2. 锚具变形、钢筋回缩和拼装构件的接缝压缩引起的应力损失 σ_{l2}

在张拉预应力钢筋达到控制应力 σ_{con} 后，便把预应力钢筋锚固在台座或构件上。由于锚具、垫板与构件之间的缝隙被压紧，以及预应力钢筋在锚具中的滑动，造成预应力钢筋回缩而产生预应力损失 σ_{l2}。

σ_{l2} 可按公式(10-8)计算，即：

$$\sigma_{l2}=\frac{\sum \Delta l}{l}E_{P} \tag{10-8}$$

式中：Δl——锚具变形，钢筋回缩和接缝压缩值，按表 10-3 采用；

l——预应力钢筋的长度；

E_P——预应力钢筋的弹性模量。

锚具变形、钢筋回缩和接缝压缩值(mm) 表 10-3

锚具、接缝类型		Δl
钢丝束的钢制锥形锚具		6
夹片式锚具	有顶压时	4
	无顶压时	6
带螺帽锚具的螺帽缝隙		1
镦头锚具		1
每块后加垫板的缝隙		1
水泥砂浆接缝		1
环氧树脂砂浆接缝		1

该项预应力损失在短跨梁中或在钢筋不长的情况下应予以重视。对于分块拼装构件应尽量减少块数,以减少接缝压缩损失。而锚具变形引起的预应力损失,只需考虑张拉端,这是因为固定端的锚具在张拉钢筋过程中已被挤紧,不会再引起预应力损失。

在用先张法制作预应力混凝土构件时,当将已达到张拉控制应力的预应力钢筋锚固在台座上时,同样会造成这项损失。

3. 混凝土加热养护时,预应力钢筋与台座之间的温度引起的应力损失 σ_{l3}

在用先张法制作的预应力混凝土构件时,张拉钢筋是在常温下进行的。当混凝土采用加热养护时,即形成钢筋与台座之间的温度差。升温时,混凝土尚未结硬,钢筋受热自由伸长,产生温度变形(由于两端的台座埋在地下,基本上不发生变化),造成钢筋变松,引起预应力损失 σ_{l3}。这就是所谓的温差损失。降温时,混凝土已结硬且与钢筋之间产生了黏结作用,又由于二者具有相近的温度膨胀系数,随温度降低而产生相同的收缩,升温时所产生的应力损失 σ_{l3} 无法恢复。

温差损失的大小与蒸气养护时的加热温度有关。σ_{l3} 可按式(10-9)计算,即:

$$\sigma_{l3} = 2(t_2 - t_1) \tag{10-9}$$

式中:t_1——张拉钢筋时,制造场地的温度(℃);

t_2——混凝土加热养护时,受拉钢筋的最高温度(℃)。

可采用以下措施减少该项损失:

(1)采用两次升温养护。先在常温下养护,或将初次升温与常温的温度差控制在 20℃以内,待混凝土强度达到 7.5 ~10MPa 时再逐渐升温至规定的养护温度,此时可认为钢筋与混凝土已黏结成整体,能够一起胀缩而无损失。

(2)在钢模上张拉预应力钢筋或台座与构件共同受热变形,可以不考虑此项损失。

4. 混凝土的弹性压缩引起的应力损失 σ_{l4}

当预应力混凝土构件受到预压应力而产生压缩应变 ε_c 时,则对于已经张拉并锚固于混凝土构件上的预应力钢筋来说,亦将产生与该钢筋重心水平处混凝土同样的压缩应变 $\varepsilon_p = \varepsilon_c$,因而产生一个预拉应力损失,并称为混凝土弹性压缩损失,以 σ_{l4} 表示。引起应力损失的混凝土弹性压缩量,与预加应力的方式有关。

(1)先张法构件

先张法中，构件受压时，已与混凝土黏结，两者共同变形，由混凝土弹性压缩引起钢筋中的应力损失为

$$\sigma_{l4} = \alpha_{EP}\sigma_{pc} \tag{10-10}$$

式中：σ_{pc}——在计算截面的钢筋重心处，由全部钢筋预加力产生的混凝土法向应力（MPa）。可按下式计算：

$$\sigma_{pc} = \frac{N_{p0}}{A_0} + \frac{N_{p0}e_{p0}^2}{I_0}; N_{p0} = A_p\sigma_p^*$$

式中：N_{p0}——混凝土应力为零时的预应力钢筋的预加力（扣除相应阶段的预应力损失）；

A_0、I_0——预应力混凝土受弯构件的换算截面面积和换算截面惯性矩；

e_{p0}——预应力钢筋重心至换算截面重心轴的距离；

σ_p^*——张拉锚固前预应力筋中的预应力，$\sigma_p^* = \sigma_{con} - \sigma_{l2} - \sigma_{l3} - 0.5\sigma_{l5}$；

α_{EP}——预应力钢筋弹性模量与混凝土弹性模量之比。

（2）后张法构件

在后张法预应力混凝土构件中，混凝土的弹性压缩发生在张拉过程中，张拉完毕后，混凝土的弹性压缩也随即完成。故对于一次张拉完成的后张法构件，无须考虑混凝土弹性压缩引起的应力损失，因为此时混凝土的全部弹性压缩是和钢筋的伸长同时发生的。但是，事实上由于受张拉设备的限制，钢筋往往分批进行张拉锚固，并且在多数情况下是采用逐束（根）进行张拉锚固的。这样，当张拉第二批钢筋时，混凝土所产生的弹性压缩会使第一批已张拉锚固的钢筋产生预应力损失。同理，当张拉第三批时，又会使第一、第二批已张拉锚固的钢筋都产生预应力损失，以此类推。故这种在后张法中的弹性压缩损失又称为分批张拉预应力损失 σ_{l4}。

后张法构件，分批张拉时，先张拉的钢筋由张拉后批钢筋所引起的混凝土弹性压缩预应力损失可按下列公式计算：

$$\sigma_{l4} = \alpha_{EP}\sum\Delta\sigma_{pc} \tag{10-11a}$$

式中：$\sum\Delta\sigma_{pc}$——在计算截面钢筋重心，由后张拉各批钢筋产生的混凝土法向应力（MPa）。

后张法预应力混凝土构件，当同一截面的预应力钢筋逐束张拉时，由混凝土弹性压缩引起的预应力损失，可按下列简化公式计算：

$$\sigma_{l4} = \frac{m-1}{2}\alpha_{EP}\Delta\sigma_{pc} \tag{10-11b}$$

式中：m——预应力钢筋的束数；

$\Delta\sigma_{pc}$——在计算截面的全部钢筋重心处，由张拉一束预应力钢筋产生的混凝土法向压应力（MPa），取各束的平均值。

分批张拉时，由于每批钢筋的应力损失不同，则实际有效预应力不等。补救方法如下：

①重复张拉先张拉过的预应力钢筋；

②超张拉先张拉的预应力钢筋。

5. 钢筋松弛引起的应力损失 σ_{l5}

钢筋或钢筋束在一定拉力作用下，长度保持不变，则其应力将随时间的增长而逐渐降低，这种现象称为钢筋的应力松弛，亦称徐舒。钢筋的松弛将引起预应力钢筋中的应力损失，这种损失称为钢筋应力松弛损失 σ_{l5}。这种现象是钢筋的一种塑性特征，其值因钢筋的种类而异，并随着应力的增加和作用（荷载）持续时间的长久而增加，一般是在第一小时最大，两天后即

可完成大部分，一个月后这种现象基本停止。

由钢筋应力松弛引起的应力损失终极值，可按下列公式计算：

(1)对于精轧螺纹钢筋

一次张拉 $$\sigma_{l5}=0.05\sigma_{con} \tag{10-12}$$

超张拉 $$\sigma_{l5}=0.035\sigma_{con} \tag{10-13}$$

(2)对于钢丝，钢绞线

$$\sigma_{l5}=\Psi\zeta\left(0.52\frac{\sigma_{pe}}{f_{pk}}-0.26\right)\sigma_{pe} \tag{10-14}$$

式中：Ψ——张拉系数，一次张拉时，$\Psi=1.0$；超张拉时，$\Psi=0.9$

ζ——钢筋松弛系数，I 级松弛(普通松弛)，$\zeta=1.0$；II 级松弛(低松弛)，$\zeta=0.3$；

σ_{pe}——传力锚固时的钢筋应力，对后张法构件 $\sigma_{pe}=\sigma_{con}-\sigma_{l1}-\sigma_{l2}-\sigma_{l4}$；对先张法构件 $\sigma_{pe}=\sigma_{con}-\sigma_{l2}$。

对于碳素钢丝、钢绞线，当 $\sigma_{pe}/f_{pk}\leqslant 0.5$ 时，预应力钢筋的应力松弛值可取零。

6. 混凝土收缩和徐变引起的预应力钢筋应力损失 σ_{l6}

收缩变形和徐变变形是混凝土所固有的特性。由于混凝土的收缩和徐变，预应力混凝土构件缩短，预应力钢筋也随之回缩，因而引起预应力损失。由于收缩与徐变有着密切的联系，许多影响收缩的因素，也同样影响徐变的变形值，故将混凝土的收缩与徐变值的影响综合在一起进行计算。此外，在预应力梁中所配制的非预应力筋对混凝土的收缩、徐变变形也有一定的影响，计算时应予以考虑。

《公桥规》推荐的收缩、徐变应力损失计算，对于单筋截面(仅在受拉区配有纵向力钢筋)可按下式计算：

$$\sigma_{l6}(t)=\frac{0.9[E_p\varepsilon_{cs}(t,t_0)+\alpha_{Ep}\sigma_{pc}\phi(t,t_0)]}{1+15\rho\rho_{ps}} \tag{10-15}$$

$$\rho=\frac{A_p+A_s}{A}$$

$$\rho_{ps}=1+\frac{e_{ps}^2}{i^2}$$

$$e_{ps}=\frac{A_pe_p+A_se_s}{A_p+A_s}$$

式中：$\sigma_{l6}(t)$——构件受拉区全部纵向钢筋截面重心处由混凝土收缩、徐变引起的预应力损失；

σ_{pc}——构件受拉区全部纵向钢筋截面重心处由预应力(扣除相应阶段的预应力损失)和结构自重产生的混凝土法向应力(MPa)；

E_p——预应力钢筋的弹性模量；

α_{EP}——预应力钢筋弹性模量与混凝土弹性模量的比值；

ρ——构件受拉区全部纵向钢筋配筋率；

A——构件毛截面面积；

i——截面回转半径，$i=I/A$，先张法构件取 $I=I_0$，$A=A_0$；后张法构件取 $I=I_n$，$A=A_n$；I_0，I_n 分别为换算截面惯性矩和净截面惯性矩，A_0 和 A_n 分别为换算截面面积和净截面面积；

e_p——构件受拉区预应力钢筋截面重心至构件截面重心的距离；

e_s——构件受拉区纵向普通钢筋截面重心至构件截面重心的距离；

e_{ps}——构件受拉区预应力钢筋和普通钢筋截面重心至构件截面重心轴的距离；

$\varepsilon_{cs}(t,t_0)$——预应力钢筋传力锚固龄期为 t_0，计算龄期为 t 时的混凝土收缩应变，其终极值可按表 10-4 取用；

$\phi(t,t_0)$——加载龄期为 t_0，计算龄期为 t 时的徐变系数，其终极值 $\phi(t_u,t_0)$ 可按表 10-4 取用。

混凝土收缩应变和徐变系数终极值 表 10-4

传力锚固龄期(d)	混凝土收缩应变终极值 $\varepsilon_{cs}(t_u,t_0)\times10^{-3}$							
	40%≤RH<70%				70%≤RH<99%			
	理论厚度 h(mm)				理论厚度 h(mm)			
	100	200	300	≥600	100	200	300	≥600
3~7	0.50	0.45	0.38	0.25	0.30	0.26	0.23	0.15
14	0.43	0.41	0.36	0.24	0.25	0.24	0.21	0.14
28	0.38	0.38	0.34	0.23	0.22	0.22	0.20	0.13
60	0.31	0.34	0.32	0.22	0.18	0.20	0.19	0.12
90	0.27	0.32	0.30	0.21	0.16	0.19	0.18	0.12
	混凝土徐变系数终极值 $\phi(t_u,t_0)$							
3	3.78	3.36	3.14	2.79	2.73	2.52	2.39	2.20
7	3.23	2.88	2.68	2.39	2.32	2.15	2.05	1.88
14	2.83	2.51	2.35	2.09	2.04	1.89	1.79	1.65
28	2.48	2.20	2.06	1.83	1.79	1.65	1.58	1.44
60	2.14	1.91	1.78	1.58	1.55	1.43	1.36	1.25
90	1.99	1.76	1.65	1.46	1.44	1.32	1.26	1.15

注：①表中 RH 代表桥梁所处环境的年平均相对湿度(%)；

②表中理论厚度 $h=2A/\mu$，A 为构件截面面积，μ 为构件与大气接触的周边长度。当构件为变截面时，A 和 μ 均可取其平均值；

③本表适用于由一般的硅酸盐类水泥或快硬水泥配制而成的混凝土，对 C50 及以上混凝土，表列数值应乘以 $\sqrt{\frac{32.4}{f_{ck}}}$，式中 f_{ck} 为混凝土轴心抗压强度标准值(MPa)；

④本表适用于季节性变化的平均温度 −20～+40℃；

⑤构件的实际传力锚固龄期、加载龄期或理论厚度为表列数值中间值时，收缩应变和徐变系数终极值可按直线内插法取值；

⑥在分阶段施工或结构体系转换中，当需计算阶段收缩应变和徐变系数时，可按《公桥规》附录 F 提供的方法进行。

在使用式(10-15)时应注意以下几个问题：

(1)式(10-15)中的 σ_{pc} 不得大于 $0.5f'_{cu}$，f'_{cu} 为预应力钢筋传力锚固时混凝土立方体抗压强度；

(2)在计算式(10-15)中的 σ_{pc} 时仍需考虑全部预应力值和普通钢筋应力值；

(3)式(10-15)不仅考虑了预加力随混凝土收缩、徐变逐渐产生而变化的因素，而且考虑了非预应力钢筋对混凝土收缩，徐变起着阻碍作用的影响，因此该式既适应于全预应力混凝土构件，也适应于部分预应力混凝土构件。

式(10-15)计算的收缩、徐变应力损失是其终值，其中间值可根据混凝土收缩应变与徐变系数中间值 $\varepsilon(t,\tau)$、$\phi(t,\tau)$ 计算。

减少混凝土收缩和徐变引起的应力损失的措施有：

(1)采用高强度水泥,减少水泥用量,降低水灰比,采用干硬性混凝土；

(2)采用级配较好的骨料,加强振捣,提高混凝土的密实性；

(3)加强养护,以减少混凝土的收缩。

应当指出:混凝土收缩、徐变引起的预应力损失,与钢筋的松弛应力损失等是相互影响的,目前采用单独计算的方法不够完善。国际预应力混凝土协会(FIP)和国内的学者已注意到这一问题。

以上各项预应力损失的估算值,可以作为一般设计的依据。但由于材料、施工条件等的不同,实际的预应力损失值与按上述方法计算的数值会有所出入。为了确保预应力混凝土结构在施工,使用阶段的安全,除加强施工管理外,还应作好应力损失值的实测工作,用所测得的实际应力损失值,来调整张拉应力。

三、钢筋的有效预应力计算

1. 预应力损失的组合

上述各项预应力损失并不是同时发生的,它与张拉方式和工作阶段有关。现以损失发生在混凝土受到预压之前还是之后,把预应力损失分为第一批应力损失和第二批应力损失,其应力损失的组合见表10-5。

各阶段预应力损失值的组合 表 10-5

预应力损失值的组合	先张法构件	后张法构件
传力锚固时损失(第一批)σ_{lI}	$\sigma_{l2}+\sigma_{l3}+\sigma_{l4}+0.5\sigma_{l5}$	$\sigma_{l1}+\sigma_{l2}+\sigma_{l4}$
传力锚固后的损失(第二批)σ_{lII}	$0.5\sigma_{l5}+\sigma_{l6}$	$\sigma_{l5}+\sigma_{l6}$

2. 钢筋的有效预应力

预加应力阶段：

$$\sigma_{peI}=\sigma_{con}-\sigma_{lI} \tag{10-16}$$

使用阶段：

$$\sigma_{peII}=\sigma_{peI}-\sigma_{lII}=\sigma_{con}-\sigma_{lI}-\sigma_{lII} \tag{10-17}$$

以上式中符号意义同前。

§10-3 预应力混凝土受弯构件的承载力计算

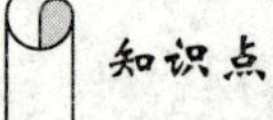

◎ 正截面承载力计算图式及公式、适用条件；

◎ 斜截面承载力计算图式及公式；

◎ 能进行预应力混凝土简支梁的承载力计算。

按承载能力极限状态对预应力混凝土受弯构件进行承载力计算,包括正截面承载力计算和斜截面承载力计算两部分内容。

一、正截面抗弯承载力计算

试验表明,预应力混凝土受弯构件破坏时,其正截面的应力状态和普通钢筋混凝土受弯构件类似。在适筋构件破坏的情况下,受拉区混凝土开裂后将退出工作,预应力钢筋及非预应力钢筋分别达到其抗拉强度设计值f_{pd}和f_{sd};受压区混凝土应力达到抗压强度设计值f_{cd},非预应力钢筋达到抗压强度设计值f'_{sd},预应力钢筋由于在施工阶段预先承受了预拉应力,进入使用阶段后,外弯矩增加,其预拉应力将逐渐减小,至构件破坏时,其计算应力σ'_{pc}可能仍为拉应力,也可能为压应力,但其值一般都达不到预应力钢筋A'_p的抗压强度设计值f'_{pd}。

为简化计算,和钢筋混凝土梁一样,假定截面变形以后仍保持平面,不考虑混凝土的抗拉强度,受压区混凝土应力图形采用等效矩形代替实际曲线分布,可根据基本假定绘出计算应力图形(图10-5),并仿照普通钢筋混凝土受弯构件,按静力平衡条件,计算预应力混凝土受弯构件正截面承载能力。

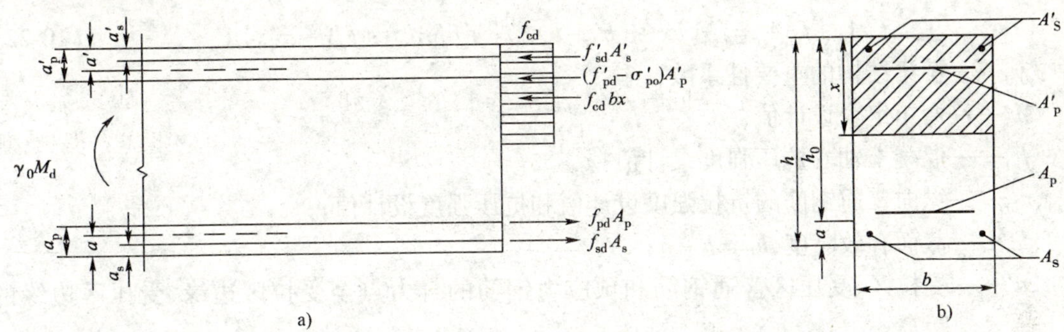

图10-5　矩形截面受弯构件正截面承载力计算简图

1. 基本公式

(1)矩形截面构件

配有预应力钢筋和普通钢筋的矩形截面(包括翼缘位于受拉边的T形截面)受弯构件,由图10-5,根据力的平衡条件可得正截面承载力计算公式如下:

$$\gamma_0 M_d \leqslant f_{cd}bx\left(h_0-\frac{x}{2}\right)+f'_{sd}A'_s(h_0-a'_s)+(f'_{pd}-\sigma'_{p0})A'_p(h_0-a'_p) \tag{10-18}$$

$$f_{sd}A_s+f_{pd}A_p=f_{cd}bx+f'_{sd}A'_s+(f'_{pd}-\sigma'_{p0})A'_p \tag{10-19}$$

(2)T形截面

T形截面计算简图如图10-6所示,对于翼缘位于受压区的T形截面受弯构件,和钢筋混凝土梁一样,首先按下列条件判别T形截面属于哪一类。

当满足条件:

$$f_{sd}A_s+f_{pd}A_p\leqslant f_{cd}b'_fh'_f+f'_{sd}A'_s+(f'_{pd}-\sigma'_{p0})A'_p \tag{10-20}$$

称为第一类T形截面,如图10-6a)所示,构件可按宽度为b'_f的矩形截面计算。当不符合式(10-20)时,表明截面中性轴通过肋部,即为第二类T形截面,如图10-6b)所示,计算时应考虑截面腹板受压混凝土的作用,其正截面抗弯承载能力应按下列公式计算。

由受拉区预应力钢筋和非预应力钢筋合力点的力矩平衡条件,可得:

$$\gamma_0M_d\leqslant f_{cd}\left[bx\left(h_0-\frac{x}{2}\right)+(b'_f-b)h'_f\left(h_0-\frac{h'_f}{2}\right)\right]+f'_{sd}A'_s(h_0-a'_s)+(f'_{pd}-\sigma'_{p0})A'_p(h_0-a'_p) \tag{10-21}$$

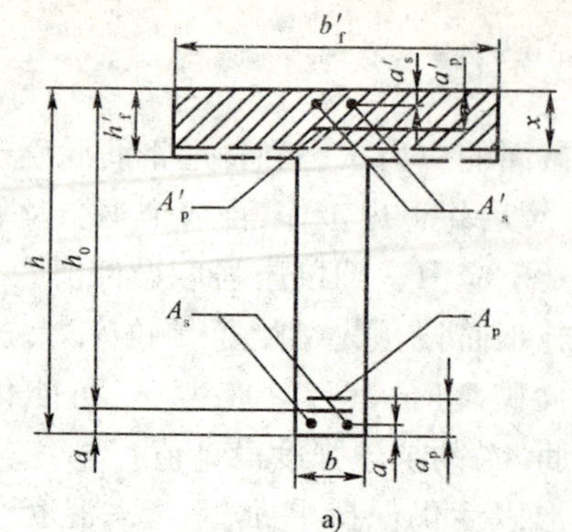

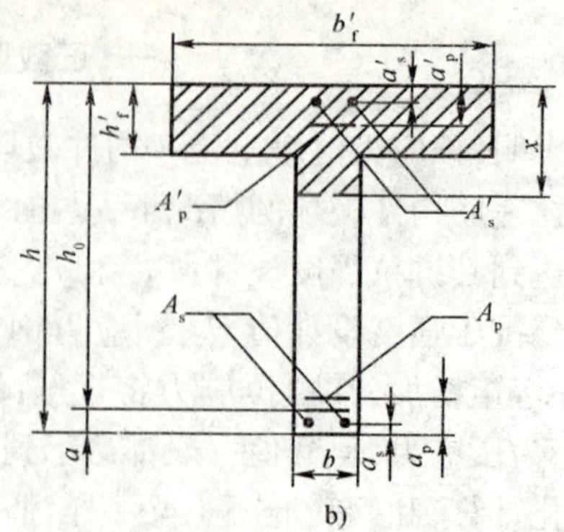

图 10-6　T 形截面受弯构件正截面承载力计算

a) $x \leqslant h'_f$ 按矩形截面计算；b) $x > h'_f$ 按 T 形截面计算

由水平方向的平衡条件，得：

$$f_{sd}A_s + f_{pd}A_p = f_{cd}[bx + (b'_f - b)h'_f] + f'_{sd}A'_s + (f'_{pd} - \sigma'_{p0})A'_p \tag{10-22}$$

式中：γ_0——桥梁结构的重要性系数；

M_d——弯矩组合设计值；

f_{cd}——混凝土轴心抗压强度设计值；

f_{sd}、f'_{sd}——纵向普通钢筋的抗拉强度设计值和抗压强度设计值；

h_0——截面有效高度，$h_0 = h - a$；

a、a'——受拉区、受压区普通钢筋和预应力钢筋的合力点至受拉区边缘、受压区边缘的距离；

a'_s、a'_p——受压区普通钢筋合力点、预应力钢筋合力点至受压区边缘的距离；

σ'_{p0}——受压区预应力钢筋的合力点处混凝土法向应力等于零时预应力钢筋的应力，对先张法构件，$\sigma'_{p0} = \sigma'_{con} - \sigma'_l + \sigma'_{l4}$；对后张法构件，$\sigma'_{p0} = \sigma'_{con} - \sigma'_l + \alpha_{Ep}\sigma'_{pc}$；其中，$\sigma'_{con}$为受压区预应力钢筋的控制应力；$\sigma'_l$ 为受压区预应力钢筋的全部预应力损失；σ'_{l4}为先张法构件受压区弹性压缩损失；σ'_{pc}为受压区预应力钢筋重心处由预加力产生的混凝土法向压应力，α_{EP}为受压区预应力钢筋弹性模量与混凝土弹性模量的比值；

h'_f——T 形或工字形截面受压翼缘高度；

b'_f——T 形或工字形截面受压翼缘的有效宽度。

2. 公式适用条件

混凝土受压区高度应符合下列条件：

$$x \leqslant \xi_b h_0 \tag{10-23}$$

式中：ξ_b——预应力混凝土受弯构件正截面相对界限受压区高度。

当截面受压区配有纵向普通钢筋和预应力钢筋，且预应力钢筋受压，$(f'_{pd} - \sigma'_{p0})$为正时：

$$x \geqslant 2a' \tag{10-24}$$

当截面受压区仅配有纵向普通钢筋或配有普通钢筋和预应力筋，且预应力钢筋受拉，$(f'_{pd} - \sigma'_{p0})$为负时：

$$x \geqslant 2a'_s \tag{10-25}$$

对于第二种 T 形截面，由于 $x > h'_f$，所以 $x \geqslant 2a'$ 或 $x \geqslant 2a'_s$ 的限制条件一般均能满足，故可

不进行此项验算。

在应用受弯构件受压高度满足 $x \leqslant \xi_b h_0$ 的条件时，可不考虑按正常使用极限状态计算可能增加的纵向受拉钢筋截面面积和按构造要求配置的纵向钢筋截面面积。

若 $x < 2a'_s$，因受压钢筋离中性轴太近，变形不能充分发挥，受压钢筋的应力达不到抗压强度设计值。这时，截面所承受的计算弯矩，可由下列近似公式求得：

(1) 当受压区配有纵向普通钢筋和预应力钢筋，且预应力钢筋受压时，有：

$$\gamma_0 M_d \leqslant f_{pd} A_p (h - a_p - a') + f_{sd} A_s (h - a_s - a') \tag{10-26}$$

(2) 当受压区配有纵向普通钢筋或配有普通钢筋和预应力钢筋，且预应力钢筋受拉时，有：

$$\gamma_0 M_d \leqslant f_{pd} A_p (h - a_p - a'_s) + f_{sd} A_s (h - a_s - a'_s) - (f'_{pd} - \sigma'_{p0}) A'_p (a'_p - a'_s) \tag{10-27}$$

式中：a_s、a_p——受拉区普通钢筋合力点、预应力钢筋合力点至受拉区边缘的距离。

如按式(10-26)或式(10-27)算得的正截面承载力比不考虑非预应力受压钢筋 A'_s 还小时，则应按不考虑非预应力受压钢筋计算。

承载力校核与截面选择的步骤与普通钢筋混凝土梁类似。由于篇幅有限，此处不再赘述。

由承载力计算公式(10-18)和(10-21)可以看出：构件的承载力 M_d 与受拉区钢筋是否施加预应力无关，但对受压区钢筋 A'_p 施加预应力后，钢筋 A'_p 的应力由 f'_{pd} 下降为 $(f'_{pd} - \sigma'_{p0})$ 或者变为负值（即拉应力），因而降低了受弯构件的承载力和使用阶段的抗裂度。因此，只有在受压区确实需设置预应力钢筋 A'_p 时，才予以设置。

二、斜截面承载力计算

与钢筋混凝土构件一样，当预应力混凝土受弯构件在正截面承载力有足够保证时，仍有可能沿斜截面破坏。根据试验研究分析，沿斜截面破坏（如图 10-7）的原因有两个：

(1) 斜截面受弯破坏——当梁内纵向钢筋配置不足，钢筋屈服后，斜裂缝分成两个部分将围绕其公共铰（受压区 O 点）转动，此时斜裂缝扩张，受压区减少，最后混凝土产生法向裂缝而破坏；

(2) 斜截面受剪破坏——常见的情况是，当梁内纵向钢筋配置较多，且锚固可靠时，则阻碍着斜裂缝两侧部分的相对转动，受压区混凝土在压力与剪力的共同作用下被剪断或压碎，此时，距受压区较远的钢筋应力达到屈服强度，而另一部分尚未达到，钢筋受力是不均匀的。

研究表明，有足够钢筋通过支点截面且截面无变化的受弯构件，斜截面抗弯承载力不是控制因素，抗剪承载力才是主要的控制因素。

1. 斜截面抗剪承载力计算

预应力混凝土受弯构件的斜截面抗剪承载力计算，其计算截面位置可参照钢筋混凝土受弯构件中有关规定处理。对于矩形、T 形和工字形截面的受弯构件，其抗剪截面应符合式(10-28)要求：

$$\gamma_0 V_d \leqslant 0.51 \times 10^{-3} \sqrt{f_{cu,k}} b h_0 \text{(kN)} \tag{10-28}$$

式中：V_d——验算截面处由作用（或荷载）产生的剪力组合设计值(kN)；

b——相应于剪力组合设计值处的矩形截面宽度(mm)或 T 形和工字形截面腹板宽度(mm)；

h_0——相应于剪力组合设计值处的截面有效高度(mm)。

对变高度（承托）连续梁，除验算近边支点梁段的截面尺寸外，尚应验算截面急剧变化处的截面尺寸。

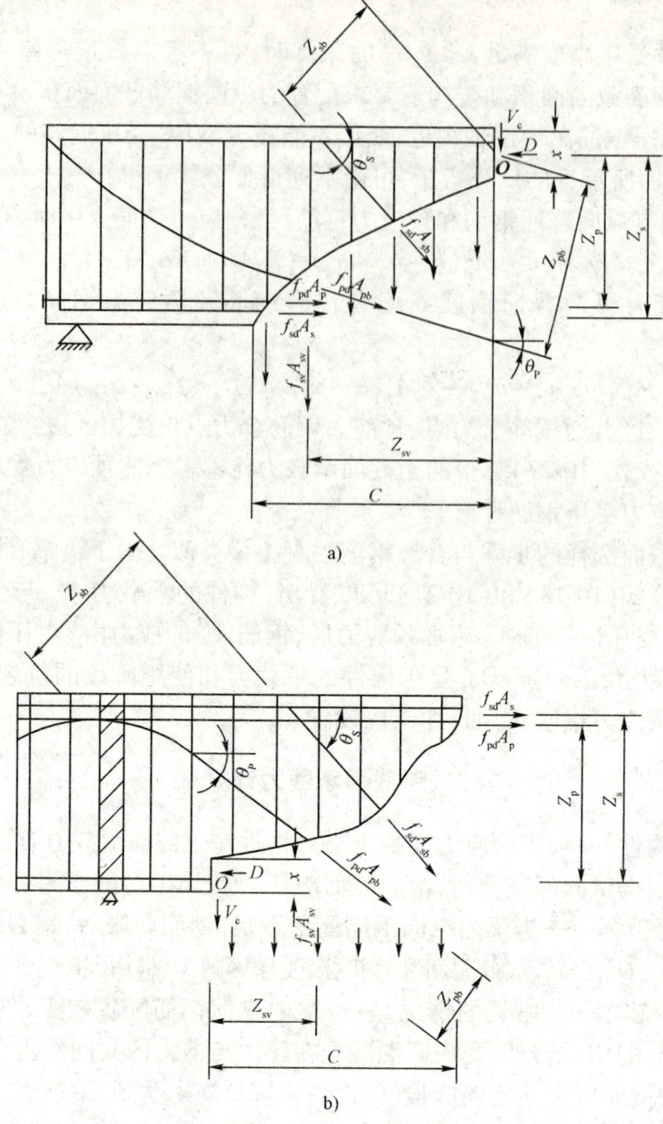

图 10-7　斜截面抗剪承载力计算示意图

a）简支梁和连续梁近边支点梁段；b）连续梁和悬臂梁近中间支点梁段

这就是保证构件不发生斜压破坏所需要的最小混凝土截面尺寸的条件。但是应当指出，条件式(10-28)对预应力混凝土梁来说，由于没有考虑预应力的有利影响，因此可以认为不够合理。

当矩形、T 形和工字形截面的受弯构件，符合式(10-29)时：

$$\gamma_0 V_d \leqslant 0.50 \times 10^{-3} \alpha_2 f_{td} b h_0 (\mathrm{kN}) \tag{10-29}$$

可不进行斜截面抗剪承载力的验算，仅需按构造要求配置箍筋。

式中：f_{td}——混凝土抗拉强度设计值；

α_2——预应力提高系数，取值规定见后。

对于板式受弯构件，式(10-29)右边计算值可乘以 1.25 提高系数。

矩形、T 形和工字形截面的受弯构件，当配置箍筋和弯起钢筋时，其斜截面抗弯承载力应按式(10-30)进行验算：

$$\gamma_0 V_d \leqslant V_{cs} + V_{sb} + V_{pb} \tag{10-30}$$

$$V_{cs} = \alpha_1 \alpha_2 \alpha_3 0.45 \times 10^{-3} bh_0 \sqrt{(2 + 0.6p) \sqrt{f_{cu,k}} \rho_{sv} f_{sv}} \tag{10-31}$$

$$V_{sb} = 0.75 \times 10^{-3} f_{sd} \sum A_{sb} \sin\theta_s \tag{10-32}$$

$$V_{pb} = 0.75 \times 10^{-3} f_{pd} \sum A_{pb} \sin\theta_p \tag{10-33}$$

式中：V_d——斜截面受压端正截面上由作用(或荷载)产生的最大剪力组合设计值(kN)，对变高度(承托)的连续梁和悬臂梁，当该截面处于变高度梁段时，则应考虑作用于截面的弯矩引起的附加剪应力的影响；

V_{cs}——斜截面内混凝土和箍筋共同的抗剪承载力设计值(kN)；

V_{sb}——与斜截面相交的普通弯起钢筋抗剪承载力设计值(kN)；

V_{pb}——与斜截面相交的预应力弯起钢筋抗剪承载力设计值(kN)；

α_1——异号弯矩影响系数，计算简支梁和连续梁近边支点梁段的抗剪承载力时，$\alpha_1 = 1.0$，计算连续梁和悬臂梁近中间支点梁段的抗剪承载力时，$\alpha_1 = 0.9$；

α_2——预应力提高系数，对钢筋混凝土受弯构件，$\alpha_2 = 1.0$；对预应力混凝土受弯构件，$\alpha_2 = 1.25$，但当由钢筋合力引起的截面弯矩与外弯矩的方向相同，或对于允许出现裂缝的预应力混凝土受弯构件，取 $\alpha_2 = 1.0$；

α_3——受压翼缘的影响系数，取 $\alpha_3 = 1.1$；

b——斜截面受压端正截面处矩形截面宽度或T形和工字形截面腹板宽度(mm)；

h_0——斜截面受压端正截面的有效高度，自纵向受拉钢筋合力点至受压边缘的距离(mm)；

p——斜截面内纵向受拉钢筋的配筋百分率，$p = 100\rho$，$\rho = (A_p + A_{pb} + A_s)/bh_0$，当 $p > 2.5$时，取 $p = 2.5$；

$f_{cu,k}$——混凝土立方体抗压强度标准值(MPa)，即为混凝土强度等级；

ρ_{sv}——斜截面内箍筋配筋率，$\rho_{sv} = A_{sv}/(S_v b)$；

f_{sv}——箍筋抗拉强度设计值，但取值不宜大于280MPa；

A_{sv}——斜截面内配置在同一截面的箍筋各肢总截面面积(mm^2)；

S_v——斜截面内箍筋的间距(mm)；

A_{sb}、A_{pb}——斜截面内在同一弯起平面的普通弯起钢筋、预应力弯起钢筋的截面面积(mm^2)；

θ_s、θ_p——普通弯起钢筋、预应力弯起钢筋(在斜截面受压端正截面处)的切线与水平线的夹角。

当采用竖向预应力钢筋(箍筋)时，式(10-31)中的 ρ_{sv} 和 f_{sv}，应换以 ρ_{sv} 和 f_{pd}、ρ_{pv} 和 f_{pd} 分别为竖向预应力钢筋(箍筋)的配筋率和抗拉强度设计值。

在计算斜截面抗剪承载力时，其计算截面位置的确定方法与普通钢筋混凝土受弯构件在计算斜截面抗剪承载力时确定计算截面位置的方法相同。以上斜截面抗剪承载力计算公式仅适用于等高度的简支梁。

变高度(承托)的钢筋混凝土连续梁和悬臂梁，在变高度梁段内当考虑附加剪应力影响时，其换算剪力设计值按下列公式计算：

$$V_d = V_{cd} - \frac{M_d}{h_0} \tan\alpha \tag{10-34}$$

式中：V_{cd}——按等高度梁计算的计算截面的剪力组合设计值；

M_d——相应于剪力组合设计值的弯矩组合设计值；

h_0——计算截面的有效高度；

α——计算截面处梁下缘切线与水平线的夹角。

当弯矩绝对值增加而梁高减小时，公式中的“－”改为“＋”。

2. 斜截面抗弯承载力计算

当纵向钢筋较少时，预应力混凝土受弯构件也有可能发生斜截面的弯曲破坏。预应力混凝土受弯构件斜截面抗弯承载力一般同普通混凝土受弯构件一样，可以通过构造措施来加以保证，如果要计算，计算的方法和步骤与钢筋混凝土受弯构件相同，只需要加入预应力钢筋的各项抗弯能力即可。矩形、T形和工字形截面的受弯构件，其斜截面抗弯承载力应按下列规定进行验算（图10-7）：

$$\gamma_0 M_d \leqslant f_{sd}A_s Z_s + f_{pd}A_p Z_p + \sum f_{sd}A_{sb}Z_{sb} + \sum f_{pd}A_{pd}Z_{pb} + \sum f_{sv}A_{sv}Z_{sv} \tag{10-35}$$

最不利的斜截面水平投影长度按下列公式试算确定：

$$\gamma_0 V_d = \sum f_{sd}A_{sb}\sin\theta_s + \sum f_{pd}A_{pb}\sin\theta_p + \sum f_{sv}A_{sv} \tag{10-36}$$

式中：M_d——斜截面受压端正截面的最大弯矩组合设计值；

V_d——斜截面受压端正截面相应于最大弯矩组合设计值的剪力组合设计值；

Z_s、Z_p——纵向普通受拉钢筋合力点、纵向预应力受拉钢筋合力点至受压区中心点 O 的距离；

Z_{sb}、Z_{pb}——与斜截面相交的同一弯起平面内普通弯起钢筋合力点、预应力弯起钢筋合力点至受压区中心点 O 的距离；

Z_{sv}——与斜截面相交的同一平面内箍筋合力点至斜截面受压端的水平距离。

斜截面受压端受压区高度 x，按斜截面内所有力对构件纵向轴投影之和为零的平衡条件求得。

预应力混凝土受弯构件斜截面抗弯承载力计算的方法和步骤与钢筋混凝土完全一样，比较繁琐。同普通钢筋混凝土受弯构件一样，多是用构造措施来加以保证，具体可参照钢筋混凝土梁的有关规定（见单元四）。

思考题

1. 预应力混凝土受弯构件的施工阶段由哪两个阶段组成？如何划分？

2. 预应力混凝土受弯构件在使用阶段中还要承受哪些作用？有哪几个受力状态？

3. 为什么预应力混凝土梁的抗裂性能高？

4. 什么是张拉控制应力？张拉控制应力的取值大小对预应力混凝土构件有何影响？

5. 什么是预应力损失？《桥规》（JTG D62—2004）中考虑的预应力损失主要有哪些？

6. 引起各项预应力损失的主要原因是什么？减小这些损失的措施有哪些？

7. 引起预应力损失的摩擦阻力由哪几部分组成？直线管道内的预应力钢筋与孔道接触引起的摩擦损失与哪些因素有关？

8. 什么是钢筋的松弛？钢筋松弛有何特点？

9. 施加预应力的方法不同，构件中出现的预应力损失相同吗？如果不同，请说明原因。

10. 为什么混凝土的收缩和徐变引起的预应力损失要一起考虑？在计算时是否考虑非预应力钢筋的影响？为什么？

11. 第一批和第二批预应力损失由哪些部分组成?

12. 什么是有效预应力? 各种预应力损失是同时发生的吗?

13. 试画出受压区不配置钢筋的矩形截面预应力混凝土受弯构件的计算图式,并由此写出其计算公式及适用条件。

14. 受压区配置预应力筋对构件的承载力有何影响?

15. 预应力混凝土受弯构件为什么还要进行斜截面承载力的计算? 引起斜截面破坏的原因是什么?

单元十一 预应力混凝土受弯构件按正常使用极限状态设计计算

§11-1 预应力混凝土受弯构件的应力计算

预应力混凝土构件由于施加预应力以后截面应力状态较为复杂，各个受力阶段均有其不同受力特点，除了计算构件承载力外，还要计算弹性阶段的构件应力。这些应力包括截面混凝土的法向应力、钢筋的拉应力和斜截面混凝土的主压应力。构件的应力计算实质上是构件的强度计算，是对构件承载力计算的补充。对预应力混凝土简支结构，只计算预应力引起的主效应；对预应力混凝土连续梁等超静定结构，除了主效应之外，尚应计算预应力引起的次效应。应力计算又可分为持久状况的应力计算和短暂状况的应力计算。

课题一 短暂状况的应力计算

① 计算内容；
② 预加应力阶段，构件运输、吊装阶段受力特点及应力计算；
③ 了解应力限值的相关规定。

预应力混凝土受弯构件按短暂状况计算时，应计算其在施工阶段（制作、运输及安装等）由于预应力作用、构件自重和施工荷载等引起的正截面和斜截面的应力，并不应超过规定的应力限值。施工荷载除有特别规定外，均采用标志值，当有组合时，不考虑荷载组合系数。当采用吊机（车）行驶于桥梁进行构件安装时，应对已安装就位的构件进行验算，吊（机）车作用应乘以 1.15 的荷载系数，但当由吊（机）车产生的效应设计值小于按持久状况承载能力极限状态计算的荷载效应组合设计时，则可不必验算。

一、预加应力阶段的正应力计算

这一阶段，主要承受偏心的预加应力 N_p 和梁一期恒载（自重荷载）G_1 作用效应 M_{G1}，可采用材料力学中偏心受压的公式进行计算。本阶段的受力特点是因预应力损失值最小，所以，预加力 N_p 值最大；而由于仅有梁的自重作用，所以外荷载最小。对于简支梁来说，其受力最不利截面往往在支点附近，特别是直线配筋的预应力混凝土等截面简支梁，其支点上缘拉应力，常常成为计算的控制。

1. 由预加力 N_p 产生的混凝土法向压应力 σ_{pc} 和法向拉应力 σ_{pt}

先张法构件

$$\left.\begin{aligned}\sigma_{pc} &= \frac{N_{p0}}{A_0} + \frac{N_{p0}e_{p0}}{I_0}y_0\\ \sigma_{pt} &= \frac{N_{p0}}{A_0} - \frac{N_{p0}e_{p0}}{I_0}y_0\end{aligned}\right\} \tag{11-1}$$

式中：N_{p0}——先张法构件的预应力钢筋的合力（图 11-1a），按下式计算：

$$N_{p0} = \sigma_{p0} A_p \tag{11-2}$$

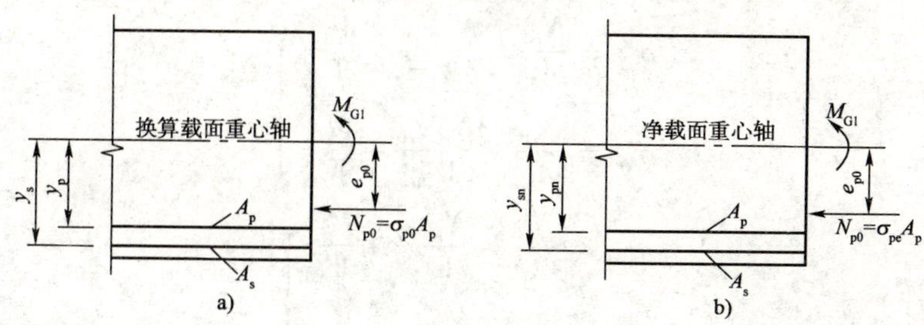

图 11-1　预加力阶段预应力钢筋和非预应力钢筋合力及其偏心距

a）先张法构件；b）后张法构件

σ_{p0}——受拉区预应力钢筋合力点处混凝土法向应力等于零时的预应力钢筋应力 $\sigma_{p0} = \sigma_{con} - \sigma_{l1} + \sigma_{l4}$，其中 σ_{l4} 为受拉区预应力钢筋由混凝土弹性压缩引起的预应力损失，σ_{l1} 为受拉区预应力钢筋传力锚固时的预应力损失；

A_p——受拉区预应力钢筋的截面面积；

e_{p0}——预应力钢筋的合力对构件全截面换算截面重心的偏心距；

y_0——截面计算纤维处至构件全截面换算截面重心轴的距离；

I_0——构件全截面换算截面惯心距；

A_0——构件全截面换算截面的面积。

后张法构件

$$\left.\begin{aligned}\sigma_{pc} &= \frac{N_p}{A_n} + \frac{N_p e_{pn}}{I_n} y_n \\ \sigma_{pt} &= \frac{N_p}{A_n} - \frac{N_p e_{pn}}{I_n} y_n\end{aligned}\right\} \tag{11-3}$$

式中：N_p——后张法构件的预应力钢筋的合力，按下式计算：

$$N_p = \sigma_{pe} A_p \tag{11-4}$$

对于配置曲线预应力钢筋的构件，上式中的 A_p 以（$A_p + A_{pb}\cos\theta_p$）取代；其中 A_{pb} 为弯起预应力钢筋的截面积，θ_p 为计算截面上弯起的预应力钢筋的切线与构件轴线的夹角；

σ_{pe}——受拉区预应力钢筋的有效预应力，$\sigma_{pe} = \sigma_{con} - \sigma_{l1}$，$\sigma_{l1}$ 为受拉区预应力钢筋传力锚固式的预应力损失（包括 σ_{l4} 在内）；

e_{pn}——预应力钢筋的合力对构件净截面重心的偏心距；

y_n——截面计算纤维处至构件净截面中心轴的距离；

I_n——构件净截面惯性矩；

A_n——构件净截面的面积。

2. 由构件一期恒载 G_1 产生的混凝土正应力（σ_{G1}）

先张法构件
$$\sigma_{G1} = \pm M_{G1} \cdot y_0 / I_0 \tag{11-5}$$

后张法构件
$$\sigma_{G1} = \pm M_{G1} \cdot y_n / I_n \tag{11-6}$$

式中的 M_{G1} 为受弯构件的一期恒载产生的弯矩标准值。

3. 预加应力阶段的总应力

将式(11-1)、式(11-3)与式(11-5)、式(11-6)分别相加,则可得到预加应力阶段截面上、下缘混凝土的正应力(σ_{ct}^{t}、σ_{cc}^{t})为

先张法构件
$$\left.\begin{aligned}\sigma_{ct}^{t} &= \frac{N_{p0}}{A_0} - \frac{N_{p0}e_{p0}}{W_{0u}} + \frac{M_{G1}}{W_{0u}} \\ \sigma_{cc}^{t} &= \frac{N_{p0}}{A_0} + \frac{N_{p0}e_{p0}}{W_{0b}} - \frac{M_{G1}}{W_{0b}}\end{aligned}\right\} \tag{11-7}$$

后张法构件
$$\left.\begin{aligned}\sigma_{ct}^{t} &= \frac{N_{p0}}{A_n} - \frac{N_{p}e_{pn}}{W_{nu}} + \frac{M_{G1}}{W_{nu}} \\ \sigma_{cc}^{t} &= \frac{N_{p}}{A_n} + \frac{N_{p}e_{pn}}{W_{nb}} - \frac{M_{G1}}{W_{nb}}\end{aligned}\right\} \tag{11-8}$$

式中:W_{0u}、W_{0b}——构件全截面换算截面对上、下缘的截面抵抗矩;

W_{nu}、W_{nb}——构件净截面对上、下缘的截面抵抗矩。

二、运输、吊装阶段的正应力计算

此阶段构件的应力计算方法与预加应力阶段相同。需要注意的是预加力 N_p 已变小;计算一期恒载作用时产生的弯矩应考虑计算图式的变化,并考虑动力系数(参见§10-1)。

三、施工阶段混凝土的限制应力

《桥规》(JTG D62—2004)要求,按式(11-7)、式(11-8)算得的混凝土正应力或由运输、吊装阶段算得的混凝土正应力应符合下列规定:

1. 混凝土压应力 σ_{cc}^{t}

本阶段预压应力最大。混凝土的预压应力越高,沿梁轴方向的变形越大,相应引起构件横向拉应变越大;压应力过高将使构件出现过大的上拱度,而且可能产生沿钢筋方向的裂缝;此外,压应力过高,会使受压区混凝土进入非线性徐变阶段。为此《桥规》(JTG D62—2004)规定,在预应力和构件自重等荷载作用下预应力混凝土受弯构件截面边缘混凝土的法向压应力满足:

$$\sigma_{cc}^{t} \leqslant 0.70f'_{ck} \tag{11-9}$$

式中,f'_{ck} 为制作、运输、安装各施工阶段的混凝土轴心抗压强度标准值,可按强度标准值表由直线内插得到。

2. 混凝土拉应力 σ_{ct}^{t}

《桥规》(JTG D62—2004)根据预拉区边缘混凝土的拉应力大小,通过配置规定数量的纵向非预应力钢筋来防止出现裂缝,具体规定为:

(1)当 $\sigma_{ct}^{t} \leqslant 0.70f'_{tk}$时,预拉区应配置配筋率不小于0.2%的纵向非预应力钢筋;

(2)当 $\sigma_{ct}^{t} = 1.15f'_{tk}$时,预拉区应配置配筋率不小于0.4%的纵向非预应力钢筋;

(3)当 $0.70f'_{tk} < \sigma_{ct}^{t} < 1.15f'_{tk}$时,预拉区应配置的纵向预应力钢筋配筋率按以上两者直线内插取用,拉应力 σ_{ct}^{t}不应超过 $1.15f'_{tk}$;

对于预拉区没有配置预应力钢筋的构件,预拉区的非预应力钢筋的配筋率为 A'_s/A,A 为构件全截面面积。f'_{tk}是制作、运输、安装各施工阶段混凝土轴心抗拉强度标准值,可按强度标准值表由直线内插得到。预拉区的纵向非预应力钢筋宜采用带肋钢筋,其直径不宜大于

14mm，沿预拉区的外边缘均匀布置。

对于预拉区也配置预应力钢筋的构件，应力计算也可采用以上公式进行，但公式中的预应力钢筋合力 N_{p0} 或 N_p 还应计入受压区预应力钢筋的作用力；预拉区的配筋率计算公式则为 $(A'_s + A'_p)/A$。

构件按短暂状况的应力计算，实属构件弹性阶段的强度计算，除非有特殊要求，短暂状况一般不进行正常使用极限状态计算，可以通过施工设施或构件布置来弥补，防止构件过大变形或出现不必要的裂缝。

课题二　持久状况的应力计算

① 计算内容及计算特点；

② 了解正应力、主应力的计算公式；

③ 了解应力限值的相关规定。

预应力混凝土受弯构件按持久状况计算内容是，计算使用阶段正（斜）截面混凝土的法向压应力、混凝土主应力和受拉区钢筋的拉应力，并不得超过规定的限值。本阶段的计算特点是：预应力损失已全部完成，有效预应力 σ_{pe} 最小，其相应的永存预加力效应应考虑在内，所有荷载分项系数均取为1.0。

计算时，应取最不利截面进行控制验算，对于直线配筋等截面简支梁，一般以跨中为最不利控制截面；但对于曲线配筋的等截面或变截面简支梁，则应根据预应力筋的弯起和混凝土截面变化的情况，确定其计算控制截面，一般可取跨中、$l/4$、$l/8$ 支点截面和截面变化处的截面进行计算。

一、正应力计算

在配有非预应力钢筋的预应力混凝土构件中（图11-2），混凝土的收缩和徐变使非预应力钢筋产生与预压力相反的内力，从而减少了受拉区混凝土的法向预压应力。为简化计算，非预应力钢筋的应力值均近似取混凝土收缩和徐变引起的预应力损失值来计算。

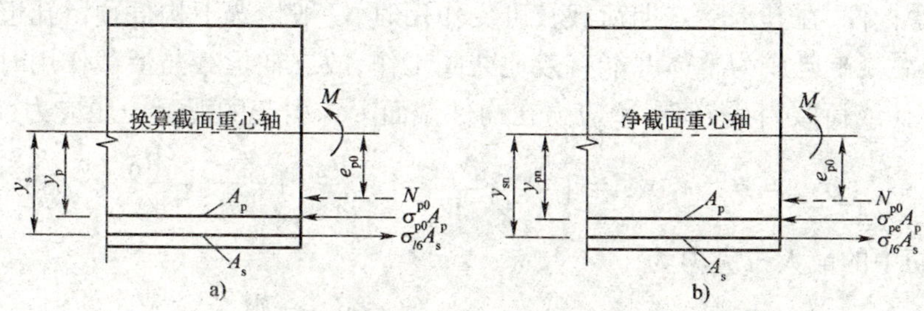

图11-2　使用阶段预应力钢筋和非预应力钢筋合力及其偏心距

a）先张法构件；b）后张法构件

1. 先张法构件

对于先张法构件，使用荷载作用效应仍由钢筋与混凝土共同承受，其截面几何特征也采用换算截面计算。此时，由作用（或荷载）标准值和预加力在构件截面上缘产生的混凝土法向压应力为

$$\sigma_{cu} = \sigma_{pc} + \sigma_{kc} = \left(\frac{N_{p0}}{A_0} - \frac{N_{p0} \cdot e_{p0}}{W_{0u}}\right) + \frac{M_{G1}}{W_{0u}} + \frac{M_{G2}}{W_{0u}} + \frac{M_Q}{W_{ou}} \tag{11-10}$$

预应力钢筋中的最大拉应力为

$$\sigma_{p\max} = \sigma_{pe} + \sigma_p = \sigma_{pe} + \alpha_{Ep}\left(\frac{M_{G1}}{I_0} + \frac{M_{G2}}{I_0} + \frac{M_Q}{I_0}\right)y_{p0} \tag{11-11}$$

式中：σ_{kc}——作用(或荷载)标准值产生的混凝土法向压应力；

σ_{pe}——预应力钢筋的永存预应力，即 $\sigma_{pe} = \sigma_{con} - \sigma_{lI} - \sigma_{lII} = \sigma_{con} - \sigma_l$；

N_{p0}——使用阶段预应力钢筋和非预应力钢筋的合力，[图 11-2a)]，按下式计算：

$$N_{p0} = \sigma_{p0}A_p - \sigma_{l6}A_s \tag{11-12}$$

σ_{p0}——受拉区预应力钢筋合力点处混凝土法向应力等于零时的预应力钢筋应力；$N_{p0} = \sigma_{con} - \sigma_l + \sigma_{l4}$，其中 σ_{l4} 为使用阶段受拉区预应力钢筋由混凝土弹性压缩引起的预应力损失；σ_l 为受拉区预应力钢筋总的预应力损失；

σ_{l6}——受拉区预应力钢筋由混凝土收缩和徐变引起的预应力损失；

e_{p0}——预应力钢筋和非预应力钢筋合力作用点至构件换算截面重心轴的距离，可按下式计算：

$$e_{p0} = \frac{\sigma_{p0}A_p y_p - \sigma_{l6}A_s y_s}{\sigma_{p0}A_p - \sigma_{l6}A_s} \tag{11-13}$$

A_s——受拉区非预应力钢筋的截面面积；

y_s——受拉区非预应力钢筋重心至换算截面重心的距离；

W_{0u}——构件混凝土换算截面对截面上缘的抵抗力 $W_{0u} = I_0 / y_0$；

α_{Ep}——预应力钢筋与混凝土的弹性模量比；

M_{G2}——由桥面铺装、人行道和护栏等二期恒载产生的弯矩标准值；

M_Q——由可变荷载标准值组合计算的截面最不利弯矩；汽车荷载考虑冲击系数；

I_0——构件换算截面惯性矩；

y_{p0}——构件换算截面重心至计算预应力钢筋截面形心的距离；

y_0——构件换算截面重心至混凝土受压边缘的距离。

2. 后张法构件

后张法受弯构件，在其承受二期荷载及可变作用时，一般情况下构件预留孔道均已压浆凝固，认为钢筋与混凝土已成为整体并能有效地共同工作，故二期恒载与活载作用时均按换算截面计算。由作用(或荷载)标准值和预应力在构件截面上缘引起的混凝土压应力(σ_{cu})为

$$\sigma_{cu} = \sigma_{pc} + \sigma_{kc} = \left(\frac{N_p}{A_n} - \frac{N_p \cdot e_{pn}}{W_{nu}}\right) + \frac{M_{G1}}{W_{nu}} + \frac{M_{G2}}{W_{0u}} + \frac{M_Q}{W_{0u}} \tag{11-14}$$

预应力钢筋中的最大拉应力为

$$\sigma_{p\max} = \sigma_{pe} + \sigma_p = \sigma_{pe} + \alpha_{Ep}\frac{M_{G2} + M_Q}{I_0} \cdot y_{0p} \tag{11-15}$$

式中：N_p——预应力钢筋和非预应力钢筋的合力，按下式计算：

$$N_p = \sigma_{pe}A_p - \sigma_{l6}A_s \tag{11-16}$$

σ_{pe}——受拉区预应力钢筋的有效预应力，$\sigma_{pe} = \sigma_{con} - \sigma_l$；

W_{nu}——构件混凝土净截面对截面上缘的抵抗矩；

e_{pn}——预应力钢筋和非预应力钢筋合力作用点至净截面重心轴的距离，按下式计算：

$$e_{pn}=\frac{\sigma_{pe}A_p y_{pn}-\sigma_{l6}A_s y_{sn}}{\sigma_{pe}A_p-\sigma_{l6}A_s} \tag{11-17}$$

y_{sn}——受拉区非预应力钢筋重心至净截面重心的距离；

y_{0p}——计算的预应力钢筋重心到换算截面重心轴的距离。

当截面受压区也配置预应力钢筋 A'_p 时，则以上计算式还需考虑 A'_p 的作用。由于混凝土的收缩和徐变，使受压区非预应力钢筋产生与预应力相反的内力，从而减少了截面混凝土的法向预压应力，受压区非预应力钢筋的应力值取混凝土收缩和徐变作用引起的 A'_p 预应力损失 σ'_{l6} 来计算。

二、混凝土主应力计算

预应力混凝土受弯构件在斜截面开裂前，基本上处于弹性工作状态，所以主应力可按材料力学法计算。预应力混凝土受弯构件由作用（或荷载）标准值和预加应力作用产生的混凝土主压应力 σ_{cp} 和主拉应力 σ_{tp} 可按下式计算，即

$$\left.\begin{matrix}\sigma_{tp}\\ \sigma_{cp}\end{matrix}\right\}=\frac{\sigma_{cx}+\sigma_{cy}}{2}\mp\sqrt{\left(\frac{\sigma_{cx}-\sigma_{cy}}{2}\right)^2+\tau^2} \tag{11-18}$$

式中：σ_{cx}——在计算主应力点，由作用（或荷载）标准值和预加应力产生的混凝土法向应力；先张法构件可按式（11-19）计算，后张法构件可按式（11-20）计算，即

先张法：
$$\sigma_{cx}=\frac{N_{p0}}{A_0}-\frac{N_{p0}e_{p0}}{I_0}y_0+\frac{(M_{G1}+M_{G2}+M_Q)}{I_0}y_0 \tag{11-19}$$

后张法：
$$\sigma_{cx}=\frac{N_p}{A_n}-\frac{N_p e_{pn}}{I_n}y_n+\frac{M_{G1}}{I_n}y_n+\frac{(M_{G2}+M_Q)}{I_0}y_0 \tag{11-20}$$

y_0、y_n——分别为计算主应力点至换算截面、净截面重心轴的距离；利用式（11-19）、（11-20）计算时，当主应力点位于重心轴之上时，取为正；反之，取为负；

I_0、I_n——分别为换算截面惯性矩、净截面惯性矩；

σ_{cy}——由竖向预应力钢筋的预加力产生的混凝土竖向压应力，可按式（11-21）计算，即

$$\sigma_{cy}=0.6\,\frac{n\sigma'_{pe}A_{pv}}{b s_v} \tag{11-21}$$

n——同一截面竖向钢筋的肢数；

σ'_{pe}——竖向预应力钢筋扣除全部预应力损失后的有效预应力；

A_{pv}——单肢竖向预应力钢筋的截面面积；

s_v——竖向预应力钢筋的间距；

τ——在计算主应力点，按作用（或荷载）标准值组合计算的剪力产生的混凝土剪应力；当计算截面作用扭矩时，尚应考虑由扭矩引起的剪应力；对于等高度梁截面上任一点在作用（或荷载）标准组合下的剪应力 τ 可按下列公式计算：

先张法构件
$$\tau=\frac{V_{G1}S_0}{bI_0}+\frac{(V_{G2}+V_Q)S_0}{bI_0} \tag{11-22}$$

后张法构件
$$\tau=\frac{V_{G1}S_n}{bI_n}+\frac{(V_{G2}+V_Q)S_0}{bI_0}-\frac{\sum\sigma''_{pe}A_{pb}\sin\theta_p S_n}{bI_n} \tag{11-23}$$

V_{G1}，V_{G2}——分别为一期恒载和二期恒载作用引起的剪力标准值；

V_Q——可变作用（荷载）引起的剪力标准值组合；对于简支梁，V_Q 计算式为

$$V_Q = V_{Q1} + V_{Q2} \tag{11-24}$$

V_{Q1}，V_{Q2}——分别为汽车荷载效应（计入冲击指数）和人群荷载效应引起的剪力标准值；

S_0，S_n——计算主应力点以上（或以下）部分换算截面面积对截面重心轴、净截面面积对截面重心轴的面积矩；

θ_p——计算截面上预应力弯起钢筋的切线与构件纵轴线的夹角（图 11-3）；

b——计算主应力点处构件腹板的宽度；

σ''_{pe}——纵向预应力弯起钢筋扣除全部预应力损失后有效预应力；

A_{pb}——计算截面上同一弯起平面内预应力弯起钢筋的截面面积；

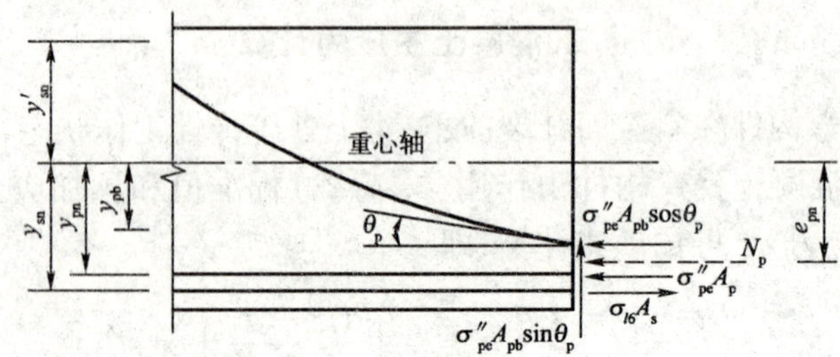

图 11-3　剪力计算图

以上公式中均取压应力为正，拉应力为负。对连续梁等超静定结构，应计及预应力、温度作用等引起的次效应。对变高预应力混凝土连续梁，计算由作用（或荷载）引起的剪应力时，应计算截面上弯矩和轴向力产生的附加剪应力。

三、持久状况的钢筋和混凝土的应力限值

对于按全预应力混凝土和 A 类部分预应力混凝土设计的受弯构件，《桥规》（JTG D62—2004）中对持久状况应力计算的极限规定如下：

1. 使用阶段预应力混凝土受弯构件正截面混凝土的最大压应力

$$\sigma_{kc} + \sigma_{pc} \leqslant 0.5f_{ck} \tag{11-25}$$

式中：σ_{kc}——作用（或荷载）标准值产生的混凝土法向压应力；

σ_{pc}——预加应力产生的混凝土法向拉应力；

f_{ck}——混凝土轴心抗压强度标准值。

2. 使用阶段受拉区预应力钢筋的最大拉应力限值

在使用荷载作用下，预应力混凝土受弯构件中的钢筋与混凝土经常承受着反复应力，而材料在较高的反复应力作用下，其强度将下降，甚至造成疲劳破坏。为了避免这种不利影响，《桥规》（JTG D62—2004）的具体规定为：

对钢绞线、钢丝　$$\sigma_{pe} + \sigma_p \leqslant 0.65f_{pk} \tag{11-26}$$

对精轧螺纹钢筋　$$\sigma_{pe} + \sigma_p \leqslant 0.8f_{pk} \tag{11-27}$$

式中：σ_{pe}——受拉区预应力钢筋扣除全部预应力损失后的有效预应力；

σ_p——作用（或荷载）产生的预应力钢筋应力增量；

f_{pk}——预应力钢筋抗拉强度标准值。

预应力混凝土受弯构件受拉区的非预应力钢筋，其作用阶段的应力很小，可不必验算。

3. 使用阶段预应力混凝土受弯构件混凝土主应力限值

混凝土的主压应力应满足：

$$\sigma_{cp} \leqslant 0.6f_{ck} \tag{11-28}$$

式中：f_{ck}——混凝土轴心抗压强度标准值。

对计算所得的混凝土主拉应力 σ_{tp}，作为对构件斜截面抗剪计算的补充，按下列规定设置箍筋：

在 $\sigma_{tp} \leqslant 0.5f_{tk}$ 的区段，箍筋可仅按构造要求设置；

在 $\sigma_{tp} > 0.5f_{tk}$ 的区段，箍筋的间距 s_v 可按下式计算：

$$s_v = f_{sk}A_{sv}/\sigma_{tp}b \tag{11-29}$$

式中：f_{sk}——箍筋的抗拉强度标准值；

f_{tk}——混凝土轴心抗拉强度标准值；

A_{sv}——同一截面内箍筋的总截面面积；

b——矩形截面宽度、T 形或 I 形截面的腹板宽度。

当按上式计算的箍筋用量少于按斜截面抗剪承载力计算的箍筋用量时，构件箍筋按抗剪承载力计算要求配置。

§11-2 预应力混凝土受弯构件的抗裂验算

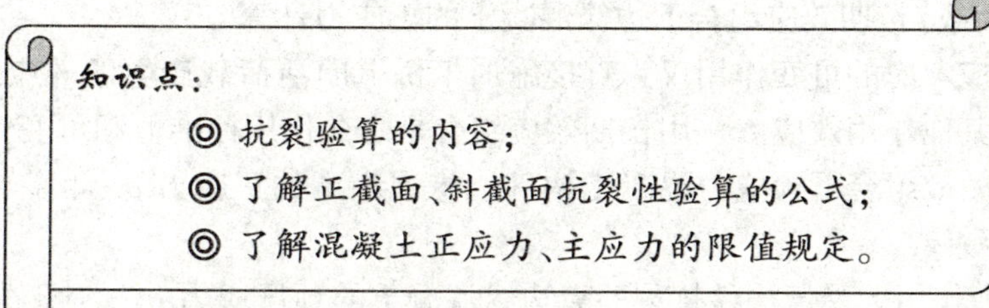

预应力混凝土受弯构件的抗裂性验算都是以构件混凝土拉应力是否超过规定的限值来表示的，属于结构正常使用极限状态计算的范畴。《桥规》(JTG D62—2004)规定，对于全预应力混凝土和 A 类部分预应力混凝土构件，必须进行正截面抗裂性验算和斜截面抗裂性验算；对于 B 类部分预应力混凝土构件必须进行斜截面抗裂性验算。

一、正截面抗裂性验算

预应力混凝土受弯构件正截面抗裂性验算按作用(或荷载)短期效应组合和长期效应组合两种情况进行。

1. 作用(或荷载)短期效应组合下构件边缘混凝土的正应力计算

作用(或荷载)短期效应组合是永久作用标准值与可变作用频遇值效应的组合。

(1)预加力作用下受弯构件抗裂验算边缘混凝土的预压应力 σ_{pc}

先张法构件

$$\sigma_{pc} = \frac{N_{p0}}{A_0} + \frac{N_{p0}e_{p0}}{W_0} \tag{11-30}$$

后张法构件

$$\sigma_{pc} = \frac{N_p}{A_n} + \frac{N_p e_{pn}}{W_n} \tag{11-31}$$

式(11-30)和式(11-31)中各符号的意义分别参见式(11-10)和式(11-14)。

对于连续梁等超静定预应力结构，还需考虑预加应力扣除相应阶段预应力损失后在结构中产生的次弯矩 M_{P2} 与 $\sigma_{Pc}A_P y_{Pn}$ 的弯矩方向相同时取正号，相反时取负号。y_{Pn} 为受拉区预应力钢筋合力点至净截面重心的距离。

(2)由作用(或荷载)短期效应产生的构件抗裂验算边缘混凝土法向拉应力 σ_{st}

先张法构件
$$\sigma_{st}=\frac{M_s}{W}=\frac{M_{G1}+M_{G2}+M_{QS}}{W_0} \tag{11-32}$$

后张法构件
$$\sigma_{st}=\frac{M_S}{W}=\frac{M_{G1}}{W_n}+\frac{M_{G2}+M_{QS}}{W_0} \tag{11-33}$$

式中:σ_{st}——按作用(或荷载)短期效应组合计算的构件抗裂验算边缘混凝土法向拉应力;

M_S——按作用(或荷载)短期效应组合计算的弯矩值;

M_{QS}——按作用(或荷载)短期效应组合计算的可变荷载弯矩值;对于简支梁

$$M_{QS}=\psi_{11}M_{Q1}+\psi_{12}M_{Q2}=0.7M_{Q1}+M_{Q2} \tag{11-34}$$

其中:

ψ_{11}、ψ_{12}——分别为短期效应组合计算中的汽车荷载效应和人群荷载效应的频遇值系数;

M_{Q1}、M_{Q2}——分别为汽车荷载效应(不计冲击系数)和人群荷载效应产生的弯矩标准值;

W_0、W_n——分别为构件换算截面和净截面对抗裂验算边缘的弹性抵抗矩。

2. 作用(或荷载)长期效应组合下边缘混凝土的正应力计算

作用长期效应考虑的可变作用仅为直接施加于桥上的活荷载产生的效应组合,不考虑间接施加于桥上的其他作用效应。作用长期效应组合是永久作用标准值和可变作用准永久值效应相组合。长期效应组合下预应力混凝土构件边缘混凝土的正应力 σ_{lt} 计算与短期效应组合下的计算基本一致。

(1)预加应力作用下受弯构件抗裂验算边缘混凝土的预压应力 σ_{pc},对于先张法和后张法构件分别按式(11-30)和式(11-31)计算。

(2)由作用(或荷载)长期效应产生的构件抗裂验算边缘混凝土的法向拉应力 σ_{lt}

先张法构件
$$\sigma_{lt}=\frac{M_l}{W}=\frac{M_{G1}+M_{G2}+M_{Ql}}{W_0} \tag{11-35}$$

后张法构件
$$\sigma_{lt}=\frac{M_l}{W}=\frac{M_{G1}}{M_n}+\frac{M_{G2}+M_{Ql}}{W_0} \tag{11-36}$$

式中:σ_{lt}——按作用(或荷载)长期效应组合计算的构件抗裂验算边缘混凝土的法向拉应力;

M_l——按作用(或荷载)长期效应组合计算的弯矩值;

M_{Ql}——按作用(或荷载)长期效应组合计算的可变作用弯矩值,仅考虑汽车、人群等直接作用于构件的荷载产生的弯矩值;可按下式计算:

$$M_{Ql}=\psi_{21}M_{Q_1}+\psi_{22}M_{Q_2}=0.4M_{Q_1}+0.4M_{Q_2} \tag{11-37}$$

M_{Q_1}、M_{Q_2}——分别为汽车荷载效应(不计冲击系数)和人群荷载效应产生的弯矩标准值;

ψ_{21}、ψ_{22}——分别为作用长期效应组合中的汽车荷载和人群荷载效应的准永久值系数;

其余符号意义同前。

3. 混凝土正应力的限值

正截面抗裂应对构件正截面混凝土的拉应力进行验算,并应符合下列要求:

(1)全预应力混凝土构件,在作用(或荷载)短期效应组合下

$$\sigma_{st}-0.85\sigma_{Pc}\leqslant 0 \tag{11-38}$$

(2)A 类部分预应力混凝土构件,在作用(或荷载)短期效应组合下

$$\sigma_{st} - \sigma_{Pc} \leqslant 0.7 f_{tk} \tag{11-39}$$

但在荷载长期效应组合下

$$\sigma_{lt} - \sigma_{Pc} \leqslant 0 \tag{11-40}$$

式中：f_{tk}——混凝土轴心抗拉强度标准值。

二、斜截面抗裂性验算

梁的弯曲裂缝在使用阶段的大多数情况下是可以闭合的，而预应力混凝土梁的腹部出现斜裂缝却是不能自动闭合的。因此，对梁的斜裂缝控制应更严格些。无论是全预应力混凝土还是部分预应力混凝土受弯构件都要进行斜截面抗裂验算。

预应力混凝土梁斜截面的抗裂性验算是通过梁体混凝土主拉应力验算来控制的。主应力验算在跨径方向应选择剪力与弯矩均较大的最不利区段截面进行，且应选择计算截面重心处和宽度剧烈变化处作为计算点进行验算。斜截面抗裂性验算只需验算在作用（或荷载）短期效应组合下的混凝土主拉应力。

1. 作用（或荷载）短期效应组合下的混凝土主拉应力的计算

预应力混凝土受弯构件由作用（或荷载）短期效应组合和预加力产生的混凝土主拉应力 σ_{tp} 计算式为

$$\sigma_{tP} = \frac{\sigma_{cx} + \sigma_{cy}}{2} - \sqrt{\left(\frac{\sigma_{cx} + \sigma_{cy}}{2}\right)^2 + \tau^2} \tag{11-41}$$

式中的正应力 σ_{cx}、σ_{cy} 和剪应力 τ 的计算方法见式（11-18）。

在计算剪应力 τ 时，式（11-22）或式（11-23）中剪力 V_Q 取按作用（或荷载）短期效应组合计算的可变作用引起的剪力值 V_{QS}；对于简支梁 $V_{QS} = \psi_{11} V_{Q_1} + \psi_{12} V_{Q_2} = 0.7 V_{Q1} + 1.0 V_{Q_2}$，其中 V_{Q_1} 和 V_{Q_2} 分别为汽车荷载效应（不计冲击系数）和人群荷载效应产生的剪力标准值，ψ_{11} 和 ψ_{12} 分别为作用短期效应组合中汽车荷载效应和人群荷载效应的频遇值系数。

2. 混凝土主拉应力限值

验算混凝土主拉应力的目的是防止开始产生自受弯构件腹部中间的斜裂缝，并要求至少应具有与正截面同样的抗裂安全度。当计算的混凝土主拉应力不符合下列规定时，则应修改构件截面尺寸。

（1）全预应力混凝土构件，在作用（或荷载）短期效应组合下

预制构件 $\sigma_{tp} \leqslant 0.6 f_{tk}$ （11-42）

现场现浇（包括预制拼装）构件 $\sigma_{tp} \leqslant 0.4 f_{tk}$ （11-43）

（2）A 类和 B 类预应力混凝土构件，在作用（或荷载）短期效应组合下

预制构件 $\sigma_{tp} \leqslant 0.7 f_{tk}$ （11-44）

现场现浇（包括预制拼装）构件 $\sigma_{tp} \leqslant 0.5 f_{tk}$ （11-45）

式中的 f_{tk} 为混凝土轴心抗拉强度标准值。

对比应力验算和抗裂验算可以发现，全预应力混凝土及 A 类部分预应力混凝土构件的抗裂验算与持久状况应力验算的计算方法相同，只是所用的荷载效应组合系数不同，截面应力限值不同。应力验算是计算荷载效应标准值（汽车荷载考虑冲击系数）作用下的截面应力，对混凝土法向压应力、受拉区钢筋拉应力及混凝土主压应力规定了限值；抗裂验算是计算荷载短期效应组合（汽车荷载不计冲击系数）作用下的截面应力，对混凝土法向拉应力、主拉应力规定了限值。

§11-3　端部锚固区计算

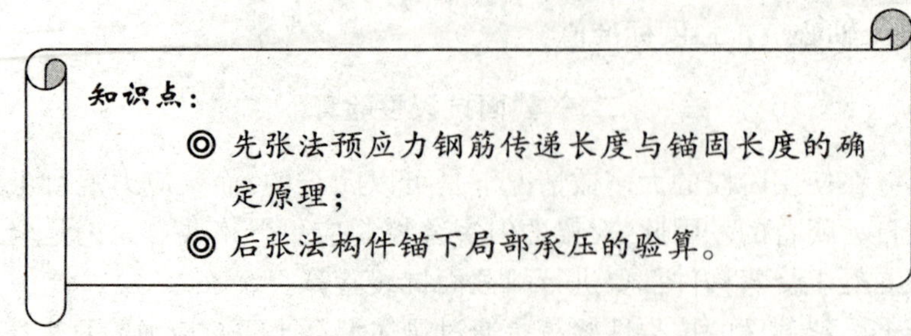

一、先张法预应力钢筋传递长度与锚固长度计算

1. 预应力钢筋的传递长度

对预应力钢筋端部无锚固措施的先张预应力混凝土构件[图 11-4a)]，预应力是依靠钢筋和混凝土之间的黏结力和由于放松预应力钢筋，钢筋回缩、直径变粗对混凝土挤压所产生的摩擦力来锚固和传递的。但是这种传递过程不能在构件端部集中地突然完成，而必须经过一定的传递长度。

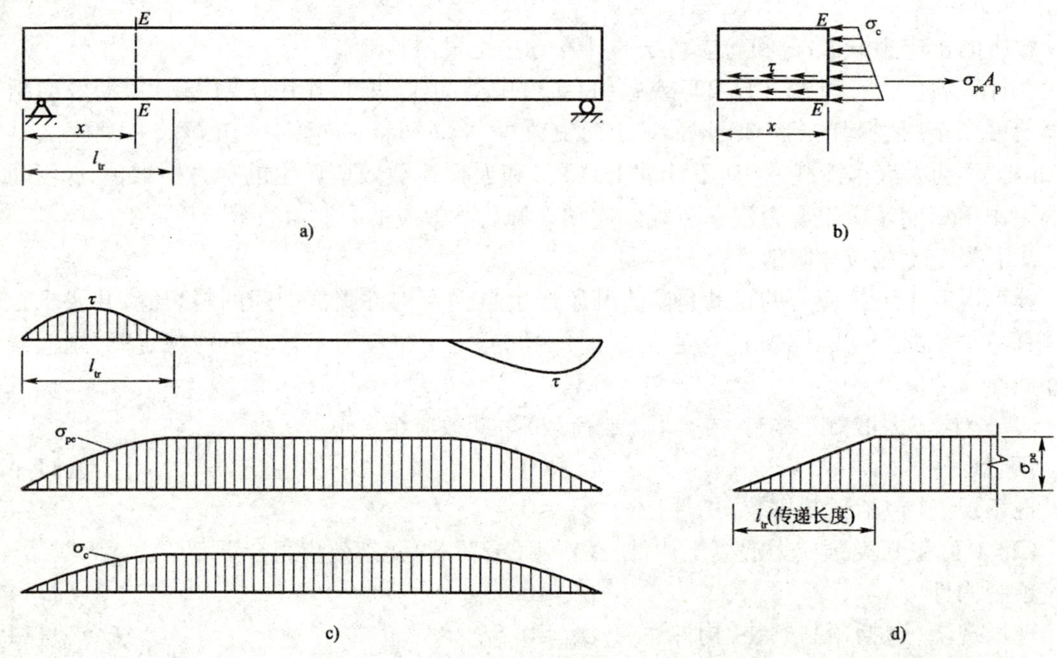

图 11-4　预应力的传递

a) 端部无锚固措施的先张法梁；b) 微段 x 钢筋表面黏结力 τ 及截面 EE 的应力分布；c) 黏结力 τ、钢筋应力 σ_{pe} 及预压应力 σ_c 沿构件长度的分布；d) 传递长度 l_{tr} 范围内预应力值的变化

现试取构件端部长度为 x 的一小段预应力钢筋为脱离体[图 11-4b)]，在放松钢筋后，其右端作用着 $\sigma_{pe}A_p$，其左端为自由端，显然 $\sigma_{pe}A_p$ 由分布在钢筋表面的黏结力所平衡。由于长度 x 不大，则所能平衡的预拉力 $\sigma_{pe}A_p$ 也是有限的。但随着长度 x 的增加，可平衡的预拉应力亦增大，当微段 x 达到一定长度 l_{tr} 时，钢筋表面的黏结力就能平衡钢筋中的全部预应力。若用 τ_n

表示长度 l_{tr} 范围内黏结应力的平均值，则 $\tau_n \pi d_p = \sigma_{pe} A_p$。长度 l_{tr} 就称为预应力钢筋传递长度。

在预应力钢筋的传递长度以内，预应力钢筋拉应力从其端部开始，由零按曲线规律逐渐增加至 σ_{pe}，混凝土预压应力 σ_c 亦按同样规律变化。在构件中段，预应力（σ_{pe} 或 σ_c）为常数，黏结应力 τ 为零[图 11-4c)]。

由于在预应力钢筋传递长度内的预应力值较小，对先张法预应力混凝土构件端部进行截面应力验算时，发现该处所承受的剪力往往很大，故在进行主拉应力验算时，应考虑钢筋在其传递长度 l_{tr} 范围内实际应力值的变化，也就是要考虑混凝土在该传递长度 l_{tr} 范围内预压应力值的变化，不能取用构件中段的应力值。为简化计算，在传递长度 l_{tr} 内，取预应力钢筋的预应力值按直线关系变化，即在构件端部预应力值为零，在传递长度末端预应力值达到 σ_{pe}[图 11-4d)]。预应力钢筋的传递长度 l_{tr} 按表 11-1 采用。

预应力钢筋的预应力传递长度 l_{tr}（mm） 表 11-1

预应力钢筋种类		混凝土强度等级					
		C30	C35	C40	C45	C50	≥C55
钢绞线	1×2、1×3，σ_{pe} = 1000MPa	75d	68d	63d	60d	57d	55d
	1×7，σ_{pe} = 1000MPa	80d	73d	67d	64d	60d	58d
螺旋肋钢丝，σ_{pe} = 1000MPa		70d	64d	58d	56d	53d	51d
刻痕钢丝，σ_{pe} = 1000MPa		89d	81d	75d	71d	68d	65d

注：①预应力传递长度应根据预应力钢筋放松时混凝土立方体抗压强度 f'_{cu} 确定，当 f'_{cu} 在表列混凝土强度等级之间时，预应力传递长度按直线内插取用；

②当预应力钢筋的有效预应力值 σ_{pe} 与表值不同时，其预应力传递长度应根据表值按比例增减；

③当采用骤然放松预应力钢筋的施工工艺时，l_{tr} 应从离构件末端 $0.25l_{tr}$ 处开始计算；

④表中“d”为预应力钢筋的直径。

2. 预应力钢筋的锚固长度

先张预应力混凝土构件是靠黏着力来锚固钢筋的，因此，其端部必须有一个锚固长度。当预应力钢筋达到极限强度时，保证预应力钢筋不被拔出所需的长度即为锚固长度 l_a。在计算先张预应力混凝土构件端部锚固区的正截面和斜截面的抗弯强度时，必须注意到在锚固长度内预应力钢筋的强度不能充分发挥，其抗拉强度小于 f_{pd}，而且是变化的。钢筋的抗拉强度设计值在锚固区内可考虑按直线关系变化，即在锚固起点处为零，在锚固终点处为 f_{pd}，如图11-5。

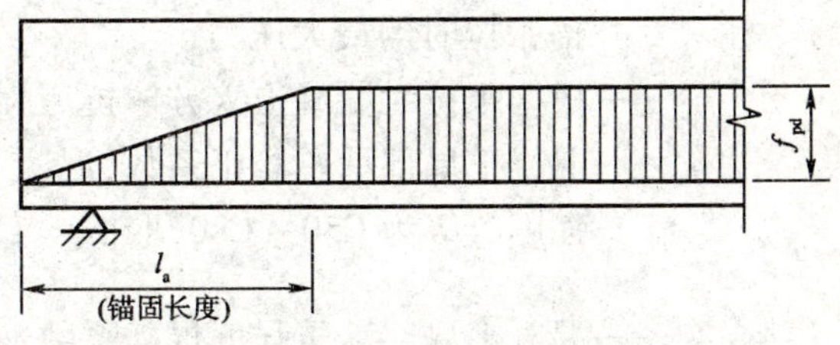

图 11-5 锚固长度 l_a 范围内钢筋强度设计值变化图

预应力钢筋的锚固长度 l_a 按表 11-2 取用。

预应力钢筋锚固长度 l_a（mm） 表 11-2

预应力钢筋种类		混凝土强度等级					
		C40	C45	C50	C55	C60	≥C65
钢绞线	1×2，1×3，f_{pd} = 1170MPa	115d	110d	105d	100d	95d	90d
	1×7，f_{pd} = 1260MPa	130d	125d	120d	115d	110d	105d

续上表

预应力钢筋种类	混凝土强度等级					
	C40	C45	C50	C55	C60	≥C65
螺旋肋钢丝,$f_{pd}=1200\text{MPa}$	$95d$	$90d$	$85d$	$83d$	$80d$	$80d$
刻痕钢丝,$f_{pd}=1070\text{MPa}$	$125d$	$115d$	$110d$	$105d$	$103d$	$100d$

注:①当采用骤然放松预应力钢筋的施工工艺时,锚固长度应从离构件末端$0.25l_{tr}$处开始,l_{tr}为预应力钢筋的预应力传递长度,按表11-1采用;

②当预应力钢筋的抗拉强度设计值f_{pd}与表值不同时,其锚固长度应根据表值按强度比例增减;

③表中"d"为预应力钢筋直径。

二、后张构件锚下局部承压验算

1. 端部锚固区的受力分析

在构件端部或其他布置锚具的地方,巨大的预加压力N_p,将通过锚具及其下面不大的垫板面积传递给混凝土。要将这个集中预加力均匀地传递到梁体的整个截面,需要一个过渡区段才能完成。实验和理论研究表明,这个过渡区段长度约等于构件的高度H。因此又常把等于构件高度H的这一过渡区段称为端块。端块的受力情况比较复杂,它不仅存在着不均匀的纵向应力,而且存在着剪应力和由力矩引起的横向拉、压应力。因此,后张法预应力混凝土构件,需计算锚下局部承压承载力和局部承压区的抗裂计算,以防止在横向拉应力的作用下出现裂缝。

2. 后张法预应力混凝土构件锚下承压验算

(1)后张法构件锚头局部受压区的截面尺寸应满足下列要求:

$$\gamma_o F_{ld} \leqslant 1.3\eta_s\beta f_{cd}A_{ln} \tag{11-46}$$

式中:F_{ld}——局部受压面积上的局部压力设计值,对后张法构件的锚头局部受压区,应取1.2倍张拉时的最大压力;

f_{cd}——根据张拉时混凝土立方体抗压强度f'_{cd}值按表1-1的规定以直线内插求得;

η_s——混凝土局部承压修正系数,混凝土强度等级为C50及以下,取$\eta_s=1.0$;混凝土强度等级为C50~C80,取$\eta_s=1.0\sim0.76$,中间按直线内插;

β——混凝土局部承压强度提高系数:$\beta=\sqrt{\dfrac{A_b}{A_l}}$。

A_b——局部承压时的计算底面积。可按图11-6确定;

A_{ln}、A_l——混凝土局部受压面积,当局部受压面有孔洞时,A_{ln}为扣除孔洞后的面积,A_l为不扣除孔洞的面积。当受压面设有钢垫板时,局部受压面积应计入在垫板中按45°刚性角扩大的面积;对于具有喇叭管并与钢垫板连成整体的锚具,A_{ln}可取垫板面积扣除喇叭管尾端内孔面积。

(2)锚下局部承压区的抗压承载力按下式计算:

$$\gamma_o F_{ld} \leqslant 0.9(\eta_s\beta f_{cd}+k\rho_v\beta_{cor}f_{sd})A_{ln} \tag{11-47}$$

式中:β_{cor}——配置间接钢筋时局部抗压承载力提高系数,当$A_{cor}>A_b$时,应取$A_{cor}=A_b$;$\beta_{cor}=\sqrt{A_{cor}/A_l}$;

A_{cor}——方格网或螺旋形间接钢筋内表面范围内的混凝土核心面积,其重心应与A_l的重

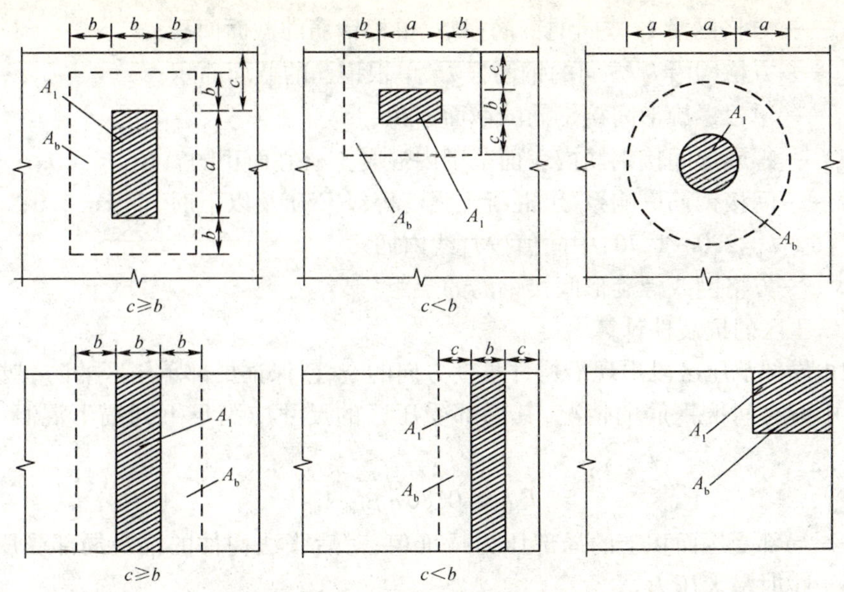

图 11-6　局部承压时计算底面积 A_b 的示意图

心相重合，计算时按同心、对称原则取值；

ρ_v——间接钢筋体积配筋率（核心面积 A_{cor} 范围内单位混凝土体积所含间接钢筋的体积）按下列公式计算：

方格网［如图 11-7a）］

$$\rho_v = \frac{n_1 A_{s1} l_1 + n_2 A_{s2} l_2}{A_{cor} \cdot s} \tag{11-48}$$

螺旋筋［如图 11-7b）］

$$\rho_v = \frac{4A_{ss1}}{d_{cor} \cdot s} \tag{11-49}$$

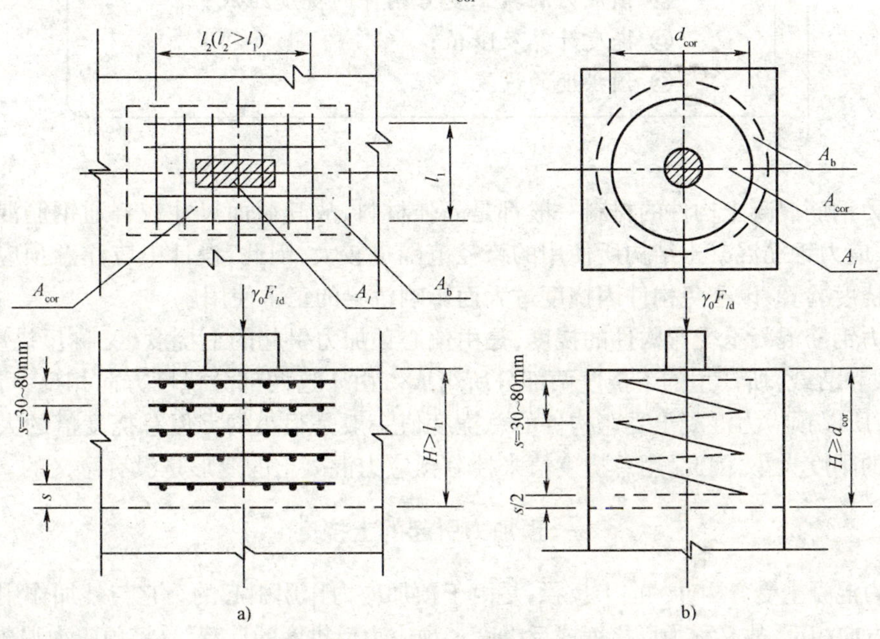

图 11-7　局部承压的配筋

式中：n_1、A_{s1}——方格网沿 l_1 方向的钢筋根数、单根钢筋的截面面积；

n_2、A_{s2}——方格网沿 l_2 方向的钢筋根数、单根钢筋的截面面积；

A_{ss1}——单根螺旋形间接钢筋的截面面积；

d_{cor}——螺旋形间接钢筋内表面范围内混凝土核心面积的直径；

k——间接钢筋影响系数，混凝土强度等级 C50 及以下时，取 $k=2.0$；C50 ~ C80 取 $k=2.0\sim1.70$，中间值按直线内插；

s——方格网或螺旋形间接钢筋的层距。

3. 局部承压区的抗裂性计算

为了防止局部承压区段出现沿构件长度方向的裂缝，保证局部承压区的防裂要求，对于在局部承压区中配有间接钢筋的情况，其局部受压区的尺寸应满足下列锚下混凝土抗裂计算要求：

$$F_{ck} \leqslant 0.80\eta_s\beta f_{ck}A_{ln} \tag{11-50}$$

式中：F_{ck}——局部受压面积上的局部压力标准值；对后张法构件的锚头局部受压区，可取张拉时最大压力。

其他符号意义同前。

在后张法构件的锚固局压区，宜对其长度相当于一倍梁高的端块进行局部应力分析，并结合规范规定的构造要求，配置封闭式箍筋。

§11-4　变 形 计 算

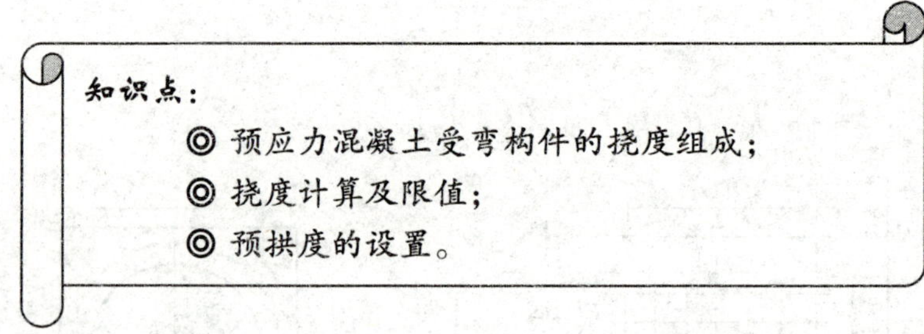

预应力钢筋混凝土构件的材料一般都是高强材料，故其截面尺寸较普通钢筋混凝土构件小，而且预应力钢筋混凝土结构所使用的跨径范围也较大，因此，设计中应注意预应力钢筋混凝土梁的挠度验算，以避免构件因挠度过大而影响桥梁的正常使用。

预应力钢筋混凝土受弯构件的挠度，是由偏心预加力引起的上挠度（又称反拱度）和外加作用（恒载和活载）所产生的下挠度两部分所组成。由于这两部分挠度方向相反，可以互相抵消一部分，所以预应力混凝土受弯构件的总挠度值一般是很小的。但总挠度值的大小并不能反映结构的刚度大小，因此，用总挠度值来控制预应力混凝土的变形是没有意义的。

一、预加力引起的上挠度

预应力混凝土受弯构件的向上反拱，是由于预加应力作用引起的。它与外加作用（荷载）引起的挠度方向相反，故又称为反挠度或反拱度。预应力反拱度的计算，是将预应力混凝土截面换算成纯混凝土截面，将预应力钢筋的合力当作外力，按材料力学的方法计算。预应力混凝土简支梁跨中最大的向上挠度,可用结构力学的方法按刚度 E_cI_0 进行计算,并乘以长期增长系数。

计算使用阶段预加力反拱值时,预应力钢筋的预加力应扣除全部预应力损失,长期增长系数取用 2.0。以后张法梁为例,其值为:

$$f_p = -2\int_0^l \frac{M_{p1}\bar{M}_x}{0.95E_cI_0}dx \tag{11-51}$$

式中:M_{p1}——传力锚固时的预加力 N_{p1}(扣除相应的预应力损失)在任意截面处所引起的弯矩值;

$\bar{M}_x$——跨中作用单位力时在任意截面 x 处所产生的弯矩值;

E_c——施加预应力时的混凝土弹性模量,可由试验确定;

I_0——构件的换算截面惯性矩。

二、外加作用产生的挠度

在承受外加作用时,预应力混凝土受弯构件的挠度,同样可近似地按材料力学的方法进行计算。构件刚度取值分开裂前与开裂后两种情况考虑。

全预应力混凝土构件,部分预应力混凝土 A 类构件,及 $M_s < M_{cr}$时的部分预应力混凝土 B 类构件,$B_0 = 0.95E_cI_0$。

允许开裂的部分预应力混凝土 B 类构件在开裂弯距 M_{cr}作用下,$B_0 = 0.95E_cI_0$,在($M_s - M_{cr}$)作用下,取 $B_{cr} = E_cI_{cr}$。由此可写出构件在承受短期外加作用时,其挠度计算的一般公式为:

$$f_M = \frac{\alpha l^2}{E_c}\left(\frac{M_{cr}}{0.95I_0} + \frac{M_s - M_{cr}}{I_{cr}}\right) \tag{11-52}$$

式中:l——梁的计算跨径;

α——挠度系数,与弯矩图的形状、支座的约束条件有关;

M_{cr}——构件截面的开裂弯矩,按公式 $M_{cr} = (\sigma_{pc} + \gamma f_{tk})W_0$ 计算;

其中:γ——受拉区混凝土塑性系数,$\gamma = \frac{2S_0}{W_0}$;

S_0——全截面换算截面重心轴以上(或以下)部分面积对重心轴的面积矩;

σ_{pc}——扣除全部预应力损失后的预加力在构件抗裂边缘产生的混凝土预压应力;

W_0——换算截面抗裂边缘的弹性抵抗矩;

M_s——按作用短期效应组合计算的弯矩;对于全预应力混凝土结构和在承受外加作用时允许受拉区混凝土出现拉应力,但不允许出现裂缝的 A 类部分预应力混凝土结构:$M_s \leqslant M_{cr}$;对于承受外加作用时,允许出现裂缝的 B 类部分预应力混凝土结构:$M_s > M_{cr}$;

I_0——全截面换算截面惯性矩;

I_{cr}——开裂截面换算截面惯性矩。

三、预应力混凝土受弯构件的总挠度 f

1. 构件在承受短期作用时的总挠度 f_s

$$f_s = f_p + f_M \tag{11-53}$$

式中:f_p——扣除预加应力损失后的预加力 N_{p1}所产生的上挠度;

f_M——由自重弯矩、后加恒载弯矩与活载弯矩(不计冲击影响)之和所引起的挠度值。

2. 承受长期作用时的挠度值 f_l

受弯构件在使用阶段的挠度应考虑作用长期效应的影响，计算中必须引入挠度长期增长系数 η_θ，即按荷载短期效应组合计算的挠度值和乘以挠度长期增长系数 η_θ：

$$f_l = \eta_\theta f_m \tag{11-54}$$

式中：η_θ——挠度长期增长系数，采用 C40 以下混凝土时，$\eta_\theta = 1.6$，采用 C40 ~ C80 混凝土时，$\eta_\theta = 1.45 \sim 1.35$，中间强度等级可按直线内插取用。

3. 挠度的限值

预应力混凝土受弯构件按上述计算的长期挠度值，在消除结构自重产生的长期挠度后，梁式桥主梁的最大挠度处不应超过计算跨径的 1/600，梁式桥主梁的悬臂端不应超过悬臂长度的 1/300。即：

$$\eta_\theta(f_M - f_G) < L/600 \text{ 或 } L_1/300 \tag{11-55}$$

式中：f_G——结构自重和恒载产生的挠度。

四、预拱度的设置

预应力混凝土简支梁由于存在向上的反拱度 f_p，通常可不设置预拱度。但在梁的跨径较大或张拉后下缘的预压应力不是很大的构件，有时会因恒载的长期作用产生过大的挠度。因此，《公桥规》规定，预应力混凝土受弯构件，产生的长期反拱值大于按作用(荷载)短期效应组合计算的长期挠度时，可不设预拱度；当预加应力的长期反拱值小于按作用(荷载)短期效应组合计算的长期挠度时应设预拱度，预拱度值按该项作用(荷载)的挠度值与预加应力长期反拱值之差采用。预拱的设置应按最大的预拱值沿顺桥向做成平顺的曲线。

对于自重相对于活载较小的预应力混凝土受弯构件，应考虑预加应力反拱值过大而造成的不利影响，必要时采取反预拱或设计和施工上的其他措施，避免桥面隆起直至开裂破坏。

预应力混凝土受弯构件当需计算施工阶段的挠度时，可按构件自重和预加力产生的初始弹性变形乘以$[1+\phi(t,t_0)]$求得。此处 $\phi(t,t_0)$ 为混凝土徐变系数，可根据加载龄期 t_0 和计算所需龄期 t 按《桥规》(JTG D62—2004)中附录 F 方法计算。

§11-5 部分预应力混凝土 B 类构件的裂缝宽度计算

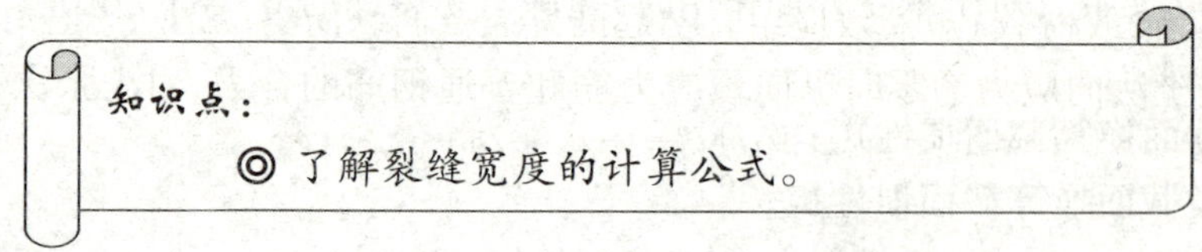

部分预应力混凝土 B 类构件在正常使用阶段允许出现裂缝。因此，控制裂缝宽度是部分预应力混凝土设计中的一项重要内容。

《桥规》(JTC D62—2004)规定，部分预应力混凝土 B 类构件，其计算的特征裂缝宽度不应超过表 11-3 的规定。

部分预应力混凝土 B 类构件裂缝宽度限值 表 11-3

环境条件	采用钢丝或钢绞线的预应力混凝土构件	采用精轧螺纹钢筋的预应力混凝土构件
I 类及 II 类环境	0.10mm	0.20mm
III 类及 IV 类环境	不得进行带裂缝的 B 类构件设计	0.15mm

国内外关于计算部分预应力混凝土 B 类构件裂缝宽度计算的公式很多,但是由于裂缝问题的复杂性,这些公式都带有很大的经验成分,计算结果相差很大。

《桥规》(JTC D62—2004)推荐的部分预应力混凝土 B 类构件裂缝宽度计算公式与钢筋混凝土裂缝宽度计算公式有相同的形式:

$$W_f = C_1 C_2 \frac{\sigma_{SS}}{E_S}\left(\frac{30 + d}{0.28 + 10\rho}\right) \tag{11-56}$$

$$\sigma_{SS} = \frac{M_S - N_{P0}(z - d_{P0}) \pm M_{P2}}{(A_P + A_S)z} \tag{11-57}$$

$$z = \left[0.87 - 0.12(1 - \gamma'_f)\left(\frac{h_0}{e}\right)^2\right]h_0 \tag{11-58}$$

$$e = d_{p0} + \frac{M_S \pm M_{P2}}{N_{P0}} \tag{11-59}$$

式中:C_1——普通钢筋表面形状系数,对光面钢筋 $C_1 = 1.4$,对带肋钢筋 $C_1 = 1.0$;

C_2——作用(或荷载)长期效应影响系数,$C_2 = 1 + 0.5\frac{M_L}{M_S}$,其中 M_L 和 M_S 分别为按作用(或荷载)长期效应组合和短期效应组合计算的弯矩值;

ρ——配筋率,$\rho = (A_S + A_P)/[bh_0 + (b_f - b)h_f]$,当 $\rho > 0.02$ 时,取 $\rho = 0.02$,当 $\rho < 0.006$ 时,取 $\rho = 0.006$;

d——纵向受拉钢筋的直径(mm),对配有预应力钢绞线束(或钢丝束)和普通钢筋的情况,d 应改为等效直径 d_e 代替。《桥规》(JTG D62—2004)规定:对混合配筋的预应力混凝土构件,钢绞线束(或钢丝束)和普通钢筋的等效直径为 $d_e = \frac{\sum n_i d_i^2}{\sum n_i d_i}$,式中:$n_i$ 为受拉区的普通钢筋、钢绞线束(或钢丝束)的根数;d_i 为受拉区的普通钢筋的公称直径,钢绞线束(或钢丝束)的等代直径 $d_{pe} = \sqrt{n}d$,n 为钢绞线束中钢绞线(或钢丝束中的钢丝)的根数,d 为钢绞线(或单根钢丝)的公称直径;

注:笔者认为这里所指的不同直径钢筋的等效直径是按钢筋表面积相等的原则进行换算的。钢绞线束的等代直径 d_{pe} 建议用钢绞线束(或钢丝束)的公称直径代替,其数值可按钢绞线束布置情况确定。

σ_{SS}——由作用(或荷载)短期效应组合引起的开裂截面纵向受拉钢筋的应力;

N_{P0}——混凝土法向应力为零时纵向预应力筋和普通钢筋的合力,对先张法构件,可按公式(11-12)计算;对后张法构件,应按公式(11-16)计算;

z——受拉区纵向预应力钢筋和普通钢筋合力作用点至截面受压区合力作用点的距离;

d_{p0}——混凝土法向应力等于零时,纵向预应力钢筋和普通钢筋合力 N_{P0} 作用点至受拉区纵向预应力钢筋和普通钢筋合力作用点(近似取预应力钢筋和普通钢筋截面重心)的距离(原公式以 e_p 表示,为了与偏心距区别,此处改为 d_{p0});

γ'_f——受压翼缘截面面积与腹板有效截面面积之比,$\gamma'_f = (b'_f - b)h'_f/bh_0$;

M_{P2}——预加力 N_{Pe} 在预应力混凝土连续梁等超静定结构中产生的次应力。

《桥规》(JTG D62—2004)推荐的近似公式(11-57)~(11-59)来源于《建混规》(GBJ 10—89)。在 M_S 作用下的部分预应力混凝土 B 类构件,经过“消压”处理后,即可转化为按弯矩 M_S 和偏心压力 N_{p0} 作用下的钢筋混凝土偏心受压构件。计算纵向受拉钢筋应力,z 采用了简化近似公式。

思考题

1. 预应力混凝土受弯构件进行应力计算的内容有哪些?进行应力计算的实质是什么?

2. 预应力混凝土受弯构件按短暂状况计算哪部分应力?

3. 按短暂状况计算构件的正应力时,为什么先张法构件和后张法构件计算公式中的截面几何特性值取的不一样?

4. 公式(11-2)中的 σ_{po} 计算式为何要加上 σ_{l4}?

5. 预应力混凝土受弯构件为什么要限制施工阶段混凝土的压应力?

6. 预应力混凝土受弯构件在施工阶段是通过什么来防止出现裂缝的?具体要求是什么?

7. 预应力混凝土受弯构件按持久状况计算的应力有哪些内容?它的计算特点是什么?

8. 公式(11-14)中为什么会出现两种截面抵抗矩(W_{nu} 和 W_{ou})?

9. 公式(11-12)和(11-16)中的 $\sigma_{l6}\cdot A_S$ 是什么意思?

10. 预应力混凝土受弯构件在使用阶段钢筋和混凝土的应力应满足什么条件?

11. 预应力混凝土受弯构件是否必须进行抗裂性验算?为什么?

12. 预应力混凝土受弯构件正截面抗裂性验算是按哪种效应组合进行的?其混凝土的正应力满足什么条件?

13. 为什么预应力混凝土受弯构件必须进行斜截面抗裂验算?主要验算什么内容?其目的是什么?

14. 预应力钢筋的传递长度是指什么?根据什么原理来确定预应力钢筋的传递长度?

15. 什么是预应力钢筋的锚固长度?

16. 为什么要进行锚下局部承压验算?后张法构件锚头局部受压区的截面尺寸如何确定?

17. 写出锚下局部承压区的抗压承载力计算公式,并解释各字母的含义。

18. 预应力混凝土受弯构件的挠度由哪几部分组成?

19. 为什么预应力混凝土受弯构件不用总挠度来控制其变形?

20. 预应力反拱度如何计算?

21. 写出构件在承受短期外加作用时的挠度计算公式,并解释各字母的含义。

22. 预应力混凝土受弯构件的挠度如何考虑长期效应的影响?

23. 预应力混凝土受弯构件在什么情况下设置预拱度?

24. 预应力混凝土构件中,为什么只有部分预应力混凝土 B 类构件进行裂缝宽度的计算?

25. 比较钢筋混凝土受弯构件和部分预应力混凝土 B 类构件裂缝宽度计算公式的区别。

单元十二　预应力混凝土简支梁设计

§12-1　预应力混凝土受弯构件的基本构造

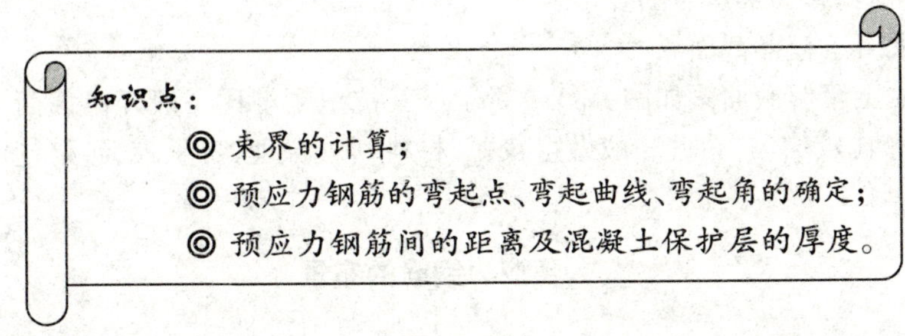

知识点：

◎ 束界的计算；

◎ 预应力钢筋的弯起点、弯起曲线、弯起角的确定；

◎ 预应力钢筋间的距离及混凝土保护层的厚度。

预应力混凝土结构构件的构造，除应满足普通钢筋混凝土结构的有关规定外，视其自身特点，并根据预应力钢筋张拉工艺、锚固措施、预应力钢筋种类的不同而有所不同。混凝土结构的构造问题关系到构件设计能否实现，所以必须高度重视。

预应力混凝土梁的形式有很多种，它们的具体构造在桥梁工程中详细介绍，在此仅对其常用的形式及钢筋布置作简要介绍。

一、常用的截面形式

预应力混凝土受弯构件，通常选用的截面形式如图 12-1 所示。

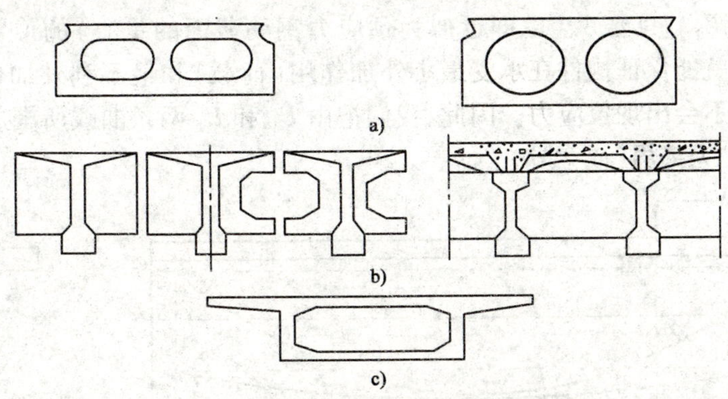

图 12-1　预应力钢筋混凝土简支梁的截面形式

1. 预应力空心板

预应力空心板如图 12-1a）所示，空心板的空心可以是圆形、端部圆形、矩形、侧面和底面直线而顶部拱形等。构件质量较小。跨径 8 ~ 20m 的空心板多采用直线配筋长线台先张法施工，多用于中、小跨径简支桥梁，大跨径空心板也有采用后张法施工的，并且筋束从有黏结预应力向无黏结预应力发展。简支预应力混凝土空心板桥标准跨径不宜大于 25m，连续板桥的标准跨径不宜大于 30m。

2. 预应力混凝土 T 形截面梁和工字形截面梁

预应力混凝土T形梁和工字形梁如图12-1b)所示。这是我国桥梁工程中最常用的预应力混凝土简支梁的截面形式。标准设计跨径一般为25~40m,标准跨径不宜大于50m,一般采用后张法施工。高跨比(h/l)一般为(1/25~1/15),上翼缘宽度一般为(1.6~2.4)m或更宽。T形梁腹板主要是承受剪应力和主应力。由于预应力混凝土梁中剪力很小,故腹板都做得较薄。从构造方面来说,腹板厚度必须满足布置预留孔道的要求,故一般采用(160~200)mm。在梁下缘的布筋区,为了布置钢筋的需要,常将腹板厚度加厚而成为"马蹄"形,利于布置预应力钢筋和承受巨大的预压力。梁的两端长度各约等于梁高的范围内,腹板加厚为与"马蹄"同宽,以满足布置锚具和局部承压的要求。

3.预应力混凝土箱形截面梁

预应力混凝土箱形截面梁如图12-1c)所示。其抗扭刚度比一般开口截面大得多,梁上的作用(荷载)分布比较均匀,箱壁一般做得较薄,材料利用合理,自重较轻,跨越能力大,适用于大跨径桥梁。

二、预应力钢筋的布置

1.束界

由于作用(荷载)在简支梁跨中截面产生的弯矩最大,为了抵抗该弯矩,应使预应力筋合力点距该截面重心尽可能远(即使筋束合力的偏心距尽可能大)。但在其他截面作用(荷载)弯矩较小,如果预应力筋束合力大小和作用点位置不变,则可能在混凝土上缘产生拉应力。全预应力混凝土受弯构件的上、下缘是不允许出现拉应力的。

合理的确定预加力 N_p 的位置(一般即近似为预应力筋束截面重心位置)是很重要的。根据全预应力混凝土构件要求使其上、下缘混凝土不出现拉应力的原则,可以按照在最小外作用(荷载)(例如只有构件自重)时和最不利外加作用(荷载)(即自重、后加恒载和活载)时的两种情况,分别确定 N_p 在各个截面上偏心距的极限值 e_p。由此可以绘出如图12-2所示的两条 e_p 的限值线 E_1 和 E_2。只要 N_p(也即近似为预应力钢筋截面的重心)的位置落在由 E_1 和 E_2 所围成的区域内,就能保证构件在承受最小外加作用(荷载)和最不利外加作用(荷载)时,其上、下缘混凝土均不会出现拉应力。因此,我们把由 E_1 和 E_2 两条曲线所围成的限制预应力钢筋的布置范围称之为**束界**(或索界)。

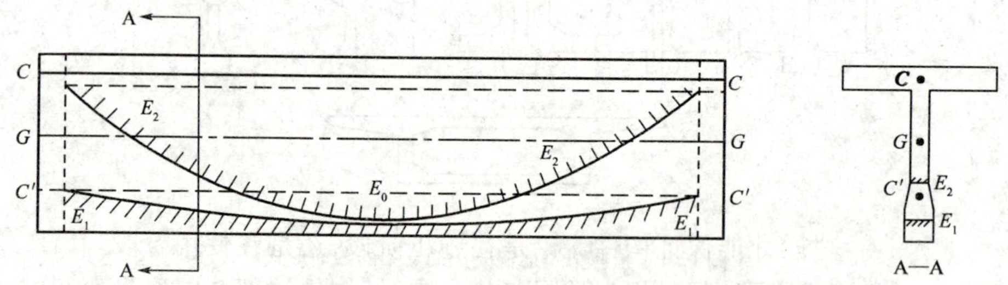

图12-2 预应力钢筋的合理位置

根据上述原则,按下列方法可以容易地绘制全预应力混凝土等截面简支梁的束界。在预加应力阶段,保证梁的上缘混凝土不出现拉应力的条件是:

$$\sigma_c = \frac{N_{p1}}{A_c} - \frac{N_{p1}e_{p1}}{W'_c} + \frac{M_{G1}}{W'_c} \geqslant 0$$

当截面尺寸和钢筋面积已知时,可得出

$$e_{p1} \leqslant E_1 = K_{c0} + \frac{M_{G1}}{N_{p1}} \tag{12-1}$$

式中：e_{p1}——预加力的合力偏心距，设在构件截面重心轴以下为正，反之为负；

K_{c0}——混凝土截面下核心距，其值为 $K_{c0} = W'_c/A_c$；

W'_c——净截面上边缘的弹性抵抗矩；

M_{G1}——构件自重产生的弯矩；

N_{p1}——传力锚固时的预加力。

同理，在承受外加作用（荷载）时，根据保证构件下缘不出现拉应力的条件，同样可以求得预加力合力偏心距 e_{p2} 为：

$$e_{p2} \geqslant E_2 = \frac{M_{G1} + M_{G2} + M_Q}{\alpha N_{p1}} - K'_{c0} \tag{12-2}$$

式中：M_{G2}——后加恒载引起的弯矩；

M_Q——活载引起的弯矩；

α——使用阶段的永存预加力 N_{pe} 和传力锚固时的有效预加力 N_{p1} 之比值，可近似取 $\alpha = 0.8$；

K'_{c0}——混凝土截面上核心距，其值为 $K'_{c0} = W_c/A_c$，W_c 为混凝土截面下边缘的弹性抵抗矩。

由式（12-1）、式（12-2）可以看出：e_{p1}、e_{p2} 分别具有与弯矩 M_{G1} 和弯矩（$M_{G1} + M_{G2} + M_Q$）相似的变化规律，都可视为沿跨径变化的抛物线，其限值 E_1 和 E_2 分别称为束界的上限和下限，曲线 E_1、E_2 之间的区域就是束界范围。由此可知，筋束重心位置（即 e_p）所应遵循的条件为：

$$\frac{M_{G1} + M_{G2} + M_Q}{\alpha N_{p1}} - K'_{c0} \leqslant e_p \leqslant K_{c0} + \frac{M_{G1}}{N_{p1}} \tag{12-3}$$

只要预应力钢筋重心线的偏心距 e_p 满足式（12-3）的要求，就可以保证构件在预加应力和使用阶段其上、下缘混凝土都不会出现拉应力。这对于检验筋束是否配置得当，无疑是一个简便而直观的方法。

显然，对于允许出现拉应力或允许出现裂缝的部分预应力混凝土构件，只要根据构件上、下缘混凝土拉应力（包括名义拉应力）的不同限制值进行相应的验算，则其束界同样不难确定。其图与图 12-2 相似，不过束界范围要大些。

2. 预应力钢筋的布置原则

预应力钢筋布置，应使其重心线不超出束界范围。因此，大部分预应力钢筋将在趋向支点时须逐步弯起，只有这样，才能保证构件无论是在施工阶段，还是在使用阶段，其任意截面上、下缘混凝土的法向应力都不致超过规定的限制值。同时，构件端部范围逐步弯起的预应力钢筋将产生预剪力，这对抵消支点附近较大的剪力也是非常有利的。而且从构造上说，预应力钢筋束的弯起，可使锚固点分散，使梁端部承受的集中力也相应分散，这对改善锚固区的局部承压条件是有利的。

3. 预应力钢筋束弯起角度，应与所承受的剪力变化规律相配合。根据受力要求，预应力钢筋束弯起后所产生的预剪力，应能抵消全部恒载剪力和部分活载剪力，以使构件在无活载时，钢筋束中所剩余的预剪力绝对值不致过大。弯起角 θ_p 不宜大于 20°；对于弯出梁顶锚固的钢束，θ_p 值往往超出此值，常常在 20°～30°之间。

4. 预应力钢筋弯起的曲线可采用圆弧线、抛物线或悬链线三种形式。公路桥梁中多采用圆弧线。《桥规》规定，先张法预应力混凝土构件的曲线形预应力钢筋，其曲线半径应符合下列规定：

①钢丝束、钢绞线束的钢丝直径等于或小于 5mm 时，曲线半径不宜小于 4m；钢丝直径大于 5mm 时，曲线半径不宜小于 6m；

②精轧螺纹钢筋的直径等于或小于 25mm 时，曲线半径不宜小于 12m；直径大于 25mm 时，曲线半径不宜小于 15m。

对于具有特殊用途的预应力钢筋，应采用相应的特殊措施，不受此限制。

5. 预应力钢筋弯起点的确定

预应力钢筋的弯起点，应从兼顾剪力与弯矩两方面的受力要求来考虑。

①从受剪考虑，应提供一部分抵抗外加作用（荷载）产生的剪力的预剪力 V_p。但实际上，受弯构件跨中部分的肋部混凝土已足够承受外加作用（荷载）产生的剪力，因此一般是根据经验，在跨径的三分点到四分点之间开始弯起。

②从受弯考虑，由于预应力钢筋弯起后，其重心线将往上移，使偏心距 e_p 变小，即预加力弯矩 M_p 将变小。因此，应满足预应力钢筋弯起后的正截面的抗弯承载力要求。

三、预应力钢筋间的距离及混凝土保护层的厚度

预应力混凝土构件中，宜以钢绞线、螺旋肋钢丝或刻痕钢丝用作预应力钢筋，以保证钢筋与混凝土之间有可靠的黏结力。当采用光面钢丝作预应力钢筋时，应采取适当措施，保证钢丝在混凝土中可靠地锚固。

1. 先张法构件

先张法构件中，预应力钢筋或锚具之间的净距与保护层厚度，应根据浇筑混凝土、施加预应力及钢筋锚固等要求确定，并应符合下列规定。

①预应力钢绞线之间的净距不应小于其直径的 1.5 倍，且对 1×2（二股）、1×3（三股）钢绞线不应小于 20mm，对 1×7（七股）钢绞线不应小于 25mm；预应力钢丝间净距不应小于 15mm。

②先张法预应力混凝土构件中，对于单根预应力钢筋，其端部应设置长度不小于 150mm 的螺旋筋；对于多根预应力钢筋，在构件端部 10 倍预应力钢筋直径范围内，应设置 3～5 片钢筋网。

2. 后张法构件

后张法构件中，预应力钢筋或锚具之间的净距与保护层，应根据浇筑混凝土、施加预应力及钢筋锚固等要求确定，并应符合下列规定。

(1) 后张法预应力混凝土构件（包括连续梁和连续刚构边跨现浇段）的部分预应力钢筋，应在靠近端部支座区段横向对称弯起，尽可能沿梁端面均匀布置，同时沿纵向可将梁腹板加宽。在梁端部附近，设置间距较密的纵向钢筋和箍筋，并符合 T 形和箱形梁对纵向钢筋和箍筋的要求。

(2) 普通钢筋和预应力直线形钢筋的最小混凝土保护层厚度（钢筋外缘或管道外缘至混凝土表面的距离）不应小于钢筋公称直径，后张法构件预应力直线形钢筋不应小于管道直径的 1/2，且应符合表 12-1 的规定。

普通钢筋和预应力直线形钢筋最小混凝土保护层厚度(mm)　　表 12-1

序号	构件类别	环境条件		
		I	II	III、IV
1	基础、桩基承台 (1)基础地面有垫层或侧面有模板(受力主筋) (2)基坑底面无垫层或侧面无模板(受力主筋)	 40 60	 50 75	 60 85
2	墩台身、挡土结构、涵洞、梁、板、拱圈、拱上建筑(受力钢筋)	30	40	45
3	人行道构件、栏杆(受力钢筋)	20	25	30
4	箍筋	20	25	30
5	缘石、中央分隔带、护栏等行车道构件	30	40	45
6	收缩、温度、分布、防裂等表层钢筋	15	20	25

注:对于环氧树脂涂层钢筋,可按环境类别 I 取用。

(3)后张法预应力混凝土构件的端部锚固区,在锚具下面应设置厚度不小于 16mm 的垫板或采用具有喇叭管的锚具垫板。锚垫板下应设间接钢筋,其体积配筋率 ρ_v 不应小于 0.5%。

(4)外形呈曲线形且布置有曲线预应力钢筋的构件

如图 12-3 所示,其曲线平面内管道的最小混凝土保护层厚度,应根据施加预应力时曲线预应力钢筋的张拉力,按下列公式计算。

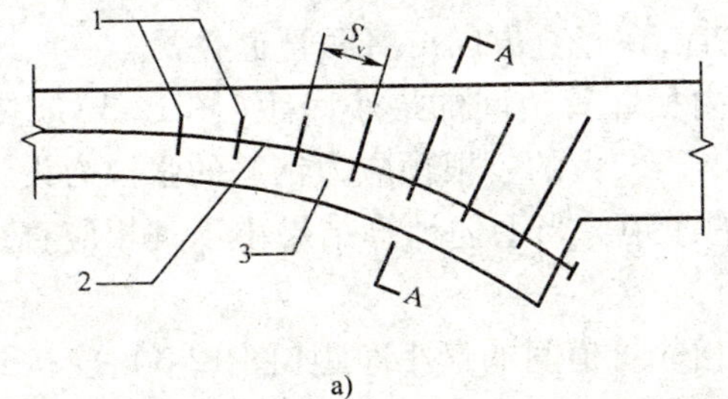

a)

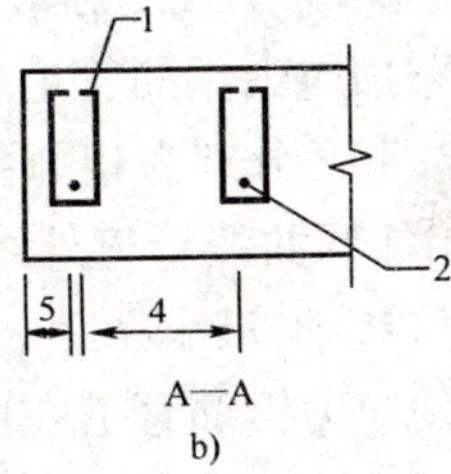

b)

图 12-3　预应力钢筋曲线管道保护层示意图

1-箍筋;2-预应力钢筋;3-曲线管道平面内保护层;4-曲线管道平面外净距;5-曲线管道平面外保护层

①曲线平面内最小混凝土保护层厚度

$$C_{in} \geqslant \frac{P_d}{0.266r\sqrt{f'_{cu}}} - \frac{d_s}{2} \tag{12-4}$$

$$r = \frac{l}{2}\left(\frac{1}{4\beta} + \beta\right) \tag{12-5}$$

式中:C_{in}——曲线平面内最小混凝土保护层厚度;

P_d——预应力钢筋的张拉力设计值(N),可取扣除锚圈口摩擦、钢筋回缩及计算截面处管道摩擦损失后的张拉力乘以 1.2;

r——管道曲线半径(mm);

f'_{cu}——预应力钢筋张拉时,边长为 150mm 立方体混凝土抗压强度(MPa);

d_s——管道外缘直径;

l——曲线弦长(见图 12-4);

β——曲线矢高 f 与弦长 l 之比。

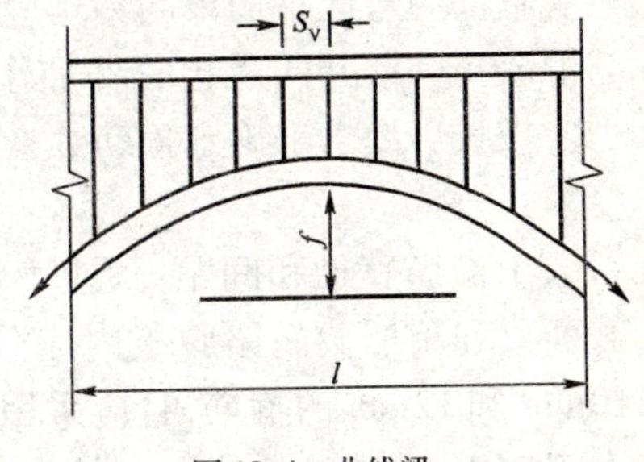

图 12-4　曲线梁

当按式(12-4)计算的保护层厚度较大时，也可按直线管道设置最小保护层厚度，但应在管道曲线段弯曲平面内设置箍筋。箍筋单肢的截面面积可按下列公式计算：

$$A_{sv1} \geqslant \frac{P_d S_v}{2rf_{sv}} \tag{12-6}$$

式中：A_{sv1}——箍筋单肢截面面积(mm^2)；

S_v——箍筋间距(mm)；

f_{sv}——箍筋抗拉强度设计值(MPa)。

②曲线平面外最小混凝土保护层厚度

$$C_{out} \geqslant \frac{P_d}{0.266\pi r\sqrt{f'_{cu}}} - \frac{d_s}{2} \tag{12-7}$$

式中：C_{out}——曲线平面外最小混凝土保护层厚度。

其余符号意义同上。

当按上述公式计算的保护层厚度小于表12-1的各类环境下直线管道的保护层厚度时，应取相应环境条件下的直线管道保护层厚度。

(5)预应力钢筋管道的设置

后张法预应力混凝土构件，其预应力钢筋管道的设置应符合下列规定。

①由钢管或橡胶管抽芯成型的直线管道，其净距不应小于40mm，且不宜小于管道直径的0.6倍；对于预埋金属或塑料波纹管和铁皮管，在竖直方向可将两管道叠置。

②曲线形预应力钢筋管道在曲线平面内相邻管道间的最小净距(图12-3)应按式(12-4)计算，其中P_d和r分别为相邻两管道曲线半径较大的一根预应力钢筋的张拉力设计值和曲线半径，C_{in}为相邻两曲线管道外缘在平面内的净距。当上述计算结果小于其相应直线管道净距时，应取用直线管道最小净距。

曲线形预应力钢筋管道在曲线平面外相邻管道间的最小净距(图12-3)，应按式(12-7)计算，其中C_{out}为相邻两曲线管外缘在曲线平面外的净距。

③管道内径的截面面积不应小于预应力钢筋截面面积的两倍。

④按计算需要设置预拱度时，预留管道也应同时起拱。

四、非预应力筋布置

在预应力混凝土受弯构件中，除了预应力钢筋外，还需要配置各种形式的非预应力钢筋，如图12-5所示。

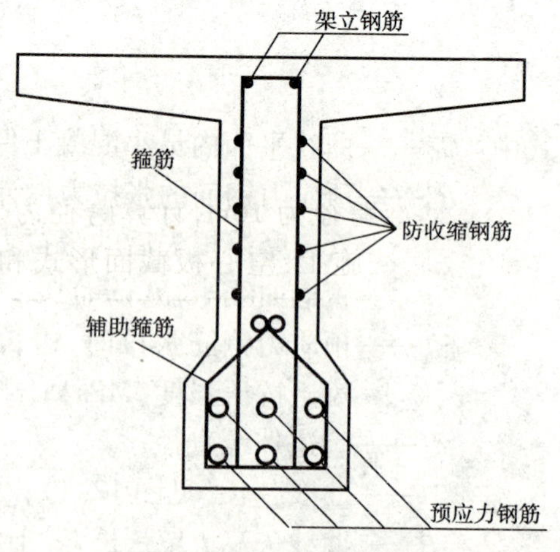

图12-5　预应力混凝土T形梁的配筋(横断面)

1. 箍筋

箍筋与弯起钢筋束同为预应力混凝土梁的腹筋，与混凝土一起共同承担着外加作用(荷载)产生的剪力。按抗剪要求来确定箍筋数量，且应符合下列构造要求：

①箍筋直径和间距：预应力混凝土T形、工字形截面梁和箱形截面梁腹板内应分别设置直径不小于10mm和12mm的箍筋，且应采用带肋钢筋，间距不应大于250mm；自支座中心起长度不小于一倍梁高范围

内，应采用闭合式箍筋，间距不应大于100mm。

②在T形、工字形截面梁下部的马蹄内，应另设直径不小于8mm的闭合式箍筋，间距不应大于200mm。此外，马蹄内尚应设直径不小于12mm的定位钢筋。

③对有曲线形的梁腹，近凹面的纵向受拉钢筋应用箍筋固定（见图12-4），箍筋间距不应大于所箍主钢筋直径的10倍，箍筋直径不应小于8mm。

2. 其他辅助钢筋（见图12-5）

在预应力混凝土梁中，除了主要受力钢筋外，还需设置一些辅助钢筋，以满足构造要求。

①架立钢筋——用以支承箍筋、固定箍筋间距、构成钢筋骨架。

②水平纵向钢筋——一般采用小直径钢筋，沿腹板两侧紧贴箍筋布置。

③局部加强钢筋——在集中力作用处（如锚具底面），需布置钢筋网或螺旋筋进行局部加固，以加强局部抗压和抗剪强度。

§12-2　预应力混凝土简支梁设计计算示例

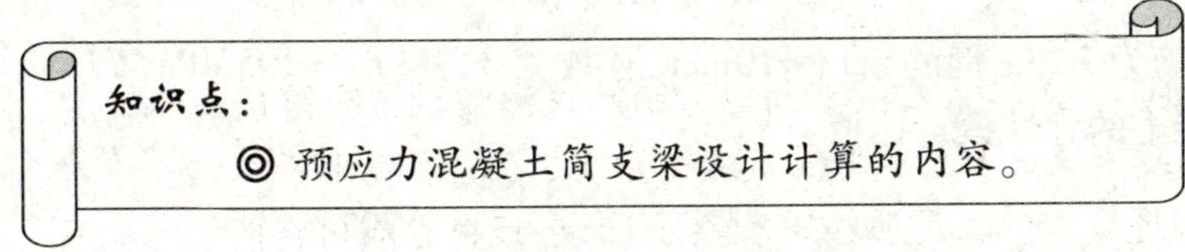

预应力混凝土受弯构件的设计计算步骤和钢筋混凝土受弯构件相类似。预应力混凝土梁截面设计的主要内容是：

(1)根据使用要求，参照已有设计等有关资料初步选定构件截面形式及确定截面尺寸；

(2)根据结构可能出现的作用（荷载）组合，计算控制截面最大设计内力（弯矩和剪力）；

(3)根据抗裂性要求，估算预应力钢筋数量，并进行合理布置；

(4)计算主梁截面几何特性；

(5)确定预应力钢筋的张拉控制应力，计算预应力损失及各阶段相应的有效预应力；

(6)进行正截面及斜截面承载能力验算；

(7)进行施工阶段和使用阶段的应力验算；

(8)进行梁端部局部承压与传力锚固的设计计算；

(9)主梁反拱及挠度验算；

(10)绘制施工图。

例12-1　某预应力混凝土简支空心板桥，其标准跨径为16m，计算跨径为15.5m，采用先张法施工，空心板截面形式和尺寸如图12-6所示，混凝土强度等级为C55，预应力钢筋采用精轧螺纹钢筋，7JL 25（单控），A_p = 3436 mm^2，a_p = 40mm，张拉控制应力 σ_{con} = 700MPa。板在50m台座上生产，预应力钢筋一端固定，一端张拉，采用一次张拉施工程序，并用螺丝端杆锚具锚固于台座，蒸汽养

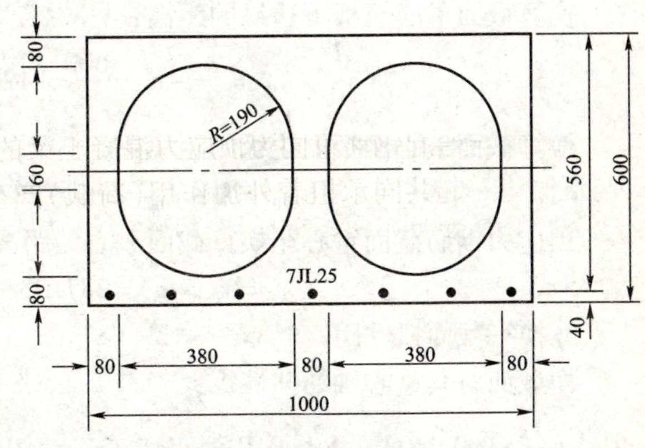

图12-6　空心板截面形式（尺寸单位：mm）

护。预应力钢筋与台座温差 $\Delta t=20℃$。预应力钢筋待混凝土强度达到强度设计值80%后放松,加载龄期 $t=10\mathrm{d}$,板的使用环境为野外一般地区,相对湿度为75%,板的内力见表12-2。

板的内力　　表12-2

内力 \ 作用类别	板自重	后期恒载	汽车荷载	内力 \ 作用类别	板自重	后期恒载	汽车荷载
$M_{\frac{L}{2}}$(kN·m)	147.7	180.9	171.8	V_0(kN)	46.9	40.2	100.2

要求:按A类部分预应力混凝土构件进行以下计算:

(1)验算板的承载能力;

(2)验算板在施工阶段和使用阶段的应力;

(3)抗裂验算。

解:(一)材料的力学性能

C55混凝土:$f_{ck}=32.4\mathrm{MPa}$,$f_{tk}=2.65\mathrm{MPa}$,$f_{cd}=22.4\mathrm{MPa}$,$f_{td}=1.83\mathrm{m}$,$E_c=3.45\times10^4\mathrm{MPa}$

精轧螺纹钢筋7JL25(单控):$f_{pk}=785\mathrm{MPa}$;$f_{pd}=650\mathrm{MPa}$,

$$E_p=2.0\times10^5\mathrm{MPa},A_p=3436\mathrm{mm}^2。$$

拟采用:箍筋为R235钢筋,直径10mm,肢数为3,其:$f_{sd}=195\mathrm{MPa}$,$E_s=2.1\times10^5\mathrm{MPa}$;预应力钢筋与混凝土的弹性模量比值:

$$\alpha_{Ep}=\frac{E_p}{E_c}=\frac{2.0\times10^5}{3.45\times10^4}=5.797$$

(二)板的换算截面几何特征值

1.换算截面面积

板的净截面面积:

$$A_n=990\times600-2\times(\pi\times190^2+380\times60)=321692(\mathrm{mm}^2)$$

板的换算截面面积:

$$A_0=A_n+(\alpha_{Ep}-1)A_p=321692+(5.797-1)\times3436=338174.5(\mathrm{mm}^2)$$

2.换算截面重心的位置

换算截面重心至截面中心的距离 c_0:

$$c_0=\frac{A_nx_0+(\alpha_{Ep}-1)A_p\left(\frac{h}{2}-a_p\right)}{A_0}=\frac{0+(5.797-1)\times3436\times\left(\frac{600}{2}-40\right)}{338174.5}=12.67(\mathrm{mm})$$

换算截面重心至板下边缘的距离:

$$y_{0x}=\frac{h}{2}-c_0=\frac{600}{2}-12.67=287.33(\mathrm{mm})$$

换算截面重心至板上边缘的距离:

$$y_{0s}=h-y_{0x}=600-287.33=312.67(\mathrm{mm})$$

预应力钢筋截面重心至换算截面重心的距离:

$$y_p=y_{0x}-a_p=287.33-40=247.33(\mathrm{mm})$$

3.换算截面惯性距

净截面对其重心轴的惯性矩:

$$I_n=\frac{1}{12}\times990\times600^3-4\times\left[0.108\times190^4+\frac{1}{2}\pi\times190^2\times(0.4244\times190+30)^2\right]-2\times\frac{1}{12}\times380\times60^3$$

$=14.47\times10^9(\text{mm}^4)$

换算截面对其重心轴(中性轴)的惯性矩:

$$I_0=I_n+A_nC_0^2+(\alpha_{Ep}-1)A_py_p^2$$
$$=14.47\times10^9+321692\times12.67^2+(5.797-1)\times3436\times247.33$$
$$=13.41\times10^9(\text{mm}^4)$$

4. 换算截面抵抗矩

对板上边缘:

$$W_{0s}=\frac{I_0}{y_{0s}}=\frac{13.41\times10^9}{312.67}=42.89\times10^6(\text{mm}^3)$$

对板下边缘:

$$W_{0x}=\frac{I_0}{y_{0x}}=\frac{13.41\times10^9}{287.33}=46.67\times10^6(\text{mm}^3)$$

对预应力钢筋重心:

$$W_{0p}=\frac{I_0}{y_p}=\frac{13.41\times10^9}{247.33}=54.22\times10^6(\text{mm}^3)$$

5. 换算截面重心轴以上(或以下)部分对其重心轴的静矩

$$S_0=990\times\frac{312.67^2}{2}-2\times\frac{1}{2}\pi\times190^2\times(0.4244\times190+42.67)-2\times380\times\frac{42.67^2}{2}$$
$$=33723346.51(\text{mm}^3)$$

(三)验算板的正截面和斜截面承载力

1. 正截面抗弯承载力计算

根据空心板净截面面积($A_n=321692\text{mm}^2$)和惯性矩($I_n=14.47\times10^9\text{mm}^4$)不变的原则,把空心板截面变换成工字形梁截面。

设工字形梁腹板宽度为 b,上、下翼缘厚度为 $h_f(=h'_f)$,则截面面积:

$$A_n=990\times600-(990-b)(600-2h'_f)=321692(\text{mm}^2)$$

惯性矩:

$$I_n=\frac{1}{12}\times990\times600^3-\frac{1}{12}\times(990-b)(600-2h'_f)^3=14.47\times10^9(\text{mm}^4)$$

以上两式联立解得:

$$\begin{cases}b=281.3\text{mm}\\h'_f=h_f=107.89\text{mm}\end{cases}$$

因

$$f_{cd}b'_fh'_f=22.4\times990\times107.89=2392568.64(\text{N})$$
$$f_{pd}A_p=650\times3436=2233400(\text{N})$$

$f_{pd}A_p<f_{cd}b'_fh'_f$　属于第一种 T 形截面。

故该截面可按宽度为 $b'_f=990(\text{mm})$,高度为 $h=600(\text{mm})$的单筋矩形截面计算。

取 $a_p=40\text{mm}$,则:$h_0=h-a_p=600-40=560(\text{mm})$

由 $\sum H=0$,得:

$$f_{pd}A_p=f_{cd}b'_fx$$

则有:

$$x=\frac{f_{pd}A_p}{f_{cd}b'_f}=\frac{650\times3436}{22.4\times990}=100.7(\text{mm})$$
$$<h'_f=107.89(\text{mm})$$

$$<\xi_b h_0 = 0.4\times 560 = 224(\text{mm})$$

则空心板抗弯承载力为：

$$M_u = f_{pd}A_p\left(h_{p0} - \frac{x}{2}\right)$$

$$= 650\times 3436\times\left(560 - \frac{100.7}{2}\right)$$

$$= 1138252310(\text{N·mm})$$

空心板所承受的弯矩基本组合设计值：

$$M_d = 1.2\times(147.7 + 180.9) + 1.4\times 171.8$$

$$= 634.84(\text{kN·m})$$

$$\gamma_0 M_d = 1\times 634.84 = 634.84(\text{kN·m}) < M_u = 1138.25(\text{kN·m})$$

2. 斜截面承载力计算

因剪应力最大值发生在空心板的中性轴上，为安全起见，在进行斜截面承载力计算时仍取 $b = 281.3(\text{mm})$。

空心板支点截面所承受的剪力基本组合设计值：

$$V_d = 1.2(46.9 + 40.2) + 1.4\times 100.2 = 244.8(\text{kN})$$

$$0.51\times 10^{-3}\sqrt{f_{cu,k}}bh_0 = 0.51\times 10^{-3}\times\sqrt{50}\times 281.3\times 560$$

$$= 568.1(\text{kN}) > \gamma_0 V_d = 244.8(\text{kN})$$

这表明空心板的截面尺寸满足要求。

$$1.25\times 0.5\times 10^{-3}\alpha_2 f_{td}bh_0 = 1.25\times 0.5\times 10^{-3}\times 1.25\times 1.83\times 281.3\times 560$$

$$= 225.22(\text{kN}) < \gamma_0 V_d = 244.8(\text{kN})$$

说明：上式中的第一项 1.25 是板式受弯构件承载力的提高系数。

上式表明板尚应进行剪力钢筋的配置。

前面已拟定用箍筋为 R235 钢筋，直径 10mm，三肢，箍筋总截面积：

$A_{sv} = 3\times 78.5 = 235.5(\text{mm}^2)$，间距：$S_v = 200(\text{mm})$，则有：

$$\rho_{sv} = A_{sv}/S_v\cdot b = 235.5/200\times 281.3 = 0.419\%$$

$$p = 100\rho = 100\times\frac{3436}{281.3\times 560} = 2.18$$

∴

$$V_{cs} = \alpha_1\alpha_2\alpha_3 0.45\times 10^{-3}bh_0\sqrt{(2+p)\sqrt{f_{cu,k}}\rho_{sv}\cdot f_{sv}}$$

$$= 1\times 1.25\times 1.1\times 0.45\times 10^{-3}\times 281.3\times 560\times\sqrt{(2+2.18)\sqrt{50}\times 0.00419\times 195}$$

$$= 426.11(\text{kN}) > \gamma_0 V_d$$

$$= 244.8(\text{N})$$

这说明不需要再设置弯起钢筋。

从以上计算可以看出，空心板的正截面抗弯和斜截面抗剪承载力是足够的。

（四）张拉控制应力和预应力损失的计算

1. 张拉控制应力

预应力钢筋为精轧螺纹钢筋，张拉控制应力取用：

$$\sigma_{con} = 700\text{MPa} < 0.9f_{pk} = 0.9\times 785 = 706.5\text{MPa}$$

符合《桥规》(JTG D62—2004)的要求。

2. 预应力损失 σ_l

(1)锚具变形等引起的预应力损失 σ_{l2}

预应力钢筋利用张拉台座长线张拉,钢筋长为50m,预应力钢筋锚固采用螺丝端杆锚具,其变形值$\sum\Delta l=1\text{mm}$,则:

$$\sigma_{l2}=\frac{\sum\Delta l}{l}E_{\text{p}}=\frac{1}{50000}\times2\times10^{5}=4(\text{MPa})$$

(2)蒸汽养护温差引起的预应力损失 σ_{l3}

预应力钢筋与张拉台座间的温差 $t_2-t_1=20℃$

$$\sigma_{l3}=2(t_2-t_1)=2\times20=40(\text{MPa})$$

(3)混凝土弹性压缩引起的应力损失 σ_{l4}

$$\sigma_{l4}=\alpha_{\text{Ep}}\sigma_{\text{pc}}$$

$$\sigma_{\text{pc}}=\frac{N_{\text{p0}}}{A_0}+\frac{N_{\text{po}}e_{\text{p0}}^2}{I_0}$$

其中:

$$N_{\text{p0}}=A_{\text{p}}\sigma_{\text{p}}^{*}$$

$$\begin{aligned}\sigma_{\text{p}}^{*}&=\sigma_{\text{con}}-\sigma_{l2}-\sigma_{l3}-0.5\sigma_{l5}\\&=700-4-40-0.5\times35=638.5\text{MPa}\end{aligned}$$

上式中"σ_{l5}"请看后面(4)的计算。

$$N_{\text{po}}=3436\times638.5=2193886(\text{N})$$

$$\sigma_{\text{pc}}=\frac{2193886}{338174.5}+\frac{2193886\times247.33^2}{13.41\times10^9}=16.5(\text{MPa})$$

$$\sigma_{l4}=5.797\times16.5=95.65(\text{MPa})$$

(4)钢筋松弛引起的预应力损失 σ_{l5}

预应力钢筋采用一次张拉施工程序,$\sigma_{\text{con}}=700(\text{MPa})$

$$\sigma_{l5}=0.05\sigma_{\text{con}}=0.05\times700=35(\text{MPa})$$

(5)混凝土收缩和徐变引起的预应力损失 σ_{l6}

受荷时混凝土龄期为10d,板的换算截面面积 $A_{\text{o}}=338174.5(\text{mm}^2)$,与大气接触的周长为:

$$u=2\times(990+600)+4\pi\times190+4\times60=5806.4(\text{mm})$$

构件理论厚度:$2A_0/u=2\times338174.5/5806.4=116.5(\text{mm})<200(\text{mm})$

查表10-4得 $\varphi(t_{\text{u}},t_0)=2.17$,$\varepsilon_{\text{cs}}(t_{\text{u}},t_0)=0.27\times10^{-3}$

$$\rho=\frac{A_{\text{p}}}{A_0}=\frac{3436}{338174.5}=0.0102$$

$$y_{\text{p}}=e_{\text{p}}=247.33(\text{mm}),e_{\text{p}}^2=61172.13(\text{mm}^2)$$

$$i^2=\frac{I_0}{A_0}=\frac{13.41\times10^9}{338174.5}=39654.08(\text{mm}^2)$$

$$\rho_{\text{ps}}=1+\frac{e_{\text{p}}^2}{i^2}=1+\frac{61172.13}{39654.08}=2.543$$

预应力钢筋从张拉台座上放松时,预应力钢筋对板的偏心压力:

$$\begin{aligned}N_{\text{p0}}&=[\sigma_{\text{con}}-(\sigma_{l2}+\sigma_{l3}+0.5\sigma_{l5})]A_{\text{p}}\\&=[700-(4+40+0.5\times35)]\times3436\end{aligned}$$

$$=2193.886(\text{kN})$$

预应力钢筋截面重心处由预压力 N_{p0} 产生的混凝土法向压应力 σ_{pc}：

$$\sigma_{pc}=16.5(\text{MPa})$$［此计算可参看前面“(3)”中 σ_{pc} 的计算式］

则混凝土收缩和徐变引起预应力钢筋的预应力损失：

$$\sigma_{l6}=\frac{0.9[E_p\varepsilon_{cs}(t_u,t_0)+\alpha_{Ep}\sigma_{pc}\phi(t_u,t_0)]}{1+15\rho\rho_{ps}}$$

$$=\frac{0.9\times(2\times10^5\times0.27\times10^{-3}+5.797\times16.5\times2.17)}{1+15\times0.0102\times2.543}=169.47(\text{MPa})$$

以下将上述各项预应力损失组合汇总。

对于预应力钢筋而言，第一批预应力损失为：

$$\sigma_{lI}=\sigma_{l2}+\sigma_{l3}+\sigma_{l4}+0.5\sigma_{l5}$$

$$=4+40+95.65+0.5\times35=157.15(\text{MPa})$$

第二批预应力损失为：

$$\sigma_{lII}=0.5\sigma_{l5}+\sigma_{l6}=0.5\times35+169.47=186.97(\text{MPa})$$

两批预应力损失总和为：

$$\sigma_l=\sigma_{lI}+\sigma_{lII}$$

$$=157.15+186.97=344.12(\text{MPa})$$

（五）施工阶段和使用阶段的应力验算

1. 正应力验算

(1)施工阶段

此阶段有效预拉力 $N_{p0}=2193.886(\text{kN})$，施工阶段的弯矩值 $M_k=147.7(\text{kN})$

板下边缘(预压区)压应力：

$$\sigma_{cc}^{t}=\frac{N_{p0}}{A_0}+\frac{N_{p0}e_{p0}}{W_{0x}}-\frac{M_k}{W_{0x}}$$

$$=\frac{2193886}{338174.5}+\frac{2193886\times247.33}{46.67\times10^6}-\frac{147.7\times10^6}{46.67\times10^6}$$

$$=14.96(\text{MPa})<0.7f_{ck}^{t}=0.7\times26.8=18.76(\text{MPa})$$

（上式中的 f_{ck}^{t} 为 $0.8f_{cu,k}=0.8\times50=40$ 所对应的混凝土抗压强度的标准值）板上边缘（预拉区）拉应力：

$$\sigma_{ct}^{t}=\frac{N_{p0}}{A_0}-\frac{N_{p0}e_{p0}}{W_{0s}}+\frac{M_k}{W_{0s}}$$

$$=\frac{2193886}{338174.5}-\frac{2193886\times247.33}{42.89\times10^6}+\frac{147.7\times10^6}{42.89\times10^6}$$

$$=-2.69(\text{MPa})\text{（负为拉应力）}$$

$$|\sigma_{ct}^{t}|=2.69>0.7f'_{tk}=0.7\times2.4=1.68(\text{MPa})$$

$$<1.15f'_{tk}=1.15\times2.4=2.76(\text{MPa})$$

按《桥规》(JTG D62—2004)规定：当 $0.7f'_{tk}<\sigma_{ct}^{t}<1.15f'_{tk}$ 时，预拉区应配置 $\rho\geqslant0.387\%$ 的纵向钢筋。且直径不宜大于14mm。拟采用9 ϕ 14HRB335 钢筋，$A'_s=1385(\text{mm}^2)$

$$\rho=\frac{A'_s}{A_n}=\frac{1385}{321692}=0.431\%>0.387\%$$

满足要求。

(2)使用阶段

本阶段有效预应力 σ_{p0} 为：

$$\sigma_{p0}=\sigma_{con}-\sigma_{l}+\sigma_{l4}=700-344.12+95.65=451.53(\text{MPa})$$

有效预加力 N_{p0} 为：

$$N_{p0}=\sigma_{p0}\cdot A_{p}=451.53\times 3436=1551457.08(\text{N})$$

预加力在受压区(上缘)产生的混凝土法向拉应力为：

$$\sigma_{pt}=\frac{N_{p0}}{A_{0}}-\frac{N_{p0}\cdot e_{p0}}{W_{0s}}$$
$$=\frac{1551457.08}{338174.5}-\frac{1551457.08\times 247.33}{42.89\times 10^{6}}=-4.36(\text{MPa})$$

在使用阶段，板除了承受偏心预压力 N_{po}、板自重弯矩 M_{g1} 外，尚有后期恒载弯矩 M_{g2} 和汽车荷载产生的弯矩 M_{q}。

$$M_{k}=M_{g1}+M_{g2}+M_{q}$$
$$=147.7+180.9+171.8=500.4(\text{kN}\cdot\text{m})$$

受压区混凝土法向压应力 σ_{kc} 为：

$$\sigma_{kc}=\frac{M_{k}}{W_{os}}=\frac{500.4\times 10^{6}}{42.89\times 10^{6}}=11.67(\text{MPa})$$

受拉区混凝土法向拉应力 σ_{kt} 为：

$$\sigma_{kt}=\frac{M_{k}}{W_{ox}}=\frac{500.4\times 10^{6}}{46.67\times 10^{6}}=10.72(\text{MPa})$$

受压区混凝土的最大压应力为：

$$\sigma_{kc}+\sigma_{pt}=11.67-4.36=7.31(\text{MPa})$$
$$<0.5f_{ck}=0.5\times 32.4=16.2(\text{MPa})$$

预应力钢筋的应力 σ_{p} 为：

$$\sigma_{p}=\alpha_{Ep}\sigma_{kt}=5.797\times 10.72=62.14(\text{MPa})$$

此时钢筋内的永存预应力为：

$$\sigma_{pe}=\sigma_{con}-\sigma_{l}=700-344.12=355.88(\text{MPa})$$

则：

$$\sigma_{pe}+\sigma_{p}=355.88+62.14=418.02(\text{MPa})$$
$$<0.8f_{pk}=0.8\times 785=628$$

满足要求。

2. 主应力验算

因为无竖向预应力钢筋，则 $\sigma_{cy}=0$，则有：

$$\begin{matrix}\text{主拉应力 }\sigma_{tp}\\ \text{主压应力 }\sigma_{cp}\end{matrix}=\frac{\sigma_{cx}}{2}\mp\sqrt{\left(\frac{\sigma_{cx}}{2}\right)^{2}+\tau^{2}}$$

上式中：

$$\sigma_{cx}=\sigma_{kc}+\sigma_{pt}=7.31\quad(\text{MPa})$$

$$\tau=\frac{V_{k}S_{0}}{bI_{0}}=\frac{187.3\times 33723346.51\times 10^{3}}{281.3\times 13.41\times 10^{9}}=1.67\quad(\text{MPa})$$

$$(V_k = 46.9 + 40.2 + 100.2 = 187.3\text{kN})$$

$$\sigma_{tp} = \frac{7.31}{2} - \sqrt{(\frac{7.31}{2})^2 + 1.67^2} = -0.364 \quad (\text{MPa})(负为拉应力)$$

$$\sigma_{cp} = \frac{7.31}{2} + \sqrt{(\frac{7.31}{2})^2 + 1.67^2} = 7.67 \quad (\text{MPa})(正为压应力)$$

$$\sigma_{tp} = 0.364 < 0.5f_{tk} = 0.5 \times 2.65 = 1.325 \quad (\text{MPa})$$

$$\sigma_{cp} = 7.67 < 0.6f_{ck} = 0.6 \times 32.4 = 19.44 \quad (\text{MPa})$$

满足要求。

(六)正截面和斜截面抗裂验算

1.正截面抗裂验算

(1)受弯构件由作用(或荷载)产生的截面边缘混凝土的法向拉应力:

按作用(或荷载)短期效应组合计算的弯矩值 M_s 与剪力值 V_s:

$$M_s = 147.7 + 180.9 + 0.7 \times 171.8 = 448.85 \quad (\text{kN·m})$$

$$V_s = 46.9 + 40.2 + 0.7 \times 100.2 = 157.24 \quad (\text{kN})$$

按作用(荷载)长期效应组合计算的弯矩值 M_l 为:

$$M_l = 147.7 + 180.9 + 0.4 \times 171.8 = 397.32 \quad (\text{kN·m})$$

边缘混凝土的法向拉应力:

$$\sigma_{st} = \frac{M_s}{W_{0x}} = \frac{448.85 \times 10^6}{46.67 \times 10^6} = 9.62 \quad (\text{MPa})$$

$$\sigma_{lt} = \frac{M_l}{W_{0x}} = \frac{397.32 \times 10^6}{46.67 \times 10^6} = 8.51 \quad (\text{MPa})$$

(2)扣除全部预应力损失后的预加力在构件边缘产生的混凝土预压应力:

$$\sigma_{pc} = \frac{N_p}{A_0} + \frac{N_p \cdot e_{p0}}{W_{0x}}$$

其中:

$$N_p = \sigma_{p0}A_p = (\sigma_{con} - \sigma_l)A_p$$
$$= (700 - 344.12) \times 3436 = 1222803.68(\text{N})$$
$$e_{p0} = y_p = 247.33(\text{mm})$$

则:

$$\sigma_{pc} = \frac{1222803.68}{338174.5} + \frac{1222803.68 \times 247.33}{46.67 \times 10^6} = 10.096(\text{MPa})$$

(3)抗裂要求:

$$\sigma_{st} - \sigma_{pc} = 9.62 - 10.096 = -0.476(\text{MPa}) < 0.7f_{tk} = 0.7 \times 2.65 = 1.855(\text{MPa})$$

负值说明预压应力大于使用荷载产生的拉应力。

$$\sigma_{lt} - \sigma_{pc} = 8.51 - 10.096 = -1.586(\text{MPa}) < 0$$

满足 A 类构件的抗裂要求。

2.斜截面抗裂验算

由作用(或荷载)短期效应组合和预加力产生的混凝土主拉应力 σ_{tp}:

$$\sigma_{tp} = \frac{\sigma_{cx}}{2} - \sqrt{\left(\frac{\sigma_{cx}}{2}\right)^2 + \tau^2}$$

$$\sigma_{cx}=\sigma_{pc}+\frac{M_s}{W_{0x}}=10.096-9.62=0.476(\text{MPa})$$

$$\tau=\frac{V_sS_0}{bI_0}=\frac{157.24\times10^3\times33723346.51}{281.3\times13.41\times10^9}=1.406(\text{MPa})$$

则：$\sigma_{tp}=\frac{0.476}{2}-\sqrt{(\frac{0.476}{2})^2+1.406^2}=0.238-1.528=-1.29(\text{MPa})$

负值说明是拉应力。

$$\sigma_{tp}=1.29(\text{MPa})<0.7f_{tk}=0.7\times2.65=1.855(\text{MPa})$$

满足斜截面的抗裂要求。

(七)变形计算

1. 使用阶段的挠度计算

使用阶段的挠度按短期效应组合计算，并考虑挠度长期影响系数 η_θ，对于 C55 混凝土，$\eta_\theta=1.413$，刚度 $B_0=0.95E_CI_0$，其中 $E_C=3.45\times10^4\text{MPa}$，$I_0=13.41\times10^9(\text{mm}^4)$。

则：$B_0=0.95E_CI_0$

$=0.95\times3.45\times10^4\times13.41\times10^9=43.95\times10^{13}\text{N·mm}^2$

荷载短期效应组合作用下的挠度值，按等效均布荷载作用情况计算：

$$f_M=\frac{5}{48}\times\frac{L^2\times M_S}{B_0}$$

式中：$M_S=448.85\text{kN·m}=448.85\times10^6\text{N·mm}$

$$L=15.5\text{m}=15.5\times10^3\text{mm}$$

$$f_M=\frac{5}{48}\times\frac{15.5^2\times448.85\times10^{12}}{43.95\times10^{13}}=25.56\text{mm}$$

考虑长期影响系数后的长期挠度：

$$f_l=\eta_\theta f_M=1.413\times25.56=36.03\text{mm}$$

自重产生的挠度值亦按等效均布荷载作用情况计算：

$$f_G=\frac{5}{48}\times\frac{L^2\times M_{GK}}{B_0}$$

式中：$M_{GK}=147.7+180.9=328.6\text{kN·m}=328.6\times10^6\text{N·mm}$

$$f_G=\frac{5}{8}\times\frac{15.5^2\times328.6\times10^{12}}{43.95\times10^{13}}=18.71\text{mm}$$

消除自重产生的挠度，并考虑挠度长期影响系数后，使用阶段挠度值为：

$$\eta_\theta(f_M-f_G)=1.413\times(25.5-18.71)$$

$$=9.59\text{mm}<L/600=15.5\times10^3/600=25.83\text{mm}$$

计算结果表明，使用阶段的挠度值满足规范要求。

2. 预加力引起的反拱度计算和预拱度的设置

预加力引起的跨中挠度为：

$$f_p=-\eta_\theta\cdot\int_0^l\frac{M_{p1}M_p}{B_0}\text{d}x$$

对于等截面梁，可不必进行上式的积分计算，其变形值由图乘法确定，在预加力作用下，跨中截面的反拱可按下式计算：

$$f_p = -\eta_\theta \cdot \frac{2\omega_{M1/2} \cdot M_{p1}}{B_0}$$

$$\omega_{M1/2} = \frac{1}{2} \times \frac{L}{2} \times \frac{L}{4} = \frac{L^2}{16} = \frac{15.5^2 \times 10^6}{16} 15.02 \times 10^6 \text{mm}^2$$

M_{p1}为半跨范围 M_1 图重心(距支点 $L/3$ 处)所对应的预加力引起的弯矩图的纵坐标:

$$M_{p1} = N_{p1} \cdot e_p$$

N_{p1}为有效预加力:

$$N_{p1} = (\sigma_{con} - \sigma_{lI} - \sigma_{lII})A_p = (700 - 157.15 - 186.97) \times 3436/1000 = 122.8\text{kN}$$

e_p 为距支点 $L/3$ 处的预应力钢筋偏心距:

$$e_p = y_{ox} - a_p = 287.33 - 40 = 247.33\text{mm}$$

$$M_{p1} = N_{p1} \cdot e_p = 1222.8 \times 10^3 \times 247.33 = 302.44 \times 10^6 \text{N} \cdot \text{mm}$$

则由预加力产生的跨中反拱度为:

$$f_p = -2 \times \frac{2 \times 15.02 \times 10^6 \times 302.44 \times 10^6}{43.95 \times 10^{13}} 41.34\text{mm}$$

将预加力引起的反拱度与按荷载短期效应组合计算的长期挠度值 $f_l = 36.03\text{mm}$ 相比较，可知:

$$f_p = 41.34\text{mm} > f_l = 36.03\text{mm}$$

由于预加力产生的长期反拱度值大于按荷载短期效应组合计算的长期挠度值,所以,可不设预拱度。

思考题

1. 预应力混凝土受弯构件常用的截面形式有哪些?
2. 什么是束界? 确定它的目的是什么?
3. 如何合理地确定预加力 N_p 的位置?
4. 对于部分预应力混凝土结构,其预应力筋的位置可否用束界来确定? 为什么?
5. 为什么大部分预应力钢筋在趋向支点时要逐步弯起?
6. 预应力钢筋弯起的角度有何规定? 从哪弯起?
7. 预应力钢筋弯起的曲线可采用哪些线形?《桥规》(JTG D62—2004)中对曲线半径有哪些规定?
8. 先张法构件中,预应力钢筋保护层的厚度如何确定? 有何要求?
9. 对外形呈曲线形且布置有曲线预应力钢筋的构件,其曲线平面内、外管道的最小混凝土保护层厚度如何确定?
10. 在先张法构件中,预应力钢筋端部应采用哪些局部加强措施?
11. 在后张法构件中,预应力钢筋端部周围应采用哪些局部加强措施?
12. 后张法预应力钢筋管道的设置应满足哪些要求?
13. 预应力混凝土构件中为什么还要设置非预应力筋? 非预应力筋的形式有哪些?
14. 预应力混凝土梁截面设计的主要内容有哪些?

单元十三 圬工结构设计计算简介

§13-1 概 述

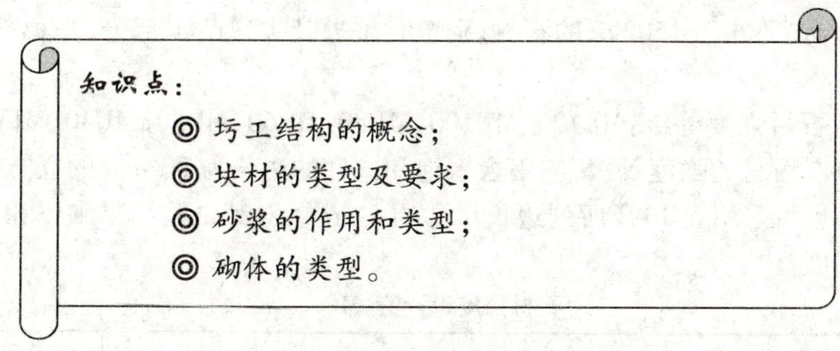

一、概 念

采用胶结材料（砂浆、小石子混凝土等）将石料等块材连接成整体的结构物，称为石结构。《桥规》（JTG D61—2004）中对由预制或整体浇筑的素混凝土、片石混凝土构成的结构物，称为混凝土结构。以上两种结构通常称为圬工结构。由于圬工材料（石料、混凝土等）的力学特点是抗压强度大，抗拉、抗剪性能较差，因此圬工结构在工程中常用作以承压为主的结构构件，如拱桥的拱圈，涵洞、桥梁的重力式墩台，扩大基础及重力式挡土墙等。

圬工结构常以砌体的形式出现。砌体是由不同尺寸和形状的石料及混凝土预制块通过砂浆等胶凝材料按一定的砌筑规则砌成，并满足构件设计尺寸和形状要求的受力整体。砌体中所使用的一定规格（尺寸、形状、强度等级等）的石料及混凝土预制块称为块材。

石结构及混凝土结构之所以能够在桥涵工程和其他建筑工程中得到广泛的应用，重要的原因是其本身具有以下的优点：

（1）原材料分布广，易于就地取材，价格低廉。

（2）耐久性、耐腐蚀、耐污染等性能较好，材料性能比较稳定，维修养护工作量小。

（3）与钢筋混凝土结构相比，可节约水泥、钢材和木材。

（4）施工不需要特殊的设备，施工简便，并可以连续施工。

（5）具有较强的抗冲击性能和超载性能。

石结构及混凝土结构也存在一些明显的缺点，限制了其应用范围，例如：

（1）因砌体的强度较低，故构件截面尺寸大，造成自重很大。

（2）砌体工作相当繁重，操作主要依靠手工方式，机械化程度低，施工周期长。

（3）砌体是靠砂浆的黏结作用将块材形成整体，砂浆和块材间的黏结力相对较弱，抗拉、抗弯、抗剪强度很低，抗震能力也差，同时砌体属于一种松散结构，经长期振动后易产生裂缝。

二、圬工结构的材料

（一）石料

常用的天然石料主要有花岗岩、石灰岩等，工程上依据石料的开采方法、形状、尺寸和表面

粗糙程度的不同,分为下列几种:

(1)细料石。厚度200~300mm的石材,宽度为厚度的1.0~1.5倍,长度为厚度的2.5~4.0倍,表面凹陷深度不大于10mm,外形方正的六面体。

(2)半细料石。表面凹陷深度不大于15mm,其他同细料石。

(3)粗料石。表面凹陷深度不大于20mm,其他同细料石。

(4)块石。厚度200~300mm的石材,形状大致方正,宽度约为厚度的1.0~1.5倍,长度约为厚度的1.5~3.0倍。

(5)片石。厚度不小于150mm的石材,砌筑时敲去其尖锐凸出部分,平稳放置,可用小石块填塞空隙。

桥涵中所用石材强度等级:MU120、MU100、MU80、MU60、MU50、MU40、MU30。石材强度设计值见表13-1。石材的强度等级,应用含水饱和试件的边长为70 mm的立方体试块的抗压强度表示。试件也可采用表13-2所列边长尺寸的立方体,对其试验结果乘以相应的换算系数后作为石材的强度。

石材强度设计值(MPa) 表13-1

强度等级 / 强度类别	MU120	MU100	MU80	MU60	MU50	MU40	MU30
轴心抗压f_{cd}	31.78	26.49	21.19	15.89	13.24	10.59	7.95
弯曲抗拉f_{tmd}	2.18	1.82	1.45	1.09	0.91	0.73	0.55

石材试件强度的换算系数 表13-2

立方体试件边长(mm)	200	150	100	70	50
换算系数	1.43	1.28	1.14	1.00	0.86

石料多为就地取材,因而常用于山区及其附近城市。上述石料分类所耗加工量依次递减,以同样等级砂浆砌筑的五种石料,其砌体抗压极限强度也依次递减。砌体表面美观程度也是如此。所以石料选择应根据当地情况、施工工期和美观要求确定,并满足下列要求:

(1)累年最冷月平均气温等于或低于-10℃的地区,所用的石材抗冻性指标,应符合表13-3的规定。

石材抗冻性指标 表13-3

结构物部位	大、中桥	小桥及涵洞
镶面或表面石材	50	25

注:①抗冻性指标,系指材料在含水饱和状态下经过-15℃的冻结与20℃融化的循环次数。试验后的材料应无明显损伤(裂缝、脱层),其强度不应低于试验前的0.75倍;

②根据以往实践经验证明材料确有足够抗冻性能者,可不做抗冻试验。

(2)石材应具有耐风化和抗侵蚀性。用于浸水或气候潮湿地区的受力结构的石材,软化系数不应低于0.8。

注:软化系数系指石材在含水饱和状态下与干燥状态下试块极限抗压强度的比值。

(二)混凝土

混凝土预制块系根据使用及施工要求预先设计成一定形状及尺寸后浇制而成,其尺寸要求不低于粗料石,且其表面应较为平整。混凝土预制块形状、尺寸统一,砌体表面整齐美观;尺寸较黏土砖大,可以提高抗压强度,节省砌缝砂浆,减少劳动量,加快施工进度;混凝土块可提前预制，使其收缩尽早消失，避免构件开裂；采用混凝土预制块，可节省石料的开采加工工作；对于形状复杂的材料，难以用石料加工时，更显混凝土预制块的优越性。

整体浇筑的素混凝土结构因结构内缩应力很大，受力不利，且浇筑时需消耗大量木材，工期长，花费劳动力多，质量也难控制，故较少采用。

桥涵工程中的大体积混凝土结构，如墩身、台身等，常采用片石混凝土结构，它是在混凝土中分层加入含量不超过混凝土体积20%的片石，片石强度等级不低于表13-1规定的石材最低强度等级，且不应低于混凝土强度等级。片石混凝土各项强度、弹性模量和剪变模量可按同强度等级的混凝土采用。

小石子混凝土是由胶凝材料（水泥），粗骨料（细卵石或碎石，粒径不大于20mm），细粒料（砂）和水拌制而成。小石子混凝土比相同砂浆砌筑的片石，块石砌体抗压极限强度高10%～30%，可以节约水泥和砂，在一定条件下是一种水泥砂浆的代用品。

混凝土强度设计值按表13-4取用。

混凝土强度设计值（MPa） 表13-4

强度类别 \ 强度等级	C40	C35	C30	C25	C20	C15
轴心抗压 f_{cd}	15.64	13.69	11.73	9.78	7.82	5.87
弯曲抗拉 f_{tmd}	1.24	1.14	1.04	0.92	0.80	0.66
直接抗剪 f_{vd}	2.48	2.28	2.09	1.85	1.59	1.32

（三）砂浆

砂浆是由胶结料（水泥，石灰和黏土等）、粒料（砂）及水拌制而成。砂浆在砌体中的作用是将砌体内的块材连接成整体，并可抹平块材表面而促使应力分布较为均匀。此外，砂浆填满块材间的缝隙，也提高了砌体的保温性和抗冻性。

砂浆按其胶结料的不同可分为：(1)水泥砂浆；(2)混合砂浆（如水泥石灰砂浆，水泥黏土砂浆等）；(3)非水泥砂浆。由于混合砂浆和非水泥砂浆的强度较低，使用性能较差，故桥涵工程中大多采用水泥砂浆。但在缺乏水泥地区，可依结构物的部位以及重要性程度有选择性的使用石灰水泥砂浆。

砂浆的物理力学性能指标是指砂浆的强度、和易性和保水性。

砂浆的强度等级用M××表示。是指边长为70.7mm×70.7mm×70.7mm的砂浆立方体试块经28d的标准养护，按统一的标准实验方法测得的极限抗压强度，单位为MPa。有M5、M7.5、M10、M15、M20等级别。

砂浆的和易性，系指砂浆在自身与外力的作用下的流动性性能，实际上反映了砂浆的可塑性。和易性用锥体沉入砂浆中的深度测定，锥体的沉入程度根据砂浆的用途加以规定。和易性好的砂浆不但操作方便，能提高劳动生产率，而且可以使砂浆缝饱满、均匀、密实，使砌体具有良好的质量。对于多孔及干燥的砖石，需要和易性较好的砂浆；对于潮湿及密实的砖石，和易性要求较低。

砂浆的保水性系指砂浆在运输和砌筑过程中保持其水分的能力，它直接影响砌体的砌筑质量。在砌筑时，块材将吸收一部分水分，当吸收的水分在一定范围内时，对于砌缝中的砂浆强度和密度是有良好影响的。但是，如果砂浆的保水性很差，新铺在块材面上的砂浆水分很快散失或被块材吸收，则使砂浆难以抹平，因而降低砌体的质量，同时砂浆因失去过多水分而不能进行正常的硬化作用，从而大大降低砌体的强度。因此在砌筑砌体前，对吸水性较大的干燥块材,必须洒水湿润其表面。砂浆的保水性用分层度表示。测定砂浆的和易性后,将砂浆静置30min后再测其沉入度,前后两次沉入度之差即为砂浆的分层度,一般为10~20mm。

当提高水泥砂浆的强度时,其抗渗性有所提高,但和易性及保水性却有所下降。当砂浆中掺入塑化剂后,不但可以增加砂浆的和易性,提高砌筑劳动生产率,还可能提高砂浆的保水性,以保证砌筑质量。至于塑性掺和料的数量,要视砂浆的强度、水泥的强度等级以及砂子的粒度而定。当砂浆所需强度较小而水泥强度等级较高时,所用可塑性掺和料则可能多些。但必须注意,如使用过多,反而会增加灰缝中砂浆的横向变形,因而导致砌体强度的降低。

(四)砌体

根据所用块材的不同,常将砌体分以下几类:

1. 片石砌体

片石应分层砌筑,砌筑时敲击其尖锐凸出部分,并交错排列,互相咬接,竖缝应相互错开,不得贯通;片石应放置平稳,避免过大空隙,并用小石子填塞空隙(不得支垫);砂浆用量不宜超过砌体体积的40%,以防止砂浆的收缩过大,同时也可节省水泥用量。砌缝宽度一般应不大于40mm。宜以2~3层砌块组成一工作层,每一工作层的水平缝应大致找平。

2. 块石砌体

块石应平整,每层石料高度应大致一致,并错缝砌筑。砌缝宽度不宜过宽,否则影响砌体总体强度,而且多耗用水泥。一般水平缝不大于30mm,竖缝不大于40mm。上下层竖缝错开距离≥80mm。

3. 粗料石砌体

砌筑前应按石料厚度与砌缝宽度预先计算层数,选好面料。砌筑时面料应安放端正,保证砌缝平直。为保证强度要求和外表整齐、美观,砌缝宽度不大于20mm,并应错缝砌筑,错缝距离不小于100mm。

4. 半细料石砌体

砌缝宽度不大于15mm,错缝砌筑,其他要求同粗料石。

5. 细料石砌体

砌缝宽度不大于10mm,错缝砌筑,其他要求同粗料石。

6. 混凝土预制块砌体

砌筑要求同粗料石砌体。

上述砌体中,除片石砌体外,其余五种砌体统称为规则块石砌体。砌筑时,应遵循砌体的砌筑规则,以保证砌体的整体性和受力性能,使砌体的受力尽可能均匀、合理。如果石材或混凝土预制块排列分布不合理,使各层块材的竖向灰缝重合于几条垂直线上,就会将砌体分割成彼此无联系的几个部分,不仅不能有很好的承受外力,也削弱甚至破坏了结构物的整体工作性能。为使砌体构成一个受力整体,砌体中的竖向灰缝应上下错缝,内外搭砌。例如砖砌体的砌筑多采用一顺一丁,梅花丁和三顺一丁砌法(图13-1)。

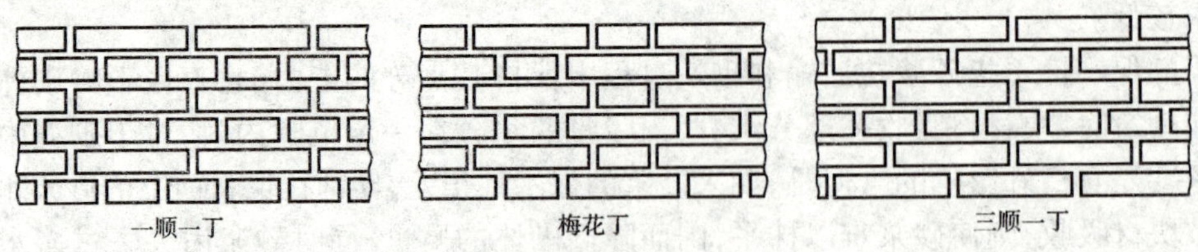

图13-1 砖砌体的砌筑方法

在桥涵工程中，砌体种类的选用应根据结构构件的大小、重要程度、工作环境、施工条件及材料供应等情况综合考虑。考虑到结构耐久性和经济性的要求，根据构造部位的重要性及尺寸大小不同，各种结构物所用的石、混凝土材料及其砂浆的最低强度等级，如表 13-5 所示。

圬工材料的最低强度等级 表 13-5

结构物种类	材料最低强度等级	砌筑砂浆最低强度等级
拱圈	MU50 石材 C25 混凝土（现浇） C30 混凝土（砌块）	M10（大、中桥） M7.5（小桥涵）
大、中桥墩台及基础，梁式轻型桥台	MU40 石材 C25 混凝土（现浇） C30 混凝土（砌块）	M7.5
小桥涵墩台、基础	MU30 石材 C20 混凝土（现浇） C25 混凝土（砌块）	M5

砌体中的砂浆强度应与块材强度相匹配，强度高的块材宜配用强度等级高的砂浆，强度低的块材则使用强度等级低的砂浆，块材使用前必须浇水湿润并清洗干净，以避免砂浆中水分在凝结前被吸收而影响砂浆硬化作用，保证黏结力。

砌体中的砖石及混凝土材料，除应符合规定的强度外，还应具有耐风化的抗侵蚀性。位于侵蚀性水中的结构物，配置砂浆或混凝土的水泥，应采用具有抗侵蚀性的特种水泥，或采取其他防护措施。对于月平均气温低于 -10℃的地区，所用的石及混凝土材料，除气候干旱地区的不受冰冻外，均应符合规范有关规定。

§13-2 砌体的强度与变形

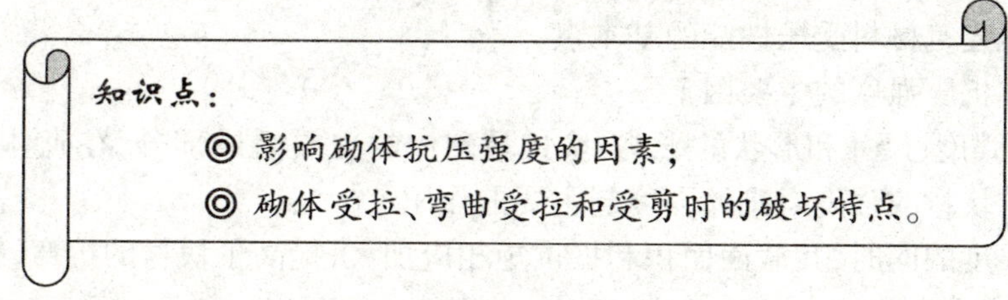

一、砌体的抗压强度

1. 砌体中实际应力状态

砌体是由单块块材用砂浆黏结而成，因而它的受压工作与匀质的整体结构构件也有很大的差异。通过对中心受压砌体的试验，结果表明：砌体在受压破坏时，一个重要的特征是单块块材先开裂，这是由于砌缝厚度和密实性的不均匀性以及块材与砂浆交互作用等原因，致使块材受力复杂，抗压强度不能充分发挥，导致砌体的抗压强度低于块材的抗压强度。通过试验观测和分析，在砌体的单块块材内产生复杂应力状态的原因是：

（1）砂浆层的非均匀性。由于砂浆铺砌不均匀，有厚有薄，使块材不能均匀的压在砂浆层上，而且由于砂浆层各部分成分不均匀，砂子多的地方收缩小，从而凝固后砂浆表面出现凹凸不平，再加上块材表面不平整，因而实际上块材和砂浆并非全面接触。所以，块材在砌体受压时实际上处于受弯、受剪与局部受压的复杂应力状态(图 13-2a)。

(2)块材和砂浆的横向变形差异。如图 13-2b)所示,块材和砂浆砌合后的横向尺寸为 b_0。假使块材和砂浆受压后各自能自行变形,则块材的横向变形小(由 $b_0 \to b_1$),砂浆的横向变形大(由 $b_0 \to b_2$),而 $b_2 > b_1$。但实际上块材和砂浆间的黏结力和摩擦力约束了它们彼此的自由横向变形,砌体受压后的横向尺寸只能由 b_0 变至 b($b_0 > b > b_1$)。这时,块材的尺寸由 b_1 增加至 b,必然会受到一个横向拉力,砂浆的尺寸由 b_2 压缩到 b,必然会受到一个横向压力。

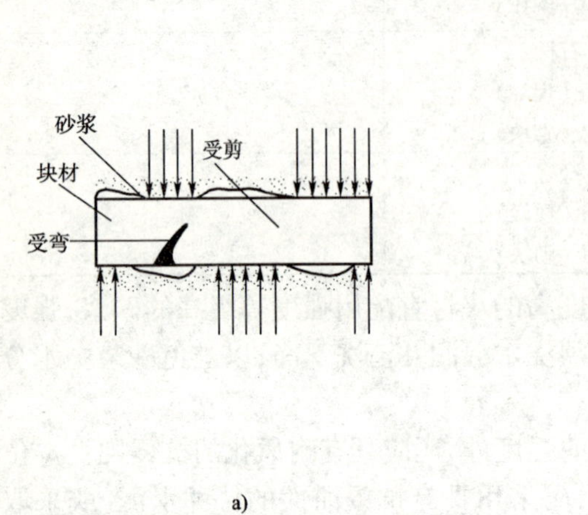

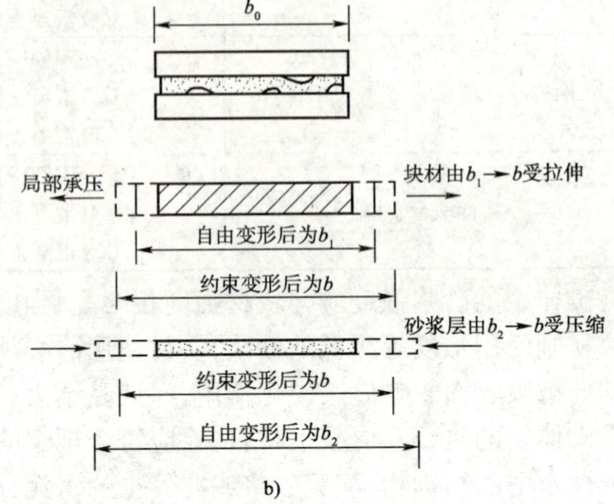

图 13-2　砌体中的应力状态

综上所述,在均匀压力作用下,砌体内的砌块并不处于均匀受压状态,而是处于压缩,局部受压,弯曲,剪切和横向拉伸的复杂受力状态。由于块材的抗弯,抗拉强度很低,所以砌体在远小于块材的极限抗压强度时就出现了裂缝,裂缝的扩展损害了砌体的整体工作,以至在承受作用时发生侧向凸出而破坏。所以说砌体的抗压强度总是低于块材的抗压强度。这是砌体受压性能不同于其他建筑材料受压性能的基本点。

2. 影响砌体抗压强度的主要因素

(1)块材的强度、尺寸和形状的影响:块材是砌体的主要组成部分,在砌体中处于复杂的受力状态,因此,块材的强度对砌体强度起主要的作用。

增加块材厚度的同时,其截面面积和抵抗矩相应加大,提高了块材的抗弯,抗剪,抗拉的能力,砌体强度也增大。

块材的形状规则与否也直接影响砌体的抗压强度。因为块材表面不平整,也使砌体灰缝厚薄不均,从而降低砌体的抗压强度。

(2)砂浆的物理力学性能

除砂浆的强度直接影响砌体的抗压强度外,砂浆等级过低将加大块材和砂浆的横向差异,从而降低砌体强度。但应注意单纯提高砂浆等级并不能使砌体抗压强度有很大提高。

砂浆的和易性和保水性对砌体强度亦有影响。和易性好的砂浆较易铺砌成饱满,均匀,密实的灰缝,可以减小块材内的复杂应力,使砌体强度提高。但砂浆内水分过多,和易性最好,但由于砌缝的密实性降低,砌体强度反而降低。因此,作为砂浆和易性指标的标准圆锥沉入度,对片石、块石砌体,控制在 50 ~ 70mm;对粗料面及砖砌体,控制在 70 ~ 100mm。

(3)砌筑质量的影响

砌筑质量的标志之一是灰缝的质量,包括灰缝的均匀性和饱满程度。砂浆铺砌得均匀、饱满，可以改善块材在砌体内的受力性能，使之比较均匀地受压，提高砌体抗压强度；反之则将降低砌体强度。

另外，灰缝厚薄对砌体抗压强度的影响也不能忽视。灰缝过厚过薄都难以均匀密实；灰缝过厚还将增加砌体的横向变形。

3. 砌体抗压极限强度

《桥规》(JTG D61—2004)对砂浆砌体抗压强度设计值规定如下：

(1)混凝土预制块砂浆砌体抗压强度设计值f_{cd}应按表13-6的规定采用。

混凝土预制块砂浆砌体抗压强度设计值f_{cd}(MPa) 表13-6

砌块强度等级	砂浆强度等级					砂浆强度
	M20	M15	M10	M7.5	M5	0
C40	8.25	7.04	5.84	5.24	4.64	2.06
C35	7.71	6.59	5.47	4.90	4.34	1.93
C30	7.14	6.10	5.06	4.54	4.02	1.79
C25	6.52	5.57	4.62	4.14	3.67	1.63
C20	5.83	4.98	4.13	3.70	3.28	1.46
C15	5.05	4.31	3.58	3.21	2.84	1.26

(2)块石砂浆砌体抗压强度设计值f_{cd}应按表13-7的规定采用。

块石砂浆砌体的抗压强度设计值f_{cd}(MPa) 表13-7

砌块强度等级	砂浆强度等级					砂浆强度
	M20	M15	M10	M7.5	M5	0
MU120	8.42	7.19	5.96	5.35	4.73	2.10
MU100	7.68	6.56	5.44	4.88	4.32	1.92
MU80	6.87	5.87	4.87	4.37	3.86	1.72
MU60	5.95	5.08	4.22	3.78	3.35	1.49
MU50	5.43	4.64	3.85	3.45	3.05	1.36
MU40	4.86	4.15	3.44	3.09	2.73	1.21
MU30	4.21	3.59	2.98	2.67	2.37	1.05

注：对各类石砌体，应按表中数值分别乘以下列系数：细料石砌体为1.5；半细料石砌体为1.3；粗料石砌体为1.2；干砌块石砌体可采用砂浆强度为零时的抗压强度设计值。

(3)片石砂浆砌体抗压强度设计值f_{cd}应按表13-8的规定采用。

片石砂浆砌体的抗压强度设计值f_{cd}(MPa) 表13-8

砌块强度等级	砂浆强度等级					砂浆强度
	M20	M15	M10	M7.5	M5	0
MU120	1.97	1.68	1.39	1.25	1.11	0.33
MU100	1.80	1.54	1.27	1.14	1.01	0.30
MU80	1.61	1.37	1.14	1.02	0.90	0.27

续上表

砌块强度等级	砂浆强度等级					砂浆强度
	M20	M15	M10	M7.5	M5	0
MU60	1.39	1.19	0.99	0.88	0.78	0.23
MU50	1.27	1.09	0.90	0.81	0.71	0.21
MU40	1.14	0.97	0.81	0.72	0.64	0.19
MU30	0.98	0.84	0.70	0.63	0.55	0.16

注:干砌片石砌体可采用砂浆强度为零时的抗压强度设计值。

二、砌体的抗拉、抗弯与抗剪强度

圬工砌体多用于承受压力为主的承压结构中。但在实际工程中,砌体也常常处于受拉受弯或受剪状态。图 13-3a)挡土墙,在墙后土的侧压力作用下,使挡土墙砌体发生沿通缝截面 1—1 的弯曲受拉;图 13-3b)所示有扶壁的挡土墙,在垂直截面中将发生沿齿缝截面 2—2 的弯曲受拉;图 13-3c)所示的拱脚附近,由于水平推力的作用,将发生沿通缝截面 3—3 的受剪。

在大多数情况下,砌体的受拉,受弯及受剪破坏一般均发生在砂浆与块材的黏结面上,此时,砌体的抗拉,抗弯与抗剪强度将取决于砌缝的宽度,亦取决于砌缝中砂浆与块材的黏结强度。根据砌体受力方向的不同,黏结强度分为作用力垂直于砌缝时的法向黏结力和平行于砌缝时的切向黏结力,在正常情况下,黏结强度值与砂浆的强度等级有关。

按照外力作用于砌体的方向,砌体的受拉,弯曲抗拉和受剪破坏情况简述如下。

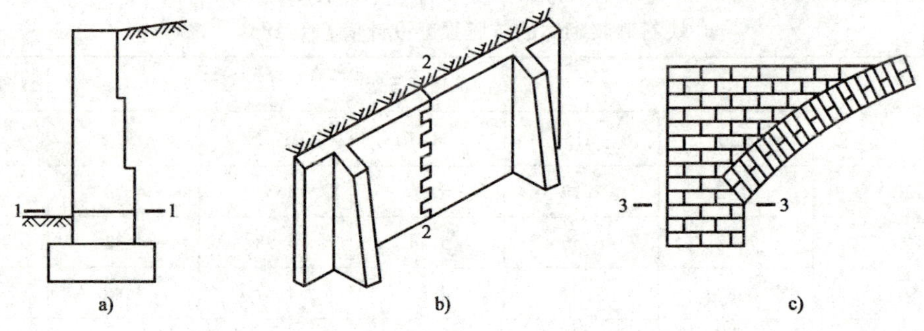

图 13-3 砌体中常见的几种受力情况

1. 轴心受拉

在平行于水平灰缝的轴心拉力作用下,砌体可能沿齿缝截面发生破坏,如图 13-4a),其强度主要取决于灰缝的法向及切向黏结强度。当拉力作用方向与水平灰缝垂直时,砌体可能沿截面发生破坏,如图 13-4b),其强度主要取决于灰缝的法向黏结强度。由于法向黏结强度不易保证,工程中一般不容许采用利用法向黏结强度的轴心受拉构件。

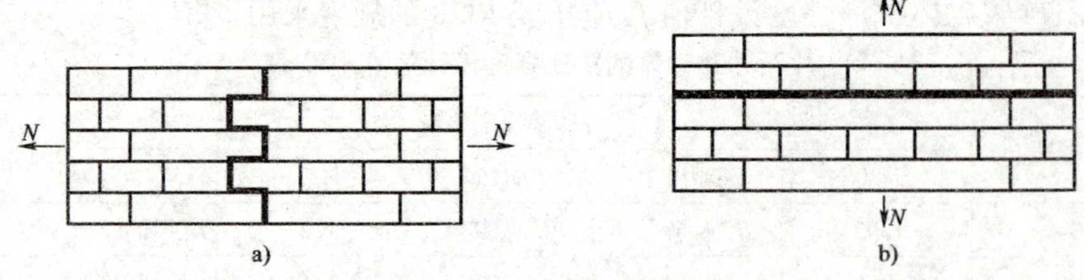

图 13-4 轴心受拉砌体的破坏形式

2. 弯曲受拉

如图 13-3a）所示，砌体可能沿 1—1 通缝截面发生破坏，其强度主要取决于灰缝的法向黏结强度。

如图 13-3b）所示，砌体可能沿 2—2 齿缝截面发生破坏，其强度主要取决于灰缝的切向黏结强度。

3. 受剪

砌体可能发生如图 13-5a）所示的通缝截面受剪破坏，其强度主要取决于灰缝的黏结强度。

砌体在发生如图 13-5b）所示的齿缝截面破坏时，其抗剪强度与块材的抗剪强度以及砂浆的切向黏结强度有关，随砌体种类而不同。片石砌体齿缝抗剪强度采用通缝抗剪强度的两倍（见表 13-9）。规则块材砌体的齿缝抗剪强度，决定于块材的直接抗剪强度，不计灰缝的抗剪强度（见表 13-9）。

试验资料表明，砌体齿缝破坏情况下的抗剪，抗拉及弯曲抗拉强度比通缝破坏时要高，因此，采用错缝砌筑的措施，其目的就是要尽可能避免砌体受拉、受剪时处于不利的通缝破坏情况，从而提高砌体的抗剪和抗拉能力。

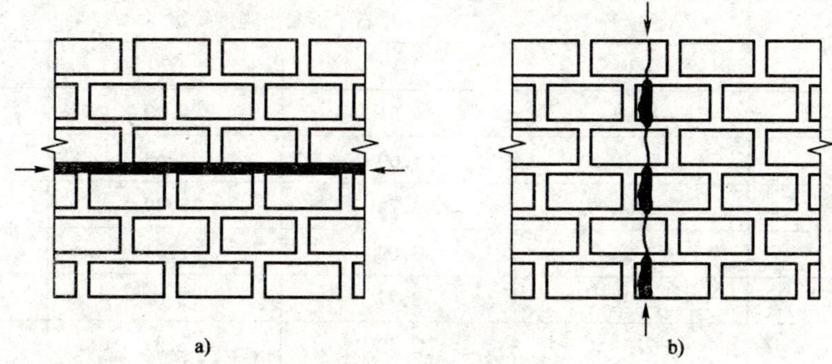

图 13-5　剪切破坏位置

《桥规》（JTG D61—2004）规定的各类砂浆砌体的轴心抗拉强度设计值 f_{td}、弯曲抗拉强度设计值 f_{tmd} 和直接抗剪强度设计值 f_{vd} 应按表 13-9 的规定采用。

砂浆砌体轴心抗拉、弯曲抗拉和直接抗剪强度设计值（MPa）　表 13-9

强度类别	破坏特征	砌体种类	砂浆强度等级				
			M20	M15	M10	M7.5	M5
轴心抗拉 f_{td}	齿缝	规则砌块砌体	0.104	0.090	0.073	0.063	0.052
		片石砌体	0.096	0.083	0.068	0.059	0.048
弯曲抗拉 f_{tmd}	齿缝	规则砌块砌体	0.122	0.105	0.086	0.074	0.061
		片石砌体	0.145	0.125	0.102	0.089	0.072
	通缝	规则砌块砌体	0.084	0.073	0.059	0.051	0.042
直接抗剪 f_{vd}	—	规则砌块砌体	0.104	0.090	0.073	0.063	0.052
		片石砌体	0.241	0.208	0.170	0.147	0.120

注：①砌体龄期为 28d；

②规则砌块砌体包括：块石砌体、粗料石砌体、半细料石砌体、细料石砌体、混凝土预制块砌体；

③规则砌块砌体在齿缝方向受剪时，系通过砌块和灰缝剪破。

小石子混凝土砌块石、片石砌体强度设计值，应分别按表 13-10、表 13-11、表 13-12 的规定采用。

小石子混凝土砌块石砌体轴心抗压强度 f_{cd} 设计值(MPa) 表 13-10

石材强度等级	小石子混凝土强度等级					
	C40	C35	C30	C25	C20	C15
MU120	13.86	12.69	11.49	10.25	8.95	7.59
MU100	12.65	11.59	10.49	9.35	8.17	6.93
MU80	11.32	10.36	9.38	8.37	7.31	6.19
MU60	9.80	9.98	8.12	7.24	6.33	5.36
MU50	8.95	8.19	7.42	6.61	5.78	4.90
MU40	—	—	6.63	5.92	5.17	4.38
MU30	—	—	—	—	4.48	3.79

注：砌块为粗料石时，轴心抗压强度为表值乘 1.2；砌块为细料石时、半细料石时，轴心抗压强度为表值乘 1.4。

小石子混凝土砌片石砌体轴心抗压强度设计值 f_{cd}(MPa) 表 13-11

石材强度等级	小石子混凝土强度等级			
	C30	C25	C20	C15
MU120	6.94	6.51	5.99	5.36
MU100	5.30	5.00	4.63	4.17
MU80	3.94	3.74	3.49	3.17
MU60	3.23	3.09	2.91	2.67
MU50	2.88	2.77	2.62	2.43
MU40	2.50	2.42	2.31	2.16
MU30	—	—	1.95	1.85

小石子混凝土砌块石、片石砌体的轴心抗拉、弯曲抗拉和直接抗剪强度设计值(MPa) 表 13-12

强度类别	破坏特征	砌体种类	混凝土强度等级					
			C40	C35	C30	C25	C20	C15
轴心抗拉 f_{td}	齿缝	块石	0.285	0.267	0.247	0.226	0.202	0.175
		片石	0.425	0.398	0.368	0.336	0.301	0.260
弯曲抗拉 f_{tmd}	齿缝	块石	0.335	0.313	0.290	0.265	0.237	0.205
		片石	0.493	0.461	0.427	0.387	0.349	0.300
	通缝	块石	0.232	0.217	0.201	0.183	0.164	0.142
直接抗剪 f_{vd}	—	块石	0.285	0.267	0.247	0.226	0.202	0.175
		片石	0.425	0.398	0.368	0.336	0.301	0.260

注：对其他规则砌块砌体强度值为表内块石砌体强度值乘以下列系数：粗料石砌体 0.7；细料石、半细料石砌体 0.35。

三、圬工砌体的温度变形与弹性模量

1. 圬工砌体的温度变形

圬工砌体的温度变形在计算超静定结构温度变化所引起的附加内力时应予考虑。温度变形的大小是随砌筑块材与砂浆的不同而不同。设计中,把温度每升高1℃,单位长度砌体的线性伸长称为该砌体的温度膨胀系数,又称线膨胀系数。用水泥砂浆砌筑的圬工砌体的膨胀系数为:

混凝土　　　　　1.0×10^{-5}/℃

各种砌体　　　　0.8×10^{-5}/℃

混凝土预制块砌体　　0.9×10^{-5}/℃

2. 圬工砌体的弹性模量

试验表明,圬工砌体为弹性塑性体。圬工砌体在受压时,应力与应变之间的关系不符合虎克定律,砌体的变形模量 $E=d\sigma/d\varepsilon$ 是一个变量。《桥规》(JTG D61—2004)规定混凝土及各类砌体的受压弹性模量、线膨胀系数和摩擦系数,应分别按表13-13、表13-14的规定采用。混凝土和砌体的剪变模量 G_c 和 G_m 分别取其受压弹性模量的0.4倍。

混凝土的受压弹性模量 E_c(MPa)　　表13-13

混凝土强度等级	C40	C35	C30	C25	C20	C15
弹性模量 E_c	3.25×10^4	3.15×10^4	3.00×10^4	2.80×10^4	2.55×10^4	2.20×10^4

各类砌体受压弹性模量 E_m(MPa)　　表13-14

砌体种类	砂浆强度等级				
	M20	M15	M10	M7.5	M5
混凝土预制块砌体	$1700f_{cd}$	$1700f_{cd}$	$1700f_{cd}$	$1600f_{cd}$	$1500f_{cd}$
粗料石、块石及片石砌体	7300	7300	7300	5650	4000
细料石、半细料石砌体	22000	22000	22000	17000	12000
小石子混凝土砌体	$2100f_{cd}$				

注:f_{cd}为砌体抗压强度设计值。

3. 圬工砌体间或与其他材料间的摩擦系数 μ_f

圬工砌体之间或与其他材料间的摩擦系数 μ_f 按表13-15取用。

砌体的摩擦系数 μ_f　　表13-15

材料种类	摩擦面情况	
	干燥	潮湿
砌体沿砌体或混凝土滑动	0.70	0.60
木材沿砌体滑动	0.60	0.50
钢沿砌体滑动	0.45	0.35
砌体沿砂或卵石滑动	0.60	0.50
砌体沿粉土滑动	0.55	0.40
砌体沿黏性土滑动	0.50	0.30

§13-3 圬工结构的承载力计算

知识点：

◎ 设计原则；

◎ 圬工受压构件正截面承载力计算原理。

一、设 计 原 则

在《桥规》(JTG D61—2004)中，圬工结构的设计采用以概率理论为基础的极限状态设计方法，以可靠指标度量结构构件的可靠度，采用分项系数的设计表达式进行计算。

圬工桥涵结构应按承载能力极限状态设计，并满足正常使用极限状态的要求。但根据圬工桥涵结构的特点，其正常使用极限状态的要求，一般情况下可由相应的构造措施来保证。

圬工桥涵结构的承载能力极限状态，应按单元二规定的设计安全等级进行设计。

圬工结构的设计原则是：作用效应组合的设计值小于或等于结构构件承载力的设计值。其表达式为：

$$\gamma_0 S \leqslant R(f_d, \alpha_d) \tag{13-1}$$

式中：γ_0——结构重要性系数，对应于§2-3规定的一级、二级、三级设计安全等级分别取用1.1、1.0、0.9；

S——作用效应组合设计值，按单元二的规定计算；

$R(\cdot)$——构件承载力设计值函数；

f_d——材料强度设计值；

α_d——几何参数设计值，可采用几何参数标准值α_k，即设计文件规定值。

二、圬工受压构件正截面承载力计算

(一)偏心距在限值内的圬工受压构件轴向承载力计算

偏心距的限值按表13-18取用。

1. 砌体受压构件

砌体(包括砌体与混凝土组合)受压构件，当轴向力偏心距在限值以内时，承载力按下式计算：

$$\gamma_0 N_d < \varphi A f_{cd} \tag{13-2}$$

式中：N_d——轴向力设计值；

A——构件截面面积，对于组合截面按强度比换算，即$A = A_0 + \eta_1 A_1 + \eta_2 A_2 + \cdots$，$A_0$为标准层截面面积，$A_1$、$A_2$、…为其他层截面面积，$\eta_1 = f_{c1d}/f_{c0d}$、$\eta_2 = f_{c2d}/f_{c0d}$、…，$f_{c0d}$为标准层抗压强度设计值，$f_{c1d}$、$f_{c2d}$、…为其他层的抗压强度设计值；

f_{cd}——砌体或混凝土抗压强度设计值，应按本书的表13-4、表13-6、表13-7、表13-8、表13-10、表13-11的规定采用；对组合截面应采用标准层抗压强度设计值；

φ——构件轴向力的偏心距 e 和长细比 β 对受压构件承载力的影响系数，按式(13-3)~式(13-5)计算。

$$\varphi = \frac{1}{\frac{1}{\varphi_x} + \frac{1}{\varphi_y} - 1} \tag{13-3}$$

$$\varphi_x = \frac{1 - \left(\frac{e_x}{x}\right)^m}{1 + \left(\frac{e_x}{i_y}\right)^2} \cdot \frac{1}{1 + \alpha\beta_x(\beta_x - 3)\left[1 + 1.33\left(\frac{e_x}{i_y}\right)^2\right]} \tag{13-4}$$

$$\varphi_y = \frac{1 - \left(\frac{e_y}{y}\right)^m}{1 + \left(\frac{e_y}{i_x}\right)^2} \cdot \frac{1}{1 + \alpha\beta_y(\beta_y - 3)\left[1 + 1.33\left(\frac{e_y}{i_x}\right)^2\right]} \tag{13-5}$$

式中：φ_x、φ_y——分别为 x 方向和 y 方向偏心受压构件承载力影响系数；

x、y——分别为 x 方向、y 方向截面重心至偏心方向的截面边缘的距离，见图 13-6；

e_x、e_y——轴向力在 x 方向、y 方向的偏心距，$e_x = M_{yd}/N_d$、$e_y = M_{xd}/N_d$，其值不应超过表 13-18 及图 13-6 所示在 x 方向、y 方向的规定，其中 M_{yd}、M_{xd} 分别为绕 x 轴、y 轴的弯矩设计值，N_d 为轴向力，见图 13-6；

m——截面形状系数，对于圆形截面取 2.5；对于 T 形或 U 形截面取 3.5；对于箱形截面或矩形截面（包括两端设有曲线形或圆弧形的矩形墩身截面）取 8.0；

i_x、i_y——弯曲平面内的截面回转半径，$i_x = \sqrt{I_x/A}$、$i_y = \sqrt{I_y/A}$；I_x、I_y 分别为截面绕 x 轴和绕 y 轴的惯性矩，A 为截面面积；对于组合截面，A、I_x、I_y 应按弹性模量比换算，即 $A = A_0 + \varphi_1 A_1 + \varphi_2 A_2 + \cdots$，$I_x = I_{0x} + \varphi_1 I_{1x} + \varphi_2 I_{2x} + \cdots$，$I_y = I_{0y} + \varphi_1 I_{1y} + \varphi_2 I_{2y} + \cdots$，$A_0$ 为标准层截面面积，A_1、A_2、…为其他层截面面积，I_{0x}、I_{0y} 为绕 x 轴和绕 y 轴的标准层惯性矩，I_{1x}、I_{2x}、…和 I_{1y}、I_{2y}、…为绕 x 轴和绕 y 轴的其他层惯性矩；$\varphi_1 = E_1/E_0$、$\varphi_2 = E_2/E_0$、…，E_0 为标准层弹性模量，E_1、E_2、…为其他层的弹性模量。对于矩形截面，$i_y = b/\sqrt{12}$，$i_x = h/\sqrt{12}$，b、h 见图 13-6。

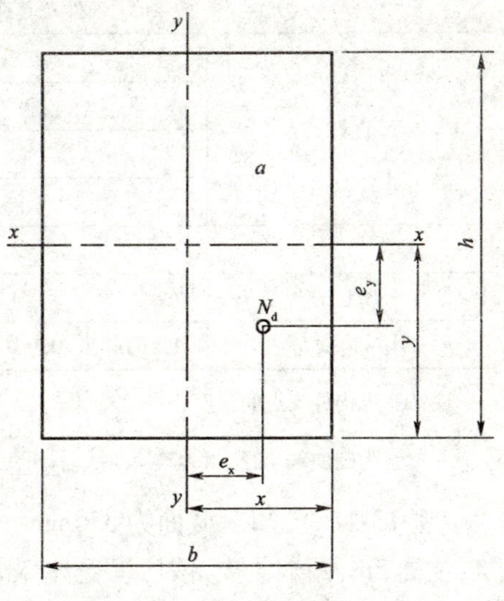

图 13-6 砌体构件偏心受压

α——与砂浆强度等级有关的系数，当砂浆强度等级大于或等于 M5 或为组合构件时，α 为 0.002；当砂浆强度为 0 时，α 为 0.013。

β_x、β_y——构件在 x 方向、y 方向的长细比，按公式(13-6)计算，当 β_x、β_y 小于 3 时取 3。

计算砌体偏心受压构件承载力的影响系数时，构件长细比按下列公式计算：

$$\beta_x = \frac{\gamma_\beta l_0}{3.5 i_y}$$
$$\beta_y = \frac{\gamma_\beta l_0}{3.5 i_x} \quad (13\text{-}6)$$

式中：γ_β——不同砌体材料构件的长细比修正系数，按表13-16的规定采用；

l_0——构件计算长度，按表13-17的规定取用；拱圈纵向（弯曲平面内）计算长度l_0，三铰拱为$0.58L_a$、双铰拱为$0.54L_a$、无铰拱为$0.36L_a$，L_a为拱轴线长度。

长细比修正系数γ_β　　表13-16

砌体材料类别	γ_β
混凝土预制块砌体或组合构件	1.0
细料石、半细料石砌体	1.1
粗料石、块石、片石砌体	1.3

构件计算长度l_0　　表13-17

构件及其两端约束情况		计算长度l_0
直杆	两端固结	$0.5l$
	一端固定，一端为不移动的铰	$0.7l$
	两端均为不移动的铰	$1.0l$
	一端固定，一端自由	$2.0l$

无铰板拱横向稳定计算长度l_0

矢跨比f/l	1/3	1/4	1/5	1/6	1/7	1/8	1/9	1/10
计算长度l_0	$1.167r$	$0.962r$	$0.797r$	$0.577r$	$0.495r$	$0.452r$	$0.425r$	$0.406r$

注：①l为构件支点间长度；

②r为圆曲线半径，当为其他曲线时，可近似地取$r=\frac{l}{2}\left(\frac{1}{4\beta}+\beta\right)$，其中$\beta$为矢跨比。

例13-1　已知一截面为370mm×490mm的轴心受压构件，采用MU30片石，M5水泥砂浆砌筑，柱高5m，两端铰支，该柱承受计算纵向力$N_d=50\text{kN}$。安全等级为二级。试验算其承载力。

解：由题意可知：$\gamma_0=1.0$，$A=370\times490=181300(\text{mm}^2)$，

查表13-8得：$f_{cd}=0.55\text{MPa}$；因为是轴心受压构件，$e_x=e_y=0$，

$$I_x=\frac{1}{12}bh^3=\frac{1}{12}\times370\times490^3=3627510833(\text{mm}^4)$$

$$I_y=\frac{1}{12}hb^3=\frac{1}{12}\times490\times370^3=2068330833(\text{mm}^4)$$

$$i_x=\sqrt{I_x/A}=141.45(\text{mm}) \qquad i_y=\sqrt{I_y/A}=106.81(\text{mm})$$

$$\alpha=0.002,\gamma_\beta=1.3,l_0=5000(\text{mm})$$

由公式(13-6)：

$$\beta_x=\frac{\gamma_\beta l_0}{3.5i_y}=\frac{1.3\times5000}{3.5\times106.81}=17.39$$

$$\beta_y = \frac{\gamma_\beta l_0}{3.5 i_x} = \frac{1.3 \times 5000}{3.5 \times 141.45} = 13.13$$

由公式(13-4)：

$$\varphi_x = \frac{1-\left(\frac{e_x}{x}\right)^m}{1+\left(\frac{e_x}{i_y}\right)^2} \cdot \frac{1}{1+\alpha\beta_x(\beta_x-3)\left[1+1.33\left(\frac{e_x}{i_y}\right)^2\right]}$$

$$= \frac{1}{1+0.002 \times 17.39(17.39-3)\left[1+1.33\left(\frac{0}{106.81}\right)^2\right]} = 0.67$$

由公式(13-5)：

$$\varphi_y = \frac{1-\left(\frac{e_y}{y}\right)^m}{1+\left(\frac{e_y}{i_x}\right)^2} \cdot \frac{1}{1+\alpha\beta_y(\beta_y-3)\left[1+1.33\left(\frac{e_y}{i_x}\right)^2\right]}$$

$$= \frac{1}{1+0.002 \times 13.13(13.13-3)\left[1+1.33\left(\frac{e_y}{141.45}\right)^2\right]} = 0.79$$

由公式(13-3)：

$$\varphi = \frac{1}{\frac{1}{\varphi_x}+\frac{1}{\varphi_y}-1} = \frac{1}{\frac{1}{0.67}+\frac{1}{0.79}-1} = 0.57$$

则：$N_u = \varphi A f_{cd} = 0.57 \times 181300 \times 0.55 = 56837.55(\mathrm{N})$

$= 56.84(\mathrm{kN}) > \gamma_0 N_d = 50(\mathrm{kN})$

承载力满足要求。

2. 混凝土受压构件

混凝土偏心受压构件，在表 13-18 规定的受压偏心距限值范围内，当按受压承载力计算时，假定受压区的法向应力图形为矩形，其应力取混凝土抗压强度设计值，此时，取轴向力作用点与受压区法向应力的合力作用点相重合的原则(图 13-7)确定受压区面积 A_c。受压承载力应按下列公式计算：

$$\gamma_0 N_d \leqslant \varphi f_{cd} A_c \qquad (13-7)$$

受压构件偏心距限值 表 13-18

作用(荷载)组合	偏心距限值 e
基本组合	$\leqslant 0.6s$
偶然组合	$\leqslant 0.7s$

注：①混凝土结构单向偏心的受拉一边或双向偏心的各受拉一边，当设有不小于截面面积 0.05% 的纵向钢筋时，表内规定值可增加 $0.1s$；

②表中 s 值为截面或换算截面重心轴至偏心方向截面边缘的距离(图 13-8)。

(1)单向偏心受压

受压区高度 h_c，应按下列条件确定[图 13-7a)]：

$$e_c = e \qquad (13-8)$$

矩形截面的受压承载力可按下列公式计算：

$$\gamma_0 N_d \leqslant \varphi f_{cd} b(h-2e) \tag{13-9}$$

式中：N_d——轴向力设计值；

φ——弯曲平面内受压构件弯曲系数，按表 13-19 采用；

f_{cd}——混凝土轴心抗压强度设计值，按本书表 1-1 的规定采用；

A_c——混凝土受压区面积；

e_c——受压区混凝土法向应力合力作用点至截面重心的距离；

e——轴向力的偏心距；

b——矩形截面宽度；

h——矩形截面高度。

当构件弯曲平面外长细比大于弯曲平面内长细比时，尚应按轴心受压构件验算其承载力。

混凝土受压构件弯曲系数 表 13-19

l_0/b	<4	4	6	8	10	12	14	16	18	20	22	24	26	28	30
l_0/i	<14	14	21	28	35	42	49	56	63	70	76	83	90	97	104
φ	1.00	0.98	0.96	0.91	0.86	0.82	0.77	0.72	0.68	0.63	0.59	0.55	0.51	0.47	0.44

注：①l_0 为计算长度，按表 13-17 的规定采用；

②在计算 l_0/b 或 l_0/i 时，b 或 i 的取值；对于单向偏心受压构件，取弯曲平面内截面高度或回转半径；对于轴心受压构件及双向偏心受压构件，取截面短边尺寸或截面最小回转半径。

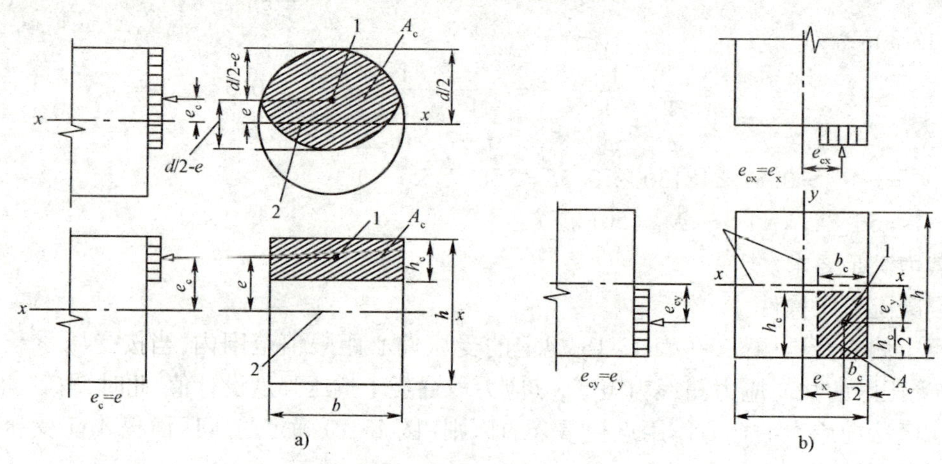

图 13-7 混凝土构件偏心受压

a)单向偏心受压；b)双向偏心受压

1-受压区重心（法向压应力合力作用点）；2-截面重心轴；e-单向偏心受压偏心距；e_c-单向偏心受压法向应力合力作用点距重心轴距离；e_x、e_y-双向偏心受压在 x 方向、y 方向的偏心距；e_{cx}、e_{cy}-双向偏心受压法向应力合力作用点，在 x、y 方向的偏心距；A_c-受压区面积（圆形截面偏心受压的受压区面积可取两个对称的扇形面积）；h_c、b_c-矩形截面受压区高度、宽度；d-圆形截面直径

（2）双向偏心受压

受压区高度和宽度，应按下列条件确定［图 13-7b)］：

$$e_{cy}=e_y \tag{13-10a}$$

$$e_{cx}=e_x \tag{13-10b}$$

矩形截面的偏心受压承载力可按下列公式计算：

$$\gamma_0 N_d \leqslant \varphi f_{cd}[(h-2e_y)(b-2e_x)] \tag{13-11}$$

式中：φ——偏心受压构件弯曲系数，见表 13-19；

e_{cy}——受压区混凝土法向应力合力作用点,在 y 轴方向至截面重心距离;

e_{cx}——受压区混凝土法向应力合力作用点,在 x 轴方向至截面重心距离;

其他符号意义同前。

(二)偏心距超过限值时的圬工受压构件轴向承载力计算

当轴向力的偏心距 e 超过表 13-18 偏心距限值时,构件承载力应按下列公式计算:

单向偏心
$$\gamma_0 N_d \leqslant \varphi \frac{Af_{tmd}}{\dfrac{Ae}{W}-1} \tag{13-12}$$

双向偏心
$$\gamma_0 N_d \leqslant \varphi \frac{Af_{tmd}}{\left(\dfrac{Ae_x}{W_y}+\dfrac{Ae_y}{W_x}-1\right)} \tag{13-13}$$

式中:N_d——轴向力设计值;

A——构件截面面积,对于组合截面应按弹性模量比换算为换算截面面积;

W——单向偏心时,构件受拉边缘的弹性抵抗矩,对于组合截面应按弹性模量比换算为换算截面弹性抵抗矩;

W_y、W_x——双向偏心时,构件 x 方向受拉边缘绕 y 轴的截面弹性抵抗矩和构件 y 方向受拉边缘绕 x 轴的截面弹性抵抗矩,对于组合截面应按弹性模量比换算为换算截面弹性抵抗矩;

f_{tmd}——构件受拉边层的弯曲抗拉强度设计值,按表 13-4、表 13-9、表 13-12 取用;

e——单向偏心时,轴向力偏心距;

e_x、e_y——双向偏心时,轴向力在 x 方向和 y 方向的偏心距。

其他符号意义同上。

受压构件偏心距图示见图 13-8。

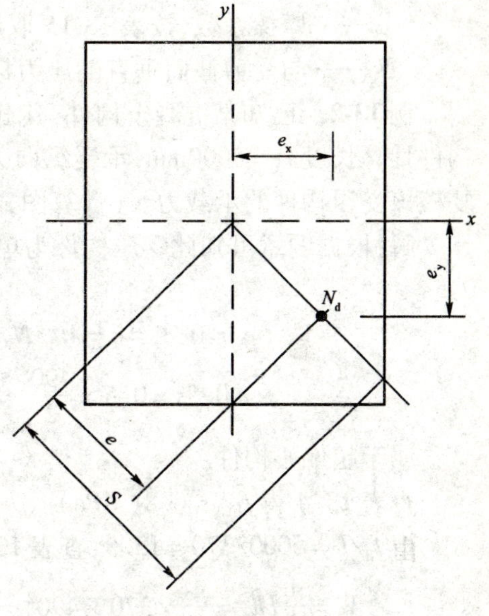

图 13-8 受压构件偏心距

N_d-轴向力;e-偏心距;s-截面重心至偏心方向截面边缘的距离

(三)圬工构件抗弯和抗剪承载力计算

1. 抗弯承载力计算

圬工砌体在弯矩的作用下,可能沿通缝和齿缝截面产生弯曲受拉而破坏。因此,对于超偏心受压构件,以及受弯构件,均应进行抗弯承载力的计算。《桥规》(JTG D61—2004)规定:结构构件正截面受弯时,按下列公式计算:

$$\gamma_0 M_d \leqslant W f_{tmd} \tag{13-14}$$

式中:M_d——弯矩设计值;

W——截面受拉边缘的弹性抵抗矩,对于组合截面应按弹性模量比换算为换算截面受拉边缘弹性抵抗矩;

f_{tmd}——构件受拉边缘的弯曲抗拉强度设计值,按本书表 13-4、表 13-9、表 13-12 采用。

2. 抗剪承载力计算

如图 13-3c)所示的拱脚处，在拱脚的水平推力作用下，桥台截面受剪。当拱脚处采用砖或砌块砌体，可能产生沿水平缝截面的受剪破坏；当拱脚处采用片石砌体，则可能产生沿齿缝截面的受剪破坏。在受剪构件中，除水平剪力外，还作用有垂直压力。砌体构件的受剪试验表明，砌体沿水平缝的抗剪承载能力为砌体沿通缝的抗剪承载能力及作用在截面上的垂直压力所产生的摩擦力之和。因为随着剪力的加大，砂浆产生很大的剪切变形，一层砌体对另一层砌体产生移动，当有压力时，内摩擦力将参加抵抗滑移。因此，构件截面直接受剪时，其抗剪承载力按下式计算：

$$\gamma_0 V_d \leqslant Af_{vd} + \frac{1}{1.4}\mu_f N_k \tag{13-15}$$

式中：V_d——剪力设计值；

A——受剪截面面积；

f_{vd}——砌体或混凝土抗剪强度设计值；

μ_f——摩擦系数，按表 13-15 取用，圬工砌体多采用 $\mu_f = 0.7$；

N_k——与受剪截面垂直的压力标准值。

例 13-2 已知某混凝土构件，其截面尺寸 $b \times h = 370\text{mm} \times 490\text{mm}$，采用 C20 混凝土现浇，构件计算长度 $l_0 = 5000\text{mm}$，承受纵向力 $N_d = 72\text{kN}$，弯矩 $M_d = 10.8\text{kN·m}$，安全等级为三级。试复核该受压构件的承载力。（计算图式见图 13-9）

解：根据题意可知此受压构件为单向受压。查表 13-18 得$[e] = 0.5s$

$$e_x = 0, e_y = e = M_d / N_d = 150(\text{mm})$$

$$> 0.5s = 0.5 \times \frac{490}{2} = 122.5(\text{mm})$$

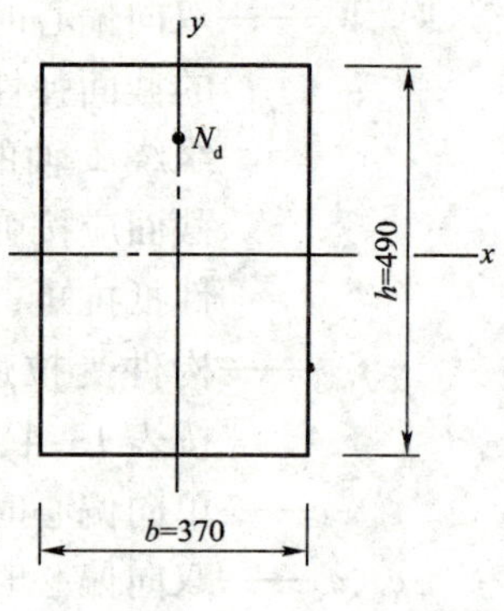

属于超偏心构件。

查表 13-4 得 $f_{tmd} = 0.8(\text{MPa})$

由 $l_0/b = 5000/370 = 13.5$，查表 13-19，可得 $\varphi = 0.795$。

$$W = \frac{1}{6}bh^2 = \frac{1}{6} \times 370 \times 490^2 = 14806166.67(\text{mm}^3)$$

图 13-9 （尺寸单位：mm）

则由公式(13-12)可得轴向承载力 N_u：

$$N_u = \varphi \frac{Af_{tmd}}{\dfrac{Ae}{W} - 1} = \frac{0.795 \times 370 \times 490 \times 0.80}{\dfrac{370 \times 490 \times 150}{14806166.67} - 1}$$

$$= 137.81(\text{kN}) > \gamma_0 N_d = 0.9 \times 72 = 64.8(\text{kN})$$

因是超偏心受压构件，尚需进行抗弯承载力的验算：

由公式(13-14)可得：

$$M_u = Wf_{tmd} = 14806166.67 \times 0.8$$

$$= 11.8\text{kN·m} > \gamma_0 M_d = 0.9 \times 10.8 = 9.72(\text{kN·m})$$

经过验算，轴向承载力和抗弯承载力均满足要求。

（四）局部承压构件承载力计算

局部承压的概念，在预应力混凝土结构中已给予介绍，这里就不再赘述。《桥规》(JTG D61—2004)规定：混凝土截面局部承压的承载力应按下列公式计算：

$$\gamma_0 N_d \leqslant \beta A_l f_{cd} \tag{13-16}$$

$$\beta = \sqrt{\frac{A_b}{A_1}} \tag{13-17}$$

式中：N_d——局部承压面积上的轴向力设计值；

β——局部承压强度提高系数；

A_1——局部承压面积；

A_b——局部承压计算底面积，根据底面积重心与局部受压面积重心相重合的原则，按图13-10确定；

f_{cd}——混凝土轴心抗压强度设计值，按本书表13-4采用。

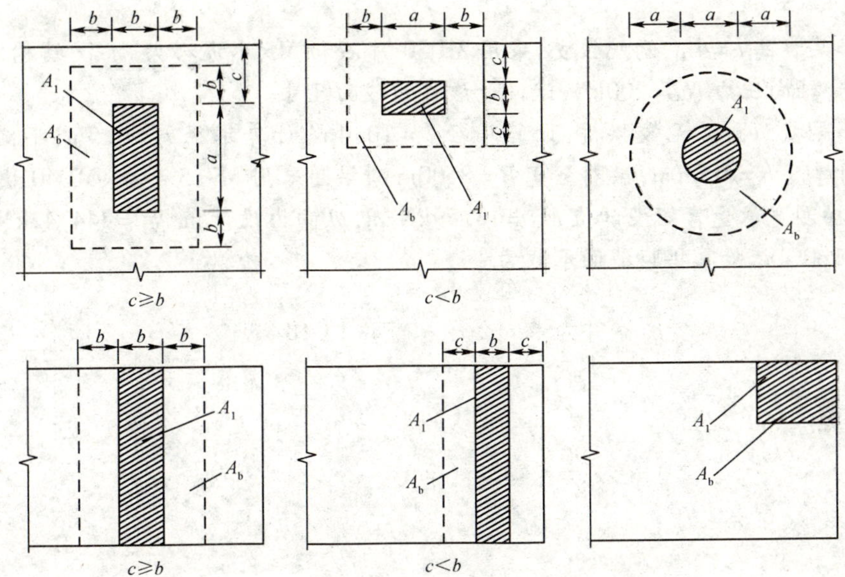

图13-10　局部承压计算底面积 A_b 示意图

思考题

1. 什么是石结构？什么是圬工结构？
2. 为什么圬工结构不能用于所有的构件？
3. 工程上将石料分为哪些类型？如何区分它们？
4. 小石子混凝土由什么构成？有何特点？
5. 大体积混凝土结构，如何采用片石混凝土？
6. 砂浆在圬工结构中有什么作用？它有哪些类型？
7. 砂浆的和易性和保水性是指什么？
8. 砌体有哪些类型？
9. 为什么砌体在受压破坏时，是单块块材先开裂？导致单块块材内产生复杂应力状态的原因是什么？
10. 为什么砌体的抗压强度总小于块材的抗压强度？
11. 影响砌体抗压强度的主要因素是什么？

12. 简述砌体在受拉、弯曲受拉、受剪时的破坏特点。

13. 圬工砌体的温度变形何时才予考虑？什么是线膨胀系数？

14. 圬工结构设计计算的原则是什么？

15. 圬工受压构件正截面承载力计算的内容有哪些？

16. 圬工结构承载力计算时，如何考虑偏心距和长细比的影响？

习题

17. 已知截面为490mm×620mm的轴心受压构件，采用MU30片石，M5水泥砂浆砌筑，柱高$l=7$m，两端铰支，柱顶承受轴向力$N_d=180$kN。结构重要性系数$\gamma_0=1$。试验算该柱的承载力。

18. 已知某柱高$l=4$m，两端铰支；采用MU30片石和M5水泥砂浆砌筑，结构重要性系数$\gamma_0=1.0$，承受轴向压力$N_d=200$kN，试设计该柱的截面尺寸。

19. 已知等截面圆弧无铰拱桥，计算跨径$l=10.4$m，计算半径$r=6.5$m，半圆心角$\varphi_0=53.13°$；拱圈厚度$h=500$mm，拱圈全宽$B=8500$mm；拱圈采用M7.5砂浆、MU40块石砌筑；拱脚截面每米拱圈宽承受弯矩设计值$M_d=13.59$kN·m，纵向力设计值$N_d=344.42$kN；结构重要性系数$\gamma_0=1.0$。试验算拱脚截面承载力。

附：

参考教学大纲

一、课 程 性 质

本课程是道路桥梁工程技术专业的一门专业课。

二、课程目标和要求

1. 知识目标

钢筋混凝土、预应力混凝土及圬工结构的基本设计计算原理和计算方法。

2. 技能目标

掌握钢筋混凝土、预应力混凝土及圬工结构的概念、构造及计算原理和计算方法。

3. 能力目标

应用钢筋混凝土、预应力混凝土及圬工结构的设计理论进行一般构件的设计计算。

三、授 课 对 象

两年制的专科生(高中起点)和五年制的专科生(初中起点)。

四、课 程 内 容

总　　论

本课程的任务及与其他课程的关系、各种材料结构的特点及使用范围、工程结构设计的基本要求。

单元一　钢筋混凝土结构的基本概念及材料的物理力学性能

钢筋混凝土结构的概念、分类与特点、钢筋混凝土材料的物理力学性能。

重点:钢筋与混凝土的物理力学性能及相互作用。

§1-1　钢筋混凝土结构的基本概念

§1-2　钢筋混凝土的组成材料

§1-3　钢筋与混凝土之间的黏结

单元二　结构按极限状态法设计的原则

钢筋混凝土结构的三种计算方法的简介、作用及作用效应组合的概念、分类、极限状态法的概念、极限状态的分类、钢筋混凝土结构的基本计算原理何设计原则、混凝土结构的耐久性设计要求。

重点:钢筋混凝土结构按极限状态法的计算原理及设计原则。

§2-1　作用(荷载)与作用(荷载)效应组合

§2-2　极限状态法设计的基本概念

§2-3　我国公路桥涵设计规范规定的计算原则

单元三　受弯构件正截面承载力计算

钢筋混凝土受弯构件的构造要求、钢筋混凝土受弯构件在承受作用时的应力状态及受弯构件正截面承载力计算。

重点:钢筋混凝土受弯构件承受作用时的应力状态;正截面承载力的计算原则;单筋矩形截面、双筋矩形截面及T形截面的正截面承载力计算。

§3-1　钢筋混凝土受弯构件的构造要求

§3-2　受弯构件正截面受力全过程和破坏特征

§3-3　三种截面受弯构件计算

单元四　受弯构件斜截面承载力计算

受弯构件斜截面的受力特点、斜截面抗剪和抗弯承载力的计算原理。

重点:受弯构件斜截面抗剪配筋设计。

§4-1　概述

§4-2　受弯构件斜截面抗剪承载力计算

§4-3　受弯构件斜截面抗弯承载力计算

§4-4　全梁承载力校核

单元五　钢筋混凝土受弯构件在施工阶段的应力计算

受弯构件在施工阶段的应力计算基础、换算截面的概念、受弯构件在施工阶段的应力计算。

重点:受弯构件在施工阶段的应力计算 。

§5-1　换算截面

§5-2　受弯构件在施工阶段的应力计算

单元六　钢筋混凝土受弯构件变形和裂缝宽度计算

受弯构件的变形(挠度)计算和裂缝宽度计算。

重点:变形(挠度)计算中抗弯刚度的取用;矩形与T形截面受弯构件变形和最大裂缝宽度的计算。

§6-1　受弯构件的变形计算

§6-2　受弯构件裂缝宽度计算

单元七　轴心受压构件承载力计算

钢筋混凝土轴心受压构件的构造要求、分类及承载力计算原理和方法。

重点:普通箍筋柱与螺旋箍筋柱的承载力计算。

§7-1　概述

§7-2　普通箍筋柱

§7-3　螺旋箍筋柱

单元八　偏心受压构件承载力计算

钢筋混凝土偏心受压构件的受力特点和破坏形态、偏心受压构件的分类及矩形、圆形截面偏心受压构件的承载力计算。

重点:矩形截面偏心受压构件的强度计算。

§8-1 概述

§8-2 偏心受压构件的纵向弯曲

§8-3 矩形截面偏心受压构件

§8-4 圆形截面偏心受压构件

单元九 预应力混凝土结构的基本概念及其材料

预应力混凝土结构的基本概念、材料;预应力混凝土的分类、预加应力的方法与设备。

重点:预应力混凝土的分类和预加应力的方法。

§9-1 概述

§9-2 部分预应力混凝土与无黏结预应力混凝土

§9-3 预加应力的方法与设备

§9-4 预应力混凝土结构的材料

单元十 预应力混凝土受弯构件按承载力极限状态设计计算

预加力的计算、预应力损失的估算;预应力混凝土梁在各受力阶段的应力分析及预应力混凝土受弯构件的承载力计算。

重点:预加力的计算、预应力损失的估算;预应力混凝土受弯构件的承载力计算。

§10-1 概述

§10-2 预加力的计算与预应力损失的估算

§10-3 预应力混凝土受弯构件的承载力计算

单元十一 预应力混凝土受弯构件按正常使用极限状态设计计算

预应力混凝土受弯构件的应力计算要求及方法、端部锚固区的应力计算要求和方法、正截面和斜截面抗裂计算要求和方法、变形计算。

重点:预应力混凝土受弯构件的应力计算和抗裂验算。

§11-1 预应力混凝土受弯构件的应力计算

§11-2 预应力混凝土构件的抗裂验算

§11-3 端部锚固区计算

§11-4 变形计算

§11-5 部分预应力混凝土 B 类构件的裂缝宽度计算

单元十二 预应力混凝土简支梁设计

预应力混凝土简支梁的基本构造要求和设计计算方法。

重点:预应力混凝土简支梁设计计算方法

§12-1 预应力混凝土受弯构件的基本构造

§12-2 预应力混凝土简支梁设计计算示例

单元十三 圬工结构设计计算简介

圬工结构的概念与特点;圬工结构的材料;圬工砌体的种类及主要力学性能。

重点:圬工砌体的主要力学性能。

§13-1 概述

§13-2 砌体的强度与变形

§13-3 圬工结构的承载力计算

五、教学时数分配

教学时数分配表

课程内容	学时数			备注
	总学时	讲授	习题	
总论	1	1		
钢筋混凝土结构的基本概念及材料的物理力学性能	3	3		
结构按极限状态法设计的原则	2	2		
受弯构件正截面承载力计算	10	8	2	
受弯构件斜截面承载力计算	8	6	2	
钢筋混凝土受弯构件在施工阶段的应力计算	4	4		
钢筋混凝土受弯构件变形和裂缝宽度计算	4	4		
轴心受压构件承载力计算	4	4		
偏心受压构件承载力计算	8	6	2	
预应力混凝土结构的基本概念及材料	2	2		
预应力混凝土受弯构件按承载力极限状态设计计算	4	4		
预应力混凝土受弯构件按正常使用极限状态设计计算	6	6		
预应力混凝土简支梁设计	2	2		
圬工结构设计计算简介	4	4		
合　　计	62	56	6	

说明：

本教材所面对的学生，无论是高中毕业生还是初中毕业生，基础相对薄弱；再者，高职生要求了解结构设计原理，会进行一些简单的设计计算即可。所以本书在编写的过程中，避开了繁琐的公式推导和理论论述，多是直接给出计算公式，以使学生学会应用公式、并能进行简单的计算。

主要参考文献

[1] 中交公路规划设计院.公路桥涵设计通用规范(JTG D60—2004).北京:人民交通出版社,2004.

[2] 中交公路规划设计院.公路圬工桥涵设计规范(JTG D61—2005).北京:人民交通出版社,2005.

[3] 中交公路规划设计院.公路钢筋混凝土及预应力混凝土桥涵设计规范(JTG D62—2004).北京:人民交通出版社,2004.

[4] 张树仁,郑绍硅,黄侨,鲍卫刚.钢筋混凝土及预应力混凝土桥梁结构设计原理.北京:人民交通出版社,2004.

[5] 贾艳敏,高力.结构设计原理.北京:人民交通出版社,2004.

[6] 邵容光.结构设计原理.北京:人民交通出版社,1987.

[7] 袁国干.配筋混凝土结构设计原理.上海:同济大学出版社,1990.

[8] 叶见曙.结构设计原理.北京:人民交通出版社,1997.

[9] 杨福源,冯国明,叶见曙.结构设计原理计算示例.北京:人民交通出版社,1994.

[10] 赵学敏.钢筋混凝土及砖石结构.北京:人民交通出版社,1988.

[11] 胡师康.桥梁工程(上册).北京:人民交通出版社,1997.

[12] 中国土木工程学会.部分预应力混凝土结构设计建议.北京:中国铁道出版社,1985.

[13] 中华人民共和国行业标准.无黏结预应力混凝土结构技术规程(JGJ/T 92—93).北京:中国计划出版社,1993.

[14] 车惠民,邵厚坤,李霄平.部分预应力混凝土.成都:西南交通大学出版社,1992.